Brad Graham，Kathy McGowan

101 Spy Gadgets for the Evil Genius，Second Edition

978-0-07-177268-6

Copyright © 2012 by McGraw-Hill Companies，Inc.

本书封面贴有 McGraw-Hill 公司防伪标签,无标签者不得销售。

北京市版权局著作权合同登记号：01-2012-3447

小型电子监探装置制作
（第二版）

〔美〕 Brad Graham　　著
Kathy McGowan

黄　刚　黄永强　熊爱华　译

科学出版社

北京

图字：01-2012-3447 号

内 容 简 介

本书通过 26 个项目介绍各种小型电子监探装置的制作，内容包括间谍摄像头基础、脉冲发光二极管照明灯、激光夜视远程摄像系统、夜间拍摄器、电话防骚扰装置、电话声音改变器、GPS 追踪设备、激光侦探设备、用闪光灯制作电击枪、便携式报警系统、声音感应数码相机等。本书配以大量照片，通过详细的步骤说明，指导读者如何利用身边的废旧电器以较少的资金制作各种有趣的监探装置。

本书可以作为安防设备研发人员的参考用书，也可以供电子爱好者参考阅读。

图书在版编目(CIP)数据

小型电子监探装置制作—2 版./(美)Brad Graham，Kathy McGowan 著；黄刚，黄永强，熊爱华译.—北京：科学出版社，2012

ISBN 978-7-03-035689-5

Ⅰ.小… Ⅱ.①B…②K…③黄…④黄…⑤熊… Ⅲ.监测器-制作-图解 Ⅳ.TM93-64

中国版本图书馆 CIP 数据核字(2012)第 239743 号

责任编辑：杨 凯 / 责任制作：董立颖 魏 谨
责任印制：赵德静 / 封面设计：卢雪娇

北京东方科龙图文有限公司 制作

http://www.okbook.com.cn

科 学 出 版 社 出版

北京东黄城根北街 16 号
邮政编码：100717
http://www.sciencep.com

北京中科印刷有限公司 印刷
科学出版社发行 各地新华书店经销

*

2013 年 1 月第 一 版　　开本：B5(720×1000)
2013 年 1 月第一次印刷　　印张：31 1/2
印数：1—5 000　　　　　　字数：585 000

定 价：52.00 元

(如有印装质量问题，我社负责调换)

感　谢

　　首先,我们要以最真挚的谢意感谢我们 Evil Genius 系列丛书的合作伙伴 Judy Bass 女士,她是纽约 McGraw-Hill 专业出版社的高级编辑,也是本系列丛书的策划主编。谢谢你,你是一位很特别的女士,正是由于你的热情鼓励和全力支持,才促使我们不言放弃,勇往直前。

　　同样感谢那些对我们的项目抱有兴趣且激励我们追求梦想的很多人。在这里我们要特别感谢 SparkFun 电子公司的首席执行官 Nathan Seidle,他为我们的实验提供了大量有用的电子元器件和评估产品。最后,感谢所有在网站 SparkFun.com 上共享资源的电子爱好者们。

关于作者

Brad Graham 是一个发明家和电子学爱好者,同时也是 atomiczombie. com 网站的创始人和管理员,该网站每月点击率超过了 250 万次。Brad Graham 参与编写过 McGraw-Hill 出版的多本专业书籍,包括 101 *Spy Gadgets for the Evil Genius*(中文书名《小型电子监探装置制作》,已由本社翻译出版)、*Atomic Zombie's Bicycle Builder's Bonanza* 和 *Build Your Own All-Terrain Robot*。此外,Brad Graham 同时拥有网络技术工程师证书、微软专业技术资格证书、电工技师资格证书,他正担任一个专营计算机网络技术、电脑硬件维护、硬盘数据恢复和系统安全服务的高科技公司的技术经理。

Kathy McGowan 女士在 Atomic Zombie 公司的机器人技术、自行车改装、工艺设计和发行出版等诸多事务中提供了行政管理、后勤服务和市场营销方面的支持,她管理着他们高科技公司以及其他好几个网站的日常维护,其中包括 atomiczombie. com 网站和多个博客、论坛。此外,McGowan 女士在电子杂志上发表过多篇论文,并与 Brad Graham 合作出演过一些电影与电视节目。

目　录

入门指南

0.1　新手上路

　　如果你已经具备电子实践方面的经验,那么你叮以跳过这一章而直接翻到本书的后面部分,因为那里可能会有你感兴趣的项目。如果你只是个新手,那么在项目开始之前你将必须先花些时间来先储备一些基础知识,但是不用担心,因为这些基础知识对任何一个富有创意并渴望尝试新鲜事物的电子学爱好者来说,都是很容易掌握的。

　　俗话说"万事开头难",在电子学这条道路上,如果你需要从零开始,那么就需要做好品尝失败滋味的心理准备。我们很多电子学"狂人"把电子试验的失败称作"释放魔烟",为什么这么说呢?当你第一次接反了电源线时,就会完全明白这句话的含义了。请不要被那些用在电子元器件和电子设备上的大量技术原材料所吓倒,因为你有可能只需要选择其中极少量的有用原材料就可以完成一个项目。所有难题都可以被分解成若干小部分,电路图就是这方面最好的例证。一旦你掌握了电路的基本原理,那么你就可以看懂一些更大更复杂的电路图。其实可以把电路图看成是一面砖墙,组成这面砖墙的最基本单位却是很多个简单的砖块。

　　因本书篇幅限制,我将只向你介绍在享受这项乐趣和爱好中所需要掌握的基础知识,其实,每当你向前迈进一步,前方就可能会出现无数个需要你去研究的可用资源。每个人的心中都有一粒创意的种子,你是否感觉有点急不可耐了呢?那么现在,你所需要的就是一大堆废弃品和一些基本的工具来将你的创意付诸实践。

0.2　电路实验板

　　最开始的电路实验板是用面包板制作成的,所以被称作面包板。你难以想象这个有着古怪名称的工具会是电子试验中最重要的电路原型设计装置,它在这项爱好中绝对是必不可少的,所以在每一次电路设计实验中你都将使用到它。电路实验板(或称作无焊料电路实验板)是一个不需要接线就可以连接半导体组件引线,然后不用焊接就可以很容易地测试和修改电路的装置。实际上,它无非就是一块有着一排排可以相互连接的小孔来让你完成电路设计的木板。在早些年代,我们的电子发烧友前辈们在一块实实在在的木板(比如面包板)上密密麻麻地钉上一大堆的钉子,然后将他们的电子部件连接在那些引脚上,所以我们需要去感激那些曾经坐在满是鲜亮电子管和接线的面包板之间的发烧友前辈们,因为面包板的名称正是这样得来的。

和以前相比,现在的电路实验板已经发生了很大的改观,它往往含有数百行的接线孔来适应现在复杂性和引脚数都与日俱增的电路系统。一块有着 50 个或更多复杂集成电路的试验板,其运行速度高达 100MHz 是很常见的,所以电路实验板能完成很多事情。我最近的电路实验板项目之一,是一个有着双缓冲视频图形阵列(VGA)输出和复杂声音发生器的全功能 8 位计算机。这个项目能完美地运行在电路实验板上,其速度超过 40MHz,集成电路数超过 30 个。所以,如果还有人告诉你,电路实验板是一个简单而低速的原型设计装置,那么这个人绝对已经OUT 了。现在,让我们来看一下一个可以在大多数电子供应销售点购买到的典型的无焊接电路实验板,如图 0.1 所示。

图 0.1 典型的无焊接电路实验板

如图所示的电路实验板一般只需要花费你 30 美元左右,花费不多,却可以让你用上好些年。如果没有电路实验板,你就不得不利用焊接的方式来连接你的电子元器件。如果你希望自己的设计可以一步到位,那么我告诉你,在这项爱好中这个希望就好像是白日做梦。通过电路实验板上的塑料孔的连接设计我们可以看到,电路实验板的移动式电源插座(标有＋和－)是水平连接的,而原型电路设计区域的小孔是垂直连接的。原型设计小孔排与排之间都有细小的槽,有了这些细小的槽,你可以将你的集成电路压入实验板的任何设计区域。图 0.2 所示是对塑料板下小孔的相互连接情况的一个特写。

从图中你可以很明显地看到,电源插座小孔水平连接,而原型区小孔垂直连接。在一个电路中往往需要多个连接点来连接地(GND)和电源(VCC),有了这种设计之后,我们就可以很容易地在电路实验板的整个区域都获取到电源。如果你已经非常熟悉电路实验板,那么你可以在短短几分钟之内轻松装配出一个测试电路,甚至可以在电路中加入高级的逻辑计算组件。当你的电路已经通过测试并能够正常工作之后,你可以将它制作成一个更永久性的电路,比如镀铜箔板,也可以是印制电路板(printed-circuit board,PCB)。

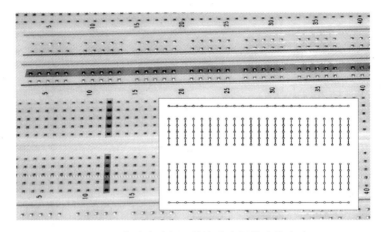

图 0.2　电路实验板上的小孔之间的连接方法

为了将一排插孔连接到另外一排插孔,你当然需要接线,而且是大量的接线。电路实验板上使用的接线应该是结实的非绞线,通常大概有 1/4 的裸线和很多不同颜色不同长度的接线,有了这些接线,你的电路将更容易追踪。你可以从电子设备供应商那里买到各式各样的电路实验板的接线包,而当你进行更庞大的原型电路设计时,你可能会购买尽可能多的比较昂贵的接线,因为它们必不可少。我找到一个最好的获得接线的办法,那就是找一根足够长的计算机通信用的 5 类线,然后只要剥去外皮就可以直接用在电路实验板上。用 5 类线的好处在于它有 8 种颜色各异的线,而且都是非常结实的铜芯线,铜芯的直径尺寸也刚好适合电路实验板上的小孔大小。如图 0.3 所示,将 5 类线切断并剥去外皮之后就可以直接用在电路实验板上了。

5 类线是由 4 根双绞线组成的,所以我只需要截取其中一束,将双绞线分开,然后在线的两端用一把钝刀剥去塑料外皮就可以使用了。剥线的具体做法是,将钝刀片压在接线上,用大拇指抵住,然后用刀片来刻划需要剥去外皮的地方,用手一拉就可以剥去外皮。实际上用剥线钳也可以,但当你的电路实验板上需要 100 根或更多这样的接线时,用钝刀片剥线的方法似乎要快得多。刚开始时,你需要用到大概 20 根接线,长度分别是 1 英寸(注:1 英寸=2.54cm)、2 英寸、4 英寸和 6 英寸,另外还需要准备一些较长的接线,用于连接外围设备。1 英尺的线中需要包含红色和绿色(或相近颜色)的线,用这两种颜色可以很容易区分电源的正负极连接。电源线是在试验板上用的最多的接线,所以你需要事先准备足够多的电源线。

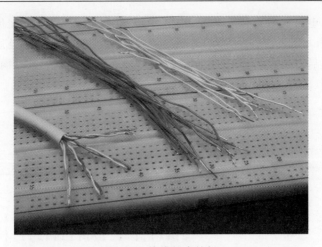

图 0.3 接线越多越好

　　图 0.4 说明,如果你选择用这种方式剥线的话,那么拥有一把钝刀是必不可少的。我使用的钝刀是一把工具刀,我故意用纱布将工具刀的刀口磨钝,使它的锋利程度足以划破接线外皮却不会伤到我的大拇指,用它连续制作上百根接线也没问题。其实也可以用剥线钳,但是我发现,当我想在天亮之前完成电路上需要的 128根蓝色汇流线时,用剥线钳好像会显得有些慢。现在如果你已经准备好一个电路实验板和足够多的可以直接插入小孔的接线,那么你就可以开始设计你的第一个电路了。学习怎样看电路原理图,区分半导体组件,然后将原理图上电子元器件的连接关系展现到电路实验板上,这样你就打开了这项爱好的整个世界。现在让我们来看看这些应该怎么实现吧。

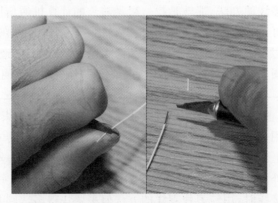

图 0.4 用 5 类线制作电路试验板上的接线

　　图 0.5 中的右上角所示是将一个电容器和一个电阻器并联的电路图。我们只需要将这两个电子元器件的引线插入电路实验板的孔中,然后用接线连接这两行,就可以将这个电路图转移到电路实验板上了。因为所有纵向小孔都是相互连接

的,所以接线可以插在排成一行的五个小孔中的任何一个小孔中。虽然有些电路图可能会需要 500 根接线,但是在电路实验板上不会有比这个更多的了。通过这个电路你可以发现,在电路实验板上设计电路是很容易的,且修改起来也很方便。然而你需要注意的是,电路实验板会引发电容噪声或串扰。

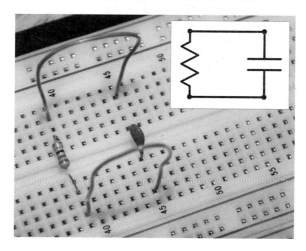

图 0.5　学习怎样使用电路实验板

　　因为电路实验板上的小孔非常密集和紧凑,这会使金属板如同一个电容器,所以电路实验板上的串扰问题将不可避免。如果在电路上引发了噪声,那么很可能导致试验失败或者产生难以预料的一些偏差。无线电或高速数字电路就常常会因为电路中产生噪声和串扰而导致千奇百怪的问题,这通常是令电子发烧友很头疼的事情。有时当你设计出了一个高速数字电路或无线电电路,可能它在电路实验板上能够完美地正常工作,但是当你在更加稳定的电路板上重做这个电路时,你会发现你的设计完全失败,或者是存在很大的偏差,这是因为电路实验板上的电容实际上已经成了电路的一部分!虽然不可能完全消除这种误差,但是总会有大大减弱这种噪声的办法,这需要在电源上添加几个解耦电容器。

　　解耦电容器的作用就像一个筛选器,它可以避免无线电和交流电噪声影响到电源,从而破坏整个电路。当需要在时钟脉冲源或无线电电路上使用高速逻辑微控制器时,解耦电容器就显得至关重要,其作用是不容忽视的。你可以仔细观察一块旧的逻辑电路板,很快你会发现,几乎每一个集成电路旁边或者是直接穿过电源(VCC)和接地插脚的地方都有一个陶瓷电容器。图 0.6 所示的电路中,两个电源导轨的电源和接地之间各安装了一个电容为 $0.01\mu F$ 的陶瓷电容器。从图中还可以看到,因为每条轨道都是互相独立的,所以电源导轨之间需要相互连接。如果你忘记连接其中任何一条导轨,那么,你将既不能连接电源也不能接地,你的电路也就注定要失败。通常,在电源轨道的每一端都增加一个解耦电容器就足够了,但是在一个高速数字电路或无线电电路中,你可能还需要在离集成电路电源线或其他主要元器件更近的地方再安装一些。

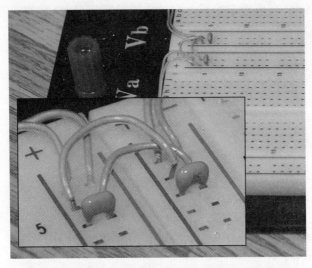

图 0.6　利用解耦电容器减弱电路实验板上的噪声

当你需要设计一个很庞大或者很复杂的电路时,可能一个标准的电路实验板无法提供足够大的基板面,不用发愁,这时你可以购买一些独特的电路板节段,将它们折断,然后拼凑成一个更大的电路设计区域。图 0.7 所示是一个将 10 块电路板节段拼凑在一起,然后用螺栓固定在一个钢板工作面上的电路系统,其中钢板基面用于接地。另外,钢板基面有助于减弱噪声,更何况所有的电路实验板都应该有一个金属质基面板。图中这个巨大的饼状电路板电路系统是一个全功能的

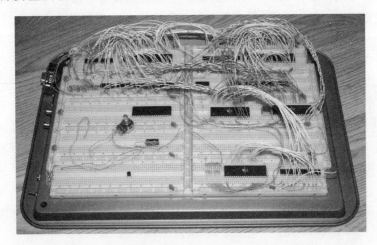

图 0.7　在电路实验板上可以制作很庞大的电路系统

20MHz 视频计算机,它可以在视频图形阵列(Video Graphics Array,VGA)监视器上显示高分辨率的图像,并能够产生复杂的多波段音频。整个计算机系统的设计都是在如图所示的电路实验板上进行的,甚至包括电路的最后设计阶段。我曾经在电路实验板上制作过大功率视频发射机、机器人电动机控制器以及本书每一个项目,此外,我还制作出了一个至少 75MHz 的高速计算机系统。如果你能够突破100MHz 的界限,那么在电路实验板上你就无所不能了,因此,你可以把这个功能强大的设计工具当作你最好的朋友!

0.3　电路构建模块

在开始动手实践之前,你可能已经从网上找到一个很酷的电路图,并且准备了一个全新的电路实验板和 100 根接线,看来似乎万事俱备,但是你去哪里找那些电子元器件呢?如果你做这行有好长一段时间了,那么你的"废料箱"很可能就派上用场了。可是现在你只是个新手,手上一无所有,怎么办?为了节省你的预算,你必须变得足智多谋。虽然在附近的电子设备商店购买一个包含 10 个小电子元器件的简单电路图所需要的原料,可能只需要花费你 5 美元,但是你所需要的元器件个数往往要比 10 个多得多,或许还需要一些特殊的半导体组件。获得免费的电子元器件的最好办法,就是找一些旧的电路板,然后去上面拆卸。废旧的录像机、电视机、收音机,甚至是咖啡机,都可以为我们的电路设计提供有用的电子元器件。一个小小收音机的印制电路板上可能焊接了 200 个半导体组件,虽然每个也就值 50美分,但加起来可就不少了。你可能永远都不会用到你收集到的所有元器件,但是如果有一天当你在你的"疯狂科学家"实验室需要一些形形色色的电阻器时,那么这一箱零碎的电路板就足够派上用场了。

我储备了好几大箱子的电路板,当我在设计一个比较传统的电路时,我发现在通常情况下,它们是完全可以符合我的一般部件需求的,并且我常常可以找到一些很难找到的,或者是已经停产的集成电路板,而这些正是我所需要的。我日积月累了 20多箱印制电路板,图 0.8 展示的只是其中的一箱。从旧的电路板上拆除部件是很容易的事,尤其是两只引脚或三只引脚的部件,如电容器和晶体管。至于具有很多引脚的更大的集成电路,你就需要用到脱焊工具了,脱焊工具也被称作"焊料吸管"。使用一把粗大尖嘴的很便宜的烙铁(34W 或更高)和焊料吸管,可以让你很容易地从一块旧的印制电路板上拆除电子元器件。图 0.9 展示的是用手工焊料吸管从一个旧的录像机主板上拆除一个 8 只引脚的集成电路。操作焊料吸管的方法是,将烙铁嘴紧压在焊盘上加热焊盘使其脱焊,然后将焊料从电路板上吸走即可。

与标准烙铁相比,我更喜欢使用功率更高的、粗尖嘴的、价格便宜的烙铁来脱焊,因为它加热焊料更快,更容易同时加热到电路板的两面。还有其他的工具也可以用来脱焊,比如脱焊芯、小铲片,甚至是真空吸尘泵,但我一直都使用10美元的

图0.8 旧的印制电路板是最好的电子元器件来源

图0.9 从一块旧的电路板上拆卸电子元器件

焊料吸管,用它来拆卸40只引脚的集成电路也是完全没有问题的。当你真正开始收集零部件时,你将可能聚集一大盆的元器件,但这也可能给你带来麻烦,因为在这么一大堆东西里面,你有时候很难找到你想要的。因为收集的零部件太多,其中包含电阻器、电容器、晶体管和集成电路,所以当需要将它们区分开时你会感觉比较费劲。这时候你需要事先将它们归类,以便日后可以很容易找到你所需要的元器件。图0.10所示的储料箱非常适合存放电子元器件,你可以在上百个小抽屉里放各式各样的零部件,所以在项目开始之前最好还是先准备些储料箱吧。

我有一个小房间,整个房间都是存放这种零部件的抽屉,另外还有些塑料桶,用来装一些大型号的部件或者是印制电路板。在这个小房间里,我几乎没有找不到所需部件的时候,哪怕是项目中需要的那种复古式的,很早就停产的元器件也能找到。当然,也常常会有需要新部件或者特殊部件的时候,这时候你可以去网上购买,网上会有很多卖主,他们会很高兴拿着你的钱,然后在几天之内将部件邮寄给你。

图 0.10 电子元器件的归类有助于在需要时快速寻找

0.4 电阻器

如果你是这项爱好中的新人,那么你可能看到过一些电路图,并觉得那些电路图就像是洞窟里的象形文字一样晦涩难懂。就算你对电路图一窍不通你也不用担心,因为当你能够熟练使用,并开始研读电子元器件的说明书时,电路图知识就变得随手拈来了。如果你想走捷径,那么你可以考虑买一本电子学基础知识的书来专门学习,但是我觉得,对于那些喜欢边做边学的人来说根本没有这个必要,因为我这里所介绍的基础知识就足以帮助你完成本书中的所有项目。

图 0.11 所示的电阻器是你将要用到的最基本的半导体组件。电阻器所起的作用正如它们的名字一样,通过散发由电流转换成的自身热量来抵抗电流。电阻器的阻值越高,则当前通过的电流越小,反之亦然。如果一个电阻器的电阻值接近0,则该电阻器对电流几乎没有阻碍作用,串联这种电阻器的回路将被短路,即电流无限大。如果一个电阻器具有无限大或太大的电阻值,则串联该电阻器的回路可看作是开路,即电流为 0。在一块很大的电路板上,你能找到好几百个电阻器,就算是一块微小的电路板,它表面所包含的很多元器件中,大部分半导体组件也都是由电阻器组成的。电阻器的大小通常决定了它能够散发多少的热量,但电阻器的功率是额定的,其中功率为 1/4W 和 1/8W 的电阻器是最常用的类型(见图中底下的那两个电阻器)。有时候需要用到大型的、由陶瓷制作而成的电阻器,尤其当电阻器额定阻值为好几瓦或者更大的时候更是如此。图 0.11 中最上边的那个就是一个 10W 的电阻器。有些电阻器可以组合起来成为单个元器件,这样可以有效节省空间。图中那个多个插脚的元器件就是多个电阻器的一个组合体。

因为大号电阻器都是很耗电的,且现在都提倡要让电子产品更加"绿色"和节能环保,所以大号电阻器在日常家用电子产品中已经不常见了。现在一般使用交

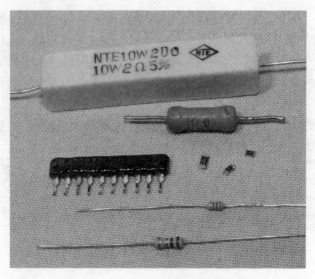

图 0.11　多种类型的固定阻值电阻器

换式电源供应器或电压调节器来切换电流和电压,这比使用大号电阻器更加节能和环保。虽然现在大号的电阻器基本上被淘汰了,但是一些小型电阻器还是比较常见,你以后会发现,在很多简单的电路设计中都要用到它们,比如,通过限制电流来点亮一个发光二极管,设计一个简单的晶体放大器偏压电路,以及其他成千上万种常见功能。在大多数常见的轴向电阻器中,它们的电阻值都是采用四种颜色的色环来标识在电阻器上,通过这四条色环你可以知道电阻的欧姆数。你在项目中所用到所有常用电阻器都是如此。欧姆数用希腊大写字母 Ω 来表示,当欧姆数超过 99Ω 时,通常可以省略这个字母,如 1k,15k,47k 或其他以 k 作单位的数值,这些表示千欧姆。以此类推,当欧姆数超过 999k 时,将用字母 M 来表示,如 1M 实际上就是 1 百万欧姆。图0.12 所示,在一个电路图中,通常采用一个"Z"字形的曲折线段来表示电阻器,并在旁边标识一个字母加一个数字(如 R1、V3)来表示部件清单中的一个部件,或者直接在旁边注释一个欧姆数也行,如 1M、220Ω。在图0.12中,左边的那个电路图符号表示一个可变电阻器,在可变电阻器上一般都会标识它的最大欧姆数,我们可以将它的工作电阻值设置为 0Ω 到最大欧姆数之间的任何一个数值。

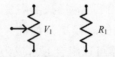

图 0.12　可变电阻器(左)和固定值电阻器(右)在电路中的符号

可变电阻器也称作变位器,当你通过一个旋钮将扩音器的音量调大时,你实际上就是在操作一个变位器。可变电阻器非常适合测试新设计的电路,因为你可以通过改变电阻来让电路达到你所要的效果,之后可以移除可变电阻器,测量出此时变阻器上的电阻值,并确定一个最佳欧姆数的固定电阻器来代替这个可变电阻器并安装到电路中。在变阻器上通常有三个接线柱,两头的两个接线柱连接其内部的提供变阻器电阻值的固定碳电阻,中间的接线柱连接一个滑动片,这样就可以通过移动滑动片来改变电阻值,使其在 0 到最大值之间变化。图 0.13 所示是一些常用的可变电阻器,其中图的左上角部分展示了可变电阻器内部的电阻器和滑动片。

图 0.13 一些常见的可变电阻器

我们前面提到,大多数固定阻值的电阻器上都会标有 4 个色环,并且我们能够以此推断出它的电阻值,现在让我们来参看表 0.1。你可能会觉得这有点不可思议并有些迷惑,但是一旦你掌握了破译色环的技巧,你将只需要一瞥,就可以知道大多数电阻器的欧姆数,根本不需要去查看图表。

几乎每一个电阻器上都有一个银色环或金色环,这两种颜色的色环是电阻器上颜色序列的最后一个色环,它们是不能被转化成具体的电阻值的。金色环表示电阻器的允许偏差值为 5%,也就是说,当一个金色环电阻器的电阻是 10k 时(大多数情况下它都是非常精确的),它的真实电阻值可能会介于 9.5k 至 10.5k 之间。银色环表示电阻器的允许偏差值为 10%,这意味着它比金色环电阻器误差要大些,虽然如此,但是我还从来没有看到过哪个电路板上一个银色环电阻器都没有,包括真空管也是这样。所以偏差值的大小对我们几乎是没有影响的,就让我们忘记有这么一种色环吧!在忽视了金色环和银色环之后,你可以对照表 0.1,根据剩下的三个色环来确定一个比较准确的电阻值。

表 0.1 电阻器色环代码图表

色 环	第一位有效值	第二位有效值	第三位有效值	乘数值
黑	0	0	0	1Ω
棕	1	1	1	10Ω
红	2	2	2	100Ω

色　环	第一位有效值	第二位有效值	第三位有效值	乘数值
橙	3	3	3	1kΩ
黄	4	4	4	10kΩ
绿	5	5	5	100kΩ
蓝	6	6	6	1MΩ
紫	7	7	7	10MΩ
灰	8	8	8	
白	9	9	9	0.1
金				0.01
银				

现在让我们来假设有这样一个电阻器,它的色环是棕色、黑色、红色和金色。我们知道,金色环是偏差值色环,前三个色环是电阻值色环,可以参照图表来确定一个电阻值。据此,我们得到 1—棕,0—黑,100Ω—红。第三个色环是个乘数,表示电阻值的倍数是 100,也就是直接将数值乘以 100Ω,据此我们可以知道这个电阻器的电阻转换过来就是 1000Ω,也作 1k(10×100Ω)。同理,一个 370k 的电阻器的色环将是橙色、紫色和黄色,最后是金色。在将电阻器连接到电路之前,你可以先用万用表来测量这个电阻器的电阻值,以此来核对你根据色环推断出来的电阻值。关于电子学的公式和理论,有大量研究这个课题的书籍,我在这里就没必要说得太详细了。以下我将只告诉你关于使用电阻器的两个最基本的规则:

(1) 串联方式的总电阻等于各个电阻值相加。

(2) 并联方式下总电阻的倒数等于各个电阻值的倒数之和。

根据以上两个基本规则,你可以用若干电阻器来获得你所需要的电阻值。例如在你急需一个 20k 的电阻器,而手上只有两个 10k 的电阻器的时候,你就可以将这两个电阻器串联起来。反之,如果将它们并联,那得到的总电阻值将是 5k。电阻器是现代电子工业的最常见半导体之一,如果你已经能够识别它,那么现在就让我们开始了解下一个常用半导体——电容器。

0.5　电容器

电容器的最基本形式其实就是一个很小的可充电电池,它有着很短暂的充放电循环。一个标准的 AAA 蓄电池可以为一个发光二极管提供长达一年的电源,而一个差不多大小的电容器却只能维持几秒钟的时间,然后它的能量就会被完全释放。因为电容器可以在可预计的时间内储存电能,所以它能够在电路中完成各种有效的工作,比如交流滤波、创造精准延迟、信号去噪、创造时钟和音频振荡器等。因为电容器本质上是一个电池,所以很多大个的电容器看起来更像是两个接线端连接到同一侧的一节电池。图 0.14 所示是一大堆尺寸和形状各异的电容器,其中有一些外形特别像小电池。

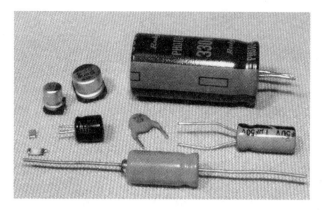

图 0.14 各种各样的常见电容器

电容器和电阻器一样,也可以大到像垃圾桶一样,小到像一颗米粒一样。电容器的大小实际上取决于它的用途。一般来说,更大的电容器可以储存更多的电能,这一点和电池不大一样。电容器分为偏振电容器和非偏振电容器,非偏振电容器可以不考虑电路中的电流方向而直接插入到这个电路中,而偏振电容器则不可以。图 0.15 所示是这两种类型的电容器的图解符号,C1 表示非偏振类型,C2 表示偏振类型。在通常情况下,盘式电容器是非偏振的,尺寸稍大点的罐式电解质类型的是偏振电容器,当然常常会有一些例外情况。偏振电容器一个明显的特征是在其外壳上标有负极标识,这在图 0.14 中的大型电容器上可以看得很清晰。

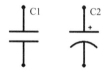

图 0.15 电容器符号

电容器和电池另外还有一个共有的特点,那就是当在电路中插入偏振电容器时,需要特别注意区分正负极性,这很重要。如果你反向安装一个电解质电容器并给它充电,那么后果很可能是很糟糕的,因为它将发热并向外泄露其内部的油料。以前的电解质电容器没有内部压力释放功能,当它被过度充电或反向安装时就会像爆竹一样爆炸,然后留下一大片满是油污的糊纸和一种叫人难以忘记的刺鼻气味。大部分电容器,尤其是大型的罐式电容器,在其外壳上都会直接标出额定电压和电容量。电容器的电压和电容量是额定的,它们决定了电介质的电荷容量,其关系是 1V 的电位差将产生 1C 的静电荷。

在开始试着捣腾电子元器件之前,你可能并不清楚其中的一些关系,但是在进行了几次实验之后,你将很快就能明白一些常识,其中一个具有代表性的常识是,电容器越大,它的额定电容量就越大,能储存的电量也就越多。电容量的单位是法

[拉](F)，因为这个单位相对较大，所以大多数电容器的额定电容量的单位都是使用微法(μF)，比如电解滤波电容器的额定电容量是 4700μF，小型的陶瓷盘式电容器的额定电容量是 0.1μF。比微法更小的单位是皮法(pF)，它是微法的百万分之一，用于电容量更小的电容器，比如无线电电路上的陶瓷电容器或可变电容器。

在大多数罐式电解电容器的外壳上，除了有一个清晰的负极指示标识之外，还会标记额定电容量，这个值用来规定电容器的法拉数和伏特数。电解电容器的电压大小和两极区分是非常重要的，在电路中插入电解电容器之前，你需要正确区分其正负极，而且确保通电电压低于额定电压。在陶瓷电容器上通常只标记一个数字，除此之外没有其他任何符号，利用这个数字，我们就可以将其破译成实际的电容值，如表 0.2 所示，这就是用于对照的电容破译表，看着这张表你会不会有点迷惑？

表 0.2　陶瓷电容器电容破译表

皮法(pF)	代　码	微法(μF)	代　码	微法(μF)	代　码
10	10 或 100	0.001	102	0.10	104
12	12 或 120	0.0012μF/1200pF	122	0.12	124
15	15 或 150	0.0015	152	0.15	154
18	18 或 180	0.0018μF/1800pF	182	0.18	184
22	22 或 220	0.0022	222	0.22	224
27	27 或 270	0.0027	272	0.27	274
33	33 或 330	0.0033	332	0.33	334
39	39 或 390	0.0039	392	0.39	394
47	47 或 470	0.0047	472	0.47	474
58	58 或 580	0.0056	562	0.56	564
68	68 或 680	0.0068	682	0.68	684
82	82 或 820	0.0082	822	0.82	824
100	101	0.01	103	1	105 或 1μF
120	121	0.012	123		
150	151	0.015	153		
180	181	0.018	183		
220	221	0.022	223		
270	271	0.027	273		
330	331	0.033	333		
390	391	0.039	393		
470	471	0.047	473		
560	561	0.056	563		
680	681	0.068	683		
820	821	0.082	823		

有谁知道为什么不直接在电容器上标记电容值吗？我的理解是，如果直接标记电容值的话就可能会出现和代码相同的电容值！我们在电容器上使用代码，就好像在电阻器上使用色环一样，你将很容易地立刻识别出常见的电容值。比如 104，对照破译表，我们知道这个表示 0.1μF。多个电容器在电路中并联或串联的

工作原理和电池是一样的,两个完全相同的电容器并联后的总电压和只使用一个电容器是一样的,但是电容量加倍,相反,串联两个电容器后,最终的电容量和使用一个电容器是一样的,但是电压会加倍。因此,如果你需要过滤一个电路中确实存在的电源噪声,那么你就可以并联一对 $4700\mu F$ 的电容器,从而让电容量达到 $9400\mu F$。当并联安装电容器时,要注意电路上的实际电压必须低于所有电容器的额定电压,否则将导致实验失败,这可是一个有响声的、会散发臭气的、令人厌恶的失败!

0.6 二极管

二极管是只能单方向通过电流的半导体设备,所以它可以用作将交流电整流为直流电、阻止不必要电流进入电子设备、保护电源逆转的电路等,另外,如果是发光二极管(LED),那它还可以用来发光。图 0.16 所示是形状、大小各异的多种二极管,其中包含一个很容易识别的发光二极管和一个较大的全波整流器组件(图中上半部分)。全波整流器的构造很简单,它实际上就是一个内含四个大二极管的空心盒。

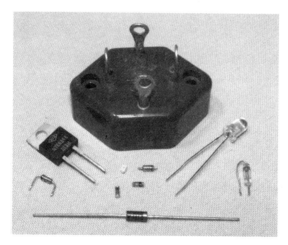

图 0.16 二极管的几种常见类型,其中包含一个发光二极管

在电路中,如果将低电位连接二极管的正极,高电位连接二极管的负极,那么在这个二极管中几乎是没有电流通过的,此时二极管处于截流状态,这种连接方式被称为"反向偏置"。二极管处于反向偏置状态时,仍然会有微弱的反向电流通过,这被称为"漏电流"。当二极管两端的反向电压增大到某一数值时,反向电流会急剧增大,二极管也将因此失去单方向导电的特性,这种现象被称为二极管的"击穿"。

和其他大多数半导体一样,二极管的尺寸大小通常决定着这个二极管所能承受的最大电流,这个可以根据印制在二极管上的型号代码去参考产品手册和查看制造厂商的详细说明。除非你将大多数常见的厂商型号代码牢记于心,否则你将找不到二极管类型鉴别的通用方法,这一点和电阻器、电容器不同。为了确定一个未知二极管的准确数据和用途,你将不得不在网上查阅相关产品手册,或在多个二极管之间进行比照。

在某个特有的电子元器件的产品手册中,你可以找到所有你想知道的东西。请尽量使用手册里推荐的缺省值,因为它们可以让你的电路更加可靠和稳定,你可能也无法超越这些值。发光二极管(LED)是一种特殊的二极管,当二极管有少量电流通过时,该元件就会发光。和遇热发光的白炽灯的发光原理不同,LED 不需要获得热量就可以发光,不过它需要在正向偏压的情况下才能正常工作。图 0.17 所示是两种二极管的电路符号图,图中 D1 是一个标准的二极管符号,另外一个是发光二极管(LED),其中多出的两个斜向箭头表示二极管正在发光。

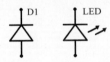

图 0.17 二极管图解符号(右边的为发光二极管)

二极管符号中包含一个箭头(正极)和箭头所指向的一条直线(负极),这表明,电流的方向(从正极到负极)正好是箭头所指向的方向。在大部分很小的二极管上通常会印有一条环绕的条纹,我们可以通过这根条纹来确定哪一端是负极。同样,在发光二极管上靠近负极的一端会有一个平边。发光二极管种类很多,它们的大小、形状、波长(即颜色)和额定值都不尽相同。额定值是指在使用过程中为避免器件损坏而不允许超过的值,额定的反向电压和峰值正向电流是发光二极管非常重要的参数,在使用发光二极管时这两个值是不允许被超越的,否则将很容易导致元器件损坏。如果你需要在电路中使发光二极管充分展示其性能,那么你或许就要尽可能接近额定值,这时候请事先认真阅读相关产品手册。为了在额定值下正常运行,那些用于整流交流电和控制大电流的较大二极管可能需要装配成一种特有的散热器。另外,除非你预先知道某个设备在空中会散发多少热量,否则你只有将它装配成一个散热器,这是最好的办法。和大多数半导体组件一样,二极管的类型和尺寸也有成千上万种,所以在你第一次连接电源之前,请务必确认你正使用的二极管的额定值适合你的电路,且需要再三检查它的正负极性是否连接正确。

0.7 晶体管

晶体管是用途最多的半导体组件之一,它常常是很多较大集成电路和电子组件(比如逻辑门电路、存储器和微处理器等)的重要组成部分。在电子行业广泛使用晶体管之前,一些简单的电子设备如收音机和扬声器等都是使用真空管,因为真空管占用很大空间,所以这些设备往往需要制作成超大的木制匣子。另外真空管的耗电量比较大,而且因此将释放出大量的额外热量。真空管最开始用于电子数字积分计算机(ENIAC),这个计算机由 17 468 个真空管、7 200 个晶体二极管、1 500 个继电器、70 000 个电阻器、10 000 个电容器和超过 500 万个手工焊接头组成,总重量达 30 吨,尺寸大概是 8 英尺×3 英尺×100 英尺(注:1 英尺 = 0.3048m),功率高达 150kW! 这些数字实在是太惊人了,而现今任何一个电子爱好者,他们只需要仅仅几平方英寸的穿孔板,然后花很少的钱买一些零部件,就可以很容易地制造出一个简便型计算机,而且在功能方面远胜过这个极其耗电的怪物。这些都可以说都是晶体管的功劳。晶体管的原理很简单,它实际上就是一个转换开关,可以通过调控小额电流来产生一个功率放大器,从而控制大额电流。如图 0.18 所示就是一些常见类型和尺寸的晶体管。

图 0.18　各种各样的常见晶体管

晶体管的外型大小取决于晶体管设计的可切换电流的大小,它可能小到像一粒米,也可能大到像一个冰球,外型太大时就需要专门用一个钢制散热器或风扇来维持它的正常运转。晶体管的类型和尺寸成千上万,但是所有晶体管都有一个共有的特点,那就是它们都有集电极、发射极和基极三个连接极,图 0.19 所示是两种晶体管的电路图符号,从其中任何一个中都可以看到有这三个连接极。

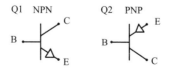

图 0.19　NPN 型和 PNP 型的晶体管图解符号

晶体管分 NPN 型晶体管和 PNP 型晶体管,这两种晶体管的发射极(E)、基极(B)和集电极(C)的作用是一样的。集电极/发射极的电流由基极和发射极接线端子之间的电流来控制,但它们的电流却是相反的。因为制作一个质量较高的 NPN 型晶体管比制作一个 PNP 型晶体管的成本要低,所以现今大部分的晶体管是 NPN 型晶体管。但是由于电流方向的原因,或者是需要与 NPN 型晶体管配对使用,PNP 型晶体管有时候仍然会在电路中出现。因为关于晶体管的理论知识太多,或许足足可以写 10 本书,所以我需要将理论知识进行压缩,从而帮你掌握一些非常基础的晶体管工作原理。晶体管作为一个简单的转换开关,可以被看作一个没有任何机械零件的继电器,利用它你可以使用非常弱的电流(比如逻辑门输出电流或感光光电流)来启动一个强电流负荷的电器,比如电灯或者发动机。将小负荷转换成大负荷在电子工业中是非常重要的,使用晶体管能够很完美地完成这个任务,而且速度很快,这是机械开关(如继电器)所无法做到的。我们常见的扬声器的工作原理其实很简单,它先获得一个非常小的电流(如 CD 播放机的输出电流),然后将小电流输入至一个快速转换器来控制强电流(比如给扬声器供电的直流电源),以此来获得更高分贝的声音,因此扬声器纯粹就是一个非常快速的转换器。几乎任何一个晶体管都可以很容易地超过声频信号的频率,所以晶体管非常适合这项工作。在非常高的频率中,比如在那些无线电广播发射机中,晶体管可以起到同样的作用,只是它们需要具备更高的频率,有时候会达到上千兆赫的高度。

机械开关和晶体管的另外一个主要的区别是,晶体管不仅仅具有简单的打开和关闭电路的功能,它还可以像模拟开关一样操作,通过改变进入晶体管基极的电流量来改变转换后的电流量。如果在一个电路两端接通 5V 的电压,则用继电器可以点亮一个 100W 的电灯泡,但是晶体管可以依靠基极的电压来改变电灯亮度,它可以使同样功率的电灯泡的亮度在零到最强亮度之间发生变化。和其他所有的半导体组件一样,你在电路中使用的晶体管肯定都具有额定值,比如额定电流、转换电压与切换速度等,这些参数都是在你选择合适的电子元器件时需要考虑的。图 0.20 所示是一份非常普通的 NPN 型晶体管(型号为 2N2222)的产品规格数据说明,你可以用这种晶体管替代此书中经常用到的 2N3904 型晶体管。

从这份数据资料中你可以看到,当一个 6V 的电压穿过晶体管的基极和发射极时,这个晶体管可以切换大概半瓦特(624mW)的功率。当然,这些是额定的最大值,如果需要用晶体管在一个 5V 的电源下开启一个 120mW 的发光二极管,那么这个晶体管肯定可以在电路中安全工作。一般情况下,你只需要查看一个晶体管的最大切换电流就行,而其他大多数的额定最大值你都不必特别注意,尤其是那种起散热器作用的晶体管更是如此。对于最大切换速度的要求也是一样的,如果你想让一个 100MHz 的晶体管在一个无线电转换器电路中以 440MHz 的频率振荡,那是不现实的事情,因为它达不到足够多的频率次数,最多只能达到 100MHz。

Amplifier Transistors

NPN Silicon

P2N2222A

MAXIMUM RATINGS

Rating	Symbol	Value	Unit
Collector–Emitter Voltage	V_{CEO}	40	Vdc
Collector–Base Voltage	V_{CBO}	75	Vdc
Emitter–Base Voltage	V_{EBO}	6.0	Vdc
Collector Current — Continuous	I_C	600	mAdc
Total Device Dissipation @ $T_A = 25°C$ Derate above 25°C	P_D	625 5.0	mW mW/°C
Total Device Dissipation @ $T_C = 25°C$ Derate above 25°C	P_D	1.5 12	Watts mW/°C
Operating and Storage Junction Temperature Range	T_J, T_{stg}	−55 to +150	°C

THERMAL CHARACTERISTICS

Characteristic	Symbol	Max	Unit
Thermal Resistance, Junction to Ambient	$R_{\theta JA}$	200	°C/W
Thermal Resistance, Junction to Case	$R_{\theta JC}$	83.3	°C/W

CASE 29–11, STYLE 17
TO–92 (TO–226AA)

COLLECTOR
1

2
BASE

3
EMITTER

图 0.20 常见的 NPN 型晶体管(2N2222)的数据资料

0.8 规格说明书

让我们面对这样一个事实,那些电子发烧友们似乎不会经常去阅读元器件的规格说明书,他们更习惯从尝试和失败中学到更多东西,这在大多数时候确实是一个很有效的学习方法。但是有时候你需要知道一个具有两只以上引脚的电子元器件的相关参数,为了弄明白它的工作原理从而避免元器件损坏,除了认真阅读它的说明书之外你真的是别无选择。对于晶体管和集成电路来说这是千真万确的事实,因为如果没有说明书的话,你真的没有办法知道这个"黑匣子"里装的是什么东西。例如,一个 8 只引脚的集成电路或许只是一个简单的计时器,却也可能是一个最新研制的内置 USB 端口和视频输出功能的 100MHz 的微处理器,如果没有规格说明书,你就永远不可能知道它究竟是什么。有时候你可能会在互联网上找到一些看似很不错的电路原理图,且附有部件清单,于是你想 DIY,结果却发现其中所用到的晶体管大部分都已经停产了,这时你就不得不参照产品说明书来找到一些适当的可替换的元器件。一旦你掌握了它的基本参数,那你就可以很潇洒地替换几乎任何元器件。

你可以四处搜集几乎任何电子元器件的任何规格说明书,哪怕是已经在市场上停止销售几十年的元器件,所以学会怎样找到并收集它们吧,然后当提到某个元器件规格时你就不会全然不知了。如果你想了解一个非常普通的型号为 2N2222的晶体管的相关参数,那么你可以按照其类别在互联网上进行查找,如图 0.21 所示,你可以在 Google 中输入"2N2222 Datasheet"进行模糊搜索查找 PDF 文件。在搜出的结果中可能会有一些伪造的规格说明书网站,它们试图吸引你注册会员,然后就可以向你的电子邮箱发送大量垃圾邮件,尽管如此,你也不必因此大呼小叫,因为大多数时候你都可以找到正确的规格说明书。如果你预先知道元器件的生产厂商,那么你可以试着直接进入他们的网站,或者是进入一个大型的电子行业技术支持网站,例如 http://www.digikey.com/,该网站可以为成千上万种电子元器件的规格说明提供在线阅读。互联网也是电子业基本资料的重要来源,所以当你发现需要了解一些基础知识时,那就请教你最喜爱的搜索引擎吧。

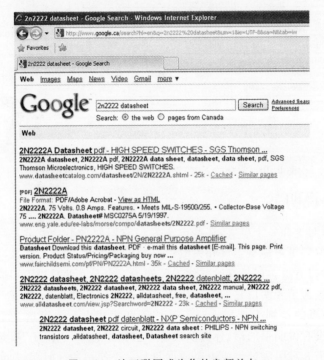

图 0.21　让互联网成为你的良师益友

　　在搜索网站中输入"led basics"所搜索到的信息资源几乎是无穷尽的。如图 0.22 所示,在 Google 里就有足够多的有关发光二极管的介绍,而且都很通俗易懂。事实上,在学习电子学的过程中,只要你有足够的耐心,你就可以从互联网上搜索到几乎所有你需要的信息。

0.9　请求帮助

　　当你不能从互联网上搜索到准确的答案,或者是你觉得你确实需要得到哪位高人的指导时,那么在互联网上还有无数个论坛等待着你的加入,在那里你可以寻求帮助,或者是和其他电子发烧友们一起讨论你的项目。论坛都有他们特有的礼

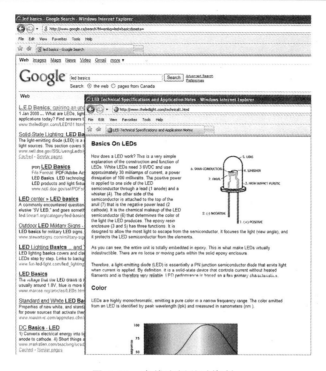

图 0.22　在线查阅基础资料

仪规则,这和生活中的人际交往是一样的。在你加入论坛并请求帮助之前,请先花些时间认真阅读一下他们的发帖说明,并注意考虑以下几点:论坛中那些回复你的提问的学识渊博的网友大部分都正从事这个行业,所以要友善待人;他们给你回帖是因为他们知道,这个行业中的新手难免会遇到种种困难,这时只需要得到略微的指导就可以使项目成功;如果你总是不厌其烦地问一些基础的问题,或者是千方百计地为了能在第一时间只解决你自己的问题,那么在这个论坛中你将得不到任何尊重,而且大多数时候你会被忽视,甚至有可能被当众"捆一巴掌"。

以下是一个论坛中不可能得到帮助的提问(这种提问我见过很多):

主题:求救,不能给单片机设计程序,快帮帮我,万分火急!帖文:我是一个新手,不知道怎样将编码植入稳压器。我该买些什么东西?有谁能给我发送个文件过来?

这种帖子可能永远都不会有人回复,有很多原因。首先,难道你的问题是所有人都必须重视的问题吗?论坛上大部分人都有自己的生活和工作,看到这个帖子后,他们第一个想法就是,"你的问题如此紧急,那就花钱找人给你解决去吧"。想要有人回帖那就耐心点吧,并且记住,如果在几天之内有好心人给你回帖并解决了问题,那么你就是非常幸运的。另外需要注意的是,如果因同样的或相似的需求而在其他主题重复发帖,并希望通过更多的发帖得到更多的回复,那么论坛的版主或正式会员就很可能要找你麻烦了。发表求助帖后可能需要好几天的时间才会有人回复,因为每个人在他们生活中都可能有紧急事情要处理,之后才会有时间来帮助你和其他人。

大部分论坛会员不会理睬这种帖子的第二个原因,是因为帖子中的求助用语过于草率和随意。这样的帖子给人的感觉就好像是穿着汽车修理厂的工作服去参加一个正式的求职面试一样,它明显可以反映出你的怠慢和懒惰。这也表明发帖人他(她)自己什么都没做,而是希望从那些已经完成基础工作,或者是受过正规和非正规教育好几年的人那里直接摄取劳动成果。另外这个问题提供的信息太少,论坛会员对问题的原因只能是猜测,所以无法回复。

这里有一个好得多的提问方式,同样问题却更容易得到回复,如下:

主题:某项目中一个关于选择稳压器的问题。帖文:大家好,我正致力于一个读心术项目研究,我想知道 AVR644p 是否可以代替 AVR324p?我阅读过这两个芯片的数据手册,但这只是为了确定我所使用的这个芯片不存在什么问题。请问有哪位前辈曾为这个元器件编写过十六进制文件吗?如果没有,那我只有准备去试一试了,成功的话我将上传文件与大家共享。谢谢大家的帮助。

发帖者提出了一个非常清晰的问题,其中项目名称和产品编号都说得很明了,也提及了他或她自己之前做过哪些事情。那些乐意先试着自己解决他们能够解决的问题,然后很有礼貌地请求帮助的人,在论坛中当然会更受欢迎,因为当他们从一个新人转变为一个阅历丰富的业余爱好者之后,他们往往会回过头来帮助其他新人。所以在你上网提问之前,我建议你先考虑一下以上几点。

0.10　需要购买的工具

当你准备好足够多的可以使用的废弃元器件,而且对元器件与电路图符号都有一定的了解之后,你就可以开始将你的想法转变为现实了。当然,你还需要一些基本工具,像电路实验板、烙铁等,它们都是电子行业的主力工具,你可以在大部分的电子供应商店购买到这些工具。最开始的电路搭建和测试工作可以在电路实验板上进行,但是之后如果想将电路制作成一块更永久性的电路板,你就需要用到烙铁,因为只有烙铁才可以将那些元器件焊接到一起。我在电路设计工作中通常习惯使用两把烙铁,一把价格相对便宜,用于从废弃电路板上将可用电子元器件拆卸下来,另外一把是质量比较好的,既可以控制温度又可以更换烙铁嘴,它一般用于更精细的工作。

图 0.23 所示是一把可以控制温度,而且可以更换烙铁嘴的烙铁,它可以在各种类型的项目中使用,使焊接工作变得更加容易。为了使焊接的电路板外观更加精致,可以使用尖烙铁嘴和较低的热量,但如果要焊接一个大型散热器,那么你就需要使用粗烙铁嘴和较高的热量。由此可见,如果一把烙铁可以调节热量和更换

烙铁嘴,那使用起来是非常便利的。另外图中还展示了烙铁套和用于清洁烙铁嘴的海绵擦。虽然只要花 10 美元买个普通烙铁就可以完成此书中的大多数项目,但是如果你想要深入到这项爱好中,那么我建议你考虑再买一个高质量的焊台。

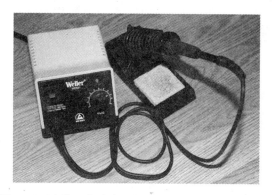

图 0.23 这是一套适中型的可以控制温度的烙铁设备

在设计电路时可能需要用到一些如图 0.24 所示的可调节电源,除非你所有的电路都是使用相同的 9V 电池,否则的话这个可调节电源也是必须具备的。一个电路中通常需要两种以上不同的电压,可调节电源可以让你很容易地调拨到你需要的电压。如果你不小心将微控制器电源接线柱的正负极接反,或者当前电流过大,那么必定将产生迸发火花的现象。你可以限制可调节电源的电流,然后缓慢调大电压,这样就可以更容易地在芯片损坏之前发现电路中存在的问题。你也可以使用一个安培表来协助你的工作,在需要选择一个合适的电源时,安培表能够帮助你计算出电路需要多大的电压。由此可见,可调节电源供应器是这项爱好中另外一个必备的工具。

图 0.24 一个可调的双重电源供应器

万用表(如图 0.25 所示)是用于测量电子元器件电阻、核查电压和测试电路的重要工具,这是一种多功能多量程的电子测量仪表。一个最基本的万用表可以用来测量电压、电流和电阻,更高级一些的万用表还可以包括频率计数、电容测试、检查电阻,甚至是基本的图形绘制功能。在大部分时候你可能都是用万用表来检查电压和测量电阻,所以只要选择一个具备基本功能的万用表就可以满足大部分的工作需求。

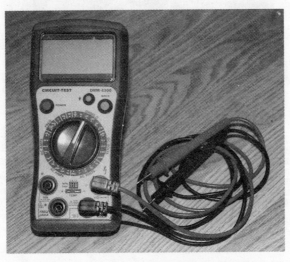

图 0.25 一个具有基本功能的数字万用表

如果你确实想在这项爱好中深入钻研,或者想达到电子行业的一个专业水准,那么最终在你的工作台上将需要一个如图 0.26 所示的示波器。示波器是一种用途十分广泛的电子测量仪器,它能把肉眼看不见的电信号变换成看得见的波形图像,便于我们研究各种电现象的变化过程。现在的示波器可以测量几乎任何数值,并通过一个高分辨率的彩色屏幕将测量结果显示出来,或者是将测量结果传输到你的个人电脑用于数据分析。如果希望在一个屏幕上看到电路中即时反馈的信息,那么你甚至可以使用那些基于电子管的旧式显示器。当你的电路变得更大、更快和更复杂时,可能一个简易型万用表已经不足以调试出电路问题,因为它反应不够灵敏,而且不能探测到高频电路中快速的电压变化。当你正在设计高速数字电路,并期望某个数字信号的序列可以被及时发送和接收的时候,这种实时性会变得非常重要。而示波器可以让你深入探究每一个信号符,它允许你一点点地仔细查看,直到你最终找到电路中的故障为止。你也可以将示波器实时显示的模拟信号与复式信号进行比较,甚至可以将结果保存至个人电脑以便进行更深层的分析。虽然本书中的项目并不要求你必须使用示波器,但是我不可能做到所有项目都可以不用,因此在你开始设计你的电路之前,准备一个示波器也是很有必要的。

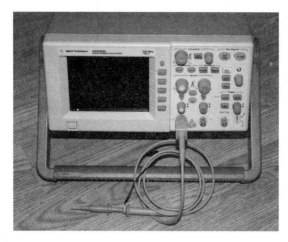

图 0.26 常见的示波器

在制作一个复杂的集成电路之前,你必须事先准备一些基本的逻辑门元器件、晶体管,以及最常用到的电阻器和电容器。现在的电子元器件品种繁多,想要在一张纸上打印出包含供应商所有产品的清单几乎是不可能的。如果你能设计出一种集成电路,那么可能至少有 10 家公司可以为这项应用制作芯片,所以提供的选择是很多的,但是生产厂商常常要求大规模批量生产,这导致你想订购一个单独的集成电路都很困难。或许你刚刚好不容易从一个录像机中分离出屏幕上的显示芯片,并找到了相关数据手册,然后心想"太棒了,我要把它装在我的机器人上",但是在网上查找一会之后,你发现供应商的起订量是 100 000 个,加上购买电子开发板使芯片能够正常工作,其成本差不多能赶上一辆小汽车的价格了。实际情况就是这样,当电子设备变得越来越复杂时,电子产业改革就越快,我们业余爱好者获得最新电子元器件的可能性就越小。当然,像晶体管、电阻器等一些基本的电子元器件永远都是可以利用的。接下来让我们简要地来说一说微控制器。

微控制器其实就像是一个空白的集成电路,你可以将这个空白的集成电路制作成任何你需要的东西。一个 5 美元的微控制器既可以制作成一个具有 16 只引脚的简单输入门电路,也可以制作成很复杂的集成电路,比如能在你的电视机上实时显示游戏视频的全功能乒乓球电子游戏。微控制器是一个包含单个处理器、若干存储器以及一些外围设备接口(如串行端口或高速 USB 接口)的芯片,有些微控制器甚至可以包含 MP3 解码器和高分辨率的视频生成器。虽然学习微控制器的程序设计就其本身而言差不多只能算是一个业余爱好,但是它可以让你在单个集成电路上创建几乎任何功能,所以你也没有必要去担心你的设计是否迎合市场需求,以及芯片是否可以投入使用这些问题。微控制器是电子学领域的统治者,它几乎无所不能,当然这有一定局限性,只是局限性很少罢了。图 0.27 所示是一些引脚数各不相同的微控制器和一个看起来就像是影视播放仪器的电子开发板。

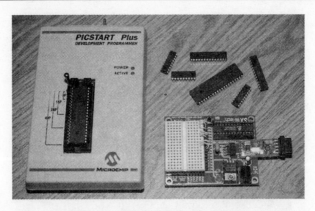

图 0.27 微控制器和电子开发板

想要让微控制器执行你的命令,首先需要在你的电脑上用 C 语言、汇编语言或 Basic 语言编写程序代码,然后进行编译,并将编译后的程序发送到程序控制器,程序控制器会将程序植入到微控制器的闪速存储器内。如果代码能够正常运行,那么这个微控制器就变成你自制的集成电路了。常见的典型微控制器的市场价一般在 5 到 20 美元之间,它的价格取决于闪速存储器的大小及它所支持的外围设备接口,而程序控制器的价格则取决于芯片的支持与调试功能,市场价一般在 50~200 美元之间。另外,你或许还可以从一些网站上获得程序控制器的独特的制作方法,这样就更加节省开支了。由此可见,微控制器的开销对于任何人来说都应该不成问题。

0.11 电路实验板之外的电子部件

在你的原型电路能够在电路实验板上正常运行之后,你可能需要将它转移到一个更永久性的电路板上,也就是将你设计的电路存放至一个封装盒内,使其成为一个真正的电子设备。转移的方法一般就是将电路中所有的电子元器件转移到一块具有大量有铜圈或无铜圈小孔的玻璃纤维板上,然后焊接接线。这个有穿孔的电路板通常就被叫做穿孔板,它的尺寸大小有很多种。穿孔板上面有成排的有镀铜或无镀铜的小孔,其连接方式和无焊料电路实验板很相似。图 0.28 所示是一块没有安装任何电路的穿孔板和一块安装了装配完成的双步进电动机电路的穿孔板,这两块穿孔板的小孔都是镀铜小孔。

如果电路比较简单,我通常是选择使用无镀铜的穿孔板,然后只需要在电路板的底部焊接所有电子元器件的引线即可,这样做的好处是不但简单快捷,而且经济实惠。而如果是比较复杂的电路则不能使用这个方法,否则很快就会变得混乱不堪。所以,如果穿孔板能像无焊料电路实验板那样有镀铜小孔或者铜圈,那么电路迁移工作就将会变得容易很多。穿孔板可以由一张很大的薄板制作而成,且最好是能够很容易地用一把工具刀将它分割成你需要的大小。正确制作的穿孔板电路可以和一块经过加工的印制电路板一样精致,所以不要低估价格低廉的一束接线和一块穿孔板的价值,只要你尽心尽力,这些东西足够你设计出很多精细的电子产品。如图 0.29 的上半部分所示,在这块巨大的电路板上,是一个非常复杂的视频图形阵列计算机原型,该原型电路依赖于图下半部分中一块 8 英寸×5 英寸的穿孔板,它拥有很完美的 20MHz 的运算速度。

图 0.28　在一块穿孔板上制作永久性的电路板

图 0.29　在一块巨大的电路板上搭建的复古式游戏系统

　　当你在穿孔板上设计的电路可以正常运转之后,下一步工作是制作一块真正的印制电路板,如图 0.30 所示。如果你需要复制你的电子设备或者是想推销你的设计,那么使用印制电路板显然更为合理。在市场上推荐你的这块专业印制电路板可能是一个代价较高的、耗费时间的过程,因为这经常涉及诸多的失败和电路板的修改,而对于我们业余爱好者来说,当真正需要一块印制电路板时,我们应该另外选用一些可行的备选方案。如果在互联网上搜索"印制电路板",你将发现可以从一些公司网站下载他们提供的免费软件,通过这些软件可以自行设计出你的印制电路板,然后只需要花费大约 100 美元去定购一些电路板即可。当然,你也可以在自己家里使用化学腐蚀方法来制作印制电路板。资金和时间的投入是成反比的,这实际上是一个公平交易。应该怎样做才会更加合算呢? 当然,这个问题最终还是需要交由你自己去衡量。

图 0.30 这是一块专业的印制电路板

现在,让我们开始通过钻研一些项目来寻找乐子吧。记住一点,我们都必须从基础开始,如果刚开始的时候发现电路中有不合理的地方,你可以关掉电源休息一下,然后通过互联网去了解更充足的信息。可以说电子学是一个很了不起的爱好,只需要投入少量的时间和金钱,你就可以创造出几乎任何东西。当你在这个行业开始变得随心应手时,你就可以尝试对本书所提供的项目进行一些随意的修改,或者通过将它们混合配搭来创造一个全新的设备。另外,当你很意外地看到你的电路中某个半导体组件在冒烟时,你不必太沮丧,因为这根本不算什么!

间谍技术基础 ①

项目1 脱焊基础

为了按照电路图搭建出一个电路,你将需要用到很多半导体组件和电子元器件。这些电子元器件都是很便宜的,通常只要几个便士就可以买到,但是如果你想从一个规模很大的供销商那里购买的话,他们一般都会要求最小的预订量或最少的购买金额。想想花 25 美元去购买一大堆 10 美分一个的电容器或电阻器,这是多么不划算的事情,其实你完全可以从一些废旧的电路板上将你需要的电子元器件拆卸下来。我们几乎所有的电子元器件都是从废旧电路板上拆卸下来的,甚至是一些稀有的电阻器或电容器也是如此,因此我们经常可以在大堆的电子元器件中找到电路中需要的东西。图 1.1 就是我收集的一些废旧电路板。

图 1.1 大多数电子元器件都可以从废旧的电路板上获得

一些废旧的电视机或录像机的电路板可以为你提供足够多的原始电子元器件,你可以用各种参数的电子元器件在电路实验板上进行试验。几乎任何被丢弃的家用电器都可以提供非常丰富的原始半导体组件,因此你告诉所有你认识的人,

叫他们不要随意丢掉废旧的电器,全部都送给你,然后你就可以在你的实验室里
"解剖"这些电器了!

　　一把高质量的烙铁通常可以调节适当的热量以便适应手头上的工作,如果你具
备这种烙铁,那么你的工作会因此变得非常简便。当然,一把仅需 10 美元就可以买
到的烙铁也可以帮你做很多事情,但是当你需要拆卸精细的电子组件或焊接很小的
元器件时,这种廉价的烙铁可能就派不上什么用途了。一把优质的烙铁只要有足够
大的热量,就可以让元器件的拆卸工作变得非常容易,尤其当电路板有很多层的时候
更是如此,烙铁可以将热量传递到内部的镀铜层,从而熔化焊料。如果你想要在电子
爱好者行业里有所成就,那么一个可以调节热量和更换烙铁嘴的焊台也是必须具备
的工具之一,如图 1.2 所示。你可以在大多数电子供应商那里购买到合适的焊台,其
价格在 50~200 美元之间,具体价格取决于焊台包含哪些特性以及附带哪些配件。
如果你的焊接设备不包含海绵擦,那么可以找一块普通的厨房用的海绵抹布并将其
浸湿,当烙铁嘴上沾满了焊料时,就可以用海绵抹布来清理。

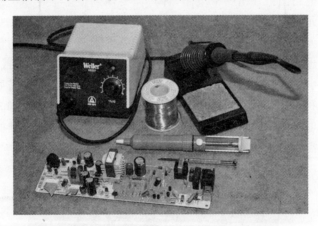

图 1.2　任何焊接或脱焊工作所必需的基本工具

　　对于较大的穿孔半导体组件,常常可以通过使用一把烙铁外加你的手指,将其从
废旧电路板上取下来,但不是任何情况下都可以使用这种方法,尤其是当元器件很
小,或者元器件的引脚数量很多的时候。使用一个常被称作"焊料吸管"的脱焊工具
是很有必要的,它可以用来从电路板上摘出引线较短的半导体组件和那些引脚数量
很多的组件,例如集成电路。这个简单的工具中包含一个弹簧柱塞,它可以吸收引脚
和小孔附近被加热后的焊料,然后电子元器件就可以从电路板上取下来了。通常你
只需花费几分钟的时间就可以从大多数电路板上拆卸出一个 40 只引脚的集成电路,
之后这个集成电路就可以在其他电路板中再次利用,或者用在电路实验板上做实验
了。焊料吸管也适用于拆卸体积较大的组件,这些组件通常都会使用大量的焊料来
固定在电路板上。使用大量焊料不仅可以固定组件,也便于组件散热。

　　在焊接和脱焊过程中,焊锡(一种焊料)也是必不可少的,它是连接电子元器件

的重要工业原材料。有时在组件脱焊时,你需要熔化一些焊锡滴入到组件引脚的小孔中,然后才可以用焊料吸管去清理小孔。这是因为熔化后的焊锡是液体状态,其热量会传递到之前已经凝固的焊料使其松动,然后焊料吸管就可以将所有焊料一并吸走。在电子行业的工作中,你将需要药芯焊锡(松香芯焊锡),这是一种细小的空心的焊料,其内部有一种特殊的抗氧化的化学成分,可以在焊接时有效地清洁和保护铜线。焊锡线的直径多种多样,通常直径为 0.032 英寸的焊锡线可以在几乎所有电子工作中使用。注意,不要使用那种用于管道焊接的实心焊锡,它不适合电子行业中使用。

如果你的焊接设备包含一个可调节热量的刻度盘,那么当你需要从电路板上拆除更大的穿孔组件和固定硬件,如开关、散热板、连接插头和引脚粗大的设备时,它就可以派上用场了。你不需要担心电烙铁的热量会损坏某些电子元器件,因为电子元器件在生产过程中已经经受了更大的热量,电烙铁散发出的热量是不会对它造成破坏的。如图 1.3 所示,我们通常在脱焊的时候会把电烙铁的温度调节到最高,这样可以更快地拆卸电子元器件,从而减少焊枪接触电路板的时间。

图 1.3　将电烙铁的温度调节到最高,然后用来脱焊大型电子元器件

在你已经能够非常熟练地操作电烙铁之后,你可以在 1 分钟左右将一个 40 只引脚的集成电路从电路板上拆卸下来。电烙铁工具不仅可以从电路板上拆卸出任何电子组件,还可以让电子组件的引脚变得非常干净,就像是全新的一样,之后你随时都可以将它插入到你的电路实验板上。脱焊的操作确实要有足够多的实战经验才能达到娴熟的程度。如图 1.4 所示,在脱焊时,焊料吸管必须放在引脚焊料上方,然后以最快的速度将焊料吸走,这样才能将引脚小孔清理干净。如果你的速度太慢或者没能将焊料吸管及时放在小孔上面,那你可能无法吸走全部的焊料,这时你只能向其中滴入新的焊料,然后再尝试一遍。有一句话叫熟能生巧,当你连续拆卸了十几个电视机的电路板之后,不论是焊接还是脱焊你都能做到得心应手了。噢,在你长时间操作脱焊工具时,因为你要不断地按压焊料吸管的那个按钮,所以之后你的大拇指可能要酸痛一段时间了。

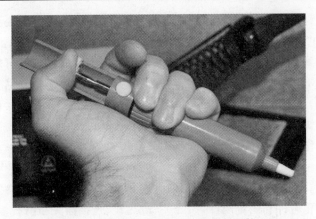

图 1.4   学习怎样高效地使用焊料吸管

　　和所有产品一样,由于生产厂商和价格的不同,各种脱焊工具的质量也会有所不同,不过你最好是购买质量好点的,因为它用的时间会长久一些。每次当你使用焊料吸管清理完一个引脚小孔时,焊料将会在吸管中凝结,在下一次按压吸管柱塞时它会自动往后退。当然,难免会有一些焊料附着在内部弹簧或内壁上,最终导致焊料吸管再也按压不动。为了清理焊料吸管,我们需要将它拆开,然后尽可能地将里面的焊料渣清除干净,别忘了柱塞上的橡胶圈也要确保清洁。清理干净之后可以使用一些植物油进行润滑,这样可以提高你使用焊料吸管的工作效率。一般来说,在使用焊料吸管一整天之后,或者在使用过程中感觉不再得心应手时,就需要对它进行一次清理工作,如图 1.5 所示。

图 1.5   脱焊工具在频繁使用之后需要打开进行清理

　　尽管现代的潮流是要尽可能地减少印制电路板上电子元器件的大小和数量,从而尽可能地节约成本,但是我们仍然可以从电路板上获得需要的组件,尤其是陈旧的电路板,那简直就是满载可用元器件的金山。通过简单地操作电烙铁外加你的手指,你可以很轻松地获得废弃电路板上的电容器、电阻器、晶体管、发光二极管、二极管和任何其他两只引脚或三只引脚的穿孔半导体组件,如图 1.6 所示。如果电子元器件特别小,那么你可以同时加热元器件上的所有焊盘,然后直接将元器件整个拔起来就行了。如果电子组件比较大,那么要想将它从电路板上拆卸下来就需要多花费一些时间了。

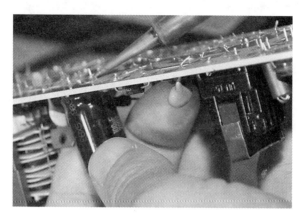

图 1.6　两只或三只引脚的较大电子组件很容易从电路板上摘除

对于较小的电子元器件,可以在加热其中一个引脚焊盘的同时,用手压弯器件直到触碰到旁边的其他元器件为止,使引脚尽可能多地从小孔中滑出来。如果电子组件不只有两只引脚,那么注意不要将其中一只引脚压得太弯,因为这样有可能把其他某只引脚压回到小孔中去,从而给你的脱焊工作造成不便。对于晶体管以及其他一些较大的电子元器件的脱焊工作需要多花一些时间,因为每次只能加热一只引脚的焊盘。

当你已经熔化了其中一个焊盘的焊料之后,尽可能将这个元器件压弯,直到触碰到旁边的其他元器件为止,然后让焊料热量冷却,这时候的引脚已经从小孔中拔出来一点了,然后对另外一只引脚做同样的操作。就这样,通过一点点的往外拔,元器件最终就可以从电路板上脱离出来了,如图 1.7 和图 1.8 所示。

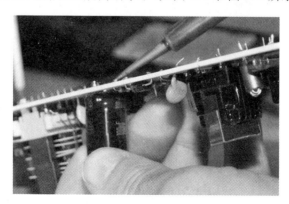

图 1.7　每次将引脚从小孔中拔出一点点之后需要让焊料冷却

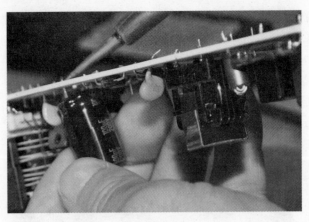

图 1.8 对电子元器件的每只引脚做同样的操作直到元器件从电路板上脱离

当你使用这种重复加热焊盘并弯曲引脚的方法从电路板上摘除电子元器件时,需要注意一些问题,首先,弯曲引脚时要注意方法,不要弯来弯去最后电子元器件还是一点都没有拔出来;其次,有些电容器的引脚非常短,在其底面和电路板之间几乎没有空间,因此在重复很多次的加热和弯曲之后,其引脚可能会脱离电容器从而导致失败;另外还有一些电子元器件,例如较大的电阻器,其引脚的热量会传递到它的外壳,因此,你对它脱焊时需要尽量快一些,或者使用一把镊子,否则当你抓住电子元器件时你的手指可能会被烫伤。

如果你将电烙铁的温度调到很高,那么或许只需要几秒钟的时间,就可以使用这种方法从电路板上摘除一个电子元器件,只要你操作时足够小心,就不会对电子元器件造成损坏(图 1.9)。在取出电子元器件之后,有必要清理一下元器件的引脚,这是因为在你从电路板上取下电子元器件时,可能会有一些焊料附着在引脚上。当你准备将这个电子元器件插入到无焊料电路实验板上时,你就必须要确保

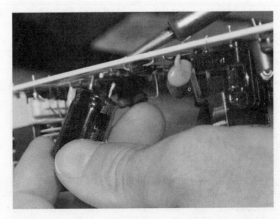

图 1.9 在数次加热焊盘之后,最终将元器件取下来

它的引脚上没有黏附焊料,否则引脚上的焊料会导致无法将其插入到电路实验板的小孔中。

　　如图 1.10 和图 1.11 所示,有些电子元器件的引脚非常短,或者无法直接用手指操作电子元器件。在电路板上平躺着的电阻器通常很难直接用手拔起来,因为你的手指不好抓住它,而且在加热焊料的时候它的引脚会变得很烫,你直接用手触碰它时很可能会被灼伤。你可以快速加热焊料并用手抓住电阻器迅速地将它拔起来,但过一会儿之后,你可能会发现你的手指已经被烫得起泡了。像电阻器和二极管这样的小型电子元器件,你可以在加热焊料的同时,用一把镊子或小螺丝刀将其从电路板上撬起来。实际上你只需要在撬起一只引脚之后,加热另外一只引脚的焊料,然后就可以很容易地将另外一只引脚从电路板的小孔中拉出来了。

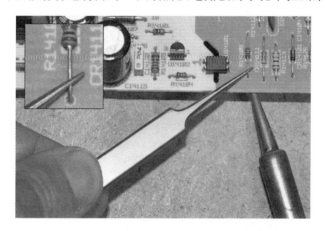

图 1.10　脱焊之后撬起较小的电子元器件

图 1.11　在给精细的电子元器件脱焊时需要更加小心

　　当电子元器件无法被安全地抓住或撬起时,你将需要使用脱焊工具来清理小孔中的焊料,然后才能将电子元器件摘取下来。如果元器件的引脚已经被压弯,那就尽可能地将它扶正,这样才可以用焊料吸管均衡地吸走引脚和小孔附近的所有焊料。很多集成电路和电子元器件都是由机器焊接到电路板上的，可能造成引脚和小孔的位置没有对准，这会给我们的脱焊工作造成一些影响。

　　焊料的多少和焊盘的大小决定了你使用脱焊工具的次数，如图1.12所示，为了将这个电子元器件取下来，你可能需要重复多次同样的工作。加热焊盘，直到焊料颜色发生变化（焊料被加热后会变得很有光泽），然后快速地将焊料吸管移到引脚上并按下柱塞按钮。一般来说，只要你把焊料充分加热，大部分引脚小孔都能够被清理干净，而对于较大的焊盘来说，你将需要尝试好几次才能清理完所有的焊料，如图1.13所示。

　　较大电子元器件的引脚一般也会比较粗大，焊料吸管可能不能一次性清洁完整个小孔。通常，你只要使用钳子或镊子抓住引脚，将它从小孔边缘移开，如图1.14所示。这就是为什么在使用脱焊工具之前需要尽可能扶正引脚的原因。对于较小的电子元器件，使用你的手指甲快速推压可以很容易地将引脚从小孔边缘释放出来。如果你不能释放引脚，那么它可能需要使用新的焊料填入小孔中，然后再次使用脱焊工具。

图1.12　掌握好时机和触点位置是使用脱焊工具的关键

图1.13　有时候电子元器件的引脚没有插入到小孔中

图 1.14 所示的电子元器件是一个保险丝,在其中一端已经从电路板上脱落之前,你不能尝试使用撬的方法,这是因为保险丝表面的玻璃太光滑,更重要的是撬动时可能会对玻璃造成损坏。较大的陶瓷电容器与之类似,它也是由非常易碎的材料制作而成的,不能轻易对它使用撬的方法。

图 1.14 当保险丝的一端已经脱落之后可以将其从电路板上拉出来

要想让电子元器件可以重新插入到电路实验板上,就需要使用脱焊工具清除引脚上的焊料,然后使用一把平口钳将引脚矫正弄直,如图 1.15 和图 1.16 所示。要想在一块无焊料电路实验板上使用粗大引脚的电子元器件,那么这个步骤是必不可少的,因为电路实验板上的小孔很小,如果引脚粘上焊料那就可能无法插入到电路实验板的小孔中了。

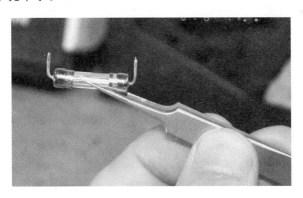

图 1.15 在取下电子元器件之后需清理并矫正它的引脚

当从一个较大的电子元器件(如电容器)上清理引脚上残留的焊料时,注意不要反复高温加热引脚,因为从电路实验板上取下之后不再有焊盘帮助散热,引脚反复受热可能会损坏电子元器件,因此在加热引脚时,只要引脚的热量足够你清除上面的焊料就行了。另外一个从引脚上去除焊料的技巧是,首先和前面一样,先加热引脚上的焊料,然后轻微震动元器件,让液化后的焊料从引脚上震落,注意最好把焊料震落到垃圾桶里,或者是不会被炽热的焊料破坏或黏住的物体表面上。

图1.16 使用脱焊工具清理引脚上残留的焊料

如果引脚比较粗大,则可以用一把尖嘴钳子夹住引脚并不断扭动,这样不但可以清除引脚上残留的焊料,还可以对引脚进行矫正,如图1.17所示。之所以可以清除引脚上的焊料,是因为焊料与引脚相比显得更加柔软,在钳子打磨的作用下它就会从引脚上脱落。注意不要用力过猛,否则可能折弯引脚甚至导致引脚从电子元器件上脱落。

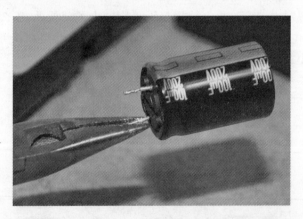

图1.17 使用尖嘴钳也可以清理引脚上残留的焊料

为了将电子元器件插入到电路实验板中,我们要将引脚剪短一些,使引脚的长度不超过半英寸。将引脚矫正拉直是很有必要的,因为这样可以在插入到电路实验板的小孔中之后,避免电子部件受到挤压。如果是准备将电子部件使用在穿孔板上,那么最好把引脚留的尽可能长一些,这样就便于在穿孔板的底面焊接引脚和接线。图1.18所示是将两根引脚修剪成一样长,准备使用在电路实验板上。

如果你是第一次用你的半导体组件搭建电路,那么你将需要一些常见参数的电容器、电阻器、晶体管和模拟集成电路,如图1.19所示。你几乎可以在任何废弃的电路板上找到足够多的常用电子元器件,例如 $1\mu F$、$10\mu F$ 和 $100\mu F$ 的电容器,$1k\Omega$、$10k\Omega$ 和 $100k\Omega$ 的电阻器,和较小的 NPN 型晶体管等。在你根据一个电路图搭建电路时,最常使用的是那些常见参数的电子元器件,对于电阻器而言,你可以根据色环代码很容易地判断出它的电阻值。这些常见参数的电子元器件随处都有,在收集一段时间之后,你可以在你的电子部件收纳箱中很容易地找到它们。

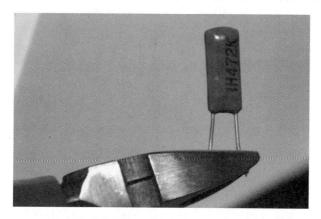

图 1.18 修剪电子元器件的两根引脚使之便于插入到电路实验板上

图 1.19 一对适合在电路实验板上使用的电容器

在你使用电烙铁进行脱焊和焊接的时候,应该时常地清理一下烙铁的尖端,以便在使用时更好地传递热量,如图 1.20 所示。清理方法是,将烙铁尖端放在一块湿润的海绵表面上来回拖拉,这样就可以去除烙铁尖端残余的焊料了。不要在烙铁上沾有焊料的情况下将烙铁放回到焊枪套上,因为焊料会慢慢使烙铁尖端降解,并在上面留下痕迹,最终会导致烙铁头无法使用或者产生变形。因此,在你用完烙铁之后记得要清理一下烙铁再放回焊枪套。

图 1.20 烙铁在用完之后会有焊料附着在烙铁的尖端

　　大多数的焊台都会包含一个焊枪套和一块海绵擦,如果你只有一把烙铁,没有专用的海绵擦,那么你可以使用任何厨房或洗浴用的海绵。只要将海绵稍微浸湿(不要搞得湿漉漉就行),你就可以用上好几天。清除烙铁头上的焊料很简单,只要将烙铁头放在海面上来回拖拉并适当旋转就可以了,如图 1.21 所示。焊料珠会粘在海绵表面上并最终变干,然后你就可以将它们抖落到垃圾桶里。记得在你准备烙铁电源时,或将烙铁放回到焊枪套之前,需要清洁一下烙铁头,这样可以避免烙铁遭受破坏,从而有效地维持它的工作性能。

图 1.21 在海绵擦的表面拖拉并旋转烙铁,以便清理烙铁头上的焊料

　　当你使用干净的电烙铁去加热一个较大的焊盘时你会发现这有些困难,这时候你可以在烙铁头上加上一滴液体焊料,它会帮你向焊盘传递热量。当你加热一个较大焊盘或裸铜焊盘时,烙铁头上的液态焊料能起到很大作用。为了在烙铁头上沾上一滴液态焊料,你只需要熔化一丁点新的焊丝就行,熔化出的多余焊料可以在海绵擦上擦除,如图 1.22 所示。这样做就是为了让烙铁头上沾上一滴液态焊料,然后可以更快地加热焊盘。你可以试验一下,烙铁头上有焊料和没有焊料的加热效果是有明显区别的。

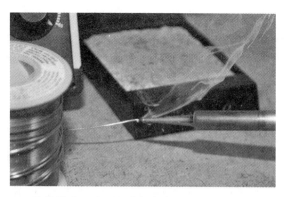

图 1.22 让烙铁头上沾上一滴焊料有助于快速加热较大的焊盘

表面安装的电子元器件的脱焊工作会有些困难，因为炽热焊料的毛细管作用（指液体在细管状物体的内侧因为内聚力以及附着力的差异，克服地心引力而向上升）会让表面安装的电子元器件吸附在烙铁头上，如图 1.23 所示。在给这些表面安装的电子元器件脱焊时，你必不可少地需要具备一把镊子，一面放大镜和一双不颤抖的手。其实表面安装的电子元器件的脱焊工作并没有多么困难，只要你有一把尖嘴烙铁、一把好使的镊子和足够的耐心就不会有问题。这时候不能再使用焊料吸管了，因为这个电子元器件太小了，很可能会被吸进焊料吸管里或被挤压导致损坏。

图 1.23 表面安装的电子元器件的脱焊工作会有一定的难度

表面安装的电子元器件看起来太小了，甚至手上的静电都有可能将它损坏。在这种电子元器件上会有各种不同的标识和代码，因此当你使用它时，需要去了解一下与之相关的专业知识，如图 1.24 所示。噢，如果你不小心将它掉落在地上，那就得很费劲地在地上寻找了，这时候没必要因此烦躁，其实能找到的概率不大。

表面安装的集成电路的尺寸和引脚数有很多种类型，其中很多都是可以通过手工焊接与脱焊的，因此不用担心从电路板上摘除这些电子元器件会有困难。大多数常见的模拟集成电路或运算放大器的引脚数都不是很多,因此,只需要使用一把小螺丝刀和一把电烙铁就可以轻易地将它们从电路板上取下来,如图 1.25 所示。表面安装集成电路的焊接和脱焊会有专用工具,但是很多只需要简单工具就可以完成。

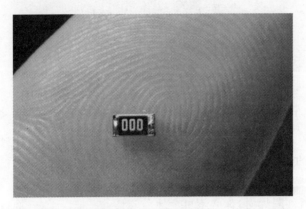

图 1.24   一个表面安装的电子元器件比一粒米还要小

图 1.25   使用撬的方法摘除一个表面安装的集成电路

有一个比较简单的方法可以用来摘除表面安装的集成电路,那就是使用高温烙铁头往返重复加热同一侧的所有引脚,同时使用小螺丝刀轻轻地撬起一端。你将需要在烙铁头上涂一些焊锡,然后来回在同一侧的引脚上滑动,以便均匀而快速地加热所有引脚,这样集成电路被加热的一侧慢慢就会从电路板上脱离。撬的力度不要太大,否则电子元器件有可能被损坏,如图 1.26 所示。当其中一侧的所有引脚从电路板上脱落时,你会听到啪的一声,然后可以轻轻地将这一侧撬起来。

当集成电路的其中一侧已经从电路板上脱落之后,不要将集成电路撬得太高,否则另一侧的引脚可能因此产生弯曲甚至被损坏。接下来可以用一边加热一边滑动的方法,对另一侧的所有引脚做同样的操作,这次只要改用镊子或手指就可以将整个集成电路从电路板上摘除,如图 1.27 所示。

图 1.26 表面安装的集成电路的其中一侧从电路板上脱落

图 1.27 成功摘除整个表面安装的集成电路

当你将表面安装的集成电路完整地从电路板上取下来之后,可能会有某些引脚产生弯曲或者沾有焊料,这时候你需要将其拉直或者清理残余焊料。这个方法对于摘除大多数有两侧引脚的集成电路都是行之有效的,但是如果有四面都有引脚的话,可能就不能再用这个方法了,对于这种集成电路,我们将需要使用电烙铁均衡而快速地加热集成电路的所有引脚。

我们习惯了花费数个小时从废旧电路板上拆卸电子元器件,然后将它们扔到一个巨大的收纳箱中,便于后期整理分类,如图 1.28 所示。对大量的电子元器件进行分类是一项非常繁杂的工作,因为所有这些电子元器件都需要查看它们的使用说明书或互相参照,这比拆卸它们所花的时间更长。例如,如果要查找某些元器件,像 $0.01\mu\mathrm{F}$ 的陶瓷电容器,我需要将其提取出来并归类。当你需要使用某个电阻值的电阻器时,要从一大堆混乱的电阻器中去寻找是很麻烦的事情,因此对它们进行归类是很重要的。对于电阻器而言,其型号和参数非常繁多,有时候我们不会从电路板上拆卸电阻器,因为电阻器的种类太多了,除了大部分常见参数的电阻器以外,几乎不可能对所有电阻器都进行归类。集成电路、电容器、晶体管和较大的电子元器件更容易辨别,因此常常是拆卸下来之后马上就可以进行归类。

图 1.28 对大量电子元器件进行整理和分类是很繁杂的事情

我们有十多个很大的电子元器件的收纳箱,里面装满了各种半导体组件,我们都已经根据参数、类型或用途对它们进行了分类,如图 1.29 所示。尽管其中有百分之九十的电子元器件都是来自废弃的电路板,但是可用的电子元器件肯定已经价值好几千美元了。如果你打算从商店里去购买电子元器件,那么就算是一个小电阻器也需要花钱,因此不要放过任何废弃的电路板。告诉你的亲朋好友和左邻右舍将所有能用的和不能用的电器都为你留着,然后你就可以尽可能多地收集你需要的电子元器件了。

图 1.29 带有小抽屉的零件柜方便我们分类

项目2 间谍摄像头基础

以前的低光度摄像头的大小和易拉罐差不多大,而且价值好几百美元。现在,你只需要花最多100美元,就可以买到一个比较好的微型间谍摄像头,它体积非常小,你可以将它装进一支记号笔的笔筒里。微型安防摄像头的镜头种类非常繁多,可用于任何视觉角度和隐蔽安装。自从人类发明了电视之后,这些摄像头都使用了相同的视频标准,因此它们都是非常容易连接的。这篇关于安防摄像头的介绍将为你提供一些安装和控制任何摄像头所需要的基本知识。

通常我们会将这些摄像头用于安全防护、机器视觉和机器人项目中。它们的尺寸范围很广,最小的只有半英寸长,最大的却要大得多,这取决于它们的特性、成像系统和所安装的镜头类型。对于大部分安防摄像头来说,使用一个小的有一个固定中焦到广角镜头的车载型摄像头是比较好的选择,但是有时候你需要看到更广阔的区域或看得更远,这时候就要选择可调节焦距的广角镜头,由此可见摄像头的镜头会有很多种类型。非常小的间谍摄像头除了要求体型足够小之外几乎没有其他选择,因为它们体积很小,所以差不多只能容下那个非常小的玻璃或树脂镜头。一般来说图像质量和相机尺寸往往是成反比的,相机体积越大功能越多,拍摄的图像质量就会越高,你需要根据实际用途来选择摄像头的类型。

图 1.30 微型的间谍摄像头比较便宜且便于隐蔽安装

在大多数要求隐蔽的用途中,尺寸的大小将是选择摄像机的主要因素,因此你可能无法使用多重镜头,甚至不能选择其他任何特性。在图1.31中,你可以看到各种摄像头在尺寸上的巨大差异,左边最大的是装有机械化变焦镜头的远距离摄像头,前面都是些微小的间谍摄像头。微型间谍摄像头有一个简单的固定中角镜头,可以在6V电源下运行很长时间。更大的摄像头可以使用一个计算机来控制机械化变焦镜头,但它必须在更高的电源供应和更多的电子控制系统下才能运行。

当然,有变焦镜头的远距离摄像头可以在 500 英尺以外看到你眼睛的颜色,而微型间谍摄像头可以在几乎任何地方隐蔽性拍摄画面。只要你舍得花钱,就肯定会有一种摄像头可以满足你的需要。

图 1. 31 多年日积月累所收集到的各种摄像头

安防摄像头和微型间谍摄像头都会有连接直流电源和输出视频信号的接线,有些可能还会有音频输出线,甚至包含一些控制线,用来控制图像增益、画面颜色、文字覆盖层和镜头焦距等特性。我们所最常用的是那种最基本的摄像头,也就是只有电源正负极接线和视频输出线这三根接线的摄像头类型。通常在微小的车载型摄像头上只有 3 根接线,它们分别用来接地、连接电源正极和输出复合视频。一般来说,接地线用黑色或绿色线,电源线用红色线,而视频输出线则用白色、黄色或棕色线。当然,不能完全凭颜色来猜测接线的极性,最好是能够亲自检验一下。

在图 1.32 中,左边的摄像头是比较高级的设备,它不仅有一个内置的屏幕显示系统,还包含很多内部功能,可以控制镜头和输出音频。这个摄像头的尺寸比较大,在它的背面有很多按钮、音频与视频插孔、直流电源插孔和一个特殊的用来控制机械化变焦镜头的接口。在图的右边是一个低光度微型摄像头,它只有一根微

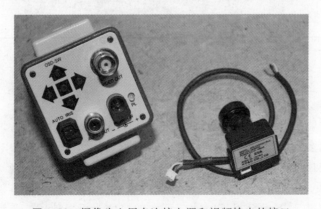

图 1. 32 摄像头上用来连接电源和视频输出的接口

小的内含 3 根接线的线缆,显然,这 3 根接线分别是电源线、接地线和视频输出线。在本节后文中我们将会讨论光度这个概念。较大的摄像头适合在白天时候进行远距离拍摄,它可以保证图像质量,而微型摄像头则可以安装到一个隐蔽的地方,它适合低光度拍摄或红外夜视监测。

图 1.33 所示是一个拥有高质量的可变焦镜头的大型安防摄像头,它通常会有一个 C-mount 或 CS-mount 接口的镜头。C-mount 接口的镜头会有一些外螺纹,与之相配的是摄像头上的内螺纹,螺纹的标配口径是 1 英寸,每英寸有 32 条螺纹。CS-mount 镜头的镜座距(镜头座与菲林平面的距离)是 0.4931 英寸,除此之外和 C-mount 镜头是完全一致的。一些摄像头会有一个较小的透镜支架,此外还常常有一个用于连接 C-mount 或 CS-mount 镜头的适配器,不过这种摄像头会丢失一些焦距。图 1.33 中的摄像头就配有一个 C-mount 适配器。

图 1.33 较大的摄像头会有 C-mount 或 CS-mount 接口的镜头

将镜头从摄像头上拧下来之后,你会看到在电路板上会有一个电荷耦合器件(CCD),如图 1.34 所示。这个集成电路上面有一面玻璃,通过这面玻璃,镜头将图像聚集在一个极度微小的高分辨率的阵列上,从而形成可以显示出来的图像。注意不要接触到 CCD 感光元件的顶部表面,否则它表面会产生污迹,这需要正确的清洁方法才可以将污迹清除。CCD 感光元件决定了图像的颜色类型(彩色或黑白色),以及水平方向和垂直方向的像素个数(即分辨率)。大多数彩色摄像机还会包含一个特殊的滤波器,用来滤除红外光,而黑白色摄像头则没有,这就是为什么黑白色摄像头更适合用于夜间拍摄的原因。CCD 感光元件的成像可以达到非常高的分辨率,但如果是录制复合视频的话,由于视频带宽的限制,其分辨率将大约是 720×480。

当你深入研究安防摄像头的详细技术时你会发现,其中一个最重要的因素将是所使用的成像元件,这个成像元件可能是电荷耦合器件(CCD),也可能是互补金属氧化物半导体(CMOS)。这两种类型的成像元件是被普遍采用的两种图像传感

图 1.34　移除镜头后可以看到摄像机里面的 CCD 或 CMOS 成像元件

器,它们都是将光信号转换成电压信号并最终形成数字信号。图 1.35 所示是一块 CCD 感光元件,其工作方式是,被摄物体的图像经过镜头聚焦至 CCD 芯片上,其中每一行中每一个像素的电荷数据都会依次传送到下一个像素中,由最底端部分输出,再经由传感器边缘的放大器进行放大输出。而在 CMOS 传感器中,每个像素都会邻接一个放大器及模拟/数字转换电路,用类似内存电路的方式将数据输出。CMOS 感光元件常常需要包含放大器、噪声矫正和数字化电路,这些附加功能增加了 CMOS 的复杂性,并减少了每个像素的感光区域。因此,在像素尺寸相同的情况下,CMOS 传感器的灵敏度要低于 CCD 传感器。

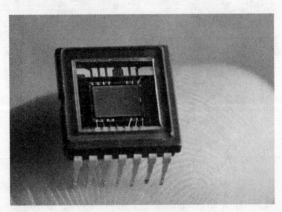

图 1.35　这是一个从高质量的便携式摄像机上取出来的 CCD 成像元件

　　CCD 摄像头适用于低分辨率和低光度的成像,而 CMOS 成像元件则可以用在高分辨率的成像系统中,例如在数码照相机和扫描仪的使用环境中,合适的光照通常来说不是问题,这时候就适合使用 CMOS 成像元件。如果现在有一个价值 100 美元的光照度为 0.5 lx 的 CCD 安防摄像头和一个价值 50 美元的光照度为 1.5 lx 的 CMOS 摄像头要你选择,那么你应该选择 CCD 摄像头,因为它既可以提供更优质的画面,又适合在低光度或夜视设备中使用。在安防摄像头中不会过多地考虑分辨率,因为大部分已经超出了 NTSC(国家电视标准委员会)和 PAL(逐行倒相制式)复合视频标准的范围。对于安防摄像头来说,除镜头类型和取景范围以外,光照度也是最重要的特性之一。

lx 是照度的国际单位,它反映的是光照强度,其物理意义是照射到单位面积上的光通量。光照度越低的摄相机,其在夜间的拍摄效果越好。举个例说,一个光照度只有 0.5 lx 的黑白色摄像头在黑夜中看到很多肉眼所看不到的东西,如果将其和红外照明灯一起使用,你将可以在监视器屏幕上看到黑夜中的任何东西,就好像是白天一样。彩色摄像头需要更多的光照才能行成比较优质的画面,且由于它们通常会有红外滤波功能,因此在夜视设备中不适合使用彩色摄像头。

虽然装有可变焦的 C-mount 镜头的安防摄像头要比固定镜头的微型摄像头更加昂贵且更加笨重,但是不同镜头类型的摄像头之间的性能差别却是很巨大的。如果你想让你的安防摄像头可以控制取景范围,那么你将很可能需要使用一个镜头为 C-mount 或 CS-mount 类型的摄像头。图 1.36 中那个较大的摄像头是 个远程变焦摄像头,这种摄像头的价格可能高达 1000 美元,它用来进行远距离拍摄,可以捕捉到最微小的细节变化。另外那个尺寸相对较小的摄像头是一个聚焦型 C-mount 镜头,根据它的尺寸和所使用的镜片类型,它的价格在 20～500 美元之间。这种镜头的拍摄质量往往是很高的,可以和高级便携式摄像机的镜头相媲美。

图 1.36 C-mount 类型的摄像头拥有最高的拍摄质量

图 1.36 中的变焦镜头价格比较昂贵,且比摄像机的机身还要大很多,但是它们可以很方便地通过一套模拟控制线来控制聚焦、变焦和光圈。使用这些镜头的摄像机几乎不可能隐蔽摄像头,但是由于它们可以观测到非常远的距离,因此就没有必要隐蔽设备了。C-mount 类型的镜头也可以装配成隐蔽型的针孔摄像头,但是造价肯定特别的昂贵,且与低光度微型摄像机的镜头相比会显得有些大。

微型视频摄像头或图 1.37 中所示的车载型摄像头的价格非常便宜,它们的拍摄质量都还算不错,一般只需要提供电源和视频输出连接就可以使用了。这些摄像机的尺寸都非常小,长宽只有一英寸,有的甚至和铅笔的橡皮擦一样小,因此它们非常适合制作隐秘拍摄装置。这种摄像机在一块 9V 蓄电池的带动下可以持续工作数个小时,且有很多种固定焦距的镜头可供选择,既可以选用较小的中焦到广角的玻璃镜头,又可以选择超级微型的针孔镜头。这些小镜头的唯一缺点就是它们的参数不可调节,其视野和焦距都是固定不变的。

图 1.37 固定焦距的微型摄像头体积很小,适合隐秘拍摄

将这些小摄像头从摄像机上拧下来之后,你会在摄像机电路板上看到一个 CCD 感光元件,这个 1/3 英寸的彩色感光元件和那些较低端的便携式摄像机所使用的感光元件没有什么区别,其拍摄的图像质量远远超过了基本的监视应用需求。大部分的微型摄像机镜头的螺纹都是一致的,因此它们常常可以更换着使用。

实际上这些微型视频镜头的焦距是可以设置的,如图 1.38 所示,先拧松镜头上那个细小的螺丝,然后就可以顺时针或逆时针旋转镜头,从而获得拍摄某场景的最佳焦距。大部分这样的摄像头都可以清晰地看到 10 英尺之外的东西,但如果物距更近的话,就可能需要对它初始的设置做一些调整了。尽管这些摄像头所使用的镜片的质量参差不齐,但最终拍摄出来的画面质量都是比较优质的,这是因为分辨率较低的复合视频信号适合使用高质量的 CCD 成像元件。我们发现,现今一个价值 30 美元的普通彩色摄像头拍摄的画面质量要比 5 年前生产的价值 1500 美元的便携式摄像机还要好。技术一直都在不断改进,电子产品也会越来越便宜,因此,如今几乎每个人都能有经济条件去购买一个高质量的监控摄像机。

随着数码产品价格的不断走低,你已经可以购买一个完整的夜视摄像机,如图 1.39 所示,这么好的摄像机其价格才不到 50 美元。打开这个经得起日晒雨淋的铝制外壳之后,你将发现里面有一个高质量的车载型摄像头、电源适配器和另外一块用于控制红外发光二极管阵列的电路板。这个便宜的摄像机不需要搭配其他任何设备,就可以在夜间拍摄到大约 50 英尺之内的范围,在白天更是可以拍摄到高质量的彩色图像。将这个摄像机的所有部件拆出来后,其中的摄像头模块其实和

图1.38中的摄像头是一样的,而且如果是单独购买每个部件,其价格会比购买整个摄像机贵得多。无奈的是,我们在网上看到很多间谍设备的网店,他们会以这个整个摄像机的三倍或四倍的价格出售单独一个摄像头,所以在购买摄像头时要货比三家,很多网站都会声称自己的商品主要面向执法机关,看似权威,但实际上没什么区别,因此你还是要谨慎一些。

图1.38 为固定焦距的摄像头设置初始焦距

图1.39 这是一个内含若干红外发光二极管的户外夜视安防摄像头

安防摄像头有好几种不同的接口类型,但是最常见的是图1.40所示的RCA插头,这个插头和很多电视机背后用来连接老式视频播放器或摄录机的插头是一样的。在一台电视机或监视器的背后,这个插孔的旁边常常会有"视频输入"、"线路输入"或"外部输入"的标记字样,且不论是音频还是视频,都使用这个相同的接口。大部分安防摄像头都可以输出NTSC或PAL标准的复合视频,任何电视机或监视器,只要支持此视频输入,就可以连接到摄像头。对于一些比较小的摄像头,它可能除了连接线没有任何输出接口,这时候你如果想将它连接到电视机或监视器的话,就有必要在接线上连接 RCA 插头了。

图 1.40 RCA 连接线是所有复合视频连接线中最常见的类型

如图 1.41 所示,在监视器、录像机或电视机的背面,RCA 接口通常会有两个输入接口,分别用于输入立体声音频和视频信号。虽然没有真正的颜色标准,但是一般来说,黄色的接口用于输入视频信号,而红色或白色则用于输入音频信号。

图 1.41 这是一个复合视频监视器背面的 RCA 接口

在更大更复杂的摄像头上,可能会有 BNC(同轴电缆接插头)型的接口,如图1.42 所示。BNC 和 RCA 接口不仅在外形上看起来很相似,而且对于复合视频信号的传输方式上也没什么区别。如果要用到 BNC 接口,那么最好是在上面使用一个 BNC 到 RCA 的转接头,然后就可以在 BNC 接口上连接更为常用的 RCA 插头了。

图 1.43 所示是一个 BNC 到 RCA 的转接头,它可以帮你将 BNC 接口切换成更加常用的 RCA 接口。尽管 BNC 接口更加适合高频率的信号传输,但是由于复合视频摄像机只是向外发送低带宽信号,因此使用 BNC 接口就没有什么意义。BNC 接口在电视机或录像机上是找不到的,因此你没有必要到处去寻找这种接口,除非你已经制作出一个使用 BNC 接口的系统。

图 1. 42 有些摄像机会使用 BNC 型的视频输出接口

图 1. 43 这个转接头可以将 BNC 接口切换成 RCA 接口

如图 1.44 所示,在一个高质量机器视觉摄像机的背面连接了一个 BNC 到 RCA 的转接头,奇怪的是,它的音频输出已经使用了 RCA 接口,而视频输出却要使用 BNC 类型的接口。在接上转接头之后,这个摄像机就可以通过 RCA 类型的复合视频接口将视频信号输出到任何录像机或电视机中了。

图 1. 44 使用转接头可以将 BNC 接口的摄像头连接到任何复合视频监视器

如图 1.45 所示,一个体型较小的间谍摄像头或车载型摄像头常常是没有接口插座的,它通过一个塑料塞子从内部引出几根必要的接线来连接外部设备。在我们收集的所有小型摄像头中,大多数都是只使用三根接线,分别用于接地、连接电源和输出视频信号。如果摄像头可以录制音频,那它还应该会有一根音频信号输出线。由于这种连接头常常需要定制,且很难找到现成的,因此在购买这种摄像头时一定要确认附带产品中包含线缆和接插头。在使用时,通常在线缆的其中一端连接摄像头,另一端连接一个用于音频和视频的内凹型 RCA 插头和一个直流电源的同轴插头,然后再确定一下摄像头的电源电压是否正确,且极性连接是否无误。

图 1.45 车载型摄像头和微型摄像机的连接方式

因为音频和视频信号在长距离传输过程中容易产生干扰,所以在摄像头和监视器或录像机之间有必要使用同轴电缆传输信号。如果你的摄像头两端都有 RCA 接口,那么你可以使用任何标准的跳接线来连接到电视机或监视器,但是这常常会要求缆线有足够的长度,或者是你不得不自己制作缆线。RG-59 系列的同轴缆线是用于安防摄像头的标准缆线,这种缆线的中心是一根被隔离的信号线,它被外围传导性覆盖层所包围。型号为"RG59 Siamese"的缆线中还包含一对电源线,有了这对电源线,你可以将摄像头的电源安装在放置录像机或监视屏的地方,然后就可以在室内控制摄像头的电源了。如果摄像头和监视屏距离不远,那么几乎任何类型的同轴缆线都可以使用。

图 1.46 所示是剥开一根同轴缆线的整个过程,最后我们可以看到缆线内的外围传导性覆盖层,以及受保护的最中心的信号线。当同轴电缆连接到一个音频或视频源时,最里面的信号线将用于承载和传输信号,而外围覆盖层用于接地。在几乎所有信号传输中,都需要有接地和电源供应。当传输信号时,正极连接的是中心的信号线,负极则变成了外围覆盖层。

很多的电子设备的原型设计都需要用到无焊料电路实验板,所以如果你能够为摄像头制作出一根可插入电路实验板的缆线,那么你的设计工作会变得更加简

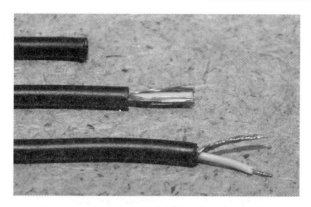

图 1.46　同轴电缆用来传输音频或视频信号

便,你可以用它来测试各种电源供应、音频前置放大器和视频系统,不需要每次都剪断并剥开新的缆线。我们有好几根在电路实验板上使用的缆线,可用于收集到的各种摄像头模块,还有一些标准的直流插头和 RCA 类型的同轴接线。如图1.47所示,通过在缆线的末端焊接两根大头针,就制作出了一根可用于无焊料电路实验板的缆线。如果没有大头针,那你也可以使用可插入电路实验板小孔的粗实铜线。

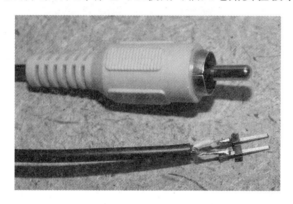

图 1.47　制作一根可用于电路实验板的连接缆线

我们常常要制作一些与机器视觉、机器人和视频录像相关的电子设备,所以如果可以将摄像头连接到我们的电路实验板上,那肯定会很有帮助。为了达到这个目的,我们已经制作出了必要的电源连接插头,用于连接 9V 蓄电池,还有三只引脚的摄像头插头和另外一根用于连接视频监视器的 RCA 缆线。如图 1.48 所示,有了这些在电路实验板上使用的缆线之后,只需要几秒钟的时间就可以在一个机器视觉项目中接入视频信号或连接到一个监视器。

如果你正计划长期制作一些与视频摄像机有关的电子设备,那么你就必须要准备一个图 1.49 所示的 LCD 液晶监视器。你可以在任何娱乐设施供应出口商或自动化硬件商店里可以找到这些小型视频监视器,它们通常会用作便携式娱乐设备的显示屏或旅游大巴和公交车上的视频播放机。很多小型电视机的背面也包含用于连接复合视频源的 RCA 接口,因此它们完全可以显示大多数摄像头拍摄的视频。

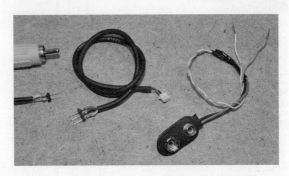

图 1.48 这是一套在电路实验板上使用的连接微型摄像头的缆线

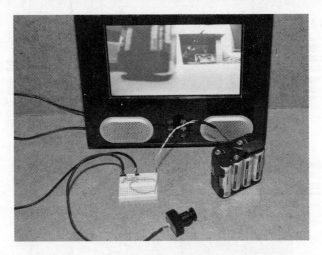

图 1.49 用一个小型 LCD 监视器显示摄像头的图像

现在你已经基本上了解了怎样去获得一个摄像头的视频信号,你可以开始自行设计一个隐蔽型间谍摄像系统、机器视觉机器人或任何需要视频源或显示屏的项目了。

项目3 不可见光基础

当一个间谍装置中需要具备摄像功能时,夜视功能将是最重要的因素之一,因为它可以让监视者看清漆黑夜晚中的动静,而被监视的对象是完全不知情的。在光谱图中,红外线的波长范围是 $750\sim1500nm$,它和红色光是相邻的两种光波。人类肉眼是看不到红外线的,但很多摄像头都可以看到,这样就可以将红外线作为夜视系统中的隐形照明光源。红外线一个最普遍的应用就是电视机的遥控器,遥控器前端的发光二极管向外发送红外脉冲,电视机的红外解析模块接收到这种脉冲信号后会将其解调为相应的数据。当然,你是看不见这种脉冲的,因为红外线是我们人类的可见光范围之外的光,这种光波对于电视机上的红外接收模块来说却是很容易捕获的。

图 1.50　红外线可用作夜视系统中的照明光源

　　安防摄像头和微型间谍摄像头也可以看到红外线,它们不仅价格便宜,方便连接其他设备,而且很容易进行隐蔽拍摄。目前市场上有很多种高质量的安防摄像头,其中有一种低照度的视频摄像头,它经得起日晒雨淋,内部还会有用于夜视照明的红外发光二极管阵列。黑白色安防摄像头和小型的车载式摄像头对红外线是尤其敏感的。超低照度的摄像机通常只需要 100 美元甚至更低的价格就可以购买到,如果是在网上购买会更加便宜。在普通摄像机上安装 10 个或更多的红外发光二极管,你就可以制作出一个夜视设备,它比 20 世纪 80 年代价值上千美元的摄像机还要好。

　　在图 1.51 的下方展示了从紫外线到红外线的光谱图,其中还包含极小一部分我们人类肉眼所能看到的可见光。我们眼睛的可见光的波长范围是从 400nm(紫光)到 700nm(红光),中间位置是约 550nm 的绿光。有趣的是,视频摄像机中的成像系统可以看见可见光两端的光波,也就是红外线和紫外线。在光谱中我们肉眼所看不见的红外部分的科学术语应该叫红外辐射,而并非红外线,但是通常这两种称谓都是一个意思。

　　大多数视频摄像头都可以看见光谱中的 700nm 到 1500nm 的红外线部分,其中在 800nm 左右尤其敏感。视频摄像机也可以看见紫外辐射,但是紫外线会对人体皮肤造成伤害,红外辐射却不会,而且更容易人为制造。并非所有的视频摄像头都可以看见红外线,尤其是那些追求高质量图像颜色的摄像机。便携式摄像机和数码相机通常会包含一个玻璃滤光器,它可以滤除红外线,只留下可见部分的光波,这样就保证了图像的颜色质量。由于这个原因,便携式摄像机是不能看见照明光源中的红外线的,除非你打开它的镜头外壳,并移除那片微小的、和 CCD 成像元件贴在一起的玻璃滤光器。

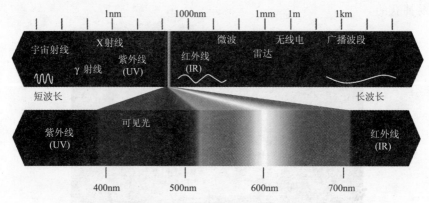

图 1.51   可见光在自然界光谱中只占用非常小的一部分

图 1.52 所示是红外发光二极管的几种类型,它们常见的用途是用于某种电器的遥控器,其中我们最熟悉的应该是电视机的遥控器。通常来说,电视机遥控器会有一个或多个发光二极管,它们通过向电视机的红外线接收模块发送 40kHz 的调制激光来控制电视机。红外发光二极管还有很多其他用途,它不仅在遥控器的应用上具有巨大的市场,而且在夜视照明项目中也是非常好的选择。超高功率的红外发光二极管的作用也很多,但是由于它们的价格比较昂贵,我们更倾向于将多个廉价的普通红外发光二极管组合起来使用。

图 1.52   这些红外发光二极管通常都是用在遥控器上

红外发光二极管的峰值波长就是红外辐射的波长。当发光二极管与任何要求窄带宽的电器设备相匹配时,波长这个数字是很重要的。拿电视机遥控器来举个例子,它使用红外线波长为 940nm 的红外发光二极管,所以接收模块就要被匹配到光谱的这个范围。接收模块常常会装有一个黑色的塑料滤光镜头,它可以滤除其他所有光波(除红外线以外)。有些发光二极管也会包含一个塑料的滤光器,因为我们肉眼是看不见红外线的,所以它看起来就是全黑色,如图 1.52 中右边那个发光二极管所示。因为红外线对于夜视摄像系统来说就像普通白色光一样,所以通过摄像系统看这个黑色塑料外壳时,你会发现它几乎就是完全透明的。

图 1.53 所示的红外发光二极管可以从很多电子商品供应商那里购买到,它们的价格非常便宜,每个只需要几美分,如果你想大批量购买,那就更加便宜了。一个由 32 只红外发光二极管组成的夜视照明灯的照明效果会相当不错,如果你是从网上的电子经销商那里订购的这些发光二极管,其制作成本可能只需要 20 美元。当你将一个 1W 的高功率红外发光二极管与 50 只普通红外发光二极管相比时,你会发现 50 只普通发光二极管的价格更加便宜,而且不需要任何特殊的驱动电源,因此它们当然就是最好的选择。然而对于要求自身体积不能过大的设备来说,选择高功率的红外发光二极管会更合适,但必须要支付高功率红外发光二极管及其特殊的驱动电源所带来的高额费用。

图 1.53　这些直径 5mm 的红外发光二极管不但便宜而且易于使用

图 1.52、图 1.53 和图 1.54 中所示的直径 5mm 的红外发光二极管是最普通最常用的类型,此外还有尺寸更小的型号,包括表面安装型的发光二极管。我们希望可以控制红外发光二极管所发射出来的光束,由于生产厂商会在直径 5mm 的发光二极管的顶部使用一个光束整形透镜,因此这种类型的发光二极管应该是最理想的选择。表面安装型发光二极管的光束常常不能聚焦,正是由于这个原因,它一般不在红外应用中使用。如果红外发光二极管可以控制光束的聚焦范围,那么我们就可以通过调整它的光束来满足各种不同的应用需求。遥控器使用了适中的聚焦范围,因此就算我们以各种不同角度来操作遥控器,它仍然可以向电视机的接收器发送相对聚集又强烈的红外线束。在夜视系统中使用的红外发光二极管可能会使用更广阔的聚焦范围,这样就可以为摄像头照亮更大的拍摄区域。发光二极管的聚焦范围及所有其他重要的规格参数都可以在生产厂商的使用说明书上查看。

通常我们见到的闪光灯灯泡的电源既可以是交流电也可以是直流电,而发光二极管则不一样,你必须在直流电源上正确连接了它的正负极它才会发光。一个

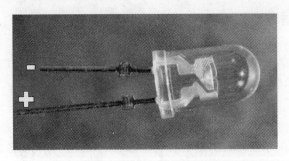

图 1.54　发光二极管的正负极性必须连接正确

全新的发光二极管的两只引脚会不一样长,通常来说较长那只引脚用于连接正极,较短那只用于连接负极。但如果你的发光二极管是从废弃电路实验板上拆卸下来的,那么你就不能通过引脚的长短来判断正负极了,此时可以用其他两种肉眼观测的方法来判别发光二极管的极性。第一种方法是仔细观看发光二极管的底面边缘,如果有一处出现一个小平面,那靠近这个小平面的那只引脚就是负极引脚。另外,从侧面观察两条引脚在管体内的形状,形状较大的就是负极,如图 1.54 所示。当然,有些发光二极管的管体不是透明的,这时候你就不能用第二种方法了。

　　你可以使用一个可见光发光二极管做一项测试,以此校验一下发光二极管的极性与功能。测试操作很简单,只需要将发光二极管的引脚连接到一个 3V 的纽扣电池(如型号为 CR2450)就可以,如图 1.55 所示。如果你反向连接发光二极管的引脚,那它将不会发出任何光。当正确连接发光二极管的极性之后,只要它是可见光发光二极管,那我们就可以看到它在发光。纽扣状的 3V 锂电池的内电阻很小,它不会对一个额定电压为 3V 甚至 3V 以下的发光二极管造成损坏,因此它非常适合用来测试几乎所有的可见光发光二极管。如果想要测试红外发光二极管,那么你就需要用到一个连着摄像头的监视器,这样才能看到发光二极管的输出,这

图 1.55　使用一个 3V 纽扣电池测试发光二极管

个问题我们会在后面进行讨论。大多数发光二极管都可以在 1.5～3V 的电压下发光,因此它们都可以使用纽扣电池来进行测试,如果你的发光二极管是从废旧电路板上拆卸下来的,而且找不到任何相关说明书,那么你就可以使用这个简便的方法了。

当你从生产厂商那里订购全新的发光二极管时,你需要参考一下产品的参数说明书,以便挑选出最适合项目需求的发光二极管型号。发光二极管最重要的参数是峰值波长、视场角度、发光强度(单位为坎德拉,光通量的空间密度,即单位立体角的光通量,是衡量光源发光强弱的量)以及正向电压与电流。另外还有很多其他参数你可能也要了解一下,例如脉冲电流限制、管体尺寸和引脚类型等。同时需要注意的是,坎德拉(发光强度单位)只是用来表示可见光发光二极管的发光强度,对于红外发光二极管而言,其发光强度的单位为每球面度的毫瓦数(mW/sr)。从图 1.56 中的参数说明书上可以看出,这个发光二极管是一个用于遥控器的普通红外发光二极管,其红外线波长是 940nm,额定正向电压是 1.2V。

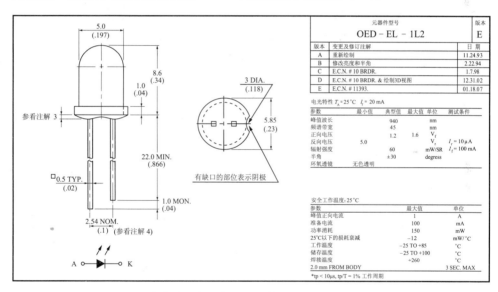

图 1.56 参数说明书上全面地提供了发光二极管的参数信息

并非只有发光二极管才能产生红外辐射,激光二极管也可以发射出很多种不同波长的、可见的或不可见的光波。高功率的激光笔可以发散光束,因此它们适合用作某些夜视照明设备,尤其在远距离照明应用中,它们能起到非常重要的作用。网上有很多激光笔的供应商,你最多只需要花费 100 美元就可以从网上买到一支高功率的激光笔,它可以让 20 英尺以外的气球爆裂,甚至可以烧毁电工胶布。别搞错了,这东西可不是拿来玩的。如果你将它对准你的眼睛,那你的眼睛很可能就此永远失明,因此,你的第一次犯错将可能也是你的最后一次犯错。如果你需要用到高功率的激光笔,那你最好同时购买一副激光护目镜,当你在实验室使用这些激光笔时就可以用它来保护你的眼睛了。

图1.57所示的两支激光笔都是高功率的第三类B(ClassⅢB)激光笔,它们分别可以输出50mW和250mW的红外激光。将这种东西称作"激光笔"确实会让人对它的安全性产生误解,因为它不是普通的笔,这种红外激光笔所发出的光线是完全看不见的,且指向任何物体时都会有安全隐患。图1.57中上方的激光笔的输出功率高达250mW,它可以在20英尺外烧毁一个黑色物体。下方那支激光笔的输出功率为50mW,它最初发出的激光是可见光,颜色是红色的,为了让它发出红外光,我们将其中的激光二极管替换成了一个DVD刻录机上的激光二极管。这两种激光笔在使用某种透镜来扩散光束之后,它们都可以用来进行远距离的夜视照明。

图1.57 激光笔也可以发射红外光

如果你正准备购买一支激光笔来做一些夜视实验,那么注意要选择那种准直透镜可以调节或可以移除的类型,因为在夜视项目中,我们是要扩散光束,使其照射半径达到数英尺宽,并可以照射到几百英尺远的距离。

激光笔和激光模块基本上是一样的,它们的外形都是圆柱形,其中都包含一个激光二极管、前端光学元件和一些限流电路。不同的是,在激光笔内会预留一些空间用于安装电池组,这意味着激光驱动电路的构造很简单,我们可以将激光二极管和电源分开使用。激光模块的电路常常更加稳健,它们包含电源校准电路,因此可以在多种不同的电压工作。同时激光模块具有更高质量的光学元件,且常常是可以调焦的,因此它们可以在固定照射距离内聚集或者发散光束。

激光光束是否可以发散将是制作激光照明系统的关键,因此,如果你的经济条件允许的话,那使用激光模块作为照明光源应该是最好的选择。图1.58所示是一些小型的低功率激光模块,它们的输出功率是5mW,可以发射各种波长的光波,包括红光、绿光和红外光。我们也有一些高功率的用于夜视系统中的红外激光模块,其中功率较低的只有50mW,功率最高的达到了1W。1W的激光二极管与其说是照明器,不如说是武器,在使用它时一定要格外小心,它不仅会严重伤害人的眼睛,而且能够在你实验室里引发火灾。

图 1.58　激光模块很小,却常常包含高质量的可调焦的光学元件

　　如果你想拥有一个便宜些的高功率激光器,那么你可以考虑找一个单独的激光二极管,然后自己制作驱动电路或连接电源。一般来讲激光二极管会比激光模块便宜很多,且功率也会比大多数激光笔要高得多。使用单个激光二极管的缺点在于可能需要制作某种限流电路,而且它并不包含光学元件。有个好消息是光学元件可以从很多废旧照明设备上去寻找,而且在大多数时候,激光二极管不需要任何驱动电路,它可以直接在一个 3V 电源下正常工作。

　　你可以购买一个二手的或全新的 DVD/CD 刻录机,如今它的价格是相当便宜的。在这种刻录机里,你可以找到一对功率很高的激光二极管。DVD 刻录机中会包含一个高功率(150mW)的可见光激光二极管,其光波波长为 650nm,因此是红色,而 CD 刻录机中会包含一个 60mW 的激光二极管,其光波波长为 780nm,是不可见的红外线。如果用于夜市照明,那你可以选择红外激光二极管。因此,去找一些 DVD/CD 刻录机吧,那里会有你需要的激光二极管类型。

　　图 1.59 所示是一只裸露的激光二极管。大多数的激光二极管在外形上看起来都是一样的,不同的只有光波波长和输出功率。在激光二极管的顶部会有一个小开口,在这个开口处通常会有一片玻璃,注意这片玻璃并不是聚焦透镜,它只是用来保护二极管的。激光二极管的因引脚数最少只有 2 只,最多会有 4 只,这取决于激光二极管的内部连接方式。其实不论有几只引脚,它们的工作原理都是一样的。这个小小的激光二极管除了包含一个二极管之外,还有一个用于监控输出的光学传感器。当一个激光二极管只有两只引脚的时候,这意味着它的负极就是它的金属外壳,这两支引脚都是正极,分别用来连接激光二极管和光学传感器。如果是三只引脚,那么其中有一只共用的负极引脚会直接连接到金属外壳,另外两只引脚的连接方式不变。对于四只引脚的激光二极管,其二极管和光学传感器都各自有一对正负极引脚。至今为止,三只引脚的激光二极管是最普遍使用的。

　　有一种滤光片,它可以让光线穿过滤光片之后只留下波长为 800~1000nm 的红外线,这种滤光片就是红外滤光片。当你戴上一副有色眼镜时,你所看到的世界

图 1.59 这是一只从 CD 刻录机里找到的 60mW 的红外激光二极管

会变成另外一种颜色,而使用红外滤光片的效果和这种效果很相似。如果你戴上一副半透明的绿色塑料眼镜,那么你将看到眼前的一切都呈现绿色,这是因为光线在穿过绿色镜片后,进入你眼睛的只有波长为 490~560nm 的绿色光。同样,红外滤光片也会产生类似的效果,只不过因为我们肉眼看不见红外线,所以如果你佩戴红外滤光镜看东西,那么你眼前将一片漆黑。人眼看不见红外线,但大多数摄像机却可以看见。假如有一块红外滤光物体挡在摄像机镜头前面,摄像机将可以看清这个物体后面的东西,就好像摄像机具有透视功能一样。

白色光中包含很多种波长的光波,其中就有红外线,当一束白色光穿过红外滤光片之后,所有其他光线都会被滤除,只剩下我们肉眼看不见而摄像机却可以看见的红外线,这就是红外滤光效应,据此我们可以制作出高功率的红外照明系统。使用红外发光二极管的好处在于我们既可以制作出小巧而高功率的照明器,又可以制作出极高亮度的大型照明系统。图 1.60 中的物体都具有红外滤波功能,你可以使用一个小型黑白摄像头和白炽闪光灯所发出的白色光来验证一下。

图 1.60 很多不同的物品都可以拿来用作红外滤光器

要想看到肉眼完全不可见的红外辐射,就必须使用一个摄像头,然后你可以在一台视频监视器上观看到摄像头所拍摄的图像。对于摄像头而言,红外辐射就跟白色光一样清晰可见,大多数夜视系统的基本原理就在于此。大部分便宜的摄像头模块所需要的电源电压都是9~12V,它们可以输出标准的彩色或黑白色视频信号。网络上有非常多的摄像头提供商,摄像头种类繁多,价格因质量的好坏而不同,通常来说你只需要花费10~100美元就可以购买到一个你喜欢的摄像头型号。值得一提的是,标准的便携式摄像机常常是看不到红外线的,因为它们的光学元件中会包含一个红外阻隔滤光器,这样可以获得较高质量的可见光的成像。你可以用一个便携式摄像机试验一下,它可能只能看到非常微弱的红外线或紫外线。

图1.61所示的微型摄像头的型号是KPC-EX20H,它是由日本的一家公司生产的。这种摄像头具有超低照度和很高的分辨率,在我们的夜视实验中表现出了非常出色的效果。你也可以在网站SuperCircuits.com上看到这种摄像头,其类似型号是PC182XS,售价在100美元左右。因为这种摄像头具有超低的照度和较高分辨率的CCD成像元件,所以一般的低照度黑白色摄像头的价格会比它低很多。

图1.61　这个微型黑白色摄像头可以看见红外线

根据夜视设备的需求,你的视频监视器既可以很小,小到和便携式摄像机的取景窗一样,也可以很大,大到和一台电视机一样。为了在完全漆黑的夜晚使用夜视设备时不暴露自己的秘密行踪,使用一种戴在头上的显示屏或和摄像机取景窗一样大小的监视器会更合适一些。如图1.62所示,为了便于测试,我们正在使用一台微型液晶显示器查看摄像头的拍摄画面。通常在大多数电视机和视频监视器的背面都会有"线路输入"或"视频输入"接口,这个接口就是用来接收摄像机和微型间谍摄像头输出的复合视频信号的。

如果你没有制作过任何类型的红外照明设备,那么你可以使用电视机遥控器和摄像头来做个试验,看看摄像头对红外辐射会产生什么反应,如图1.63所示。

图 1.62 将摄像头连接到一台便携式的复合视频液晶显示器

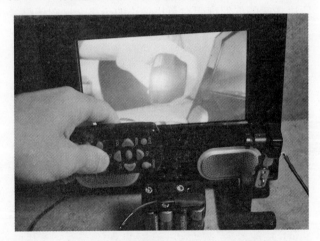

图 1.63 使用电视机遥控器测试摄像头对红外线的反应

测试方法是，在黑暗中将摄像头对准电视机遥控器，然后按遥控器的按钮。你将发现在你按下遥控器按键的同时，从监视器中可以看到遥控器的红外发光二极管产生了一次闪光，当然，由于遥控器的红外线亮度有限，这种闪光是不可能照亮整个房间的。当你在一个完全漆黑的房间里做这样的实验时，电视机遥控器应该可以在大约 2 英尺远的地方照亮你的脸。你将发现电视机遥控器的红外辐射是一次闪光，其实这就是它与电视机红外接收模块之间的通信方式。

如图 1.64 所示，这是一个通过串联若干红外发光二极管制作出来的红外照明灯，这是一种环形结构的灯，你可以以将它套在一个微型摄像头上给摄像头提供照明。这个环形照明设备由 10 个额定电压为 1.2V 的发光二极管串联组成，因此我们可以用一个 12V 的电池组作为电源，而 12V 正好也是摄像头的工作电压。这个照明系统在室内的照明范围可以达到大约 20 英尺,12V 的电池组由 8 只 AA 电池组成,在电池耗尽之前,这个夜视系统可以运行很多个小时。

图 1.64 这是一个简单的环形红外照明装置

实际上当电流超过额定的恒电流时,发光二极管仍然可以工作,它向外发射的光线会更强。为了增强红外发光二极管的输出,我们可以使用高频脉冲模式来为发光二极管输送电流,在发光二极管的使用说明书上会有脉冲模式与其他特性的相关说明。一只普通的红外发光二极管在恒电流下的额定功率是 100mW,但是在脉冲电流的作用下,它的功率可能达到这个数值的 10 倍,常常会高达 1W 甚至更大。

为了将图 1.64 中的简易型红外照明装置连接到脉冲电流,我们需要制作另外一小块电路板,上面包含一个短脉冲振荡器和一个功率晶体管,如图 1.65 所示。在使用脉冲模式之前需要充分理解发光二极管的使用说明书上的相关内容,然后使用某种类型的振荡器和晶体管,使振荡器可以向晶体管发送短周期的脉冲,以此来驱动发光二极管。使用脉冲模式给发光二极管供电可以增大发光二极管的功率,但是电路会更加复杂,因此你需要在简易性和功率消耗这两方面做一个权衡。

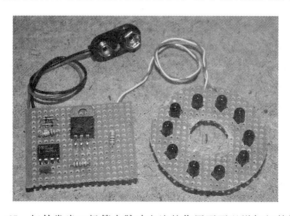

图 1.65 红外发光二极管在脉冲电流的作用下可以增加红外输出

如果想要为一个户外摄像头提供更大区域的照明服务,就必须要使用更多的发光二极管,这样才能扩大照明范围。图 1.66 所示的照明系统使用了 266 只发光二极管,它们使用并联和串联相结合的连接方式组合在一起,行成一个亮度非常高的发光二极管阵列。这种照明装置经得起日晒雨淋,很适合用作户外照明,它可以让户外摄像头在完全漆黑的夜晚看清楚整个庭院里的动静。这个照明系统的电源也是 12V 直流电,它安装在灯罩里面,另外你也可以直接将它连接任何交流电插座。

图 1.66 使用红外发光二极管阵列制作出高功率的红外照明设备

你可能会需要非常强烈的红外光源,这时候注意不要使用由白炽灯制作的照明系统,因为它会散发出大量的热量。图 1.67 所示是一个巨大的红外发光二极管阵列,在这块印制电路板上总共焊接了 1500 多只串联和并联相结合的红外发光二极管,这些发光二极管的正向电压都是由电路板接通外部电源来获得的。这个巨大的面板适合在大型的室内安防设备中使用,它可以作为隐蔽性照明设备,能提供强烈的红外辐射。为了将这个大型阵列隐藏起来,你可以将它安装到一台 20 英寸的液晶显示器的空壳中,并使用一面单面可视的镜子来遮掩,这样从显示器外面就

图 1.67 这个巨大的红外发光二极管阵列中包含 1500 多只发光二极管

看不到里面的设备了,你会觉得它和一台常规的显示器没什么两样。在电路板上焊接这么多的发光二极管并不是一件容易的事情,但是想要成功制作出间谍设备,你就必须去做任何需要完成的事情。

如果想要制作出一种便携式的夜视设备,让这个小小的设备中既包含拍摄系统又包含红外照明系统,那么你可能还需要某种微型的视频输出设备,例如便携式摄录机的取景器。图 1.68 所示是一个可以手持的便携式夜视设备,它是由一个便携式摄录机的取景器、一个小型红外发光二极管阵列和一个低照度的视频摄像头所组成的。便携式摄录机的阴极射线管取景器其实就是一个微型复合视频监视器,如果你可以找到一个废旧摄录机上的取景器,那么这个项目是相当容易制作的。这个夜视设备的照明范围大约为 50 英尺,它甚至可以和 10 年前军用级别的夜视系统相媲美。

图 1.68　用废旧摄录机的取景器制作而成的便携式夜视设备

由于彩色摄录机看不见红外线(因为在 CCD 感应元件上有一个红外阻隔滤光片),因此它不能用做红外观测器。当然,只要是难题都会有解决的办法,图 1.69 所示是一个改装后的摄录机,它使用一个小巧的低照度间谍摄像头来绕开摄录机的内部视频系统,让摄录机可以记录被红外线照明后的场景,同时在取景显示屏上显示动态画面。这个设备也包含了一个红外发光二极管照明灯,因此,这就是一个综合的便携式夜视设备,它同时具有摄录和观看画面的功能。

由于很多材料都能够阻隔大多数可见光,只过滤红外线,因此我们可以将常见的闪光灯转换为一个功率适中的夜视照明灯。如图 1.70 所示是两种闪光灯,它们的镜头处都安装了一种滤光片,这种滤光片可以阻隔白炽灯光中的可见光只过滤红外线。很多材料都可以用来制作成红外滤光器,例如软盘碟片、35mm 宽的电影胶片,甚至是有色玻璃瓶。从非常强烈的白色光源中获得相对比较强烈的红外辐射光源之后,我们就可以将这种红外光源用在很多夜视安防项目中了。

图 1.69　改装后的摄录机拥有夜视功能

图 1.70　将白色光转化为红外线的红外照明设备

　　红外激光器也可以用作照明光源,不论是红外激光还是可见光激光,它们都可以发射非常远的距离。图1.71所示的装备使用了一个高功率的250mW的红外激光器,它有一个光束发散装置,可以将强烈的红外线束投射到数百英尺之外,这样摄像系统就可以在完全漆黑的晚上,通过一个光学望远装置来观看到被红外线照射的地方。这个超级隐蔽型的夜视系统可以观测到黑夜中遥远的场景,就好像那个地方被一个高功率的泛光灯照亮了一样。当然,这是有限制的,那就是必须要使用具有光学望远功能的摄像头。

　　夜视装置几乎有无限多个设计方案,只要你稍微有些创意,并且可以提供充足的原材料,那么你就能够制作出个性化的隐蔽型间谍装置。

图 1.71　使用红外激光器和光学望远镜的远距离夜视设备

黑夜监视技术 ②

红外灯转换器

　　红外发光二极管是一种非常常见的夜视照明灯,当然作为一种夜视设备,它不是唯一的选择,也不是最好的选择。为了配合使用你的摄像系统,你可能会需要一种手持型的、可以快速转移照明区域的红外灯,或者是那种由光线波长在800nm到950nm的标准红外发光二极管制作成的红外灯,这取决于你的摄像头的类型和摄像系统的装配方式。

部件清单
滤光片:35mm 宽的胶片,软盘碟片,紫外线灯泡,红外线照片滤镜
光源:白炽灯泡,不可见光
摄像系统:用于探测红外线的安防摄像头和监视器

　　在光谱图中,红外线的波长范围是750~1500nm,它和红色光是相邻的两种光波。人类肉眼是看不到红外线的,但是大多数的摄像头却能够很容易地探测到它,在这个项目中我们需要将可见光转化为红外线,然后让红外线成为黑夜监视设备

图 2.1　这个项目是要探索将可见光转换成红外线的多种方法

的照明光源,这是一个非常实用的方法。一些摄像头除了可以探测到红外线外,甚至还能够探测到光谱中波长为 200～400nm 之间的部分紫外线。因此,我们还可以将可见光转换成紫外线。我们这个项目的目的是要让白色光通过不同的材料,以便过滤掉所有的可见光,最后只剩下人肉眼不能看见的不可见光,通过使用安防摄像头和监视器就可以看见这些不可见光。

有一种滤光片,它可以让白色光线穿过滤光片之后只留下波长为 800～1000nm 之间的红外线,这种滤光片就是红外滤光片。当你戴上一副有色眼镜时,你所看到的世界会变成另外一种颜色,而使用红外滤光片的效果和这种效果很相似。如果你戴上一副半透明的绿色塑料眼镜,那么你将看到眼前的一切都呈现绿色,这是因为光线在穿过绿色镜片后,进入你眼睛的只有波长为 490～560nm 的绿色光。同样,红外滤光片也会产生类似的效果,只不过因为我们肉眼看不见红外线,所以如果你佩戴红外滤光镜看东西,那么你眼前将一片漆黑。人眼看不见红外线,但大多数摄像机却可以看见。假如有一块红外滤光物体挡在摄像机镜头前面,摄像机将可以看清这个物体后面的东西,就好像摄像机具有透视功能一样。

白色光中包含很多种波长的光波,其中就有红外线,当一束白色光穿过红外滤光片之后,所有其他光线都会被滤除,只剩下我们肉眼看不见而摄像机却可以看见的红外线,这就是红外滤光效应。利用红外滤光片的这个特性,我们可以制作出高功率的红外照明系统。使用红外发光二极管的好处在于我们既可以制作出小巧而高功率的照明器,又可以制作出极高亮度的大型照明系统。如图 2.2 中的物体都具有红外滤波功能,你可以使用一个小型黑白摄像头和白炽闪光灯所发出的白色光来验证一下。

图 2.2 我们常见的很多材料都可以用来制作红外线滤光片

如图 2.3 所示,要想看到肉眼完全不可见的红外辐射,就必须使用一个摄像头,然后你可以在一台视频监视器上观看到摄像头所拍摄的图像。对于摄像头而言,红外辐射就跟白色光一样清晰可见,大多数夜视系统的基本原理就在于此。大部分便宜的摄像头模块所需要的电源电压都是 9～12V,它们可以输出标准的彩色或黑白色视频信号。网络上有非常多的摄像头提供商,摄像头种类繁多,价格因质量的好坏而不同,通常来说你只需要花费 10～100 美元就可以购买到一个你喜欢的摄像头型号。值得一提的是,标准的便携式摄像机常常是看不到红外线的,因为它们的光学元件中会包含一个红外阻隔滤光器,这样可以获得较高质量的可见光的成像。你可以用一个便携式摄像机试验一下,它可能只能看到非常微弱的红外线或紫外线。

图 2.3　这个实验装配由一个低亮度摄影机和一个小号液晶监控器组成

我们在这个项目中使用的摄像头的型号是 KPC-EX20H,它是由日本 KTC 公司生产的。这种摄像头具有超低照度和很高的分辨率,在我们的夜视实验中表现出了非常出色的效果。你也可以在电子爱好者网站 SuperCircuits.com 上看到这种摄像头,其类似型号是 PC182XS,售价在 100 美元左右。我们在很多地方都可以以很低廉的价格购买到一个合适的低照度黑白色摄像头,但是这一款摄像头更适合我们这个项目,它不仅有超低的照度,而且还有高分辨率的 CCD 成像元件。为了显示摄像头拍摄的复合视频,你需要使用到一台便携式的显示器,例如液晶显示器。

在那些使用红外发光二极管来进行通信的遥控设备中,我们通常都能找到一种只允许红外线透过的滤光材料。在老式的电视机遥控器中,红外发光二极管前面常常会装有一片小小的红外滤光片,这种滤光片在电视机的红外接收器上也存在。我们直接用肉眼观看这块塑料时,看到的是一片漆黑,但是,当我们用摄像头拍摄这块塑料时,塑料片却似乎变成透明材料,透过这块塑料我们能将后面的东西看得一清二楚,如图 2.4 所示。

图 2.4 中的这块长条型塑料遮光板是我们从一个老式的红外无线耳机的面板上拆卸下来的,在摄像头的拍摄下我们可以看得很清晰,但是直接用肉眼观看时却是一片漆黑。如果我们将这块头红外线塑料片包覆在我们房间的照明灯上,那么我们肉眼将只能看到照明灯散发出极微弱的光线,因为这块塑料片在我们看来并不是透明的。但是,通过使用摄像头来拍摄的话,它又仿佛变成透明了,所有的红

外线都能穿透摄像头的 CCD 成像元件,并以白色光线的形式在摄像头的液晶监视器上显示出来。对于一个彩色监控摄像头来说,红外线看起来会略微泛红,就像是被一个明亮的可见光源照亮了一样。有趣的是,我们使用尼康数码相机来拍摄这张照片时,照片中的这块红外线塑料片看起来像是半透明的,但是当我们用肉眼去看这张塑料片时,它却是黑色的。

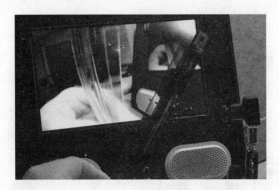

图 2.4　摄像头能穿透任何一种透明的红外材料拍摄清晰的图片

图 2.5 所示的这个灯泡叫做"黑光"灯泡,它发出的是一种波长在 $340\sim400\mathrm{nm}$ 之间的紫外线。这些灯泡常被用作一些特殊用途的照明。在这种灯泡外部涂了一层磷光粉,这使得它能在黑暗中发出明亮的光线。这些灯泡在医学上有广泛的用途,另外还被用来显示纸币上的防伪水印。在这个项目中,这种紫外线被用作照明光源,使得安防摄像头能够借助它监视到整个房间的动静,而这种光是我们人眼根本无法看到的。

图 2.5　对于安防摄像头来说,紫外线灯泡看起来就像是一个透明的玻璃球

众所周知,如果我们接受了过高的紫外线辐射的话,我们的皮肤和眼睛都会受到非常严重的伤害,尽管黑光灯在设计之初就考虑到了对人体的危害,将紫外线的强弱控制在一个安全的范围内,但是如果你长时间将眼睛暴露在紫外线下的话,还是有一定危害性的,因此要尽量避免这种情况的发生。如果你打算为这个项目购

买一只全新的黑光灯,那么一定要按照包装上的使用说明正确使用,并且记住,不要用眼睛紧盯着黑光灯发出的光看,这种光可不是我们平时看到的光,它们都是紫外线。实际上,最危险的还是黑光灯容易造成灯泡温度过高。因为灯泡内大部分的可见光都被玻璃罩隔离在灯泡里面,过高的温度容易造成爆炸。当我们将黑光灯泡点亮之后,它会在几秒内迅速增温,这和普通的白炽灯是不一样的。

如图 2.5 所示,我们通过这个安防摄像头观看这个黑光灯泡时,原来的黑色灯泡变成透明的了,你甚至可以看到灯泡内的钨丝和连接线。而我们用肉眼或者普通数码相机看到的却是一个黑色的不透明的灯泡。这是多么奇妙的一件事,我们只要通过安防摄像头就可以将这个黑光灯泡看得一清二楚,不需要另外添加任何其他的东西。这就意味着我们可以用这个黑光灯来作为视频摄像头的照明光源,这样一来我们的这个视频摄像头就能通过紫外线来拍摄了。使用这种灯泡的缺点是,一些可见的紫色光也能穿透灯泡,这些紫色光在光谱中是紫光范围末尾的那一部分光,所以将它用作照明光源时,我们仍然可以用肉眼看到灯泡周围环绕着一圈暗淡的紫色光辉,起不到隐蔽照明的效果。当然,会有其他的方式可以遮挡住紫色光,这个我们会在接下来的项目中详细讲述。

在你找到了一个低照度的黑白色安防摄像头之后,你可以用它来测试所有夜光材料的红外滤光的能力。图 2.6 所示的这些材料都可以透过红外线,这些材料包括软盘碟片和曝光胶卷等。如果你平时有收集废旧电子产品的爱好的话,那么你手头就会有大量的可供选择的物品,我们很容易就能找到一些废旧的 5.25 英寸的软盘来进行改装。如果你找不到 5.25 英寸大小的软盘的话,小一些的 3.5 英寸的也一样可以达到同样的效果。噢,你千万不要把 DOS3.3 的系统盘拿出来进行改装,那些都是塑料制品。

图 2.6 软盘和曝光胶卷等材料都可以被制成红外滤光器

曝光胶卷也是一种能隔离多数可见光,只透过红外线的一种好材料。经过试验我们发现,胶卷也能透过一些深红色的光。我们在这里使用的是那种普通的 35mm 宽的胶卷,而且这种胶卷是已经经过曝光和显影的废弃胶卷。这就是说,你先往相机里装上一卷新的胶卷,然后用它开始按动快门拍照,直到你觉得曝光胶卷的数量已经满足你的需要之后,你就可以停止拍照,然后将这些进行曝光的胶卷剪下来,作为你的滤光器。即使是在傻瓜相机中进行曝光的胶卷在这个项目中也能很好地实现滤光效果,还有一点要注意的是,当你将这些胶卷拿去进行洗印的时候,记得要告诉洗印照片的人,你需要这些空白的照片,这样他们才不会把这些当做废胶卷扔掉。

关于光源的问题很好解决,手电筒上一个标准的卤素灯泡就可以,因为这些灯泡里都包含有一个大号的红外滤光器。由于曝光胶卷和软盘都不能耐高温,所以相对于一个大号的白炽灯光源来说,卤素灯是更好的选择。一个功率为 60 W 的白炽灯就能提供足够明亮的光照,但是只要几秒钟的时间,那个薄薄的胶片就会被白炽灯散发的很高的热量所熔化。因为滤光器在阻止光线穿透的同时,也会吸收光线,在吸收光线的过程中,它们会产生大量的热量。

想要测试你选择的材料的夜视透光能力,我们可以将它放置在一个小小的手电筒卤素灯泡前面,并让拍出的图像显示在监视器上。如图 2.7 所示,大部分的红外线都能透过这种经过曝光的相机胶片,我们在监视器上可以看到,红外线在摄像头的 CCD 成像元件上形成了一个漂亮的大光环。相机胶片的红外线穿透能力十分强,就像让手电筒发出的光亮直接照射在摄像头上一样。使用这种胶片作为红外滤光片的缺点在于,在红外线穿透这种胶片的同时,会有一部分深红色的可见光也会穿透,所以想要一个隐蔽型的夜视照明器的话,这显然不是最佳的选择。但是,如果我们在白炽灯前叠放 4 层胶片,从而制作成一个厚厚的滤光器的话,那么大多数的可见红色光都会被阻隔并吸收掉,但是有一得必有一失,因为这样一来会有大概一半的红外线也被阻隔掉了。如此看来,我们只能将相机胶片作为一个候补之选,而且作为一个红外滤光器来说,它只有在一个十分明亮的白炽灯光源下,并且要蒙上好几层才可以获得我们想要的隐蔽效果,但是我们能看到的红外线就

图 2.7　相机的胶片具有透红外线的能力

十分微弱了。如果用一层胶片,那么透过的红外线当然会很明亮,但是这层薄薄的胶片会很快被灯泡散发的热量所熔化。

要想制作一个既成本低廉又外观精致的红外滤光器,相机的胶片并不是最佳的选择。我们在想,如果能找到一种耐高热的胶片,那么我们就能利用强光来作为光源,而不用担心灯泡的高温会熔化胶片。高亮度的白色发光二极管看起来好像是不错的选择,它的亮度比我们手头上的任何一个红外发光二极管都要高。遗憾的是,白色发光二极管发射出的光线与手电筒卤素灯泡发出的光线不同,白色发光二极管发射出的光线不是全光谱光线。事实上,白色发光二极管是在明亮的蓝色发光二极管管壁上涂有一层特殊的荧光粉制作而成,其基础部分是一只蓝色发光二极管,在蓝色发光二极管芯片的外面覆盖一层荧光体层,当蓝色发光二极管向外发射出蓝色光时,有一部分蓝色光会在透过荧光体时被荧光体吸收,变成了黄光,黄光又与透过荧光体的蓝光混合,最后就发出了白色光。例如有的白色发光二极管发出的光是纯白的,而有的发出的光却偏蓝色。如同你在图 2.8 中所看到的,当你透过用相机胶片制作的红外滤光器看这 3 个明亮的发光二极管时,你能看到模糊的灯光。如果我们用白色发光二极管作为光源的话,效果会令人非常失望。

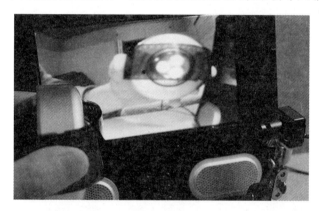

图 2.8　我们用白色发光二极管作为光源,并不能探视到全部的红外线

手电筒里使用的灯泡就是图 2.9 所示的白炽灯泡,它的构造十分简单,就是在透明的玻璃灯泡中安装了一圈钨丝。钨丝既能发射出可见光线,同时又能发射出肉眼看不见的红外线。这些灯泡能够发射出大量的红外线,我们只要将所有的可见光线阻隔起来,使其发射出充足的红外线,就可以将它用作夜间的照明设备。令人欣喜的是,这个使用小小电池供电的灯泡并不会散发出高温,以致将薄薄的塑料滤光器熔掉。但是,也有令人不满意的地方,那就是如果这个作为户外照明之用,它的亮度还不够强。如果你只是要用它来照亮一小部分区域,从而达到隐秘探视的目的,那么这个手电筒灯泡会是很理想的照明器。汽车前灯使用的这种大号卤素灯也能提供同样明亮的光线,但是这个光线会使得灯泡的温度快速升高。

图 2.9 手电筒里的白炽灯泡发出的光线是高亮度红外线

接下来，我们要测试的是另外一种红外感光材料，它是从图 2.6 所示的废旧的 5.25 英寸的软盘上拆下的内置盘片。如我们图 2.10 所展示的情景一样，当我们用手电灯作为光源时，这个磁盘能透过大多数的红外线，而我们肉眼能看到的或数码相机能拍到的可见光却非常少。因此，作为红外感光材料来说，这个软盘材料比曝光相机胶片的性能要更强，我们并不需要在灯泡上包覆好几层以阻挡可见光。当然，要想收集一大堆废旧软盘并不是一件容易的事，除非你是一个废品收集爱好者。如果你没有这种软盘的话，那么还是选择用相机胶片吧。要想使相机胶片的透红外线性能和软盘一样好的话，你必须要重叠包覆 4 层胶片，这样才能与软盘阻隔同样数量的可见光线。

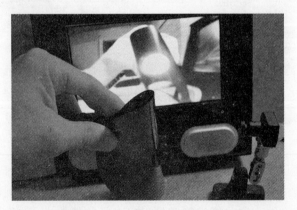

图 2.10 软盘能透过大量的红外线，同时阻隔多数的可见光

我们要制作的第一个照明器是用一个软盘和一个高亮度的手电灯泡制作而成，如图 2.11 所示。从手电筒灯中发射的光线被高度聚集，因此亮度非常高，我们用安防摄像头拍摄到图像也是一样的明亮。我们做了大量的红外滤光器实验，发现使用这样一个小巧的、高聚的光源来作为红外线灯是十分理想的，如果你手头有这样的废弃品，一定要把它收集好，以后大有用处。这个 5.25 英寸大小的软盘的面积足够大，我们可以在上面切出一个直径 2 英寸大小的圆片，这个尺寸大小的圆

片能够将这个小小的灯泡完全包覆。如果你找不到 5.25 英寸大小的软盘,2.5 英寸大小软盘也一样可行。你可以按照图 2.11 所示的切法进行剪切。

图 2.11　在软盘上切出一个口子,口子的大小与手电筒灯泡的尺寸大小相吻合

现在流行的卡片灯在这个项目中的使用效果也很好,我们肉眼看来,它的照明亮度和原始灯泡没什么区别。这个软盘滤光器能很好地阻隔可见光,我们在几英尺外看这个灯泡时,只能看到微弱的红光。由此看来,这个软盘材料的阻隔可见光的效果非常好,我们可以将它作为红外线滤光器来使用,但是我想要制作另一种便携式的照明器。这一次我们要使用一个型号更大的更明亮的手电筒灯。

图 2.12 所示的手电灯有一个直径大约 4 英寸的灯泡,它只需要一个 6V 的电池组就能发出明亮的光芒。而且这个小灯泡在发光时产生的热量非常低,不会将胶片熔化,除非你让它过度照明。由于这个大号灯头的直径增加了不少,所以我们要从软盘上切割出两个半圆的胶片,这样才能将整个灯泡表面覆盖住。在用胶片包覆灯泡时,注意不要留出缝隙,最后的接口处重叠黏合,这样才能保证没有一

图 2.12　用手电灯泡制作一个大号的照明效果更好的照明器

丝可见光能透露出来。这个红外滤光器被固定安装在灯头和手电筒灯头的反射镜之间。

　　如图 2.13 所示,这样两个红外照明手电灯都能很好地与任意一款安防摄像头或者低照度间谍摄像机连接在一起工作。这个小灯泡可以提供高度聚集的光束,适合进行特写拍摄,而那个大号灯泡可作为监控设备的照明光源,它可以照明很大的范围,能够照亮整个房间。用这种照明灯作为光源的唯一缺陷就是它的光线比较微弱,只能照明近距离的空间,所以要想让这些照明器既能够用作夜间照明工具,又能够完全隐蔽起来是很困难的事情。作为安防摄像头的夜间照明设备,这两种手电筒的照明效果都还算不错。

图 2.13　使用软盘盘片制作的两种红外照明器

　　如图 2.14 所示,当我们将房间里所有的灯都关闭,并将这个大号红外照明手电灯安放在天花板上时,通过安防摄像头可以将房间里的动静拍摄的一清二楚。虽然我们制作的滤光器将灯泡的所有可见光都阻隔了,但是在监控器中我们仍能看见灯泡闪着明亮的光芒。当我们用肉眼观看或者用数码相机拍照时,我们只能看到手电灯泡中心透出一丝黯淡的红色光芒,手电灯泡几乎没有散发出任何光亮。在经过几秒钟的照明之后,手电灯泡和红外滤光器都仍然保持常温状态。

　　在我们洗印照片之后,我们有大量的废弃胶卷,所以我决定用这些废弃胶卷来制作第三个红外照明器。我们在这个照明器外面包覆四层曝光相机胶卷,这样可以使阻隔可见光的效果更好。软盘盘片相对于相机胶卷来说,它阻隔可见光的效果会更好,但是使用相机曝光胶卷可以获得更加明亮的光线,它可以将可见光转换成波长为 750～850nm 的红外线。实际上,红外线的准确波长取决于胶片的类型以及它是如何洗印的,所以实验的结果都不尽相同。

图 2.14 这个大号的红外照明器在实验室的天花板上可以很好地工作

　　这个项目的照明器十分简单,一个典型的使用双节电池的手电筒就很适合在我们这个实验中使用。如图 2.15 所示,我们要将这个胶卷切割成 8 小片,这样就可以组成两个半圆形,然后就可以将手电灯的灯泡外部完全包覆。要想将所有的可见光阻隔得一丝不透,你在包覆的时候就要使这两个半圆有一小部分的重叠区域,这样才能达到密不透风的效果。如图 2.15 所示,当我们使用拍摄照片的数码相机透过曝光胶卷来拍摄照明器的图片时,数码相机只能看到一点点暗淡的光线,而如果使用软盘盘片的话,这些光线是根本无法看到的。这就表明,胶片的颜色和部分红外线及可见红色光在光谱上有重叠的。

图 2.15 用相机胶片来制作一个红外照明手电筒

　　如图 2.16 所示,我们在手电灯外部包覆 4 层相机胶片,虽然没有太多可见的红色光线透出,但是这个暗淡的红色光线仍然比我们使用软盘盘片来做红外滤光器时透出的光线要明显一些。其实任意一款夜间照明器都会有一部分明显的暗淡的红色光透出,因此这款手电红外照明器的照明效果还算是非常好的。作为红外摄像照明器来说,这个照明器十分理想,正如我们的实验结果那样,在摄像头的镜头上包覆相机胶片可以起到很好的红外滤光效果,它甚至可以和从摄像头零售店购买的昂贵的红外滤光器相媲美。我们可以在摄像头的镜头上同时安装红外照明器和红外滤光片,这样你就可以利用这部改造后的相机进行很多非常有趣的红外摄影。

图 2.16　用相机胶片制作而成的近红外照明器

　　如果你的预算充足的话,那么你也可以购买一台高质量的红外滤光器,这种滤光器可以安装在各种不同的相机镜头上。图 2.17 所示的两个滤光器由玻璃制成,它的红外线穿透能力非常强,是一种非常理想的红外摄影材料,用作照明滤光器时也非常不错。图 2.17 所示的照明器的滤光器价格十分昂贵,价格大概在 100~300 美元之间,具体的售价由滤光器的尺寸大小和制作原材料所决定。使用玻璃滤光器的优势是它的耐热性能比较强,能抵抗灯泡发光时产生的高温,这样你就能够选择亮度更大的照明灯,从而让你能获得更充足的红外线。大多数的数码相机零售店都会提供各种不同尺寸的红外滤光器,如果你买不到合适尺寸的滤光器,那么你可以将它送到一些工业供应中心,他们会给你把滤光器进行切割处理,最终切割成普通尺寸的红外滤光器或者切割成薄片。

图 2.17　这些是工厂批量生产的与相机镜头相匹配的红外滤光器

　　如图 2.18 所示,这个红外照明器是将一个玻璃红外滤光器安装在一个 60W 的照明器的铁盖上制作而成的。虽然这个照明器提供了充足的红外线,但是它却会在短时间内快速升温。正是由于这个原因,这个系统只适合在户外使用,或者只能作为短时间的监控之用。这个系统的功能好坏取决于照明灯发散红外线的能力。作为照明灯来说,卤素灯是个很不错的选择,其次是包含各种光线的白炽灯泡。注意,那些高功率的节能灯并不太适合作为这个项目的照明器来使用,因为节能灯泡发出的光线中只有一小部分红外线。

图 2.18 将一个玻璃红外滤光器安装在一个 60W 的照明器的铁盖上

如图 2.19 所示,这是一个制作完成的玻璃滤光照明器,它可以被直接插到一个标准的交流电电源插座上。这款红外照明器的功能十分强大,滤光器能阻隔掉大多数的可见光,但是付出的代价是灯泡将因此产生巨大的热量,造成灯泡快速升温。这种滤光器与低能耗的手电灯泡配合在一起也是一个很好的红外照明器,但是这个滤光器对于这个手电灯泡来说感觉太大,太厚。还有另外一种比较适合这个滤光器的照明器,那就是使用 12V 直流电源的摩托车的圆形头灯。摩托车头灯照明时产生的热量比白炽灯照明时产生的热量要稍微小一些,只是你在使用它时,需要准备一个小小的便携式电源。

图 2.19 这个照明器的照明亮度非常高,但是灯泡升温速度特别快

如果你不介意你的房间弥漫着深紫色的光线的话,那么图 2.20 所示的黑光灯也是制作夜视照明器的不错选择。大多数监控摄像头里的电荷耦合成像元件不但能观察到红外线,还能观察到紫外线,使用这种黑光灯来照明监视区域,可以让摄像头观察得一清二楚,但是人类的肉眼却无法看见。使用紫外灯的缺点在于,紫外灯会发散出一些波长比较短的可见紫色光线,而且这种灯在开启数秒之后温度会快速升高,升温速度如同烤箱一般。还有一个有趣的特点在于,这种紫外线照明器的制作原料中包含有特定的磷光材料,因此它使得大多数的数码相机能捕捉到它散发出来的波长在 250 左右的强紫外线。

图 2.20 黑光灯是一款即插即用型的夜视照明设备

如图 2.21 所示,这是我从台灯上取下的一个功率为 60W 的黑光灯泡,通过一个低照度的黑白摄像头,我们将灯泡以及灯泡在发光时的景象一起拍摄下来了。当我们用数码相机拍摄照片时,我们可以捕捉到来自紫外灯发射出的深紫色光线,

图 2.21 在夜间使用 60W 的紫光灯照明时非常有趣

并且能透过灯泡看到灯泡内的钨丝。如果使用监控摄像头,那么在这种黑光灯的照明下,我们能很轻易地看到房间里的所有物体,甚至连我的黑色毛衣也都闪现着超明亮的磷光。使用紫外线照明器还有一个非常有趣的效果,那就是它能透过一些特定的材料,显示出这些材料下面的东西。

如图 2.22 所示,这是用图 2.13 所示的小型手持式红外电灯作为照明器,然后使用一个间谍摄像头来拍摄,并将视频信号输入到一台标准的便携式摄像机,最后在摄像机的取景器里看到的画面。透过视频摄像机的取景器我们可以很清楚地看到周围的一切,这个视频摄像机实际上已经变成了一台轻巧的夜视仪器,我们可以用它来记录下夜幕中的一举一动,有了它我们可以在夜幕中随意行走。当我们身处一个漆黑的房间里时,这个夜视照明设备能够帮我们照亮房间的每一个角落。

图 2.22　用一个小小的红外手电筒作为夜视照明设备

此外,我还找到一些其他的具有红外滤光功能的材料,比如黑色玻璃瓶、数码相机镜头盖、比较厚的黑色塑料、某些黑色油漆等,甚至我们常见的一些衣物也可以用作红外滤光器使用。当你制作完成的红外灯可以散发出人类肉眼观看不到,只有通过监控摄像头才能看见的光线时,这是一件多么有趣的事情啊。如果你还找到其他一些红外滤光效果更好的材料,请登录论坛 LucidScience.com 告知我们吧,谢谢!

项目5　简易红外照明灯

红外照明灯只能发散出波长范围在 750nm 至 1500nm 之间的光线,这些光线就是在光谱中紧邻红色光线的红外线。我们人类的肉眼根本无法看到红外照明灯发散出来的光线,但是很多视频摄像头却能够很容易地探测到红外线,利用这个原理,我们通过在普通照明灯的灯泡外包覆一层红外滤光材料,就可以制作成一种夜视照明灯。说起红外灯,很多读者可能觉得很陌生,其实它的使用非常普遍,比如我们用来对电视机进行操作的遥控器就是利用红外灯发出信号,从而建立起电视与遥控器之间的连接的。在你的电视遥控器的末端装有一个发光二极管,它会发送一串红外线波给电视机,电视机上安装的红外接收器接收到遥控器发送过来的红外信号之后,将信号通过解调转换成电视机能识别的数据,从而达到控制的目的。当然,你是无法看到这种红外脉冲信号的,这是因为这些红外线都在我们的可视光线范围之外,但是这些红外线却能被任何一台没有安装红外滤光器的视频摄像头轻易地捕捉到。

部件清单
发光二极管:输出光线波长 800~940nm,体长 5mm 的红外发光二极管
电阻器:阻值由发光二极管的额定功率决定
电池:9~12V 的蓄电池或电池组

现在市场上所出售的大多数高质量的监控摄像机都拥有一个低照度的视频摄像头,另外还有经得起日晒雨淋的外壳,并且内部会安装数个红外发光二极管,这样它就能够在漆黑的夜幕中达到监视的目的。你是不是想自己亲手制作一个简易的红外照明器,使得它也具有夜视功能呢?其实这个想法是很容易就能实现的,你只要花费几美元购买几个红外发光二极管,并且花费几个小时的时间,就能自己亲手制作出一个红外照明灯。我们常用的黑白摄像头和小型间谍摄像头都对红外线十分敏感。这些低照度的摄像头的价格十分低廉,我们只要花费 100 美元就可以购得一个合适的摄像头,如果是从网络卖家手里购买的话价格就更低了。我们只要 10 多个红外发光二极管,就能制作一个夜视照明系统,而且它的夜视照明效果比你在 20 世纪 80 年代花费几千美元购买的夜视仪器的效果还要好。

图 2.23 人类的肉眼看不到而监控摄像头却看得一清二楚的红外发光二极管

在这个项目中,我们要通过串联若干红外发光二极管来制作一个最基础的红外照明设备,只要使用一个直流电源适配器或电池组就能让它运行起来。你可以只用一只单独的发光二极管和一个纽扣电池来制作这个红外照明器,也可以使用

多只红外二极管以及一块功能强大的蓄电池来制作一个大型红外照明器。用 10
个发光二极管,你就能照亮一个房间,如果是 100 个发光二极管,你或许可以照亮
整个院子,虽然我们感知不到它的亮度,但是在监控摄像头里看来却如同白天一般
明亮。在我们这个夜视照明项目中,我们也是将红外发光二极管作为不可见光源。

我们最常见的一个红外照明器就是你家电视机遥控器末端的红外发光二极
管。这个波长为 940nm 的红外发光二极管能够不间断地向家用电器上的红外线
接收器发射 40kHz 的脉冲控制波。当我们按下遥控器上的按钮,然后观察遥控器
末端的发光二极管时,我们看不到任何的光线,而实际上这种光线与手电筒上的白
色发光二极管发出的光线一样明亮。当你将摄像头连接到一个监控显示器时,通
过摄像头来拍摄发光二极管,你会发现显示器上的发光二极管竟然是如此的明亮。
当你观察便携式摄像机的取景器时,你可能也能看到一些微弱的光线,但是只能是
一些暗淡的紫色光线,这是由于便携式摄像机为了提高拍摄图像的颜色质量,在它
的内部安装了红外滤光器的原因。

红外发光二极管的种类各式各样,它可以根据尺寸大小、照明范围、输出功率
以及光线波长等参数进行区分。我们最常使用的是一种发射出波长为 940nm 红
外线的红外发光二极管,这种红外线远在人类所能看到光线范围之外,但是任意一
台没有安装滤光器的视频摄像头都可以接收到。此外,还有一些波长在 800～
900nm 之间的红外发光二极管,用这些发光二极管制作的夜视监测设备的照明效
果更好,但是有一点不足之处,那就是这些发光二极管将发出的一些我们人类的肉
眼能够观察到的红色光线。如果你看到过夜幕中的夜视监控摄像头的话,那么你
对这种暗红色的光线肯定不会陌生。图 2.24 所示是一些电视机遥控器,它们安装
的都是光线波长为 940nm 的红外发光二极管,在这里,我们的夜视照明灯将使用
光线波长为 850nm 的红外发光二极管。

图 2.24　电视机遥控器通过发送红外线来控制电视机

在发光二极管的顶部,有一个厚厚的塑料盖,它就是光学输出灯头。如果发光
二极管的灯头是一个广角灯头,那么它可以在发光时照亮更大的区域,而使用窄角

灯头时,发光二级光的光线会更明亮,能照得更远。对于大多数电视遥控器末端的红外发光二极管而言,它只要一个中等角度的灯头就可以,因为这个角度的灯头刚好能够满足遥控器的照射距离和照射区域,但是要用作夜视照明灯的话,使用广角灯头会更好一些。在这个项目中,我们将使用那种常见的电视遥控器上的发光二极管,这种发光二极管有一个窄角灯头,能发送波长为940nm的光波。从拍摄的图片上你就可以看到,这个发光二极管发出的光线明亮而且聚集,就好像是小型手电筒发出的光线一样。

如果你制作的夜视照明灯只是打算在小范围内(如某个房间)使用,那么你需要同时考虑监控摄像头的监控范围和发光二极管的照明区域大小,这样你才能拍摄到整个房间的一切动静。如果你想制作一个便携式或者头戴式的夜视灯,那么使用窄角灯头会是更好的选择,因为这种灯头的光线更聚集、更明亮,能够为你在黑暗中照亮前程。图2.25所示的3个发光二极管虽然管体的颜色不尽相同,但是它们的规格和性能却完全一样。图2.25右边所示的是一个黑色的发光二极管,当我们在视频摄像机的镜头上安装一块只能透过肉眼看不到的红外线的滤光器之后,我们在取景器上看到的发光二极管就是完全透明的。发光二极管的照明范围、电源输出、额定电压以及发出的光线的波长等性能在说明书上都描述得清清楚楚,所以在你将这些发光二极管用作红外照明灯或者可见光照明灯之前,你需要先认真阅读这些参数。

图2.25 各种具有不同灯头和波长的红外发光二极管

一个全新的发光二极管的两只引脚会不一样长,通常来说较长那只引脚用于连接正极,较短那只用于连接负极。但如果你的发光二极管是从废弃电路实验板上拆卸下来的,那么你就不能通过引脚的长短来判断正负极了。不用担心,此时我们可以用其他两种肉眼观测的方法来判别发光二极管的极性。你可以仔细观察一下发光二极管的底面边缘,如果有一处出现一个小平面,那靠近这个小平面的那只引脚就是负极引脚。另外还有一种判别极性的方法,那就是通过管体内的形状来确定。从发光二极管的内部结构来看,管芯是由一大一小两部分组成,与管体内形状较小的那一部分相接的是正极,与管体内形状较大的那一部分相接的是负极(如图 2.26 所示)。当然,这个方法也有一点不尽人意的地方,那就是如果发光二极管的管头不是透明的,那么我们可能就无法看清发光二极管的内部结构了。

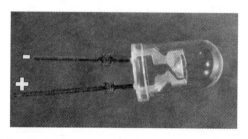

图 2.26 要想制作一个发光二极管照明灯,就必须先确定发光二极管引脚的极性

你可以使用一个可见光发光二极管做一项测试,以此校验一下发光二极管的极性与功能。测试操作很简单,只需要将发光二极管的引脚连接到一个 3V 的纽扣电池(如型号为 CR2450)就可以。如果你反向连接发光二极管的引脚,那它将不会发出任何光。当正确连接发光二极管的极性之后,只要它是可见光发光二极管,那我们就可以看到它在发光。纽扣状的 3V 锂电池的内电阻很小,它不会对一个额定电压为 3V 甚至 3V 以下的发光二极管造成损坏,因此它非常适合用来测试几乎所有的可见光发光二极管。如果想要测试红外发光二极管,那么你就需要用到一个连着摄像头的监视器,这样才能看到发光二极管的输出。大多数发光二极管都可以在 1.5～3V 的电压下发光,因此它们都可以使用纽扣电池来进行测试,如果你的发光二极管是从废旧电路板上拆卸下来的,而且找不到任何相关说明书,那么你就可以使用这个简便的方法了。

当你从生产厂商那里订购全新的发光二极管时,你需要参考一下产品的参数说明书,以便挑选出最适合项目需求的发光二极管型号。发光二极管最重要的参数是峰值波长、视场角度、发光强度(单位为坎德拉,光通量的空间密度,即单位立体角的光通量,是衡量光源发光强弱的量)以及正向电压与电流。另外还有很多其他参数你可能也要了解一下,例如脉冲电流限制、管体尺寸和引脚类型等。同时需要注意的是,坎德拉(发光强度单位)只是用来表示可见光发光二极管的发光强度,对于红外发光二极管而言,其发光强度的单位为每球面度的毫瓦数(mW/sr)。我们在这个项目使用的发光二极管就是最普通的电视遥控器末端的发光二极管,从图 2.27 中的参数说明书上可以看出,这个发光二极管是一个用于遥控器的普通红外发光二极管,其红外线波长是 940nm,额定正向电压是 1.2V,正向电流是 100mA,发光强度为每球面度 250mW。

图 2.28 所示是一些光线波长为 950nm 的红外发光二极管,当我们直接用肉眼去观看它们时,我们发现它们是黑色的,然而就算是将它们全部点亮,我们看到的仍然是黑色的。而如果我们通过一个监控摄像头来观察这些红外发光二极管的

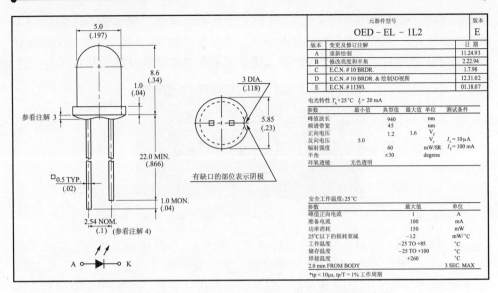

元器件型号		版本
OED－EL－1L2		E

版本	变更及修订注解	日 期
A	重新绘制	11.24.93
B	修改亮度和半角	2.22.94
C	E.C.N. # 10 BRDR.	1.7.98
D	E.C.N. # 10 BRDR. & 绘制3D视图	12.31.02
E	E.C.N. # 11393.	01.18.07

电光特性 $T_A = 25\,^\circ C$ $I_t = 20$ mA

参数	最小值	典型值	最大值	单位	测试条件
峰值波长		940		nm	
频谱带宽		45		nm	
正向电压		1.2	1.6	V_f	$I_t = 10\,\mu A$
反向电压	5.0			V_r	$I_t = 100$ mA
辐射强度		60		mW/SR	
半角		±30		degress	
环氧透镜	无色透明				

安全工作温度；25℃

参数	最大值	单位
峰值正向电流	1	A
准备电流	100	mA
功率消耗	150	mW
25℃以下的损耗衰减	−12	mW/℃
工作温度	−25 TO +85	℃
储存温度	−25 TO +100	℃
焊接温度	+260	℃
2.0 mm FROM BODY		3 SEC. MAX

*tp < 10μs, tp/T = 1%.工作周期

图 2.27　一个常见的发光二极管的一些重要的数据参数

话,就算没有将它们点亮,摄像头也一样能将它看得一清二楚。为什么这种红外发光二极管在我们肉眼看来是不透明的,而在摄像头看来却是完全透明的呢?这是因为发光二极管的塑料管体是用具有红外滤光功能的材料制作而成的,这样它就会将大部分不在红外波长范围内的光线阻隔掉,而只允许红外线通过。也就是说,如果这种发光二极管发出的光线波长在800~1000nm之间的话,那就说明滤光器已经将其他所有波长的光线全都阻断了,只允许波长在950nm左右的光线通过。通过将摄像头连接到视频显示器之后,我们在显示器上看到的这些发光二极管是完全透明的。

图 2.28　一些红外发光二级管的灯头上包含有滤光器

一般来说,大多数的发光二极管都需要1.2~1.6V之间的电压来驱动它。如果你提供的电源电压超过它的电压最大限值的话,这将是很危险的事情。因为当

你将它连接在电压过高的电源上时,只要几分钟时间,发光二极管就会被烧焦。电源电压比发光二极管的额定电压偏低当然是十分安全的,但是当电源电压下降时,发光二极管的输出功率也会急剧下降。我们现在的目的是要使得电压值尽量接近发光二极管的电压最大限值,同时又要保证提供适当的电流。我的这些发光二极管能承受的最大电压值是 1.2V,所以当我们选用一个 12V 的电池组来为电路提供电源时,我们就需要在电路中串联 10 个发光二极管,这种连接方式就意味着每一个发光二极管都可以在最大电压值 1.2V 下正常发光。

如图 2.29 所示,这就是一个串联电路图。我们将 10 个发光二极管串联在一条电路上,这样就将电路中的 12V 电源电压一分为十,每个发光二极管上的电压就只是 1.2V。在串联电路中,电路中的所有发光二极管将平均分配总电压,它们共用相同大小的电流。由于这个原因,电路中的每一个发光二极管的型号规格与标准是否完全一样,或者说性能是否一致是非常重要的。基于串联电路的原理,我们可以用任何类型的电源来为发光二极管提供电压,只要我们在电路中串联合适数量的发光二极管,将每个发光二极管的电压值控制在最大值以内就没有任何问题。如果发光二极管的最高电压值是 1.5V,那么我们用 12V 的电源来提供电压的话,就需要在电路中串联 8 个发光二极管才算安全,因为 12V/8＝1.5V。如果在制作过程中,发现总电源电压和发光二极管的最高限压值相除不能得整数,那么我们尽量采取进一的法则,以免电路中每个发光二极管的电压超过它的最高限度。举个例子来说,我们要用 9V 的电源来为最高限压为 1.2V 的发光二极管来提供电压,那么我们就需要在电路中串联 8 个发光二极管,这样每个发光二极管的电压将是 1.125V,这是低于最高限压值的安全电压。但是,如果我们在电路中只串联 7 个发光二极管的话,那么每个发光二极管的电压值会达到 1.285V,超过发光二极管的最高限压值,这会给实验操作带来很大的危险性。一定要记住,只能低于发光二极管的最高限压值,不能抱有侥幸心理,超过一点点都不行,否则很可能就会前功尽弃。

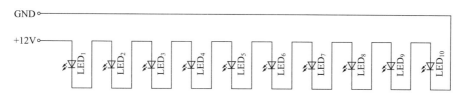

图 2.29　在电路中串联多个发光二极管,这样我们就可以用高电压来提供电源

我们制作这个小型红外照明器的主要目的是要让它为漆黑的房间提供照明,使得小型监控摄像头能拍摄到房间里的一举一动。我们想到一个非常简单实用的办法,那就是将多个发光二极管组合在监控摄像头的镜头周围,这样灯的照亮区域和摄像头的拍摄方向就可以保持一致。当然,这只是我的想法,你也可以将发光二极管组合成任意一种你想要的形状,发光二极管的数量也需要根据你自己夜视设

备的具体情况来决定。但是在制作的过程中,发光二极管的照亮范围和照射距离都是不得不考虑的两个重要因素。

要想将发光二极管固定住,将发光二极管安装在穿孔板上是个很不错的选择。你不但可以通过穿孔板上的小孔来安装发光二极管,也可以直接将发光二极管的引脚插在穿孔板上。如果你打算直接将发光二极管的引脚固定在穿孔板上,那么你最好选择那种带有隆起焊盘的穿孔板,因为这样能保证穿孔板的平整。如果你家里没有穿孔板的话也不用担心,因为任何一种材料的底板都可以使用在这个项目中。软到硬纸板,硬到薄钢板,只要是个板状,都能满足实验需求。我们的目的只是要将多个发光二极管固定在一个圆形状板上,并将它环绕在你的摄像头的镜头周围。如图2.30所示,我们使用的摄像头的机身是2英寸的长方体,镜头宽度是1/2英寸,所以我们在穿孔板上剪出一个半径2英寸的圆形状底板,并在这块底板的中心位置标记好将要切割的一个半径1/2英寸的小圆,这个小圆是为摄像头的镜头准备的。接下来,我们只要用达美电磨工具的铣刀沿着画好的圆形标记将圆片切割下来就可以了。

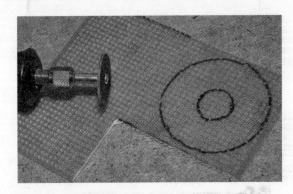

图2.30 制作一个摄像机"项圈",以此固定10个红外发光二极管

当我们用铣刀将这个圆形穿孔板切下来以后,它的边角十分毛糙,因此接下来我们要用一个打磨工具将圆片的边缘打磨圆滑。在设计发光二极管的底板时,事先要考虑到摄像头机身和发光二极管引脚之间要预留一定的空间,这样可以避免发光二极管引脚刮蹭到摄像头机身。如图2.31所示,我们将穿孔圆盘套在摄像头机身上,从图中我们可以看到,在摄像头的表面与穿孔圆盘的外边缘之间有足够的空间,这些是我们预留下来安装发光二极管的位置。

由于穿孔板是一种易碎材料,所以当你打算进行钻孔或者切割时,你应该先用小钻头钻出一个小孔,然后在小孔的基础上用大钻头来扩大孔径的大小,这样能防止穿孔板被切碎或者断裂成两半。对于发光二极管来说,我们钻的孔径大小为3/16英寸,这个尺寸的小孔能将发光二极管牢牢固定在穿孔板上。我们一开始钻孔的时候,先钻一个1/16英寸大小的小孔,然后再在这个小孔的基础上再钻出1/8英寸的孔径。如图2.32所示,我们可以看到在切割过程中穿孔板的中心和边缘有一点点切损,但是并不影响使用。如果我们这个系统是要在户外使用的话,那么我们用方形板来制作发光二极管的基座也未尝不可,只是这个要花费更多的材料,而且占用更大的空间。

图 2.31 将穿孔板切成环状,套在摄像头的镜头上

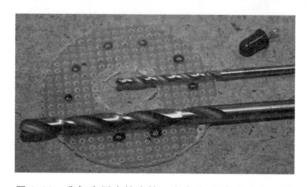

图 2.32 我们先用小钻头钻一个小孔,以免穿孔板碎裂

如图 2.33 所示,如果你打算把这个环形照明灯直接套在摄像头的镜头上,那么在摄像头的外壳与发光二极管的引脚之间要预留足够的空间。除了这种方法之外,还有另外一种选择,那就是将发光二极管的引脚压弯,或者在穿孔板的背面再添加一张隔离垫,这样就不用担心发光二极管会接触摄像头的机身,导致在摄像头机身上留下刮痕了。

接下来,我们要将 10 个发光二极管串联在一起,这并不会花费我们太多的时间,而且操作起来十分简单,使用任何一种接线都可以达到这个目的。如果你使用的是全新的发光二极管,那么你可以将每一个发光二极管的长引脚弯曲并连接在一起,这样就不需要任何的接线了,然后只要在连接电源时找一根合适的电源线就可以。图 2.34 所示是我们经常使用的接线类型,这是计算机通信用的 5 类线,只要将 5 类线剪成如图的一小段就可以使用了,这次我们在穿孔板和电路实验板上使用的也是这种接线。

图 2.33 检查摄像机机身与发光二极管的引脚之间的空间留的是否合适

图 2.34 准备连接接线完成发光二极管的串联

　　按照图 2.29 所示的电路图,我们用接线从一个发光二极管的正极引脚连接到另一个发光二极管的负极引脚,直到每一个发光二极管都一个接一个地串联在一起。最后剩下两个没有焊接接线的引脚(一个正极引脚和一个负极引脚),我们用两根较长的接线将它们连接到电路中的 12V 直流电源的正极和负极上(如图 2.35 所示)。为了避免出现电路中接线的连接错误,我们常常会用不同颜色的接线将正极和负极区分开来。如黑色或绿色接线是地线,红色或白色接线是电源线。如果你在电路连接过程中不慎将发光二极管的极性接反,或者是将电源线和地线搞错,那么你电路中的照明器将会清晰地指示电路出错了。当接通电源之后,如果照明灯不亮,而照明灯本身又都没有任何问题,那就说明电路接线出问题了。除此之外,不会造成其他的损失。但是如果我们将摄像头的线路接错的话,结果就没有这么侥幸了,这是我们从很多次失败的实验中得出的经验。

　　好了,接下来我们要想个办法使得这个圆形状照明灯既能套在这个小小的摄影头上,又能轻易地取下来。我们可以使用双面胶来达到这个目的,只要将双面胶粘贴在摄像头机身的上表面和穿孔板背面就可以(参看图 2.36)。双面胶是一个非常不错的选择,它可以牢牢地固定住电路板或者电池,而且当我们要将这些东西拆下时也十分方便,而且不会造成任何东西的损坏。或许有读者会问,热熔胶在这里可不可以使用?热熔胶当然也能达到固定电路板的目的,但是这种胶是一种永久性的胶水,一旦粘上就极难去除。除双面胶之外,尼龙扣条也是很不错的选择,但是它只能适用于特定形状的摄像头机身。

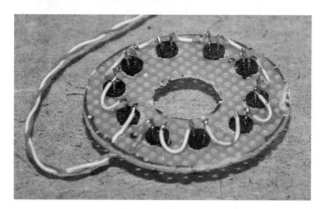

图 2.35 在穿孔板的下面满是串联接线

图 2.36 使用双面胶将照明器固定在摄像头的机身上

我们在这个项目中使用的摄像头的型号是 KPC-EX20H,它是由日本 KTC 公司生产的。这种摄像头具有超低照度和很高的分辨率,在我们的夜视实验中表现出了非常出色的效果。你也可以在电子爱好者网站 SuperCircuits.com 上看到这种摄像头,其类似型号是 PC182XS,售价在 100 美元左右。我们在很多地方都可以以很低廉的价格购买到一个合适的低照度黑白色摄像头,但是这一款摄像头更适合我们这个项目,它不仅有超低的照度,而且还有高分辨率的 CCD 成像元件。

当我们将电路中的接线连接完成之后,最后我们将电源线连接到这个 12V 的电池上,同时查看一下监控器的显示屏,看看电路中的圆形灯是否会发出光线,并且确认一下是不是所有的 10 个发光二极管都正常发光。当电路中存在损坏的发光二极管时,我们要及时将它替换掉,否则如果电路中存在不能正常工作的发光二极管,会造成每个发光二极管的分流电压加大,这很可能超过它们的最高限压值,从而使所有的发光二极管都被烧坏。如果接通电源之后,电路中的发光二极管没有发出光亮,那就立即将电源切断,然后改用合适的电压或者3V的纽扣电池来测试每一个发光二极管,直到你找到问题的症状所在为止。图2.37所示的是一个制作完成的圆形红外夜视灯,这个夜视灯被固定在那个小小的视频摄像头上。

图2.37 安装在小型视频摄像头上的红外照明灯已经制作完成

如图2.38所示,通过连接到视频摄像头的小小的液晶显示器,我们能看到所有发光二极管的工作状态。这个设备携带起来十分方便,而且我们可以用12V直流电同时为摄像头和红外照明器供电。这些小型视频显示器在任何一家电子商店都可以购买得到,一般来说,任何一种视频显示器都会提供一个复合视频输入接口,你可以将它连接到监控摄像头或者小型车载摄像头上。在图2.38中,这个摄像头已经接通电源,而且拍摄到了红外照明器,这些都在显示器上显示得清清楚楚。在电路板上有一个小小的开关,这个开关连接着照明器的电源线,所以我们可

图2.38 要想测试红外照明器的功能,你需要一个视频显示器和一个控制器

以利用这个开关的闭合来实现测试电路的目的。

当把房间里的灯打开时,我们可以从显示器中看到发光二极管都在发光,只不过光线好像比较微弱。如图 2.39 所示,在监控显示器上,这个圆形发光二极管照明灯正在散发着明亮的白光,而当我们直接用肉眼观看时,却只能看不到任何发光的迹象。好了,红外照明器已经制作完成,接下来我们就要看看它在黑暗中的照明效果到底怎样了。

图 2.39 我们在明亮的房间里透过监控器观看红外灯

如图 2.40 所示,当房间里漆黑一片时,我们看到摄像机镜头前的 10 个红外发光二极管正在发出耀眼的白光。在黑暗中,摄像头镜头拍摄到的这个发光二极管照明灯是如此明亮,它们几乎照亮了房间里所有的一切。这个摄像头在黑暗中也能拍摄到一些画面,但是有了红外照明器的帮助之后,它能在漆黑的房间里,将整个房间的所有的一切都看得清清楚楚。更有趣的是,我用这部尼康D90数码相机

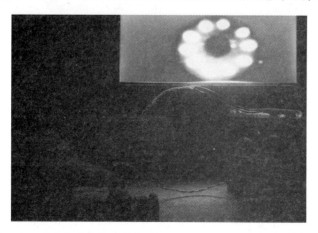

图 2.40 当我们将房间里的灯关闭之后,红外照明器变得格外明亮

来拍摄这些照片时,只能看到这个发光二极管照明灯发出非常微弱的蓝色光,之所以如此是因为数码相机的图像感应器上覆盖有一层红外滤光器,这样它就阻隔了大量的红外线。虽然我没有足够的勇气将数码相机拆开,并将里面的滤光器拆除,从而改装成一个夜视数码相机,但是我们会将它进行其他更加有趣的改装。

如图 2.41 所示,只有很小的一部分红外线穿过了我的这部尼康 D90 数码相机里的红外滤光器,而视频摄像头却可以将我拍摄这张照片的情景看得一清二楚。虽然我们很难解释显示器里的图片为何如此清晰,但是显示器上的图片确实和房间里点着灯时一样的明亮。在视频摄像头看来,红外发光二极管散发出的红外线和我们看到的白色光是一样的,因此这张图片和我们在房间里开着灯时拍摄的图片几乎没有任何区别。在距离红外照明器 10 英尺远的地方,摄像头拍摄的图片更加清晰,发射到摄像头上的光线就如同一个大功率的手电筒发出的光线。从图中可以看到,在我身后的 20 英尺远的墙壁也都被照得很清楚。

图 2.41 当我拍摄这张照片时,红外照明灯照亮了我的数码相机

在进行更多的测试之后我们发现,一个由 10 个发光二极管制作而成的红外照明器只有在到了 30 英尺左右的位置,光线才会变得微弱。这些发光二极管管头的球面度都非常小,属于窄角发光二极管,所以我们只要附加一个包含有 10 多个发光二极管的照明器就能很好地达到实验效果。虽然对于户外监控来说,这个小小的红外照明器将显得有点不尽人意,但是作为室内夜视照明设备或则会作为室内监控系统来说,它还是十分不错的选择。

如图 2.42 所示,这个简易型红外照明器已经制作完成了。这个项目非常值得你去尝试,因为它的花费十分少,而且只需要 1 小时左右的时间就可以制作完成。好了,现在你可以为你的间谍摄像头提供一个理想的夜视照明灯了。你可以制作出一个红外线监视器，或者通过连接一个放大器，将你家的电视遥控器变成超级远程遥控器。由于这个照明灯制作过程是如此简单，因此它可以为以后的很多红外实验中使用，并且能够在黑暗中为任意一款安防摄像头提供明亮的光照。

图 2.42 安装红外照明灯的小型摄像头

项目6 发光二极管阵列照明灯

当你用一只小小的红外发光二极管来作为摄像头的照明灯时，你会发现照明的范围非常有限，无法覆盖你需要监视的整个区域，因此你可能需要寻求另外一种不可见的光源。一些更大的红外照明灯会使用高功率高亮度的白色光源和一个红外滤光片来制作，白色光在红外滤光片的作用下，只有红外线会穿过滤光片并用来照明。这种类型的红外照明灯会产生大量的热量，这是因为白色光中的大部分光线都被完全阻隔，光能无法向外传播就会转化为热能，进而产生热量。因为会产生巨大的热量，所以用白炽灯加滤光片制作出来的红外照明灯不能在室内使用，在很多室外场景中可能也不适合安装这种设备。

有一个很好的办法可以解决红外照明问题，那就是使用红外发光二极管阵列。如果你有足够多的红外发光二极管，那么你可以将它们组合排列在一起，从而形成一个功率很高的红外照明设备。当然，你需要为此购买大量发光二极管，但是不用担心价格问题，如今这些东西都很便宜，如果成百上千地大批量购买的话，每只发光二极管只需要几分钱。有个不大好的消息是，在这种照明灯的制作过程中会有大量的焊接工作要做，就算是一个较小的 16×16 的发光二极管阵列，也会有超过 512 个焊接点。当然，有很多电路板提供商会提供原型设计服务，如果你愿意，你最多只需要花费 100 美元，就可以购买到一个巨大的用于排布发光二极管阵列的电路板。如果你有足够的耐心并且爱好焊接工作，那么或许任何尺寸的发光二极管阵列对你来说都不是问题，自己制作时的成本可能只是你花钱购买时的十分之一。

图 2.43 使用很多红外发光二极管可以制作出一个高功率的红外照明设备

在你决定制作一个巨大的可以照亮一条大街的发光二极管阵列之前,你需要对大量发光二极管所需要的成本开支和电源功率做一次研究分析,因为阵列越大,这两项数据都会越高。我们曾经制作过两种发光二极管阵列,一个是纯手工接线的穿孔板,其阵列大小为 13×19,另外一个是 32×48 的印制电路板。我们可以算一下,较小那个阵列有 247 只发光二极管,而较大的那个竟然高达 1526 只。毫无疑问,需要提供特别高的电源功率才可以同时点亮这 1526 只发光二极管,就算每只发光二极管只需要 10 美分,所有的加起来也高达 154 美元。

首先,你需要计算至少要多少红外线才能照明监视区域。你的摄像头的焦距范围很可能是主要的功能限制,因为大多数安防摄像头都看不清楚 50 英尺之外的事物,而这个距离也差不多是发光二极管所能照射到的最远距离,不论你增加多少发光二极管都将无法改变。因此,你实际上需要考虑的是照明灯在照明距离的限制条件下,它的照射范围要有多广,照明亮度要有多亮才能满足你的监视需求。在一间 20 英尺×20 英尺的房间的每个角落都布置一个 16×16 的发光二极管阵列,可以让这个房间像白天一样明亮。不能使用比这更大的发光二极管阵列了,因为那肯定会让房间亮得让人受不了。如果你的摄像头需要固定安装在一个地方,那么使用单个阵列照明灯是最佳的,但若想照亮房间里的各个角落,那最好是用两个或更多的阵列照明灯。一个 16×16 的发光二极管阵列无论是输出功率还是照明视场都和一个手电筒差不多。当我们将一个 32×48 的发光二极管阵列放在一个小房间里时,其亮度就和一个 500W 的汽车前大灯一样亮。

因为尺寸大小、视场大小、输出功率和光线波长的不同,红外发光二极管有好几种类型。最常使用的红外发光二极管输出的光线波长为 940nm,这种光波是人的肉眼无法看见的,但是任何一个没有安装滤光片的视频摄像头都能看到。其实光线波长为 800~900nm 的红外发光二极管在夜视设备中的照明效果更好,但是由于这种波长很接近可见光中的红色光,我们肉眼可以微弱地感觉到这种光的存在。如果你在黑夜中看见过一个户外夜视摄像头,那么你可能对那种阴暗的红色光并不陌生。图 2.44 所示是我们从网上大批量购买的最常使用的红外发光二极管,其光线波长为 940nm。

图 2.44   大批量购买发光二极管时价格会更加优惠

制作中小尺寸的发光二极管阵列时,将发光二极管的引脚插入电路板小孔中,然后在电路板背面用铜线焊接引脚,形成串联与并联相结合的连接方式。大多数红外发光二极管的宽度都是 5mm,因此穿孔板的每平方英寸大概可以安装 16 只发光二极管。虽然这样会打乱发光二极管的排列组合,但是在电路设计中这种情况是很常见的事情。当你正计划制作一块这样的电路板时,你会发现,在固定大小的区域内所能够安装的发光二极管的个数是由发光二极管自身大小来决定的。实际上大多数照明灯都非常适合每平方英寸使用 16 个发光二极管,因为这样可以获得一个较好的照明范围和视场。

如果你确实有大量空余时间,并拥有一个电磨工具或小型台式研磨机,那么你实际上可以在每个发光二极管的一侧打磨掉一些,然后就可以将它们排布在一块更小的区域内了。图 2.45 所示是在一块穿孔板上尝试充分利用每个小孔,从而达到紧密排布发光二极管的目的。如果不进行打磨的话,这样就会有一定的困难。使用一个小型研磨机能够把发光二极管的一侧打磨成平面,这样就可以更加紧密的排布它们了,但是在这个项目中可能不需要这么做,因为我们的目的是要使用更多的发光二极管来覆盖更广阔的照明范围。

大部分原型设计电路板和标准电路板上的小孔间隔大小是一样的,因此你可以使用 5mm 宽的发光二极管,在电路板上装配出每平方英寸 16 个发光二极管的阵列,其中每两个发光二极管之间将空出一个小孔,如图 2.46 所示。若能使用 3mm 的发光二极管,则可以不间隔一个小孔,但是这种尺寸的发光二极管通常都是不能输出红外线的。你的发光二极管阵列可以是任意行数和任意列数,但是通常来说方形的阵列能够获得最大的照明范围。另外,可以将每一行或每一列作为发光二极管的串联行或串联列,以串联的发光二极管个数作为整个矩阵的基数。例如,你的发光二极管的额定电压是 1.2V,如果你想要串联 10 只这样的发光二极管,那么就需要一个 12V 的电压,这样你可以在每一行排列一组(共 10 只)或两组(共 20 只)串联的发光二极管,然后在每一列并联连接每一行,列的多少由电源的供电能力来决定。一个 10×10 的发光二极管矩阵是比较明亮的,它的亮度足够让任何视频摄像头监视一个小房间。

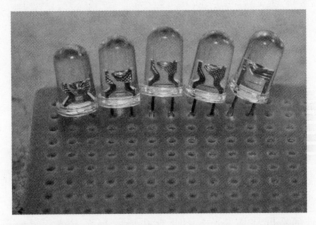

图 2.45　发光二极管的形状和大小决定了穿孔板上的排列方式

图 2.46　使用 5mm 宽的发光二极管排列出每平方英寸 16 个发光二极管

为了制作出小型发光二极管阵列照明灯,我们使用了 19×13 共 247 只发光二极管,之所以做这个选择完全是由于穿孔板的大小和照明灯的容器大小的限制。由于不适合整行或整列串联,因此这个阵列中没有使用串联电路,这就意味着电路板背面的接线会显得特别复杂,而且有点难看,但是这不会对整个照明灯造成影响。我们需要将这个照明灯安装到一个卤素灯罩里,因此必须要考虑它的尺寸大小。这种发光二极管可以成批购买,每包 100 只,所以我们需要购买 3 包才能凑齐 250 只发光二极管,这大概花费了我们 30 美元,不过最后还有 50 只剩余。如图 2.47 所示,在一个小时的认真观察小孔间隔和每个发光二极管的极性之后,我们最终将 247 只发光二极管密集地安装到这块电路板上了。对于全新发光二极管,其极性的区分方法非常简单,引脚较长的是正极,圆形边缘上有平面的那一侧是负极。

图 2.47 在原型设计电路板上制作出 19×13 的发光二极管阵列照明灯

当你的照明灯中的发光二极管个数达到好几千时,你必须要考虑它的功率需求了,随着发光二极管个数的增加,照明灯的功率也当然会增加。由于功率(W)=电流(A)×电压(V),因此,假设每个发光二极管需要 100mA,那么一个包含 30×30 共 900 个发光二极管的照明灯在连接 12V 电源时,其功率会超过 100W!这个 30×30 的发光二极管阵列是串联并联相结合的,为什么就会产生这么高的功率呢?让我来给你解释一下吧。

首先我们从每个发光二极管的正向电压开始考虑。一个常见红外发光二极管的额定正向电压是 1.2V,但并不是说你找一个强劲的 1.2V 的直流电源就可以,我们要将尽可能多的发光二极管串联起来,这样才可以连接电压更高的电源,例如常用的 12V 电源。由于 12 除以 10 刚好等于 1.2,因此我们只要将 10 只发光二极管串联起来,就可以用一个 12V 的直流电源适配器或蓄电池来供电了。如果你的发光二极管的额定正向电压为 1.4V,这时候再用 12V 电源供电的话,只能串联 9 只发光二极管,每只分配到的电压将是 1.33V(12÷9≈1.33),这时候的功率会偏低,但是一般来说,宁可功率低一些也不宜让发光二极管超负载。

当多只发光二极管串联时,通过每只发光二极管的电流都是相同的。因此,在12V电压下,当串联10只发光二极管时,每只发光二极管的电流都是100mA。由于共有900只发光二极管,每10只串联在一起,最终就会有90条包含10只发光二极管的串联电路,这90条串联电路相互之间都是并联连接的,它们两端的电压都是12V。每条串联电路中的电流都是100mA,90条串联电路并联后的电流将达到9000mA(9A),这可是个不小的数字。我们知道瓦特=安培×伏特,那么整个照明灯就是108W(9A×12V=108W)。因此一定要慎重考虑使用发光二极管的个数,尤其是当你使用蓄电池供电的时候更是如此。一个12V的铅酸蓄电池只能让一个30×30的发光二极管阵列照明灯大概工作一个小时,虽然说像这种类型的直流电源并不难找,但是我们还是要认真考虑电源供应问题。

在图2.48中共有40只发光二极管,每10只串联在一起形成一组,然后再将这四组并联连接。对于1.2V的发光二极管和12V的电源来说,这算是一个比较理想的连接方式。如果每只发光二极管需要90mA的电流,那么这个照明灯的功率将是4.32W(0.09A×4×12V=4.32W),我们那个48×32的发光二极管照明灯需要180W的功率才可以产生比较明亮的红外辐射,与此相比,4.32W就显得微不足道了。如果串联的10只发光二极管中有一只产生短路,则可能造成电路损坏,为了避免这种情况,我们需要在每条串联分支上连接一个限流电阻器,见图中的$R_1 \sim R_4$。这里可以使用10~50Ω的电阻值较低的限流电阻器,通常对于在12V直流电源下串联10个发光二极管的电路来说,使用一个1W的电阻器是个很不错的选择。

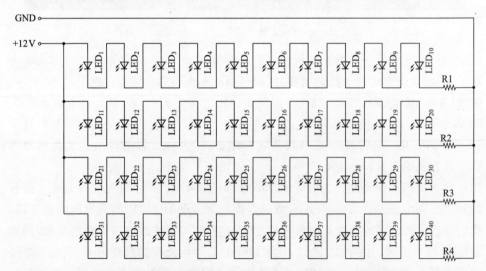

图2.48　串联和并联的连接方案需要适合所选择的电源类型

感谢

　　谢谢 Swink 和 HackaDay 指出上一版本的接线错误,有时一个全新的观点会产生完全不同的结果。

　　如图 2.49 所示,通过在穿孔板底面直接焊接 10 只发光二极管的引脚,就可以将它们串联在一起。注意你需要剪短引脚,并将引脚弯向旁边的发光二极管,这样才方便焊接。将发光二极管阵列中的每一串都分隔开可以让接线工作变得非常顺利。如果你的每一串发光二极管的个数不相等,那么为了形成一个完整的阵列,你只能使用一根接线延续连接到下一行。每一串的发光二极管个数相等也意味着并联这些串时的接线工作会很容易,只要使用一根连续的接线来将它们的末端全部连接起来就可以,如图 2.50 所示。

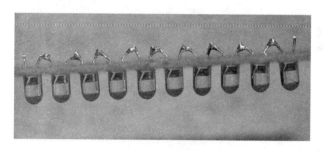

图 2.49　在穿孔板底面焊接 10 只发光二极管形成一个串联电路

　　如果你的照明灯阵列中的每一行就是一组串联的发光二极管,那么你可以通过用一根接线将每一串的一端连接起来,这就很容易地形成并联电路,如图 2.50 所示。注意这根并联接线需要承载整个电路的电流,因此它需要是一根粗细合适的接线。那么应该使用多粗的接线呢?你可以参照一下电源线的粗细,或者使用

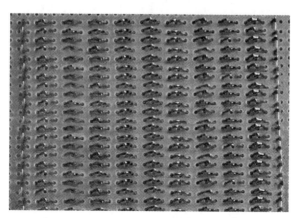

图 2.50　将每一串发光二极管的末端连接起来就形成了并联电路

一根可承载 30A 电流的家用铜芯线。在选择好接线之后,就可以将其焊接到每串发光二极管的连接点上了。

我们的计划是要制作一个 18×13 的发光二极管阵列,并将其安装到一个经得起日晒雨淋的卤素灯的灯罩中,如图 2.51 所示。使用这种灯罩可以将夜视照明灯安装在户外,由于它是密闭式灯罩,因此可有效保护内部的照明电路。对于这种远距离的户外照明灯,我们不需要担心它的外壳会影响它的隐蔽性,相反这种灯罩可以让光束聚集在庭院里需要监视的地方。将原先的交流照明元器件从这种卤素灯壳中取出来之后,里面有足够大的空间来安装发光二极管阵列电路板和交流变直流的电源适配器。之所以使用电源适配器,是因为这样可以将照明灯连接到交流电插座,从而使用交流电源。

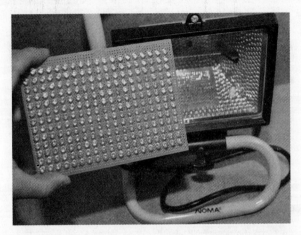

图 2.51 准备将制作完成的 18×13 的发光二极管阵列安装到灯罩中

当我们找到一个可以点亮发光二极管阵列的直流适配器时,我们只需要剪断灯罩内部的交流电接线,然后将其直接连接到交流电适配器就可以,如图2.52所

图 2.52 将交流变直流的适配器安装到卤素灯的灯罩内

示。通过焊接的方法可以将交流电接线直接焊接到适配器的接线头上,然后使用一小段热缩管将连接处裹起来就行了。我们的目的是要将这个照明灯安装在车库的墙壁上,由于安装位置比较高,伸手触碰不到,因此不需要在灯罩上安装任何开关。为了在白天可以熄灭这个照明灯,我们可以连接一个标准的开关插座来控制这个装置的内部电源。如果想要实现自动化电源控制,可以安装一个光敏传感器来控制电源,它会在黄昏的时候自动为你开启发光二极管阵列,这和大街上的路灯的电源控制方式是一样的原理。

图 2.53 所示的发光二极管阵列照明灯的优势在于,它可以直接连接交流电,且安装在户外可以适应各种天气条件。因为这些发光二极管散发的热量很少,且肉眼观察不到它们发出的光线,所以或许你也可以将它安装在室内,但是如果要制作成隐蔽型装置的话可能就有点不大合适。对于监视范围很广的摄像头来说,在不同位置安装两个这种照明灯可以有效扩大照明区域,但是一般来说只要摄像头监视距离不算远,且可以借助环境光,那么使用 个照明灯就足够了。

图 2.53　准备在户外安装的发光二极管阵列照明灯已制作完成

尽管我们生活的这个地方有时候气候环境非常恶劣,不仅下雨、下冰雹、下雪,而且气温高的时候像沙漠,温度低的时候像北极,但是我们的照明灯在任何情况下仍然可以正常工作。如图 2.54 所示,这是只用了一个照明灯,并借助了大街上微弱的环境光,在严寒的冬夜里所拍摄到的画面。因为这个发光二极管阵列是连接交流电插座的,所以我们只要在室内就可以开启或关闭夜视照明功能。我们使用的是低照度摄像头,它可以在监视范围内看到夜间的几乎所有东西,在借助这个发光二极管照明灯的红外线之后,它能够非常清晰地捕捉到脸部特征或车号牌照等细节。

你可能会想使用单个这种照明灯在户外照明很大一块区域,或者是希望这种照明灯可以让你的室内环境变得和白天一样明亮,那么你将需要非常巨大的发光二极管阵列才行,例如图 2.55 中所示的 48×32 的发光二极管阵列。这个庞大的怪物总共包含了 1536 只红外发光二极管,当完全被点亮时,它的功率将超过 180W。这个庞大的阵列所发散出来的红外辐射非常强,它会像太阳光一样照在你的脸上。当用作室内照明时,就好像强烈的太阳光通过窗户投射到室内一样,而用作室外照明时,它就像是一个聚光灯,能够照亮整个后院,可以让安防摄像头在漆黑的夜晚捕捉到几乎任何细微的变化。这么巨大的照明灯超出了大多数隐蔽型防护设备的需求,因此我们常常在各种间谍项目中都是使用较小的照明灯。

图 2.54 这个照明灯可在冰雹、雨雪和冰冻气候下正常工作

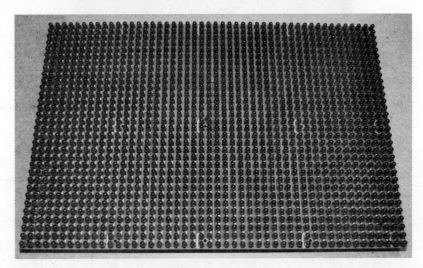

图 2.55 这个庞大的红外发光二极管阵列包含了 1536 只发光二极管

如果制作这么庞大的照明灯,你觉得需要消耗多长时间才能焊接那大约 3000 个焊接点呢?告诉你,时间太长了。当你需要制作一块 32×32 的发光二极管阵列时,与其全部手工制作,不如花钱去购买一块电路板。首先这些发光二极管可能就要花费你至少 150 美元,而一块印制电路板的价格肯定不会比这个更贵。你最多

只要花费 100 美元,就会有很多原型电路板设计公司愿意小批量为你制作出这样的电路板,然后你需要自己花些时间去将所有发光二极管焊接到这块电路板上,这可能要消耗你几天的时间。如果是全部手工制作电路板并焊接 1500 只发光二极管,那么可能需要好几个星期,而且出错的概率也会非常高。因此,我们只手工做过一次,以后就再不想这样了。

图 2.56 所示是大型发光二极管阵列电路板的底面接线情况,在这里你可以看到每 10 只发光二极管串联在一起,然后将每一串都并联起来连接到 12V 的直流电源上。串联的连接线上所承载的电流不会很大(50~100mA),因此你可以使用细小的接线,这样更方便你在电路板上紧密排列元器件。然而并联的连接线必须要连接到电源,并承载非常大的电流,因此你必须使用比较粗大和结实的接线,或者是使用实心铜线。

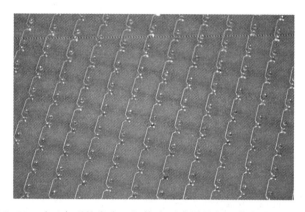

图 2.56　对于大型的发光二极管阵列来说最好是使用印制电路板

图 2.57 所示是这个大型发光二极管阵列正面的并联接线情况,其中共并联了 153 条串联电路,每条串联电路上有 10 只发光二极管。这个发光二极管阵列在接通 12V 电源之后,其功率高达 180W,因此并联连接线必须承载 15A 的电流。当

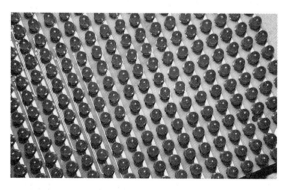

图 2.57　粗实的并联连接线需要承载很强的电流

然,除非设备确实有这么高的要求,否则我们常常会限制它达到这么高的功率,因为对于大部分室内应用来说,这么高的功率实在是太明亮了。虽然这个 48×32 的发光二极管阵列的大小是 18×13 阵列的 6 倍,但是它们的串联和并联连接方法是完全相同的,都是基于图 2.48 所示的原理图搭建起来的。

当使用一个红外照明灯当作隐蔽型室内安防设备时,需要将这些发光二极管隐藏起来,否则它们显露在外面就太明显了。我们制作过很多隐蔽型监测设备,其中有一个用于室内的监视设备,因为在黑夜中对亮度的要求比较高,我们使用了内含 1536 只发光二极管的巨大照明灯。为了将这个 2 英尺宽的方形矩阵隐藏起来,你需要用到某种类型的透镜,这种透镜既可以掩蔽发光二极管,又可以让发光二极管向外发射出红外线。其实这个问题有好几种解决方案。

图 2.58 所示是一面单面镜,这种镜子价格便宜,且可以被切割成任意形状。大多数红外线都可以穿透这种镜子,因此它可以将发光二极管完全掩蔽起来。市场上有好几种类型的单面镜,有些看起来和一面普通的镜子没有什么区别,而有些则有不同的色调和不透明度。我们选择了一面黑色的单面镜,这样将照明灯安装到一台废旧的液晶显示器的里面之后,几乎看不出来有什么异常。我们让单面镜的提供商将镜子切割成和液晶显示屏精准一致的尺寸,然后只要移除显示屏,替换成这面镜子就行。

图 2.58　这种单面镜可以用来掩盖红外发光器

在图 2.59 中你可以看到,这种镜子完全掩蔽了后面的东西,但是绿色可见光发光二极管的光线却可以穿透它。这个发光二极管发射出的光线中大约只有 10% 不能穿透这种单面镜,其中不能穿透的红外线就更是少之又少。在单面镜的正面只能看见摄像头的倒影,除此之外看不见单面镜背面的任何东西,因此发光二极管阵列可以被单面镜完全掩蔽起来。因为这个巨大的发光二极管阵列输出的光线非常强烈,所以单面镜所阻隔的光线可以忽略不计。

图 2.60 所示是一台内部有故障的液晶显示器,因为它适合安装单面镜,所以我们将它用作 1536 只发光二极管阵列照明灯掩护外壳。在室内使用这种显示器来掩蔽大型阵列照明灯的效果非常好,因为它可以完全隐藏发光二极管阵列的所有迹象,而且将它摆放在桌子上是非常正常的事情,不会引起别人的特别关注。就算你将这个显示器对准监视区域,也不会让人起疑心。

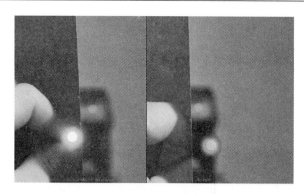

图 2.59 通过这面镜子只能看见光线,看不见绿色可见光发光二极管

图 2.60 这个 19 英寸的液晶显示器很适合用来制作隐蔽型照明设备

如图 2.61 所示,液晶显示器的内部空间非常大,足够我们安装一个巨大的发光二极管阵列和大型蓄电池或电源适配器。为了能够快速安装好这个照明设备,我们选择使用一个蓄电池,另外还有一个光感应开关,它可以在关闭房间灯光时即刻开启发光二极管照明灯。每个安防设备都需要具备它的独特性,因此这次我们计划不再使用直流电源适配器,而是使用更合适的蓄电池。在学习和探索未知领域的知识时,创新意识是你最好的工具。

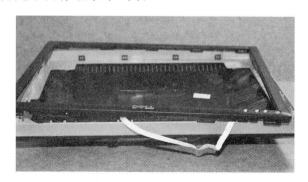

图 2.61 移除废弃液晶显示器的前方挡板和显示屏

因为这个发光二极管阵列不论是长宽还是厚度都基本上和液晶显示器的面板相同,所以安装工作会变得非常简单。如图 2.62 所示,只要用螺栓将发光二极管阵列固定在内部固定板上就可以,注意要预留一些空间用于在最顶面安装单面镜,在最底面安放你的蓄电池或直流电源适配器。之后可能还有足够大的空间,你可以用这些空间在显示器的下方安装一个微型的无线针孔摄像头,从而制作出一个功能强大的隐蔽型的夜视监测系统,它可以安装到室内的几乎任何位置。

图 2.62 发光二极管阵列的尺寸刚好适合安装在液晶显示器中

图 2.63 所示的铅酸蓄电池可以让这个照明灯发光 30 分钟到数个小时的时间,这取决于我们所需要的红外线亮度的强弱。为了限制电流和控制照明时间,我们根据安装方式使用了好几种方法。我们可以简单地添加一个电阻负荷来限制电流,但是那样会发热。有一个更好的解决方法,那就是制作一个脉宽调频电源,它可以改变电源的工作周期。当需要精确地控制亮度时,这个方法非常有效。调频电源可以参照前面的"脉冲发光二极管照明灯"电路,但是需要使用一个大型场效应晶体管阵列作为驱动装置。

图 2.63 使用一个可再充电的铅酸蓄电池为发光二极管阵列供电

图 2.64 所示是制作完成的隐蔽照明装置,虽然那一面单面镜的反光效应会比原先的屏幕稍微强一些,但是这个设备的隐蔽性看起来还是很具有说服力的。只有那

些电子发烧友才会以职业的眼光去怀疑一台看似非常正常的液晶显示器是一个高功率的夜视照明灯,其他人都不会去特别在意,所以这个设备的设计方案不论放在哪里都非常成功。从这个包含 1536 只发光二极管的照明灯发射出来的红外辐射非常强烈,因此我们通常只需要让它输出 50% 的功率,就可以点亮一间很大的房间。

图 2.64　这个巨大的隐蔽型红外发光二极管阵列照明灯制作完成

通常的数码相机为了提高图像质量,在它的成像元件上会使用红外滤光片来滤除红外线,因此不要尝试使用数码相机去捕获红外线,那会是很困难的事情。相反,一个普通的安防摄像头因为没有任何滤光片,所以对它来说,180W 的红外照明灯和180W的白炽灯没什么两样。图2.65中的红外发光二极管照明设备已经

图 2.65　只有用视频摄像头才能看到这个 180W 的红外照明设备在发光

点亮,但是这个用标准的数码相机拍摄出来的图像却给人非常昏暗的效果。这台显示器是不能正常工作的,但是看起来却没有任何破绽,因此在大多数情况下都不会成为关注的焦点。

　　这个具有液晶显示器外型的照明设备是一个巨大的成功,它可以让你用一个非常隐蔽的方法去照明任何房间,只要电脑设备在这个房间里不会成为引人注目的东西就行。除液晶显示器外,你也可以使用单面镜将发光二极管阵列隐藏在相框、镜框甚至任何面板较暗的家用电器中,如果找不到单面镜,你还可以使用其他一些材料来掩蔽发光二极管阵列,例如黑色树脂玻璃或有色玻璃。红外线也可以穿透某些纸和黑色塑料,不过在使用之前你需要使用红外发光二极管和视频摄像头测试一下。

　　图 2.66 所示是红外发光二极管阵列照明灯正在发光,这是安防摄像头拍摄的图像,所以我们才可以从图像中看到肉眼观测不到的红外线。虽然此时照明灯的功率只有最大功率的 25%,但它仍然像一只巨大的聚光灯一样照明了整个房间。当你准备制作一个红外发光二极管阵列时,你需要考虑的最重要的因素是电子元器件的价格和阵列的大小,之后就可以尽情发挥你的创意,看看怎样让你的间谍摄像头拥有夜视能力了。

图 2.66　这个巨大的发光二极管阵列就像一个聚光灯一样照亮了整个小房间

项目7　脉冲发光二极管照明灯

　　尽管发光二极管发出的可见光或红外线的亮度是有限的,但是我们可以使用脉冲的方式让发光二极管的亮度达到最大。这个项目将向你演示怎样让一个简单的红外照明灯发出更多的红外线,从而让夜视系统中的摄像机或低照度的黑白色摄像头可以拍摄到更广阔的区域。为了制作出这个项目,你将需要找到即将使用的发光二极管的产品说明书,然后你就可以从中了解到这种发光二极管在脉冲模式下所能承载的最高电流是多大。

部件清单
IC1:LM555 模拟定时器集成电路
电阻器:$R_1 = 100\text{k}\Omega$,$R_3 = 1\text{k}\Omega$,$R_4 = 1\text{k}\Omega$
电容器:$C_1 = 0.01\mu\text{F}$
晶体管:2N3904(版本 1 中的使用型号),TIP120(版本 2 中的使用型号)
二极管:1N914 型
电池:9~12V 蓄电池或电池组

脉冲模式意味着发光二极管将以非常快的速率接通和切断电源,其电流会比在持续通电时的电流更高。这样做的目的是强迫发光二极管输出短暂的更加明亮的可见光或红外线,这个通电周期非常短,因此发光二极管将不会过度发热。电视遥控器也是这样发射瞬间很强的相位调制光到电视机的红外接收器,且很多低电压的设备也在脉冲模式下使用可见光发光二极管,从而使得它们既看起来更加明亮,又可以节省电能。一个脉冲模式的可见光发光二极管的亮度可能看起来会是普通模式下的 10 倍,其消耗的电能却只有普通模式下的一半。当然,脉冲发光二极管也会有局限性,最终你可能会发现,使用更多的或电流更高的发光二极管会比使用脉冲模式驱动器更加有效。

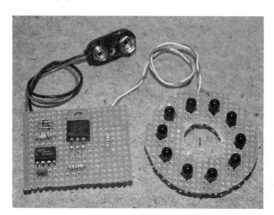

图 2.67 使用脉冲电流可以让红外照明灯达到最大亮度

这个项目将发掘出可见光和红外线这两种发光二极管在脉冲模式下的优势和劣势,通过将一个低光照度的黑白间谍摄像头连接到一个便携式摄像机和小型红外照明灯,对它们进行各方面的比较。

　　大部分较新的户外安防摄像头现在都包含了一种红外环形照明灯,以此来保证它们可以看清黑夜中的动静。在自然光谱中,红外线是临近红色光的光波,它的光波范围是 750～1500nm。这种光是人类肉眼无法看到的,但是可以被很多视频摄像机很轻易的看见,利用这一点我们可以制作出隐蔽光照的夜视系统。红外线最常见的应用事例是遥控器和电视机之间的通信。在遥控器的前端有一只发光二极管,它向外发送红外脉冲信号,这个信号被电视机上的红外探测器接收并解译成可识别的数据。当然,因为这种红外脉冲不在人类的可见光范围之内,所以我们是看不见遥控器发光的。然而对于任何视频摄像头来说,只要没有安装红外滤光片,都可以看见这种光线。

　　图 2.68 所示是一个环形的红外发光二极管照明灯,它是从一个小型户外安防摄像头上拆卸出来的。在这块电路板上共安装了 17 只串并联相结合的发光二极管,中间的小孔用于安装摄像机的镜头,这样就可以让光线均衡地分布在摄像头的拍摄范围之内。这是一个老式的夜视设备,因此它还是一个脉冲模式的夜视照明系统,这就是为什么在它的电路板背面有那么多半导体元器件的原因。一个没有脉冲模式驱动器的照明灯是没有任何半导体元器件的,它将直接连接到直流电源,并始终为每一只发光二极管提供最高的电压和电流。

图 2.68　这是一个从户外安防摄像头上取出来的脉冲模式照明灯

　　你可能已经发现在图 2.68 中的电路板背面密密麻麻布满了各种半导体元器件,其实这也是复杂电路的缺点之一,因为电路越复杂,出故障的可能性越大。这个电路会遭受附近的雷击电涌,或因为产生过多热量而放弃工作,导致电路中的几乎所有晶体管都会遭受破坏。幸运的是,发光二极管没有损坏,然后我就将它们收集起来了。我们收集了大量的红外安防摄像头,发现一个有趣的现象,几乎所有最新的摄像头都有效果更好的夜视功能,它们都不再使用脉冲模式的驱动器。可能生产厂商都觉得,与其将较低质量的发光二极管驱动到最高电流,不如直接使用质量更好的发光二极管。

　　由于尺寸大小、照射范围、输出功率以及有效光线颜色的不同,红外发光二极管可分为好几种类型。最常见的红外发光二极管输出 940nm 的红外线,这个波段的光线虽然远远超出了人类可见光的波长范围,但却可以被没有安装任何滤光片的视频摄像机很好的探测到。你也可以使用波长范围在 800～900nm 的红外发光二极管,它们甚至更适合用于夜视项目中,但是使用这种发光二极管有一个缺点,因为这个波长很接近人类的可见光,因此你可以看见它昏暗的红色光。如果你曾经在黑夜中看见过一个户外的夜视安防摄像头,那么你对这种昏暗的红色光肯定不会陌生。图 2.69 所示是一些常见的波长为 940nm 的红外发光二极管,其正向电压是 1.2V。

图 2.69 常见的遥控器红外发光二极管

要想让可见光或红外线发光二极管在脉冲模式下工作,你就需要找到发光二极管的产品说明书,并从中找到它所能承载的最大脉冲电流以及厂家建议的脉冲周期。一些发光二极管在脉冲模式下所能承载的电流大小并没有显著的提升,这样它们就不适合在这个项目中使用。在图 2.70 中展示了一个典型红外发光二极管的部分参数,其中包含在脉冲模式下很重要的参数。

绝对最大额定值(T_A=25 ℃ 在通常情况下)			
参 数	符 号	额定值	单 位
工作温度	T_{OPR}	-40 to+100	℃
存储温度	T_{STG}	-40 to+100	℃
烙铁焊接温度	T_{SOL-I}	240 for 5 sec	℃
流体焊接温度	T_{SOL-F}	260 for 10 sec	℃
持续正向电流	I_F	100	mA
反向电压	I_R	5	V
电源损耗	P_D	200	mW
峰值正向电流	I_{FP}	1.5	A

图 2.70 在发光二极管的产品说明书上会标明最大脉冲电流

根据这个部分产品说明书我们可以知道,这个发光二极管需要 5V 电压,在正常工作模式下的最大额定电流是 100mA。但是在脉冲模式下,它将可以承载高达 1.5A 的电流,也就是 1500mA,这是正常模式下的 15 倍。电流数据真的是非常惊人,但是不要期望它同样可以输出 15 倍之多的红外辐射。当你使用可见光发光二极管在脉冲模式下进行实验时,你可能会发现它的亮度是正常模式下的两倍,但是在用作安防摄像头的照明灯时,似乎差异并没有那么明显。虽然红外照明灯在脉冲模式下会稍微亮一些,但是你可能发现这种增益效果并不明显,似乎不值得我们去制作脉冲模式的复杂电路。

如果你使用的发光二极管在脉冲模式下的电流大小达不到持续电流的 10 倍以上,那么就不值得你花费时间为它们制作脉冲模式的复杂电路。此外,你还要在产品说明书上查看一下厂家建议的脉冲周期,以此确保在脉冲模式下不至于产生过激电流。本项目中的电路适用于大多数发光二极管,其脉冲周期非常短,在 8～10μs 之间。在让发光二极管到达极限最高亮度之前,为了不至于损坏发光二极管,事先做一些试验是很有必要的。

图 2.71 所示的电路图是一个基本的发光二极管脉冲电路,在连接到 9～12V 的电源上时,它能够向发光二极管输送 800mA 的脉冲电流。在使用脉冲来驱动发

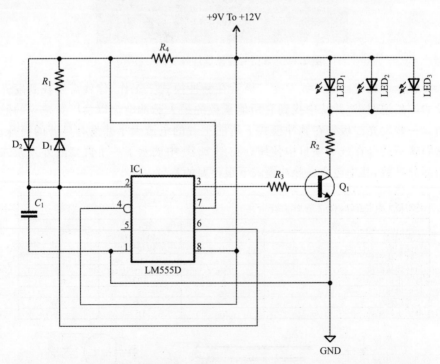

图 2.71 这个发光二极管的脉冲电路将向外发送短促而持续的 800mA 的脉冲电流

光二极管时,电源电压需要远远超过产品说明书上规定的正向电压,且脉冲周期必

须非常的短暂。这个电路对于大多数发光二极管都是安全的,在型号为 LM555 的计时器的控制下,它向发光二极管发送出的脉冲周期非常短,不会超过 $10\mu s$,其脉冲电流大约在 800mA,这差不多是 NPN 型晶体管电路所能承载的最高电流。如果你并联更多的发光二极管,那么电路中所需要的电流也会随之增大,直到晶体管无法为所有发光二极管供电为止。单个晶体管可能可以驱动 4 只发光二极管,也可能 1 只都驱动不了,这取决于你所使用的发光二极管的特性。几乎所有类型的晶体管都可以驱动一个在脉冲模式下最大电流为 1A(1000mA)左右的发光二极管。

在初期实验中,我们要使用可见光发光二极管来做试验。最好是在开始的时候至少并联 4 只发光二极管,然后在测试中一只一只从电路中摘除,以此检验发光二极管是否到达最高亮度,同时用你的手指感触一下晶体管的热量。用一只 $10\sim20\Omega$ 的电阻器(R_2)可以限制电流,从而保护你的晶体管不被损坏,但是你的电路不应该让晶体管一直发热,否则晶体管的使用寿命会大打折扣。这个初始的电路只是一个测试电路,通过这个电路中的可见光发光二极管,我们可以知道持续低电流和脉冲模式电流之间的差别。后面我们将要使用一个更大的晶体管,以便驱动更大的红外发光二极管阵列。

如果你找不到一个型号为 2N2222 或 2N3904 的晶体管,那么你实际上可以用任何小型 NPN 型晶体管来代替,这种晶体管能够承载的电流大概在 600mA 左右。至于 555 计时器,任何与之类似的计时器都可以使用,但是需要注意修改它的定时电容,否则电阻器将改变它的频率及脉冲周期。事实上这个电路被设置成最快的脉冲周期(大约 $10\mu s$),其脉冲频率大约是 1.5kHz。你当然可以改变这些数值,但是要注意,任何错误都可能导致发光二极管或晶体管遭受损坏。

按照图 2.71 中的电路图,这个发光二极管脉冲电路已经在一块无焊料的电路实验板上搭建完成了,如图 2.72 所示。这里所使用的发光二极管是可见的绿色发光二极管,其各项参数都和我们将要使用的红外发光二极管类型很接近。这种发光二极管的正向电压是 1.2V,额定持续电流是 200mA,脉冲模式下的额定电流是 1000mA(1A)。因为发光二极管的峰值电流要比晶体管能够承载的电流高得多,所以我们要让电子元器件处于脉冲电流下的时间尽可能的短暂,这样就可以避免损坏发光二极管。如果晶体管损坏并因此造成短接,那么发光二极管也会遭受损坏,因此,在实验过程中每隔一段时间去感触和检验一下晶体管的热量是非常重要的。

在你搭建好计时器部分的电路之后,如果你有一个示波器,那么你就可以在一个示波器上检验一下电路输出了。你不需要连接任何发光二极管,只要直接从 555 计时器的引脚♯3 上获得输出就行。最终输出结果应该如图 2.73 所示,其频率在 1.5kHz 左右,脉冲时间大约为 $10\mu s$。这个极其短暂的充电周期可以确保发光二极管不会因为过热而遭受损坏,而如此快速的脉冲频率则可以让发光二极管看起来就好像是处于持续点亮状态,不论是视频摄像机还是人类肉眼都无法分辨出来。与此相比,一个电视机遥控器的脉冲频率大约在40kHz,其点亮发光二极管的效果和我们这个电路很相似。

图 2.72 在一块电路实验板上搭建出发光二极管的脉冲测试电路

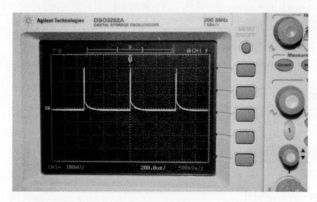

图 2.73 发光二极管脉冲电路的工作周期非常短暂

　　在图 2.74 中共有 4 只发光二极管被点亮,其中那三只并排的发光二极管连接在脉冲电路中,而单独的那只则是在连接一个限流电阻器后由直流电源直接供电的。尽管在图中看似区别不大,但是在脉冲模式下的那三只发光二极管显然看起来要更亮一些,而且它们的颜色会产生奇怪的从纯绿色到绿蓝色的变化。如果将这 4 只都用于脉冲模式,那效果肯定更加叫人惊奇。为了保证我们没有使用到不匹配的发光二极管,我们用单独的发光二极管替换掉脉冲发光二极管中的其中一个,最终发现脉冲驱动下这种绿色发光二极管会产生很明显的颜色变化,变化范围为 500(纯绿色)～470nm(绿蓝色)。

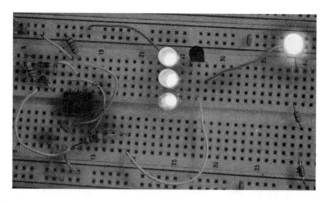

图 2.74 脉冲模式下的三只发光二极管要比非脉冲模式下的单个发光二极管更加明亮

在我们研究为什么会产生这个奇怪的颜色变化时,我们发现已经有研究证明,尖锐脉冲会导致发光二极管改变它们的光线波长。很显然,如果是 450nm 的蓝色发光二极管,那么在脉冲模式下它可能散发出紫外线,因此这个问题又可能会成为将来某些实验的研究方向。总而言之,我们肉眼可以很明显地看到,多只发光二极管连接在脉冲电路中要比连接在非脉冲电路中的亮度更高,即使我们在脉冲电路中只连接 1 只发光二极管也是如此。我们在实验中尝试过各种颜色和类型的发光二极管,结果是各不相同,有时候亮度变化非常显著,有时候基本上只有颜色变化。高亮度的、照明范围较窄的发光二极管在脉冲模式下的变化非常明显,而低功率的、具有散射镜头的发光二极管却并非如此。有个好消息是,红外发光二极管和高功率的、照明范围窄的可见光发光二极管在脉冲电路中的反应很相似,因此它们都可以在脉冲模式下使用。另外,由于 880nm 的红外线比 940nm 的红外线更适合用于夜视设备中,因此脉冲模式下产生微弱的光线变化刚好适应我们的需求。

因为视频摄像机不论是使用 CCD(电荷耦合器件)成像元件还是使用 CMOS(互补金属氧化物半导体)成像元件,它都可以看见红外线,就和我们能够看见可见光一样,夜视设备正是使用这种波长为 800～1000nm 的红外线来为摄像头照明一片区域。红外线是人类肉眼无法感知的光线,但却完全可以被摄像头探测到,因此对于摄像头来说,那就好像是一束白色光照射在监视区域。但是并非所有的摄像头都可以观测到红外线,例如大多数便携式摄像机和数码照相机,它们通常会包含一种红外阻隔滤光片,以此来改善拍摄的图像质量。然而对于间谍摄像机和安防摄像头来说,它们需要探测到尽可能多的光线,因此它们不会包含任何滤光片,可以观测到我们所看不见的红外线,这正是它们用于夜视系统的优点所在。

图 2.75 所示是一个小型间谍摄像头,它是一个超低光照度的用于安防的摄像头,可以很好地看见任何红外线。我们这里使用的微型摄像头的型号是 KPC-EX20H,它是由日本的一家公司生产的。这种摄像头具有超低照度和很高的分辨率,在我们的夜视实验中表现出了非常出色的效果。你也可以在网站 SuperCircuits.com 上看到这种摄像头,其类似型号是 PC182XS,售价在 100 美元左右。因为这种摄像头具有超低的照度和较高分辨率的 CCD 成像元件,所以一般的低照度黑白色摄像头的价格会比它低很多。

图 2.75 这是一个用来探测红外线的小型黑白色视频摄像头

在使用脉冲电路测试可见光发光二极管之后,下一步我们要使用一个安防摄像头和一些红外发光二极管来做实验了,如图 2.76 所示。由于我们的红外发光二极管的正向电流和前面实验中的可见光发光二极管相近,且具有更合适的脉冲电流,因此我们可以很放心地将它们连接到脉冲电路中。大多数红外发光二极管的额定脉冲电流都可以达到 1A 甚至更高,这是因为它们通常都是在脉冲模式下使用的,尤其是当通信中需要用到信号调制的时候。

图 2.76 使用摄像头和红外发光二极管测试脉冲电路

　　通过使用一台小型液晶显示器来显示摄像头拍摄的发光二极管发光的画面，我们可以看到在脉冲模式下的 3 只发光二极管和在非脉冲模式下的单只发光二极管的亮度差异。和前面使用可见的绿色发光二极管时的实验结果不同，这里摄像头拍摄到的脉冲模式和非脉冲模式下的发光二极管之间看起来几乎没有什么亮度差异。而实际上单只发光二极管的红外线可能还会比那 3 只脉冲模式下的发光二极管更亮。当然，这个测试是在明亮的房间里进行的，且摄像头可能会补偿发光二极管周围的光线反差。为了公平起见，最好的方法是在完全漆黑的房间里进行实验，且在两种模式下只使用 1 只发光二极管进行比较。

　　在完全漆黑的房间里，实验结果告诉我们，左边的脉冲模式发光二极管的亮度更胜一筹，如图 2.77 所示。脉冲模式发光二极管和持续电流下的发光二极管的型号是一样的，只不过现在这个脉冲电路只用于驱动一只发光二极管了。从图中我们可以看到，在距离 12 英寸的地方照射到一块无光泽的表面时，脉冲发光二极管照亮的区域更大。另外，这只小型的晶体管是无法驱动所有 3 只串联的发光二极管的，因此，单只脉冲发光二极管看起来更亮。

图 2.77　左边的脉冲发光二极管明显散发出更多的光线

　　为了完成这个项目，我们要在一个完全漆黑的房间里，使用相同的黑白摄像头，将 10 只发光二极管连接到一个更大的驱动晶体管，然后制作成一个小型的环状红外照明灯进行测试。只要将小型间谍摄像头的输出连接到一台标准摄录机的视频输入端口，我们就制作成了一个简单的夜视系统，它既可以拍摄图像又可以录制视频。只要使用一种红外照明灯，就可以通过取景器观测到一个完全漆黑的房间里的东西。

　　当使用一个高功率的晶体管来驱动发光二极管时，必须要注意每只发光二极管将要承载的电流。我们这里使用的 TIP120 晶体管将要驱动一个较大的发光二极管阵列，电流的理论值高达 5A，因此你将需要串联至少两只发光二极管，可能还需要改变限流电阻器的电阻值。我们的系统在 12V 电源下运行,电路共分为 5 条并联支路,每条支路串联 2 只发光二极管,如图 2.78 所示。为了保证电路安全,我们将限流电阻器由之前的 10Ω 改变为 75Ω。

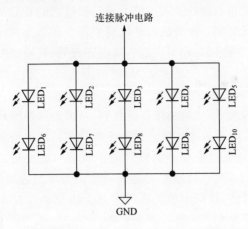

图 2.78　电路中包含 10 只红外发光二极管时的连接方式

　　在实验中如果处理不当,则发光二极管会像爆米花一样爆炸,因此当你的电路准备接通电源时,不要凑近发光二极管紧盯着不放,不然你可能会被爆炸后的发光二极管碎片扎伤你的眼睛。使用更大的晶体管意味着会散发出更多的热量,但是一般来说是不需要安装一个散热装置的,除非你需要驱动一个很大的发光二极管阵列。我们做实验是为了达到发光二极管的极限,但是需要循序渐进,别想一口吃成一个胖子,因此刚开始的时候应该串联尽可能多的发光二极管。现今市场上已经有一些最新的高功率发光二极管,它们承受高达 5A 的电流,但是你可能因此需要一个更大的驱动晶体管。

　　在之前的一个项目中我们制作出了一个包含 10 只发光二极管的环形照明灯,如图 2.79 所示,但是它需要重新布置走线才能和图 2.78 中的电路相匹配。关于这个照明灯,我们最初的设计意图是直接用 12V 电源驱动这个发光二极管阵列,因此所有发光二极管是串联的,刚好每只发光二极管需要 1.2V 的电压。实际上这个阵列在直流电源下的运行效果非常好,但是我们想看看在 12V 的电源下,使用 1A 的脉冲电流的效果是否可以更好。

　　图 2.80 所示的电路图和图 2.71 中的电路图基本上是一样的,只是使用高功率的 TIP120 型晶体管替换了之前的 2N2222 型晶体管,且发光二极管的个数增加了。由于这个晶体管可以提供更高的电流,因此电路中由之前的每条并联支路上串联 1 只发光二极管改为串联 2 只,这样就可以降低支路上每只发光二极管的电压。我们不敢将所有 10 只发光二极管都并联连接,因为这样的话,万一电路中的电流超出了它们的脉冲电流的极限,那它们就会被损坏。在脉冲模式下,我们从来没有尝试去达

到使用说明书上的最高电流。通过在晶体管 Q_1 的发射机和接地之间添加一个功率电阻器可以起到限流作用,这个电阻器的电阻值适合在 $10\sim100\Omega$。

图 2.79　这是一个 10 只发光二极管按串联方式连接的照明灯

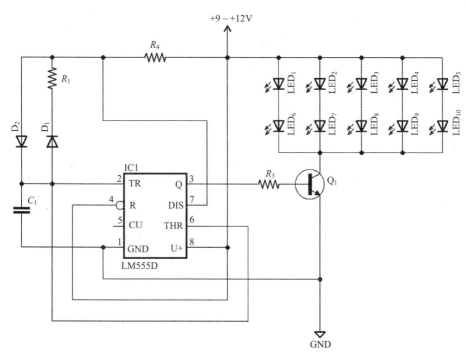

图 2.80　在相同的脉冲电路上使用了更高功率的晶体管

从新的电路图中可以看到,我们只是移除了低功率的 2N2222 型晶体管,然后替换成高功率的 TIP120 型晶体管。另外,我们还移除了限流电阻器 R_2,将发光二极管照串并联相结合的方式连接,从而为每只发光二极管减少脉冲电流。如果你希望可以调节发光二极管的亮度,那么你可以在 R_3 的地方添加一个电阻最高为 $100\text{k}\Omega$ 的电位计。如图 2.81 所示,如果你想获得发光二极管的最大输出,就必不可少地需要做一些尝试性的实验。

图 2.81 在一块无焊料的电路实验板上搭建强电流的脉冲电路

为了可以在房间里各个角落测试这个脉冲电路,我们在一小块穿孔板上搭建了同样的电路,如图 2.82 所示。电路中的所有接线都是在穿孔板底面进行连接的。穿孔板非常适合对小型到中型电路进行快速的原型设计,且改装起来也很容易,只要在底面轻松地调整接线就行。

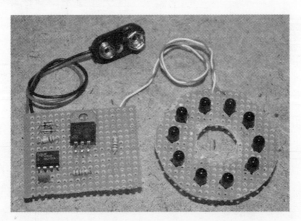

图 2.82 在一小块穿孔板上制作出来的红外脉冲电路

大部分便携式摄录机都有一个视频输入接口,通过这个接口它可以连接到其他视频源。这个接口附近通常会标识为 VCR 输入或外接视频,在你连接到一个外部视频源时,摄录机就会以此代替其内部的视频系统输入。摄录机的这个功能对我们很有帮助,因为所有便携式摄录机为了改善视频图像的颜色质量,其本身都会包含红外阻隔功能。除非你想要深入研究摄录机内部构造,否则的话要想移除这种红外阻隔滤光片不是一件容易的事情,因此你将需要一种不会滤除红外线的视频源。在我们这个方案中,我们使用的是低光照度的黑白色间谍摄像头,通过使用一小块双面胶,我们将这个摄像头粘贴在摄录机镜头的旁边。

本来那个发光二极管阵列照明灯可以很自然地覆盖在便携式摄录机的镜头上,但是我们还是选择将它粘贴在摄录机的前面,如图 2.83 所示,这样我们可以很容易地撤销间谍摄像头的功能,并恢复使用摄录机的原有镜头。在这个装备中,外部摄像头和发光二极管脉冲电路都是由一个 12V 的蓄电池来供电的。

图 2.83 这是将要用来比较发光二极管输出的测试装备

最终的测试结果显示,与普通直流模式下的相同发光二极管相比,脉冲模式下的发光二极管确实可以提供更强的照明。如图 2.84 所示,这四个画面拍摄的都是相同的场景,其中画面(A)表示正常开启房间灯光时拍摄的图像;画面(B)表示使用持续电流模式,在 12V 电源下串联 10 只发光二极管所拍摄的图像;画面(C)表示在脉冲模式下,使用高功率的晶体管来驱动发光二极管阵列所拍摄到的图像;画面(D)表示借助外面大街上的街灯通过窗户照射进房间的环境光所拍摄的图像。

通过这项测试我们可以很清楚地看到,脉冲模式下的 10 只发光二极管在室内的照明是最亮的。实际上对于摄像头来说,这种脉冲模式的照明灯会比 100W 的天花板吊顶灯更亮。持续电流的发光二极管照明灯也很不错,只是在边缘锐化和强光突出方面稍微差一些。即使没有任何照明光线,摄像机仍然可以辨别出一些轮廓,这比我们肉眼看到的要多,因此一个高质量的低照度摄像头在夜视项目中起到的作用非常大。

最后我们做出的结论是,脉冲模式确实可以改善红外发光二极管的亮度,但是你将必须决定它所带来的效果是否值得你去增加电路的复杂性。从制作成本和发光二极管的输出功率方面考虑,可能通过简单地在你的照明阵列中添加更多的发光二极管来获得更高的输出功率会更加有效。使用更多的发光二极管也便于照明更广阔的监视区域,这就是为什么如今大多数夜视摄像头生产厂商都选择放弃脉冲电路,而使用更多发光二极管的原因。脉冲模式的优点在于脉冲周期性带来的节能效果,而且可以制作出体积更小但亮度更亮的照明灯。不过在这个实验中我们也是有收获的,我们发现如果脉冲非常短暂的话,那么原先光线波长 940nm 的发光二极管将会输出大约 840nm 的光辐射,这是因为在脉冲模式下运行中的发光二极管会发生不可思议的光谱变化。

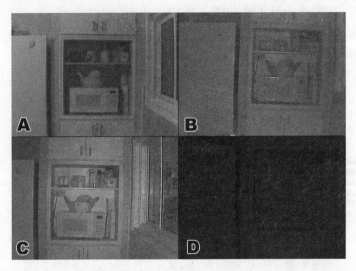

图 2.84　在不同光照下摄像机拍摄到的同一场景和不同效果

项目8　激光夜视远程摄像系统

　　红外发光二极管十分常见,在生活中有十分广泛的应用。这些红外发光二极管的价格低廉,方便连接,而且由于红外线不会对人的肉眼造成伤害,且不会散发过大的热量,因此它们不存在安全隐患,正因为以上优势,红外发光二极管才常被用作夜视设备的红外照明光源。虽然有这么多的优势,但是也存在不足。红外夜视照明器的照明范围比较小,即使使用多个红外发光二极管聚集在一起,所照明的范围也不会超过 100 英尺。安装有滤波器的夜视照明器可以很好地克服这个缺点,它能将可见光转化成红外线,使得它的照程更远。但是由于滤光材料阻隔了多部分光线导致照明设备散发出大量热量,这样就会使得照明设备浪费巨大的能量消耗。也是由于这个原因,这种滤光型的夜视照明器需要消耗更多的能量,而且只适合在户外使用。在这个项目中我们要使用到激光,这是一种能照射到极远距离的,最节省能源的照明设备。

部件清单
激光器:5～500mW 的红外激光二极管或激光模块
摄像头:普通的低照度黑白摄像头
光学器件:长筒型的单筒或双筒望远镜
电源:9～12V 的蓄电池

　　使用红外激光器来制作夜视照明系统的一个主要问题是,这个系统存在一些安全问题需要我们处理。如果我们使用的激光器属于第三类 A 级(Class Ⅲ A)以上的激光器,或者输出功率超过 5mW 的话,那么这类激光器就存在着危险隐患。一个第三类 B 级(Class Ⅲ B)和第四类(Class Ⅳ)的激光器的输出功率能达到 500mW,这些激光对眼睛有一定的危害性,特别是当激光高度聚集时危害性更大。一个输出功率只有 50mW 的激光器射出的光线,虽然我们几乎看不到,但还是要当心,如果这是一束高度聚集的光线,那么它会对眼球的视网膜造成伤害。使用红外激光器作为夜视照明器的话,这类伤害的危险系数极高,因为你根本无法看见激光光束,而且这个激光光束的出现是非常突然的,你的眼睛的瞬目反应根本来不及保护你的视觉。

图 2.85　制作一个远射程夜视激光照明器

　　如果你对这个实验所造成的伤害没有任何的知识准备,或者是找不到一个合适的安全系数较高的激光器,或者是你从来没有接触过高功率的激光器,那么请你不要尝试这个实验。你可以使用输出功率为 5mW 的低功率红外激光器来制作一个短射程的激光照明器,如果你想尝试制作一个真正的夜视激光照明器的话,那么你可以从第三类 A 级的激光器开始。

在以前,只有和一个鞋盒差不多大的,几百瓦特的红外激光器才有足够的威力将木料点燃。但是现如今,网上有很多激光笔的供应商,你最多只需要花费 100 美元就可以从网上买到一支高功率的激光笔,它可以让 20 英尺以外的气球爆裂,甚至可以烧毁电工胶布。别搞错了,这东西可不是拿来玩的。如果你将它对准你的眼睛,那你的眼睛很可能就此永远失明,因此,你的第一次犯错将可能也是你的最后一次犯错。如果你需要用到高功率的激光笔,那你最好同时购买一副激光护目镜,当你在实验室使用这些激光笔时就可以用它来保护你的眼睛了。

图 2.86 所示的两支激光笔都是高功率的第三类 B(Class Ⅲ B)激光笔,它们分别可以输出 50mW 和 250mW 的红外激光。将这种东西称作"激光笔"确实会让人对它的安全性产生误解,因为它不是普通的笔,这种红外激光笔所发出的光线是完全看不见的,且指向任何物体时都会有安全隐患。图 2.86 中上方的激光笔的输出功率高达 250mW,它可以在 20 英尺外烧毁一个黑色物体。下方那支激光笔的输出功率为 50mW,它最初发出的激光是可见光,颜色是红色的,为了让它发出红外线,我们将其中的激光二极管替换成了一个 DVD 刻录机上的激光二极管。这两种激光笔在使用某种透镜来扩散光束之后,它们都可以用来进行远距离的夜视照明。

图 2.86 可以输出红外线的激光笔

如果你正准备购买一支激光笔来做一些夜视实验,那么注意要选择那种准直透镜可以调节或可以移除的类型,因为在夜视项目中,我们是要扩散光束,使其照射半径达到数英尺宽,并可以照射到几百英尺远的距离。

激光笔和激光模块基本上是一样的,它们的外形都是圆柱形,其中都包含一个激光二极管、前端光学元件和一些限流电路。不同的是,在激光笔内会预留一些空间用于安装电池组,这意味着激光驱动电路的构造很简单,我们可以将激光二极管和电源分开使用。激光模块的电路常常更加稳健,它们包含电源校准电路,因此可以在多种不同的电压下工作。同时激光模块具有更高质量的光学元件,且常常是可以调焦的,因此它们可以在固定照射距离内聚集或者发散光束。

激光光束是否可以发散将是制作激光照明系统的关键,因此,如果你的经济条件允许的话,那使用激光模块作为照明光源应该是最好的选择。图 2.87 所示是一些小型的低功率激光模块,它们的输出功率是 5mW,可以发射各种波长的光波,包括红光、绿光和红外线。我们也有一些高功率的用于夜视系统中的红外激光模块，其中功率较低的只有 50mW，功率最高的达到了 1W。1W 的激光二极管与其说是照明器，不如说是武器，在使用它时一定要格外小心，它不仅会严重伤害人的眼睛，而且能够在你实验室里引发火灾。

图 2.87　激光模块很小，却常常包含高质量的可调焦的光学元件

　　如果你想拥有一个便宜些的高功率激光器，那么你可以考虑找一个单独的激光二极管，然后自己制作驱动电路或连接电源。一般来讲激光二极管会比激光模块便宜很多，且功率也会比大多数激光笔要高得多。使用单个激光二极管的缺点在于可能需要制作某种限流电路，而且它并不包含光学元件。有个好消息是光学元件可以从很多废旧照明设备上去寻找，而且在大多数时候，激光二极管不需要任何驱动电路，它可以直接在一个 3V 电源下正常工作。图 2.88 所示的那些长相奇怪的零部件就是我从几个废旧的 DVD 和 CD 刻录机上拆下的激光头。当刻录 DVD/CD 盘片的时候，刻录机会发出高功率的激光，这种激光聚焦在 CD 盘片某个特定部位上，使这个部位的有机染料层反射或不反射激光，刻录机正是利用这种激光光束的反射来读取光盘资料的。

图 2.88　从 DVD 和 CD 刻录机中可以找到很多高功率激光二极管

你可以购买一个二手的或全新的 DVD/CD 刻录机,如今它的价格是相当便宜的。在这种刻录机里,你可以找到一对功率很高的激光二极管。DVD 刻录机中会包含一个高功率(150mW)的可见光激光二极管,其光波波长为 650mW,因此是红色,而 CD 刻录机中会包含一个 60mW 的激光二极管,其光波波长为 780nm,是不可见的红外线。如果用于夜市照明,那你可以选择红外激光二极管。因此,去找一些 DVD/CD 刻录机吧,那里会有你需要的激光二极管类型。图 2.88 所示的这些零部件都非常容易从刻录机中拆卸下来,它们都包含了一个或多个激光二极管。

图 2.89 所示的含有激光器的零部件是从一个废旧的 DVD/CD 刻录机上拆卸下来,它不但能发射出高功率的可见红色光,还能发射出红外线。CD 刻录机上红外二极管的功率比 DVD 刻录机上的红色可见光二极管的功率要稍微低一些,但是千万不要误以为红外二极管的危害性小,实际上这个红外激光二极管的发射出的红外线比任何一个安全激光器发出的光线都要强 10 倍。因此,在使用这两类激光二极管进行实验时,一定要倍加小心,否者你很可能会遗憾终生的。要想准确而快速地将电子产品里的激光零部件拆取下来,我们就必须要用到小螺丝刀。在拆卸的过程中,你会发现里面的零部件是一个非常有意思的排列组合,而且里面还包含有一些非常有用的光学元件,这些光学元件在我们别的项目中一样非常有用。有一些零部件是用环氧树脂胶合在适当的位置,在拆卸这些零部件时,我们需要用扁头螺丝刀将它撬起。在操作螺丝刀时一定要注意,不要将激光二极管撬坏。

图 2.89 能发射红外线和可见红色光的激光二极管

图 2.90 所示的就是一些激光二极管。一般来说,在安装激光二极管的时候,都会用环氧树脂将它胶合在一块小金属块上,这样它就能够更好地散热。在拆卸的过程中,最好把激光二极管连同胶合的金属块一同拆下来以供使用,这是因为这些高功率的 DVD 刻录机里的激光二极管在通上电之后,会产生极高的热量,如果没有很好的散热装置,那激光二极管极容易被烧坏。当然,除了选择这种带有金属散热块的激光二极管之外,你也可以将原来激光二极管上的金属散热块移除,然后

自己制作一个散热功能更好的散热器。要么你就使用低功率的激光笔来进行实验,它在发光过程中散发出的热量较小,危险性也相对小一些。在将激光二极管用树脂胶合时,会产生一些小孔,在拆卸的时候你只要将螺丝刀插入这些小孔里,小心地将它们撬出即可。如果你家里有那种小号的钻头的话,你也可以用这些小钻头将胶合在激光二极管周围的树脂磨掉,然后就更容易将激光二极管拆卸出来了。

图 2.90 从 DVD 和 CD 刻录机上拆卸下来的一些激光二极管

图 2.91 所示是一个单独的激光二极管,大多数的激光二极管表面看起来都大同小异,但是实际上它们的波长和输出功率却大有不同。在激光二极管的顶端有一个小开口,这里装有一块防护玻璃,你可能会认为这是一个聚光透镜,错了,这只是一个防护罩,一个防止激光二极管被其他零部件损坏的玻璃罩。激光二极管的引脚数最少只有 2 只,最多会有 4 只,这取决于激光二极管的内部连接方式。其实不论有几只引脚,它们的工作原理都是一样的。

图 2.91 这是一个从 CD 刻录机上拆卸下的功率为 60mW 的红外激光二极管

这个小小的金属外壳里不但包含有一个激光二极管,还包含有一个光学传感器,在激光二极管的电路中,光学传感器是用来控制输出的。如果你使用的是一个只有两只引脚的激光二极管,那么说明这个激光二极管的外壳已经连接了接地线,这两只引脚将分别连接到激光二极管和光学传感器的正极。如果是三只引脚,那么其中有一只共用的负极引脚会直接连接到金属外壳,另外两只引脚的连接方式不变。对于四只引脚的激光二极管,其二极管和光学传感器都各自有一对正负极引脚。到现在为止,我还没有见到过有 5 只引脚的激光二极管,我们最常用的是 3 只引脚的激光二极管。

如果你从一台 DVD 或者 CD 刻录机上找到了一个激光二极管,那么你先要仔细研究和观察一下这个刻录机,以便决定如何进行激光二极管的连接。如果你准备购买一个全新的激光二极管,或者是在网上查询在哪些电子设备可以找到激光二极管零部件,那么你就要阅读一下相关的产品说明书。图 2.92 所示是激光二极管的部分数据参数,这些是我从一个废旧 CD 刻录机上拆卸下来的激光二极管的重要的数据参数。按照参数表的说明,我们知道引脚1连接着激光二极管的正极

■ 绝对最大额定值				(T_C=25 °C※1)
参 数		符 号	额定值	单位
※3 光功率输出		P_O	50	mW
※2 光功率输出(脉冲模式)		P_P	70	mW
反向电压	激光器	V_{rl}	2	V
	光电二极管	V_{rd}	30	V
※1 工作温度	※3 连续波	$T_{OPC(C)}$	−5to+65	°C
	※2 脉冲波	$T_{OPP(C)}$	−5to+70	°C
存储温度		T_{stg}	−40to+85	°C
※4 焊接温度		T_{sld}	300	°C

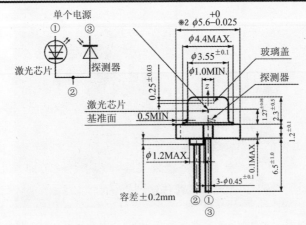

图 2.92 激光二极管的数据参数表会提供一些重要参数的详细的数据

输入,引脚2连接着光敏二极管的输出,而激光二极管的外壳就是这两个引脚的接地点。从这个参数表上,我们还可以看到,电路是由输出功率为50mW的稳定电压来提供的电源的,而且这个激光二极管发射出的光线的峰值波长是780nm,这个波长的光线在光谱中处于红外线的范围之内。

如果你在项目中使用的激光二极管找不到相关的详细参数数据表,那么需要花一些时间来好好研究一下这个激光二极管,确认一下激光二极管的哪只引脚用来连接电源。有一个需要注意的地方,那就是激光二极管对电压的高低变化十分灵敏,所以它们很容易造成连接点的电压超过额定电压,使激光二极管在几毫秒内有超大的电流供应,从而造成激光二极管的损坏。但是令人欣喜的是,我们只要用一个型号为CR2032的3V纽扣电池,就能为这个激光二极管提供安全电压,而且不需要任何的激光二极管驱动电路。如图2.93所示,这束明亮的红色光线就是我从废旧零部件箱子里找到的一个激光二极管发射出来的。从这个激光二极管发射出的明亮的红色光线我们可以判断,这个激光二极管是从DVD刻录机上拆卸下来的,它的输出功率应该会超过200mW。在使用这类激光二极管进行实验时,一定要记得带上激光防护镜,这样就可以有效防止发射过来的激光光线伤害你的眼镜。

图2.93 用一个3V的纽扣电池来为激光二极管提供电源

对于激光二极管来说,3V的纽扣锂电池是十分安全的电源,这是因为电池内部的电阻会限制电路中的电流,使激光二极管处于一个安全电流范围之内,且纽扣电池将产生一个内置的激光二极管驱动器,这样就不需要任何其他的电子元器件了。在项目实验的过程中,会有很多意外发生,有时你使用的并不是功率高达100mW或者其他更高功率的激光二极管,可是当我们将DVD刻录机激光二极管靠近任何一种黑色物体时,这个激光二极管发射出的光线所散发的热量仍能将黑色物体点燃。如果你在项目实验中使用的是CD刻录机的激光二极管,那么你需要先对这个激光二极管做一个电压测试。测试方法是我们将激光二极管接通电源,通过黑白摄像头连接的监控器来查看激光二极管发射出的光线。之所以要在监控显示器中观看是因为我们人类的肉眼无法观察到激光二极管发射出的这些红外线。当然,在你使用这些红外激光二极管进行实验操作的时候,同样要倍加小心,因为你很有可能被这些看不见的红外射线灼伤视网膜。这些无法看见、无法感觉到的红外射线可能会对你造成无法弥补的伤害,特别是当激光二极管发射出的光线被准直透镜聚集起来之后,这种光线对人类的伤害是十分可怕的。用通电的方法检测激光二极管的步骤是,先将电池的负极与激光二极管的外壳(或者外部引脚)连接,然后将激光二极管的另一个引脚与电池的正极相连接。为了避免突然的光线对眼睛造成伤害,我们需要在激光二极管的透光口蒙上一层白纸,将发射出的光线安全阻隔开。如果激光二极管的引脚与电池都连接无误,而你却没看到激光二极管发射出任何可见光线,那么你当前实验中的这个激光二极管可能就是一个红外激光二极管。所以,接下来为了确认这个激光二极管是否是红外激光二极管,我们还要使用到录像监控器,我们将激光二极管放置在录像监控器下进行实验,如果透过录像监控器能看到激光二极管发射出我们肉眼看不到红外线,那么就可以确定这个就是红外激光二极管。

如图 2.94 所示,这是一个从 DVD 刻录机激光二极管里发射出的明亮的红色光线,这种光线照射在 10 英尺远的地方是如此的明亮,以至于我们几乎无法拍摄到一张好的照片。这个光线完全是由激光二极管发射出的,没有附加任何的光学透镜,所行成的光束差不多已经完全覆盖了大约 10 英尺远外的一面 8 英尺宽的墙壁。用纽扣电池来提供电源的激光二极管所发射出的光线也一样很明亮,所以在这个项目中我们可以将可见红色激光二极管作为摄像头的照明设备。

图 2.94 这是由一个 DVD 刻录机的激光二极管发出的红色光

作为一个夜视照明系统,它发射出的光线必须是扩散性的,这样照射的范围才能足够的大。如果你需要照射短距离的地方,同时对光线的亮度要求很高的话,那么你其实可以只用激光二极管就足够了,而不需要再添加其他的透镜。一个功率为 50mW 的红外激光二极管就能很好地完成室内照明的工作,在我的测试中,这样的激光二极管发射出的光线就能把房间里所有的墙都覆盖到。这种功率为 50mW 的红外激光二极管很常见,你在任何一个废旧 CD 刻录机上都能找到,而且它使用起来也十分简单,只要一个 3V 的纽扣电池就能直接为它提供电源。而这个小小的夜视照明器的照明效果和一个由 32 个普通发光二极管组成的照明器的照明效果一样好,只不过由 32 个普通发光二极管组成的照明器的电流被进行了分流处理,电路中不会出现强电流,相对来说比激光发光二极管更安全一些。

当然,要注意的是,我们这里的激光二极管照明系统对于人眼来说是具有一定危险性的,所以绝对不能将光线直接对准任何一个动物或者人的眼镜。而且我们肉眼无法看到红外激光,只有通过红外取景器才能观察到红外激光二极管的照明区域。虽然按道理说,激光二极管也属于照明器,按照照明器的标准来看,激光二极管正常发射出的光线应该是安全的,但是我们千万不能冒这种无谓的危险,否则后果真的不堪设想。我们对待这种散射光线最好像对待高度聚集的光线一样慎重,因为这种激光二极管发射出的散射光线的危险性也一样不容忽视。我们现在还没有这种激光光线危险性测试仪器,所以我们随时都要对激光光线保持警惕,任何时候都不能掉以轻心,让射线直接射进我们的眼睛,即使是散射的激光光线也一样。

如图 2.95 所示,这是一个带有内置电池盒高电压激光器。当接通电源之后,我们人眼根本无法看到它发射出的光线,而这种看不到的光线所产生的热量却足以将几英尺外的物体燃烧起来,所以这种激光器绝对不能轻易指向任何东西。虽然这个激光器发射出的光线是如此可怕,但是令人庆幸的是,这种激光器上的准直透镜具有可调节的功能,而且根本不需要将激光器的主体拆开,就能将透镜取下来。有了这样一个功率高达 250mW 的高功率激光二极管,我们就能用它来制作远距离夜视照明器,但是如果激光器上没有准直透镜,只有激光二极管的话,那么它发射出的散射光线的射程大约只有 20 英尺。

图 2.95　这个激光器带有一个可调节的或可拆卸的光学透镜

这种激光二极管的内置可调节透镜的功能十分强大,它能将散射光的 10 英尺左右的射程扩大到 50 英尺,但是我们的激光二极管的光线达不到这个水平。我想在我的黑白摄像头的镜头上安装一个望远镜,这样它就能拍摄到更远距离的图像了。而且我想制作一个功能强大的夜视照明器,它发射出的光线能将整个城区范围内的目标物照亮。这个激光二极管上的准直透镜可以拆卸,这对我们非常有利,我们可以根据项目的需要,选择其他的光学透镜来进行测试,从而得到我们理想的光线。

光学透镜的价格是如此昂贵,作为一个电子产品改装爱好者,我们的资金并不充裕,常常没有或缺少足够的资金来购买这些昂贵的电子元器件。所幸的是,我们是一个电子产品收集爱好者,我们有一个大号的电子废料箱,里面装满了各式各样大的小的光学透镜,这些光学透镜都是我们从废旧的投影仪、摄像机和扫描仪上拆卸下来的。如图 2.96 所示,我将激光器的原始透镜移除,然后将其他的一些透镜安装上去进行测试。许多的透镜都能使我们的激光器发射出的光线照射的距离更远,我的目的是想要激光照明器照明范围能将大约 200 英尺远的一栋房子照亮,而我用一个从废旧惠普扫描仪上拆卸下的直径为 1 英寸的聚焦透镜就让我们达到了这个目的。

图 2.96 从废旧电子设备上拆卸下来的各式各样的光学透镜

在测试时,我使用的是一个发射可见红色线的激光器,但是为了能获取更高质量的图像,我们将要在夜视照明系统中使用同等功率的发射红外线的激光器。如图 2.97 所示,这束明亮的大约 6 英寸宽的光线,是我从废料堆里找到的一个透镜形成的。在 10 英尺远的地方,光线大约是 6 英寸宽,如果是在室内,光线大约只有 2 英寸宽。这个透镜就是我们这个夜视照明系统中比较理想的选择。对于这种高度聚集的光线我们绝对不能掉以轻心,绝对不能认为它是安全光线。

当用这个激光器照射 25 英尺外的区域时,墙壁上的光线仍然十分明亮,它的光束被扩大到大约 5 英尺(如图 2.98 所示)。我们这个激光二极管上的透镜是可调整的,只有当我们将透镜的位置调整到激光二极管最初安装透镜的位置,我们才能获得最理想的光线。

图 2.97　在 10 英尺远的地方,光线大约是 6 英寸宽

图 2.98　激光器的光线在穿过好几个房间的距离之后,光斑扩大到几英尺

　　由于我想制作几个不同版本的激光照明器,所以我要对不同的激光二极管、激光模块以及光学元件进行测试。同时,我们还要通过使用低照度的黑白摄像头,外加一个变焦镜头或者望远镜镜头来观察光学透镜产生的光线的实际效果。经过多次测试之后,最后我决定使用一个 4×32 的长筒变焦望远镜、一个功率为 250mW 的红外激光模块以及一个低照度高分辨率的摄像头来制作这个项目。除此之外,我们还准备使用两种不同的激光照明器,我们要将这两种激光器安装在同一个位置。之所以如此是因为双激光照明系统可以给我们带来很多方便,我们可以根据不同的需要使用不同的激光二极管和激光模块。比如在我们使用过程中既有远距离的照明需求,又有近距离的照明需求,这时候我们就不用重新调整摄像机了。

　　要想使两个不同大小的激光器能使用同一个摄像机,那么我们需要找一个半英寸厚的铝块,并且用钻头在这个铝块上钻两个与激光器尺寸匹配的小孔。我在这里选用的是一个小号激光模块还有一个普通的激光笔,所以我在铝块上钻了两个与这两个激光器尺寸相同的小孔。用这个方法,我们能将各种不同的激光模块或者激光笔准确地安装在铝块上的合适位置,而且不需要移动摄像机或者三脚架就可以调整激光器的照射方向。如图 2.99 所示,我已经在这个铝块上钻了两个小孔,它们可以固定不同尺寸的激光器。

图 2.99 将两个不同的激光器固定在同一块铝块上

接下来,我要将这个铝块安装在一个小盒子的顶盖上,在这个盒子里安装一个可以控制两个激光器的电源开关,如图 2.100 所示。所有的激光模块和激光笔都是由一个 3V 的直流电来提供电源,我们在这里可以用一对 1.5V 的碱性电池串联在一起形成 3V 的电源。经过多次测试之后我们发现,3V 的电压对于任何一个激光模块或者激光二极管来说都是安全电压,而且能很好地完成任务。

图 2.100 安装了控制两个激光器的电源开关

图 2.101 所示的是一个装配完成的双激光器设备,这个设备是由一个高功率的红外激光器以及一个可见红色光激光器组成,这样我们可以让它精确地照射到比较远的距离。我们有一个激光间谍设备,它可以将激光发射到遥远的目标窗户上,目标窗户的震动会导致反射回来的激光产生位移,通过捕捉反射光束的位移,

我们就可以监听到目标房间里的声音。在我们的好多次夜视监测实验中,都使用到这个简易的激光系统和我们的激光间谍设备。在这个安装激光器的盒子上有两个扳钮开关,我们只需要通过简单地扳动开关就可以轻松地启动和关闭激光器电源。这种扳钮开关的设计非常合理,它不会在我们意外触碰到一个开关之后打开所有激光器的电源开关。

图 2.101 具备两个开关的双激光器系统已经制作完成

我最后制作出的这个激光夜视摄像系统包含一个低照度高分辨率的摄像头,它连接着一个 4×32 的光学瞄准透镜,这样做是为了让摄像头拍摄到红外线照射到的遥远的地方。我在这里选用了一个输出功率为 250mW,发射光线波长为850nm 的激光器,通过使用一个改装后的可调节透镜,我们将激光的光束散射开从而扩大照射区域。图 2.102 所示是我们将要在这个项目中使用的瞄准望远镜,除此之外,你还可以使用双筒望远镜或者低倍的单筒望远镜,它们同样可以作为摄像头的放大望远镜。

图 2.102 这个 4×32 的瞄准望远镜可以让摄像头拍摄到更远距离的场景

这个望远镜是我们从一把旧来福枪上拆卸下了的一个瞄准器,由于已经不用这个瞄准器了,所以我们准备在它的前端部分安装两个固定支架,然后在这个固定支架上钻几个小孔,这样我们就能用拉条将激光器固定在这个瞄准望远镜上了。

当激光器安装到望远镜的镜筒上之后,由于固定支架安装得非常精确,望远镜和激光器发射出的光线都能够指向同一个方向,这样这个激光摄像系统就成了一个可以进行全自动照明和瞄准的系统。如图 2.103 所示,我在瞄准器的前端部分安装了两个固定支架,这样才方便我们将激光器安装上去。

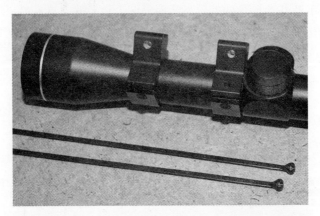

图 2.103 对来福枪的瞄准器进行改装后可以固定激光器

如图 2.104 所示,我将这个激光器牢牢固定在来福枪瞄准器的外壳上,现在瞄准镜的方向和激光器的方向几乎完全一致,所以我们不再需要安装其他的辅助设备。从图 2.104 中我们可以看到激光器有一个可调节焦距的透镜。这个制作起来十分简单,我们只要在激光器的可调节准直透镜的位置处安装一个不同的玻璃透镜,这就形成了一个光线散射器。我这里使用的光学透镜是从一个小型间谍摄像头上拆卸下来的,它刚好能安装在原始安装透镜的位置,我们只要用胶水将它固定住就行。图 2.97 所示的那个投影仪透镜也能很好地完成散射光线的工作,但是我们还是觉得现在使用的光学透镜更好,因为它可以让我们很方便地调节激光光束的大小。

图 2.104 将激光器固定在来福枪的瞄准器上

图 2.105 所示是一个制作完成的夜视激光器和变焦拍摄系统,我们已经可以将它连接到一个视频监控显示器,然后利用它来观察被不可见的红外线照亮后的区域图像。这个激光夜视摄像系统还拥有一个具有光线散射作用的新透镜,这个透镜的使用效果非常好,当我们想让光线照射范围更大,或者想让光线更明亮时,我们只要根据自身与拍摄目标的距离来调节这个透镜的位置就可以实现。由于这个激光器中瞄准镜和激光器已经固定安装并指向同一个方向,所以它会自动瞄准目标,不需要添加一个可见激光器来引导瞄准方向。

图 2.105　一个制作完成的装有光线放大器,可进行远距离照明的激光照明器

红外线是我们人类肉眼无法看见的光线,你要想观察到它,就必须通过一个低照度的安防摄像头连接到一台视频监视显示器才能观察到。在安防摄像头看来,那些我们人类肉眼根本无法看到的红外线就好像是普通的白色光一样明亮,所以红外线才能成为我们的夜视照明光源,而安防摄像头也自然就成为我们的夜视监测装置。很有趣的是,摄像机的照度越低,它能捕捉到的光线越多,所以一个照度为 1lx 或者更低的摄像机就能很好地捕捉到我们这个夜视照明系统的灯光。遗憾的是,我们常用的便携式摄像机和数码相机却无法看到红外线,这是因为在这些相机的内部都安装了一种红外滤光片,它们能阻隔掉所有的红外线,而只允许光谱中的可见光通过,从而取得更好的拍摄效果。然而所有的安防摄像机都能观测到红外线,而且这些摄像头的价格也十分便宜。

另外一个值得一提的是,黑白色的安防摄像头因为是一种低照度的摄像头,因此它比其他类型的摄像头更加适合用作夜间监视,而通过摄像头拍摄到的红外线在显示器上显示时也是黑白色的。这种黑白色的安防摄像头比那些高质量的彩色摄像机的价格要便宜很多,所以你只要花费不到 75 美元,就能从网上许多安防器材经销商那里购买到一个非常好的低照度黑白色的安防摄像头。如图 2.106 所示,这是一个相当棒的低照度的安防摄像头,它能拍摄出非常高分辨率的图像,并且它还拥有一个完全可调节的图像传感器,它使摄像头既可以拍摄彩色图像,又可以拍摄黑白图像。我选择这款摄像头的原因是因为它有一个大型的 C-mount 接口的镜头,这样就能很方便地将它安装在瞄准镜的末端,我们只要用一个简易的固定支架就能将摄像头固定在瞄准镜上。因为摄像头的焦距可以调节,因此我们可以获得相当高清的夜视图像。

图 2.106   大多数的安防摄像头都能像观测白色光一样观测到红外辐射

如图 2.107 所示,这个 C-mount 接口的镜头安装起来是如此方便,我们只需要用一个钢圈就可以将它直接固定在瞄准镜上,然后目标图像就能直接从瞄准镜的镜头直接投射到摄像头里。连接摄像头和瞄准镜的这个钢圈的直径要与瞄准镜外壳的直径相同,这样才能实现很好的固定作用。通常,我们都会将微型间谍摄像头和我们的夜视照明设备搭配使用,而且这种摄像头的镜头都极其的小,这样一来就需要某种类型的装置管,才能将它们固定在正确的位置上,然后才能通过瞄准镜来

图 2.107   用一个钢圈将 C-mount 接口的镜头固定在瞄准镜上

拍摄图像。除了来福枪的瞄准镜之外,双筒望远镜和小型单筒望远镜也能与安防摄像头很好地结合,只要你能找到摄像头的最佳安装位置,就可以实现放大拍摄目标的目的。

当我们将摄像头固定在瞄准镜的末端之后,瞄准镜的机身无法独自承受这么重的重量,所以我们需要给它安装一个支架,这样才能让摄像头和瞄准镜处在一个平衡的位置上。将这两部分的重量进行平衡之后,摄像头和瞄准镜的任何一端都不会出现偏重的情况。这里要不断调整支架,使得重心在正中心,这样无论是摄像机还是瞄准镜都不会有损坏的危险(如图 2.108 所示)。

图 2.108　给这个夜视监测装备安装一个合适的三脚支架

如图 2.109 所示,这就是已经制作完成的夜视监测系统,我们给这个系统安装了一个固定支架,这样我们在拍摄时就能够获得更高质、更稳定的图像。现今的摄像头输出的图像能在任何一台视频监视器上显示出来,并可以进行录像以备后用。由于我们使用了高功率的红外激光器,所以我们要倍加小心,以避免眼睛直接暴露在激光光线下从而受到不必要的伤害,即使你与激光器的距离很远,也不要掉以轻心。有时,窗户反射过来的极强烈的激光光线也对我们的眼睛存在着威胁,这是因为我们无法察觉这种强烈的红外激光,所以在进行项目制作时,一定要戴上激光护目镜,而且要将激光器放在相对安全的位置才可以。这个激光夜视监测系统的功能十分强大,它能进行极远距离的拍摄工作,但是一定要在对人或动物无伤害的情况下才能使用。我们在市场上也能购买到一些激光器,而且有些红外激光器输出的激光功率非常高,虽然有些在产品说明上明确表示"对眼睛无害",但是对于这样的高功率激光,我们仍然不能掉以轻心,千万不要拿自己的眼睛开玩笑。而我的这款夜视监测器相对来说比较安全,因为它发射出来的光束会被扩散为一个很大光斑,它不可能像光线被高度聚集时那样可以点燃某些小东西。

如图 2.110 所示,这是由红外激光照明器提供照明,通过一部高清摄像头捕捉到的画面。在 100 英尺外,激光光束能被扩散到大约 20 英尺宽的距离,而且光线在低照度的摄像头下显得十分明亮。拍摄距离的远近是由望远镜镜头和摄像头镜头的光学距离决定的,这跟激光器的射程无关,实际上激光器发射出的不可见的红外线束能到达 1000 英尺以外的距离。当距离超过 200 英尺时,我们的这个 4×32 光学变焦的步枪瞄准镜就无法捕捉到清晰的图像了。

图 2.109 这是一个制作完成的远程夜视监测系统

图 2.110 即使在 100 英尺外,摄像机仍能清楚地拍摄到激光器发射出的红外线

如果还想拍摄更远距离的图像,那么我们可以将一个低照度的摄像机安装在一个 150 倍变焦的望远镜末端,然后这个系统就能实现你远程拍摄的目的。但是在安装的时候要注意望远镜镜头的方向和激光光线的方向要一致,而且要用至少 250mW 的高功率激光器开始测试。这种激光监视系统在经过改装之后,它当然是能够捕捉到 1000 英尺外的图像的。不过你可能要使用激光模块的原始准直透镜,因为激光器光束在到达这么远的距离之后,它可能会被扩散到至少 100 英尺宽。尽情享受激光夜视监测系统给你带来的无限乐趣吧,还有一点需要提醒你,任何一

个功率超过 5mW 的激光器发射出的激光光线都可能给你的眼睛带来不可弥补的伤害。因此,绝对不能将激光光线直接射向人或者动物,而且每次进行相关的项目时,一定要戴好激光护目镜,即使是通过视频监视器观看激光图像也不例外。

项目9　给摄像机安装夜视功能

便携式摄像机一般用于拍摄采光很好的场景,通过高亮的光线来获得高质量的画面色彩。为了保证拍摄到的图像和我们肉眼观测的一样,摄像机只保留了我们可以看见的光线,其他不可见光都被过滤了。红外线在光谱中是紧挨着红色光的光波,其波长范围是 750～1500nm,人类肉眼看不见这种光线,但是通过摄像头中电荷耦合器件(CCD)成像系统却可以很容易地看到,因此我们就可以将机器视觉用作夜视设备。

部件清单
发光二极管:8～24 只红外发光二极管,通孔 5mm,光线波长为 800～940nm
摄像头:低光照度的黑白色复合视频摄像头
便携式摄像机:任何具有外部视频输入功能的便携式摄像机
电源:6～12V 的蓄电池(电压的大小取决于发光二极管的个数)

如果你想通过简单地在便携式摄像机上安装一个红外照明灯,然后直接用摄像机来拍摄夜间视频,那么你肯定会很失望,这是因为摄像机的 CCD 成像元件包含一种玻璃滤光片,它可以阻隔大部分红外线。有个好消息是,大多数便携式摄像机都具备外部视频源的输入接口,且只要将小型黑白色间谍摄像头的输出连接到这个输入接口,然后使用某种类型的红外照明灯,你就可以让你的摄像机拥有录制

图 2.111　这个便携式摄像机使用一个间谍摄像头来拍摄不可见的红外线

夜视场景的功能。这个项目使用一台便宜的便携式摄像机和一个 20 美元的黑白色间谍摄像头,外加一种前面项目中制作的红外发光二极管照明灯,从而制作出便携式隐蔽型的夜视摄像机。

大多数视频摄像机都支持接入外部视频源,这本质上是用其他视频源替代了其内置的 CCD 成像系统。摄像机常常会有接入外部视频的输入插座,插座旁边会用"外接视频"、"线路输入"或"视频输入"等标识来表明它的作用。在这个项目中,我们要用到摄像机的视频数据线,几乎每种摄像机的生产厂商都会有它们特有的连接到摄像头的数据线。图 2.112 所示是一台老式的磁带摄像机,它有一个直径 1/8 英寸的四芯的标准连接插头,可以连接到任何复合视频源。

图 2.112 任何带有外接视频输入线的便携式摄像机都可以在这个项目中使用

你应该先学会怎样识别这种外接视频输入线,然后才能找到适合这个项目的连接线型号。如果你购买摄像机之后保留了所有附带配件,那么你可能仍然可以在摄像机包装盒中找到它那奇特的连接线,在通常情况下我们是不会使用到这种连接线的。一些生产厂商为获得更大的利润,他们往往会制作他们特有的各式各样的连接线,消费者需要为此支付更多的金钱。因此你需要先阅读一下你的摄像机的使用手册,看看它是否支持视频信号输入,然后再让它的连接线发挥出应有的作用。

在图 2.113 中展示了一个 1/8 英寸的连接插头,它适用于很多磁带式摄像机。仔细观察这个插头你会发现,虽然它的尺寸和一个典型的 1/8 英寸的耳机插头是一样大的,但是它是四芯插头,而我们常见的耳机插头却是三芯插头。在这根连接线的另一端是一个标准的 RCA 插座,它用来连接任何复合视频信号的输出设备。大多数摄像机的这种外接视频插座都被称作配音插座,这是因为它可以用来录制外部视频源,也可以将视频信号发送到其他视频记录设备。当然,你需要事先查看一下摄像机的使用手册,看看它是否具备这种功能。

我们曾经在安全监控、机器视觉和机器人等项目中使用过很多种小型的视频摄像头,它们的尺寸大小不尽相同,最小的只有半英寸宽,最大的比这大很多,这取决于它们的产品特点、成像系统和所安装的镜头类型。通常用作室内时,选择使用固定的中焦到广角镜头的小型车载型摄像头会更加合适,但是用作户外时,因为需要监视一个更广的范围或者是更远的距离,所以就应该选用其他型号的使用多重镜头的摄像头了。超级微型的间谍摄像头就没有这些功能选择了,为了追求细微而隐蔽的效果,它们使用的镜头是非常微小的玻璃或塑料镜头。因此,要想同时追求摄像头的高图像质量和体积微型化是很困难的,这其实是鱼和熊掌不可兼得的事情。

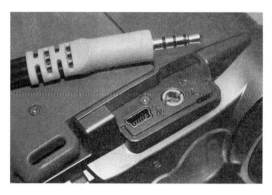

图 2.113　这个便携式摄像机使用 1/8 英寸的四芯连接插头和标有"AV"字样的插孔

对于大部分隐蔽型摄像需求,摄像头的尺寸将是主要的选择因素,因此在选择这种摄像头时,你可能只要求体积足够小就行,根本不需要考虑使用多重镜头。在图2.114中你可以看到体积相差悬殊的各种类型的摄像头,其中左边体积较大的是可进行远距离变焦的摄远镜头,前方很微小的是一些间谍摄像头。细微的间谍摄像头使用简单而固定的中焦镜头,且只要提供一个 6V 的电源它就可以工作很长时间。而一台体型很大的摄像头可能会通过计算机来控制变焦,需要提供很高的

图 2.114　各式各样的视频摄像头

电源电压和具备电子控制系统才能使其正常工作。在这个项目中,我们只需要一个廉价的中焦到广角镜头的黑白色迷你摄像头就行,它将在6～9V的电源电压下工作。

安防摄像头和微型间谍摄像头都会有连接直流电源和输出视频信号的接线,有些可能还会有音频输出线,甚至包含一些控制线,用来控制图像增益、画面颜色、文字覆盖层和镜头焦距等特性。我们所最常用的是那种最基本的摄像头,也就是只有电源正负极接线和视频输出线这三根接线的摄像头类型。通常在微小的车载型摄像头上只有3根接线,它们分别用来接地、连接电源正极和输出复合视频,一般来说,接地线用黑色或绿色线,电源线用红色线,而视频输出线则用白色、黄色或棕色线。当然,不能完全凭颜色来猜测接线的极性,最好是能够亲自检验一下。

在图2.115中,左边的摄像头是比较高级的设备,它不仅有一个内置的屏幕显示系统,还包含很多内部功能,可以控制镜头和输出音频。这个摄像头的尺寸比较大,在它的背面有很多按钮、音频和视频插孔、直流电源插孔和一个特殊的用来控制机械化变焦镜头的接口。在图的右边是一个低光度微型摄像机,它只有一根微小的内含3根接线的线缆,显然,这3根接线分别是电源线、接地线和视频输出线。因为你将使用一块蓄电池来供电,所以这个体积更小的摄像头将是更合适的选择。

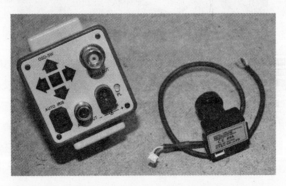

图2.115 摄像头上用来连接电源和视频输出的接口

当你深入研究安防摄像头的详细技术时你会发现,其中一个最重要的因素将是所使用的成像元件,这个成像元件可能是电荷耦合器件(CCD),也可能是互补金属氧化物半导体(CMOS)。这两种类型的成像元件是被普遍采用的两种图像传感器,它们都是将光转换成电压并最终处理成数字信号。图2.116所示是一块CCD感光元件,其工作方式是,被摄物体的图像经过镜头聚焦至CCD芯片上,其中每一行中每一个像素的电荷数据都会依次传送到下一个像素中,由最底端部分输出,再经由传感器边缘的放大器进行放大输出。而在CMOS传感器中,每个像素都会邻接一个放大器及模拟/数字转换电路,用类似内存电路的方式将数据输出。CMOS感光元件常常需要包含放大器、噪声矫正和数字化电路,这些附加功能增加了

CMOS 的复杂性,并减少了每个像素的感光区域远。因此,在像素尺寸相同的情况下,CMOS 传感器的灵敏度要低于 CCD 传感器。

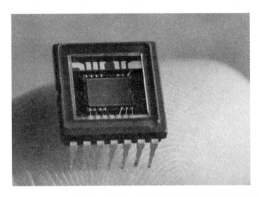

图 2.116　CCD 感光元件将光信号转变为模拟电压信号

　　各项特征说明,CCD 摄像头适用于低分辨率和低光度的成像,而 CMOS 成像元件则可以用在高分辨率的成像系统中,例如在数码摄像机和扫描仪的使用环境中,合适的光照通常来说不是问题,这时候就适合使用 CMOS 成像元件。如果现在有一个价值 100 美元的光照度为 0.5 lx 的 CCD 安防摄像头和一个价值 50 美元的光照度为 1.5 lx 的 CMOS 摄像头要你选择,那么你应该选择 CCD 摄像头,因为它既可以提供更优质的画面,又适合在低光度或夜视设备中使用。在安防摄像头中不会过多地考虑分辨率,因为大部分已经超出了 NTSC(国际电视标准委员会)和 PAL(逐行倒相制式)复合视频标准的范围。对于安防摄像头来说,除镜头类型和取景范围以外,光照度也是最重要的特性之一。

　　勒克斯(lx)是照度的国际单位,它反映的是光照强度,其物理意义是照射到单位面积上的光通量。光照度越低的摄像头,其在夜间的拍摄效果越好。举个例说,一个光照度只有 0.5 lx 的黑白色摄像头在黑夜中看到很多肉眼所看不到的东西,如果将其和红外照明灯一起使用,你将可以在监视器屏幕上看到黑夜中的任何东西,就好像是白天一样。彩色摄像头需要更多的光照才能行成比较优质的画面,且由于它们通常会有红外滤波功能,因此在夜视设备中不适合使用彩色摄像头。

　　这些微型视频镜头的焦距是可以设置的,如图 2.117 所示,先拧松镜头上那个细小的螺丝,然后就可以顺时针或逆时针旋转镜头,从而获得拍摄某场景的最佳焦距。大部分这样的摄像头都可以清晰地看到 10 英尺之外的东西,但如果物距更近的话,就可能需要对它初始的设置做一些调整了。尽管这些摄像头所使用的镜片的质量参差不齐,但最终拍摄出来的画面质量都是比较优质的,这是因为复合视频信号较低的分辨率配合使用高质量的 CCD 成像元件。我们发现,现今一个价值 30 美元的普通彩色摄像头拍摄的画面质量要比 5 年前生产的价值 1500 美元的便携式摄像机还要好。技术一直都在不断改进,电子产品也会越来越便宜,因此,如今几乎每个人都能有经济条件去购买一个高质量的监控摄像头。

图 2.117　为固定焦距的摄像头设置初始焦距

　　在这个项目中,我们将使用一个红外发光二极管阵列照明灯所发射出来的红外辐射来照明完全漆黑的夜晚。随着数码产品价格的不断走低,你已经可以购买一个完整的夜视摄像头,如图 2.118 所示,这么好的摄像头其价格才不到 50 美元。打开这个经得起日晒雨淋的铝制外壳之后,你将发现里面有一个高质量的车载型摄像头、电源和另外一块用于控制红外发光二极管阵列的电路板。不需要搭配其他设备,这个廉价的摄像头在夜间可以拍摄到大约 50 英尺之内的范围,在白天更是可以拍摄到高质量的彩色图像。如果你尚未制作出本项目所需要的红外照明灯,也没有一个合适的视频摄像头,那么你可以考虑购买一个图 2.118 所示的摄像头,在这个装备里面你可以找到所有你需要的东西。

图 2.118　这是一个内含若干红外发光二极管的户外夜视安防摄像头

　　因为音频和视频信号在长距离传输过程中容易产生干扰,所以在摄像头和监视器或录像机之间有必要使用同轴电缆传输信号。如果你的摄像头两端都有 RCA 接口,那么你可以使用任何标准的跳接线来连接到电视机或监视器,但是这常常会要求缆线有足够的长度,或者是你不得不自己制作缆线。RG-59 系列的同轴缆线是用于安防摄像头的标准缆线,这种缆线的中心是一根被隔离的信号线,它被外围传导性覆盖层所包围。型号为"RG59 Siamese"的缆线中还包含一对电源线,有了这对电源线,你可以将摄像头的电源安装在放置录像机或监视屏的地方,然后就可以在室内控制摄像头的电源了。如果摄像头和监视屏距离不远,那么几乎任何类型的同轴缆线都可以使用。

你可能要根据你摄像头的设置来剪断、剥开和焊接缆线连接点,图 2.119 所示是剥开一根同轴缆线的整个过程,最后我们可以看到缆线内的外围传导性覆盖层,以及受保护的最中心的信号线。当同轴电缆连接到一个音频或视频源时,最里面的信号线将用于承载和传输信号,而外围覆盖层用于接地。在几乎所有信号传输中,都需要有接地和电源供应。当传输信号时,正极连接的是中心的信号线,负极则变成了外围覆盖层。不论多远的传输距离,接地线和电源供应都是一样的。

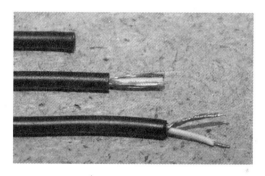

图 2.119 同轴电缆需要承载音频和视频信号

安防摄像头有好几种不同的接口类型,但是最常见的是图 2.120 所示的 RCA 插头,这个插头和很多电视机背后用来连接老式视频播放器或摄录机的插头是一样的。在一台电视机或监视器的背后,这个插孔的旁边常常会有"视频输入"、"线路输入"或"外部输入"的标记字样,且不论是音频还是视频,都使用这个相同的接口。大部分安防摄像头都可以输出 NTSC 或 PAL 标准的复合视频,任何电视机或监视器,只要支持此视频输入,就可以连接到摄像头。对于一些比较小的摄像头,它可能没有任何接口只有连接线,这时候你如果想将它连接到电视机或监视器的话,就有必要在接线上连接 RCA 插头了,如图 2.120 的上半部分所示。

如果你的摄像机顶部有一个用于安装外部照明设备的支座(如图 2.121 所示),那么你可以将外部摄像头和红外照明灯组装在一起,然后插入到这个卡槽中。图 2.121 中的那一块铝板是一个金属盒的盒盖,我们将要对它进行切割,让它能够插入到摄像机上的支座卡槽中,然后就可以在摄像机顶部安装其他组件了。如果你的摄像机没有这种支座卡槽,那么还有很多其他方案可供选择,例如使用一个连接到三脚架螺孔的基底板,或者是简单地使用维可牢粘带来固定摄像头。

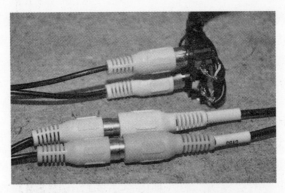

图 2.120　这是最常见的复合视频连接方式

图 2.121　准备用外部照明支座来安装新的摄像头

　　我们将铝板放在支座插槽的旁边,比对出需要在铝板上进行切割的位置,如图 2.122 所示。实际上任何铝板、钢板或塑料板,只要足够薄,都可以插入到这个卡槽中,但是这种铝制盒盖看起来更加合适,因为在它上面有足够多的位置让我们安装其他组件,而且它很适合冲口加工和使用达美切割砂轮来进行切割。

图 2.122　准备切割铝板使其能够插入卡槽

　　如图 2.123 所示,我们将根据所画的记号线对铝板进行切割,使其刚好可以舒适而紧密地插入到摄像机的卡槽中去。这块铝板非常薄,因此我们可以将它掰弯使其安装起来更加牢靠,这样在铝板上安装的摄像头就不会晃动,铝板也不会轻易地从卡槽中脱落。

图 2.123 切割后的铝板将适合插入到摄像机的卡槽中

当切割薄铝板或钢板时,使用图 2.124 所示的切口工具会让你随心应手,因为它可以很轻松地从切割材料中切割出小方块。这个工具可以在一块 1/16 英寸厚的材料上切割出方形小孔和任意形状,且非常适合切割液晶显示器面板、照明灯或系统控制面板。当需要在一块薄金属板或任何类型的金属盒上进行机械加工时,拥有一把小型的手锉刀也是必不可少的。

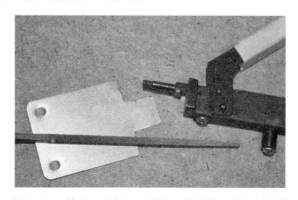

图 2.124 使用一个切口工具和一把手锉刀来切割铝板

当你使用切口工具将铝板切割好后,需要使用锉刀打磨切割的边缘,使其可以很完美地插入到摄像机的卡槽中,如图 2.125 所示。因为铝板的厚度比卡槽要薄一些,所以我们将铝板的前方拐角处掰弯,这样可以增加铝板与卡槽之间的摩擦力,从而使铝板插入得更加牢固。

为了能够在铝板上安装摄像头和发光二极管照明灯,我们将铝板弯曲成 90°,这样就可以让摄像头的镜头对准前方,如图 2.126 所示。虽然外部摄像头不需要和摄像机的镜头完美地安装在同一位置上,但是将摄像头和摄像机镜头对准同一方向却是很有用途的,如果你计划通过在摄像机的取景器上观看拍摄画面来监视一个完全漆黑的房间,那么这种设计就非常合理。

图 2.125　切割后的铝板可以舒适而紧密地插入到卡槽中

图 2.126　将铝板弯曲成 90°

我们使用的小型视频摄像头在底面电路板的角上有一个连接插座,因此我们需要在铝板的相应位置打钻一个小孔,用于摄像头的连接插座从中穿过。图2.127所示是在铝板上做好标记,准备在相应位置上打钻一个便于连接此摄像头的小孔。

图 2.127　准备在铝板上打钻一个便于连接到这个摄像头的小孔

在图 2.128 中我们可以看到,在将摄像头安装在铝板上之后,它的连接头正好可以从那个1/4英寸宽的小孔中伸出来。由于这个摄像头的重量很轻,且体积很小,因此我们只需要使用一块双面胶就可以将它固定在铝板上。

图 2. 128　通过铝板的小孔可以看到摄像头的连接头

与其在铝板上打钻几个小孔然后用螺丝钉来固定摄像头,不如简单地用一块双面胶将摄像头稳妥地粘贴到铝板上,如图 2.129 所示。由于铝板具有导电性能,因此这块双面胶也起到绝缘的作用,它可以避免摄像头的电路板和铝板紧贴导致的短路。

图 2. 129　一小块双面胶就可以固定摄像头

如图 2.130 所示,这个摄像头及其安装支架已经固定在便携式摄像机的照明设备安装卡槽中了,后面我们还要将接线和红外照明灯也安装上去。下面我们要做的是找一块合适的蓄电池,让它可以同时给摄像头和发光二极管照明灯供电。

如图 2.131 所示,我们的车载型摄像头的小小连接插头从铝板的小孔中钻了出来。这些接线是为连接摄像头而定制的,因此在从摄像头插座中拨出来时必须要小心一些。一般来说,这种小型安防摄像头只有 3 根接线,它们分别用来接地,连接电源和视频输出。

图 2.130 现在这个摄像机已经具备两只电子眼了

图 2.131 这个小型间谍摄像头的背面有一个微型连接插座

图 2.132 所示是一个环形的红外照明灯,这是在前面的项目中制作出来的,它非常适合套在这个小型间谍摄像头的镜头上。照明灯上共有 10 只串联连接的发光二极管,通过一块蓄电池为每只发光二极管分配合适的电压,从而使照明灯达到最佳亮度。波长为 940nm 的红外辐射对于人类肉眼来说是完全不可见的,但是在低照度的黑白色摄像头看来,这种红外线就像是白色光一样明亮。这些发光二极管的类型和电视机遥控器上所使用的红外发光二极管是完全一样的。其实前面的项目中制作的任何夜视照明设备都可以在这个项目中用作不可见光照明灯,但是对于这个小型间谍摄像头来说,环形照明灯是最适合的。

图 2.133 所示是一块有内置开关的 12V 的蓄电池,它非常适合在这个项目中同时用作摄像头和红外发光二极管照明灯的电源。对于 10 只串联的发光二极管来说,每只发光二极管将刚好分配到 1.2V 的电压,而摄像头也正好需要 12V 的电源,所以说这块 12V 的蓄电池是最佳选择。你可能会说:摄像机不是配备了一块可充电电池吗,用它来供电岂不是更好?而实际上没有那么简单,摄像机的锂电池

的电压很可能达不到外置摄像头的需求,在这块 12V 蓄电池的带动下,摄像头和红外照明灯可以持续运行好几个小时。

图 2.132　准备将一个环形的发光二极管照明灯用作红外线源

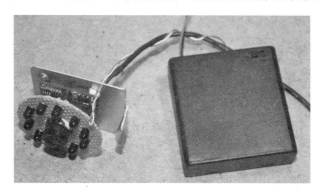

图 2.133　这块 12V 的蓄电池将同时为摄像头和照明灯供电

　　为了了将外置摄像头设置成摄像机的默认视频源,我们必须在摄像机的屏幕菜单中选择"AV Input"(如图 2.134 所示),这样才能关闭摄像机的内置彩色成像系统,并使用黑白色间谍摄像头的视频信号来代替。一些摄像机会在检测到同步信号时自动切换成外部视频输入,但是你可能需要事先在摄像机菜单中设置好这个自动切换的功能。奇怪的是,我们的摄像机在回放模式下只记录外部视频源,就好像一个迷你型录像机一样。

　　在将蓄电池和所有连接到摄像头的接线都固定安装好后,这台改装后具有夜视功能的摄像机就装配完成了,如图 2.135 所示。在必要的情况下,所有的附加部件都可以很容易地移除。你只需要在摄像机中选择不同的菜单按键,就可以在正常拍摄模式和夜视隐蔽拍摄模式之间进行切换。

　　这个设备也提供了一种曾经被称作"X 射线"的透视功能,这是一项具有争议性的特征,相当于从摄像机中移除内部红外阻隔滤光片一样的效果。我们说它具有争议性,是因为在白天的时候红外线可以穿透某些纤维纺织品,一些衣料对于摄像头来说是不反光的,从而形成了透视效果。摄像机的生产厂商在发现这一特征之后很快就从他们的产品中消除了这种功能,但是有很多黑客都已经知道怎样恢复这种功能。你也可以用这种"有趣的"现象来随意地做一些实验,但是要注意摄像头对准的对象。

图 2.134 将外置摄像头设置成摄像机的默认视频源

图 2.135 改装后具有夜视功能的摄像机制作完成了

在图 2.136 中展示了这个制作完成的夜视摄像机在各种模式下的拍摄效果。图中左上部分的画面是准备用摄像机拍摄我们的零部件橱柜箱;右上部分的画面是在关闭房间里的照明灯后,使用摄像机自身内部的彩色成像系统拍摄的图像,显然效果不怎么样;在同样的环境下,改用摄像机的外接摄像头,也就是我们安装的那个低照度的黑白色的安防摄像头来拍摄,效果比之前有些改善,这是因为间谍摄像头在低光照的环境下具有更高的可视能力(参见左下部分的画面);在开启摄像机的红外照明灯之后,拍摄出来的场景图像让人觉得光照亮度很好,但是我们只有通过摄像机的取景器才能看到这种光照,直接用肉眼那什么都看不到。

图 2.136　改装后的夜视摄像机可以在完全黑暗中进行拍摄

　　将这个摄像机用作夜视侦察器的好处是,它可以同时记录下你正在观看的黑暗中的东西,这和你正常使用一台便携式摄像机是一样的。拿着这个摄像机,通过观看取景器里的图像,你可以在完全黑暗的房间里随意行走。因此这个设备不仅是一个夜视侦察器,夜视隐蔽型的安防录像系统。为了在黑暗中达到完全隐蔽的效果,你可以用某种黑色胶带将摄像机的红色发光二极管指示灯裹起来,然后你就可以拿着这个摄像机看清楚黑暗中的所有东西,而房间里的其他人却完全看不见你在干什么。希望这个隐蔽的间谍设备可以让你玩得开心!

项目10　夜间拍摄器

　　这是一个制作过程十分简单的夜间拍摄器,它可以让你在漆黑的夜晚观察到清晰的图像,而这个清晰的图像只有你能看到,别人无法看见,因此这个拍摄器也是一个隐秘的拍摄系统。这个意思就是说,在我们将这个拍摄器的照明灯打开之后,整个房间会被照得透亮,但是这个灯光只有你能看见,别人看来还是漆黑一片。我们自己制作的这个夜间拍摄器的性能和市场上出售的那些夜间拍摄系统一样好,但是所花费的资金却比它们要少得多。我这个系统中使用的夜视照明器是肉眼无法看见的红外灯,有了它,我们的夜间拍摄器就能在漆黑的夜晚,观察到室内和户外等任何地方的图像。而且这个系统还有一个优势,那就是它对电源的要求十分低,只要一个电池组就足以让它连续工作好几个小时。这个设备除了用来在夜晚拍摄之外,它也可以用来探测其他夜间拍摄系统,或者是作为一种其他摄像系统的干扰设备,让你在大多数摄像头下不显露你的面部特征。除此之外,这个系统还有一个很有意思的功能,那就是它能让我们观察到一些特定的材料(包括衣物)后面的图像,这些材料对于红外线来说几乎是透明的,夜间拍摄系统的这个功能被称作"X 射线视觉"。如果你的工作与隐秘监视有关的话,那么这个设备将是你的不二之选。

部件清单
发光二极管:8~24 个通孔 5mm、光线波长 800~940nm 的红外发光二极管
摄像头:一个低照度的黑白色复合视频摄影头
便携式摄像机:任何一个带有 CRT 取景器的便携式摄像机都可以
电池:6~12V 的电池组,具体由发光二极管的数量决定

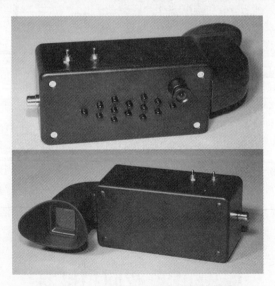

图 2.137　制作一个隐秘的夜间拍摄器

　　制作这个夜间拍摄器所需要的零部件非常普通,你在任何一个电子产品零售店那里都可以购买到。如果你的预算不多,不想购买全新的电子部件的话,那么你可以找一些废弃的摄像器材,在这些器材上都能找到这些零部件。这个项目适合任何一个对电子产品有兴趣的人,它的制作过程十分简单,只要你有一点点电子学常识,能够对电子产品进行小小的改装就可以完成。同时,这款电子产品预留的创作空间非常大,你可以加入自己的创意,制作出独一无二的侦探装置,它的功能可以超乎你的预想。真相就隐藏在夜幕之下,现在你就可以利用这款自制的夜间拍摄器去感触真像了。

这个夜间拍摄系统包含三个主要部件:一个低照度的摄像头,一个不可见光(红外线)照明器,以及一个视频取景器。当这三个零件组合在一起后,你就能看到红外线谱范围内的图像,这个范围超越了人类肉眼所能观察到的范围,而且你能在完全漆黑的环境下将图像看得清清楚楚。因为在摄像头看来,我们肉眼无法看到的红外线会像可见的白色光一样明亮,在显示屏上看到的图像和用普通照明器照亮的效果没什么区别。

我们首先要找到项目所需要的第一个电子零部件,那就是取景器,其实它就是一个小型的复合视频显示器而已,而且我们只要用一节电池就能为它提供所需的电源。这种小型复合视频显示器很容易找到,如果你家里有老式便携式摄像机的话,那么你可以从上面将它的取景器拆卸下来用在我们这个项目中。如果你家里找不到这种旧的摄像机,那么你可以去一些安保器材供应商那里找一找,然后购买一个全新的。图 2.138 所示的就是一个老式便携式摄像机,它里面有一个基于CRT(阴极射线管)的取景器,这个取景器是可拆卸的。另外,在图 2.138 中我们还看到一个小型的可直接安装的取景器,这是从一个网络安保器材店购买到的。这个视频显示器既可用来测试摄像机的拍摄功能是否正常,同时又是一个微型监视器。在这些零部件外壳背面都有一个 RCA 插头,上面标示着"视频输入"字样。当你将它与一个标准的摄像头连接起来之后,摄像头的视频图像就会被输入到便携式摄像机中,然后在这个取景器中显示出来。

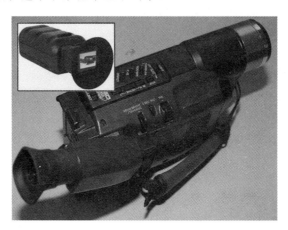

图 2.138 一个含有 CRT(阴极射线管)取景器的老式摄像机

如果你家里有这种老式的便携式摄像机,并打算从这个老式便携式摄像机里面拆卸一个视频取景器的话,有一点要注意,那就是一定要将视频取景器连同它的保护塑料壳一起拆卸下来。这种取景器很好识别,它有一个由玻璃制成的白色显示屏,有3～4英寸长的包装壳。而最新的便携式摄像机都是使用液晶显示屏,很难拆卸,这种取景器识别起来也十分简单,它的尺寸一般都比较小,而且是彩色显示器。基于CRT(阴极射线管)的显示器都是黑白显示器,而且它们在第一次通电时会闪烁蓝光。

如果你家里找不到这种老式摄像机,那么你也可以从一些二手店、旧货市场或者网络购物网站去找一找,它们的价格都十分便宜。可能你家的这种老式摄像机已经损坏,或者无法使用,但是这对取景器并无影响,你仍然可以将取景器拆卸下来继续使用,而且只需要很简单的电源供应就能使它运行。测试取景器功能是否正常的方法很简单,你只要给取景器接通电源就行,如果你看到取景器上显示出蓝光,那就说明这个取景器的功能正常。我们接下来要做的就是将取景器拆卸下来,由于每一种摄像机的型号和生产年限不同,它们拆卸方法也不一定相同。

摄像机的取景器电源都是由摄像机的主电路板来提供的,一般来说,它只需要9～12V的直流电压就能正常运行。众所周知,摄像机取景器上也有视频输入线和接地线,除此之外,它还能连接一个LED电源指示灯或者某个可以忽略的功能开关。最终我们将只需要使用到取景器的三根接线,它们分别是电源线、接地线以及视频输入线。如图2.139所示,在将摄像机外壳上的多个小螺丝都取下之后,你就可以看到摄像机的主电路板了,在这块电路板上会有接线连接到摄像机的取景器。

图2.139 识别取景器与主电路板的连接点

一般来说,取景器上都有一个可移动的插头,你可以将这个插头直接从主电路板上拽下来,这样一来就方便我们用探针来测量它的电压。我拆卸过形形色色的取景器,经验告诉我取景器上各种连接线的数量和颜色都没有一个特定的标准,每一个都不尽相同。黑色和红色的接线常常并不是我们所预想的那样指示正极和负极,所以我们首先要确认每根接线的功能,并对取景器进行一些小小的改装,使得取景器在脱离了摄像机的机身之后仍能正常工作。

如果你的取景器是直接与主电路板连接的话,你可以将连接线剪断,但是要注意在主电路板上留有一小段接线,这是因为我们后面需要通过这一小段接线为摄像机通电,以区别取景器的电源线和接地线。如果所有的连接电线都是同一种颜色(这种情况经常发生),那么当你确定了每一根接线的功能之后,记得要在每根接线上做一个小小的记号,或者将每根接线的功能在图表中列出来,做好记录,这样就方便将它们连接回到取景器上。

要想鉴别取景器上的正极(电源线)和负极(接地线)接线有很多种方法,图2.140所示是其中之一,当给摄像机通电之后,对主电路板上的几根接线都进行测试。在对这些接线进行测试鉴别时,取景器与主电路板既可以连接,也可以不连接。因为即使取景器没有连接到主电路板,大多数的摄像机仍然能够通电。图2.140所示的就是取景器上的接线连接情况,我们可以看到主电路板有四根白色接线和一根蓝色接线与取景器连接。再次说明一次,我们并不能从接线的颜色和数量上获得辨别接线功能的任何提示,其中有好几根接线都是完全多余的。

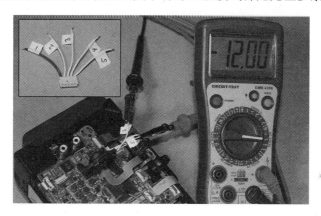

图2.140 对接线进行测试以确定每根接线的功能

这种取景器的额定电压在6~12V的范围之内,然而它在9~12V之间的任何电压下都能正常工作。这是因为它有一个内置调节系统,这使得它能很方便地与一个外部电源连接。在图2.140中,我们将万用表与其中两根接线连接后,万用表显示这个电路的电源电压是12V,因此我们找到了电源线。但是这两根接线的颜色却和我们万用表插头的颜色刚好相反。要想确定电源的正极线和负极线,有时可能要对多组不同的接线进行组合测试才能最终确定。如果你的摄像机在取走取景器之后仍能正常通电和正常工作,那么你最终将找到这对电源线。但是如果你的摄像机已经损坏,而且当把取景器从摄像机主电路板上取走之后,摄像机无法运行,这种情况我们就要用别的方法来确定取景器上的接线功能了。

如果你的摄像机电路板用探针无法探测到电源,那么我们可以用另外一种方法来确定取景器接线的功能,这种探测方法就是"强力电流冲击"。这个接线检测方法具有一定的危险性,因为你可能会将电源反向连接到取景器电路中,这很容易将取景器烧坏。但是也不是没有解决办法,我们可以在电路中连接一个限流电阻器或者电源,这样一来取景器电路板烧坏的概率就大大减少。如图 2.141 所示,这是将另一个 CRT(阴极射线管)取景器与一个电路实验板连接,我们在这个电路中连接了一个 9V 的蓄电池和一个电阻为 100Ω 的电阻器。

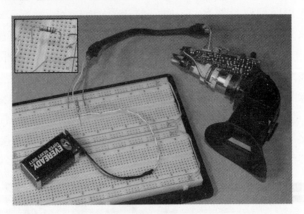

图 2.141 用强力电流冲击的方法来测试取景器上的接线功能

我们在电路中将电池与电阻器串联在一起,这样就使得流入取景器电路中的电流大大减小,从而在电路出现短路或者电流逆流的情况时,取景器就不轻易遭受损坏。取景器的内部电路是比较强健的,它可能会包含一个电压调节器或者钳位二极管保护电路(指由两个二极管反向并联组成,一次只能有一个二极管导通,而另一个处于截止状态,从而起到保护电路的目的),因此在这样一个电路中,这种连接方式通常是比较安全的。如果你是使用电池来提供电源的话,那么你可以选择干电池而不是碱性电池,这是因为当电路出现短路或者电流逆转的情况时,干电池的电流会更小一些。此外,如果是一个可以控制电流大小的电源就更棒了,因为它能帮助你将电路中的电流控制在 100mA 的范围内,这样你就可以随意地对接线进行组合测试。当电路中出现电流逆转时,你的万用表的读数会立即产生异常,这时候你就要尝试换一个接线组合重新进行测试了。

要想使用强力电流冲击的方法来测试接线的功能,我们就要将取景器上所有的接线都连接到一块电路实验板上,如图 2.141 所示。在电路中使用一个具有限流功能的电源或者一节干电池(非碱性电池),以及一个 100Ω(或接近 100Ω)的电阻器,然后就可以对取景器的接线进行组合测试了,直到你能够看到你的取景器开始发光为止。有时你也可能会听到高电压的变压器发出的嗡嗡声,但是只要你的取景器发出光亮了那任务就算完成了。在操作过程中有一点需要注意,那就是在取景器通电后,绝对不能用手直接触摸电路板,因为在电路中的高压区有几千伏的电压。极低的电流可能不会对你造成任何伤害,但是这近万伏的高压所带来的电击感你肯定不希望去尝试一下。当你确认了哪条线是高压线之后,你可以在高压部分连接一个小霓虹灯,如果你的电源连接正确,那么这个小灯就会产生瞬间的闪光。

经过几次强力电流冲击测试之后,我最后确定了取景器上的各条接线功能:黄色是电源线,红色是接地线,橙色是视频输入线。这些接线的颜色及其功能是不是和你之前猜测的完全不同呢?不要觉得确定接线功能这种事情很繁杂,对我们这些电子产品改装爱好者来说,这都是小菜一碟,只是要稍微多花了一点时间和耐心而已。

如图 2.142 所示,当 CRT(阴极射线管)取景器第一次通电时,你会看到取景器发出暗淡的蓝色光辉。这个时候取景器显示屏上还没有任何图像,但是取景器的蓝光告诉我们,我们已经将取景器的几条接线都连接正确了。在给取景器通电几秒之后,将电池取出,然后用手感触一下取景器的小型电路板周围的热量,看看热量是不是很高。如果在通电之后电路板的温度十分高,那就说明你使用的电源电压太高,这时你可以尝试用一个电压较低的电源为它供电。一般来说,9~12V 的电压都能使这些取景器正常工作,这一点毋庸置疑,但是也不排除有一些特例,比如有些取景器就只有在 5V 的电压下才能正常运行。

图 2.142 CRT(阴极射线管)取景器在通电之后会发出蓝光

如果你用上面的两种方法都没有最终确定取景器接线的功能,那么你可以回到原电路板,或许在那里能寻找到一些线索。我们先找到电路中最大的电子部件——电容器,就从它开始,电容器外壳上标示的负极都将接地。一般情况下接地点只有一个,而这个点可能有好几条线与你的取景器连接。在我的电容器上,就有 4 到 5 个多余的接地点。除了通过电容器来确定接线的功能之外,还有一个简单的方法,那就是查看电路板上的小型集成电路,通过对照数据参数表来确定 V_{cc}(正极)接点和 V_{ss}(接地)接点。几乎所有的取景器都只有唯一的一个较大的集成电路,这个集成电路被称作"单芯片电视"或"NTSC 制式视频处理器"。至今为止,我还没有遇到过有哪个取景器上的接线无法确定功能,只是有时候我们要花费更多的时间和耐心去进行一些改装和测试,特别是当所有的接线都使用同一种颜色的时候。如果你愿意,你可以登录我们的论坛,或许你能找到和你的取景器线路完全相同的情况,并且发现已经有人将这种取景器的接线功能全都破解出来了。如果你已经确定了你的取景器接线功能,那么你也可以将相关资料上传到论坛与其他人分享。

当你给取景器通电之后,如果取景器亮了,就说明两根电源线连接正确,接下来要做的就是确定哪一根是视频输入接线。取景器的视频输入线能接收任何一种视频信号,如 VCR(盒式磁带录像机)的输出信号、摄像机的输出信号以及视频游戏的输出信号等。如图 2.143 所示,将一个废旧的 RCA 连接线剪断,然后在接线的一端去掉外皮,裸露出部分内部导线,这样你就可以用它来连接你的视频播放器的信号输入,以此对取景器进行测试。你可能会担心如果连接错误会导致视频机器受到损害,不用担心,这样的测试是不会对取景器造成任何影响的。这是因为取景器是由直流电压供电,它有一个高阻抗的电压输入。你只要将插头连接视频输出插孔,然后开始播放视频,就可以将视频信号发送给取景器。

图 2.143 对接线进行测试,以找出信号输入接线

我们平时常用的视频连接线都属于同轴缆线,它是由一根中心线和一根缠绕着中心线的绞线组成,在这种缆线中,绞线是负极线(接地线),中心线是信号线。将绞线与取景器的接地线(电池负极)连接在一起,然后将信号线试着与取景器的其他接线一一连接,当你发现显示屏上出现图像时,就说明这根与信号线连接的接线是视频输入线。如图 2.143 所示,我的这个小型 DVD 播放器里播放的电影同时在取景器的显示屏上显示出来,这说明我们当前连接的接线正是取景器的视频输入接线。

如果你在显示屏幕上没有看到任何图像,那么很可能是取景器的电源线连接错误,或者是视频输入信号与取景器的输出信号不匹配,取景器无法识别。通常在你的视频播放机上都会有一个 RCA 插头,上面标示着"线性输出"、"视频输出"或者"复合信号输出"等字样,你只要将这个插头与取景器连接即可。

好了,当我们将取景器的功能线都确定之后,接下来我们要寻找这个夜视图像观测系统需要用到的第二个电子部件,它就是一个低照度的安防监控摄像头。这种摄像头的价格十分便宜,对电源的要求也比较低,在9~12V的电压下都能正常工作,而且能输出标准的彩色或者黑白色的视频信号。这种摄像头在网络上能找到几百个供应商,由于摄像头质量的不同,它的价格会在10~100美元不等。

由于这是一个夜视系统,只在夜间使用,因此我们不需要购买专业的针孔摄像头。此外,因为在摄像头下,所有的红外线都呈黑白色,所以也没必要购买彩色摄像头,这样一来我们的预算就会大大减少。至于摄像头的照度,那是越低越好。照度低于1 lx的摄像机头能很好地完成这个项目。所以你只要找到一个不使用针孔摄像头的,照度低到0.001 lx的摄像机就可以很好地进行这个夜视图像观测设备的制作了。

注意,我们传统的便携式摄像机是无法在这个项目中使用的,这是因为这种摄像机的镜头上都装有滤光器,它会将红外线过滤掉,这样就可以获得色彩质量更高的图片。你可能会想,只要将这种便携式摄像机的机身打开,然后将镜头上的那块小小的玻璃滤光镜取下来不就可以了吗。说起来简单,但是这个体积庞大的、大功率的便携式摄像机上还有太多我们根本不需要的零部件,我们要将它们一一拆除实在是太麻烦了。其实最好的办法就是找到一个小型的使用CCD成像元件的摄像头(如图2.144所示),它们非常符合我们这个项目的需求。

只要在网页上搜索"车载摄像头"、"CCD摄像头"或者"摄像头模块",你就会获得大量的摄像头出售信息。如果你决定使用一个具有标准镜头的黑白色的摄像头,那么你只要花费不到100美元就能购买到一个低照度的摄像头。在购买摄像头的时候要注意,最好购买电压与你的取景器电压相匹配的摄像头,这样你就免去了在电路中添加调压器的麻烦。大多数的车载摄像头在9~12V的电压下都能正常工作,而且只需要几毫安的电流即可,所以摄像头的电源电压问题还是很好解决的。

接下来我们要检查一下摄像头是否能正常工作。只要将生产厂商提供的原装接线连接到电源和监控显示器,你就能测试到图像质量以及这些小摄像头的聚焦能力了。一般来说,这些摄像头的焦距都是可以进行调节的。可能有人会说,在这个摄像头上有一个小小的固定螺丝,调焦的时候会不会使得这个固定螺丝松动。其实你大可不必担心,调焦的操作根本不会对这个固定螺丝产生任何影响。有经验的人可能会发现,当我们将镜头放在大约10英尺远的地方时,摄像头拍摄到的图片质量是最好的。在摄像头上都有可用来调节的螺纹,你可以通过它来调节镜头与CCD图像传感器之间的距离。

图 2. 144　几个小型的 CCD 摄像头模块

图 2.145 所示是我们使用的小型低照度黑白色的摄像头,这个摄像头的镜头正对着一块蓄电池,从那个小小的视频显示器上,我们可以看到它拍摄的图像。我们这个摄像头的额定电压是 12V,但是用 9V 的蓄电池作为电源时也能正常工作。如果电源电压低于 8V 的话,这个摄像头所拍摄到的图片就会比较模糊。

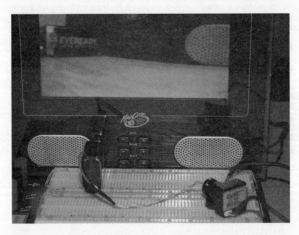

图 2. 145　用视频监控器来测试摄像机的功能是否正常

接下来我们要测试一下摄像头是否能捕捉到不可见的红外线。这个测试方法十分简单,你只要找到你家里的电视或者 DVD 播放器的遥控器,并将它对着摄像头按动电源按钮就可以。如果你能在视频显示器上能看到遥控器发出的红外线,那说明摄像头能捕捉到红外线,如果摄像头连接的视频显示器没有任何反应,那么说明摄像头无法识别红外线。如图 2.146 所示,我们在摄像头连接的显示屏上能看到遥控器发射出的明亮的光线。遥控器发射出的光线是我们人类的肉眼根本无法看见的,但是在摄像头看来,这个遥控器却仿佛一个闪光灯一样。使用红外线作为光源是夜视系统的一个普遍做法,有时为了使得照明范围更大,我们需要使用更多的红外发光二极管。

图 2.146　测试 CCD 摄像头是否能捕捉到红外线线

从摄像头连接的显示器上,我们可以看到这个电视遥控器发射出的光线是比较明亮的,但是如果仅仅是这么大的光亮根本不足以承担夜视照明的任务。要想使用这个系统来为一些更大的区域提供照明的话,我们至少需要有 10 个以上的红外发光二极管。值得高兴的是,这种红外发光二极管很普遍,而且每个只要花费几美分就能购买到。市场上最常见是管体直径为 5mm 的红外发光二极管,如图 2.147所示。红外发光二极管的形式多样,有着各种颜色和各种不同的输出功率。有一些红外发光二极管在我们肉眼看起来似乎是纯黑色的,但是在摄像机下,它们却是完全透明的。图 2.147 所示的这一堆红外发光二极管都是从电视遥控器上拆卸下的同一种型号的二极管。在一个遥控器上,你往往可以找到一个或者两个红外发光二极管。你可以先参看整个章节里介绍的多个发光二极管的效果图,然后再确定你在项目中要使用的发光二极管的类型和数量。

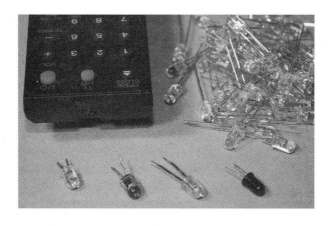

图 2.147　各种不同的红外发光二极管

图 2.148 所示是光谱图表,从图中我们可以看到大部分不可见光线处于光谱的两个极端,这些光线是我们的肉眼无法看到的。在可见光两端的两种光线分别是紫外线和红外线。红外线属于长波光线,而紫外线属于短波光线。绿色光大致处在可见光范围的中间波段,因此我们人的肉眼对绿色光线比较敏感,但是我们无法看见波长超过 740nm 任何光线。正是由于这个原因,我们这个隐秘的夜视设备所探测的是波长在 750nm 的常用红外线,因为这种光线只有摄像头才能观察到,而人眼却看不到,这样才能达到隐秘拍摄的目的。其实光线波长为 800~880nm 的红外发光二极管在夜视设备中的照明效果更好,但是由于这种波长很接近可见光中的红色光,我们肉眼可以微弱地感觉到这种光的存在。如果你在黑夜中看见过一个户外夜视摄像头,那么你肯定熟悉它那种阴暗的红色光。这种低照度的摄像头的红外线捕捉能力十分强,特别是对我们人类使用比较率比较高的波长为 940nm 的红外线(常被用作遥控器发射光线),更能清晰地捕捉到。

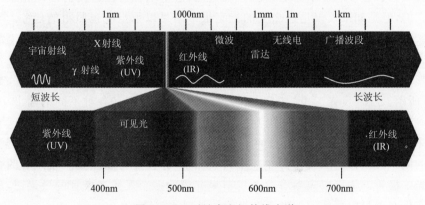

图 2.148 可见光和红外线光谱

有一些安防摄像头使用的是波长为 880nm 的红外发光二极管作为照明器,这种发光二极管发出的微弱的红色光线会给那些想要使坏的人一个警示,此外这样的照明器比一般的红外二极管的照明距离要更远一些。安防摄像头一般使用的都是彩色摄像机,这种摄像头在黑暗中的拍摄效果远不如黑白色的摄像头,而这个优势刚好是夜视照明观察系统中最有用的一点。如果你使用的是一个低照度黑白色的摄像头,通过将它连接到一个显示器我们可以看到,那些波长为 940nm 的发光二极管和 880nm 的发光二极管一样都可以发出很明亮的光线,所以要想制作一个完全隐秘的夜视拍摄系统,使用一个低照度的黑白摄像头和红外线是非常好的选择。

当你确定了使用哪一种类型的红外发光二极管之后,接下来就是要查找一些相关的重要参数说明,比如说它的反向电压、直流电流、发出的光线波长和光束类型等。二极管的反向电压是指提供给发光二极管,使得它发光发亮的实际电压。

当电压达到发光二极管的最高电压值时,电流也达到最高值。但是你千万不要将这个直流电流与脉冲电流混为一谈。光束类型是指从塑料透镜里发射出的光线的角度,这一点都关系不大,因为大多数的红外发光二极管的辐射角度都基本上一样。

在红外发光二极管所有的参数中,反向电压是最重要的参数。由于技术规格的不同,大多数的红外发光二极管的反向电压也各不相同,我们接下来要将许多个发光二极管串联在一起,用一个较高的电压为它们提供电源。因此你必须先了解红外发光二极管的反向电压,这样就不至于因为电路中串联的发光二极管不够而导致电路中单个发光二极管的电压过高,从而将发光二极管烧坏,同样道理,电路中的电压也不能过低,因为这样会使得输出功率降低,导致电路无法正常运行。在选择红外发光二极管时,所有的红外发光二极管都要求是同一来源和同一型号,这一点是非常重要的。如图 2.149 所示,这是一张常见的标准红外发光二极管数据表,从数据表中我们看到,这个红外发光二极管的反向电压是 5V,直流电流是100mA,脉冲电流是 1A,但是接下来我们还要对这些红外发光二极管做一些小小的改装,使得电路中的电流处于发光二极管的可承受范围之内,否则由于电路中电流过高,你就眼看着你的发光二极管滋滋冒火花吧。

如果你要制作的夜视系统对隐秘性要求不是很高的话,那么还有另外一些红外发光二极管你可以考虑一下。标准的户外监控摄像头都有一个高质量的彩色摄像头,此外它还有一个至少由 20 个红外发光二极管组成的夜视照明器。如图2.150所示,这就是从一个标准的户外监控摄像头取下的夜视照明器。这个彩色摄像头在黑暗中的拍摄效果不如黑白色的摄像头的拍摄效果好。因为这些红外发光二极管的波长都是 880nm 而不是 940nm,因此在黑白摄像头连接的显示屏上它的光线就更加明亮。这些波长为 880nm 的发光二极管当然也可以用作制作这个项目,但是这些发光二极管会发出的暗淡的红色光线,只要在 20 英尺以内就能看到这种光。因此,如果使用波长为 880nm 的发光二极管在一个漆黑的环境中进行拍摄的话,你可能就必须要和你拍摄的目标保持一定的距离了。

如果在本项目中使用一个图 2.150 所示的现有的夜视摄像头,那么制作过程会简便很多,你只需要给它提供一个合适的电源,然后将它连接到你的取景器,那这个项目就制作完成了。这个电路需要的电源一般都是 12V 的直流电压,这个电压和取景器的电压是一致的,所以你可以直接将这个夜视摄像头与取景器连接。不过要想改善这个夜视拍摄系统的拍摄效果,那你还需要将彩色摄像头换成黑白摄像头,并且将波长为 880nm 的红外发光二极管都替换成波长为 940nm 的红外发光二极管。这个改装过程并不会很复杂,因为我们只要将红外发光二极管进行替换就行,然后根据红外二极管的总电压来调整电路电压。

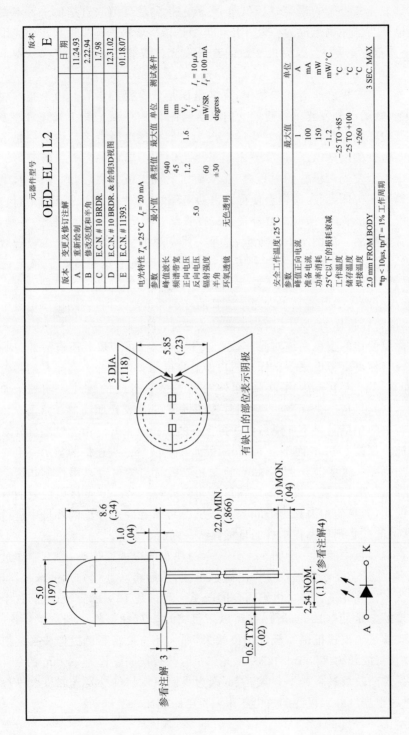

图 2.149 一张标准的红外发光二极管数据表

图 2.150　可供选择的其他红外发光二极管

当我们将这个夜视拍摄系统的所有零部件都找齐了之后,我们就可以开始进行组装了。为了制作一个功能完善的夜视拍摄系统,你可能还要找一些可以替代的零部件。通过使用一种被称作"红外滤光片"的光学元件,你可以让一个白色灯泡或者是全光谱的光源散发出大量的红外线。这个照明系统的照明效果和使用一个有色的滤光器的效果是一样的,只有摄像头能观察到通过滤光器的光线。在 20世纪 90 年代,索尼公司发行了一种新的带有夜间拍摄功能摄像头,在使用过后,人们发现这款相机确实有夜间拍摄的功能,而且如果衣物材料合适,照明条件符合要求的话,它甚至具有透视衣物的功能。然而现今所有的摄像机都已经不再具有这个功能。具有这个拍摄效果的就是在网上疯传的"X 光摄像头",并且有多家公司开始生产这种被称为"X 光透镜"的镜头,如图 2.151 所示,这些镜头实际就是一个红外滤光器。

虽然在实验过程中,这种 X 光透镜的透视效果会给你带来很多的乐趣,但是它更大的用途在于使用红外线去照明一个很大的区域,然后你的夜视摄像头就可以在夜间进行拍摄。由于透镜的材质的不同(有玻璃材质的,也有塑料材质的),光源的不同,我们照明器的照明范围也不尽相同。大的能照亮整个院子,小的只能照亮一个房间,这主要取决于你的滤光器所能承受的最大热量。你可以在网上搜索关键字"红外滤光器",然后你会找到大量的出售此类产品的网络信息。

我们为一个功率为 50W 的白炽灯选择了一个玻璃滤光器,这个滤光器非常适合安装在一个图 2.152 所示的锡管里。接通电源之后,白炽灯会散发出大量的热量,所以在接通电源之前,要确认滤光器能承受如此的高温,如果你的滤光器的熔点比较低的话,那么就要更换功率小一些的灯泡,或者使滤光器和灯泡之间的距离尽可能隔得更远一些,此外你还可以在锡管的外壳上打钻一些通气孔来帮助散热,如果这些都还不够的话,你可以再安装一个排热风扇。当红外线从锡管里透出来之后,你就可以进行项目的下一个步骤了。如果你想对这个夜视照明系统进行改进,使其成为一个便携式夜视照明系统的话,那么你可以用蓄电池为灯泡提供电源。或许我们还可以使用一只上千瓦的闪光灯作为我们的夜视照明光源,但是我们并没有真正实践过。

图 2.151　这是一个波长为 940nm 的红外线滤光镜

图 2.152　为灯泡和滤波器制作一个防护罩

如图 2.153 所示,我已经将红外透镜安装在锡管的末端,这样这个价格低廉的远距离红外照明器就制作完成了。这个照明系统非常适合为户外监控摄像头提供照明。此外,你还可以扩展滤波器的功能,使他具备运动感应能力。你只要给它连接一个运动感应提示灯,它就会在检测到运动物体时,不停地闪烁提示灯。由于这个照明器耗电量比较大,所以最好是将它固定安装,如果想便于携带,那就要为它提供一个高功率的电源设备。

图 2.153　制作完成的高功率红外照明器

激光是一种非常好的夜视照明器,但是它更适合制作长距离的照明设备,而且要求你的摄像头拥有放大功能或变焦镜头,这样才可以拍摄到很远的距离。我们常见的可见光激光照明器的照明距离都能达到几百英尺,而红外激光照明器也一样可以达到。但是小型的激光笔并不能直接用作夜视照明器,我们需要将里面的激光准直透镜取出,这样激光二极管的光线才能被扩散开来,然后才能用于照明。如果你选择的是高功率的激光器的话,这种激光器在通电之后,产生的热量特别大,因此危险系数也相对比较高。为了使得操作更安全一些,我们需要降低电路中的电源输出。如果你找不到合适的安全激光设备,或者对激光器操作常识了解不多的话,尽量不要尝试激光器的操作,因为稍有操作失误,你的眼睛就会受到无法弥补的伤害,特别是对于那些输出功率超过 5mW(注意,单位是 mW!)的激光器,更是不要轻易尝试。

图 2.154 所示的这个小小的激光器能够发射出直径为 2mm 的光束,这束光能发射到远在 20 英尺外的墙上。对于这种红外线束,我们只有通过视频摄像头才能观察到。如果我们把激光器里的那个小小的准直透镜取走,那么这个激光器的光线照射范围将大大增加,它可以照亮直径几英尺宽、大约 10 英尺远的一片区域。这个激光照明器虽然照明亮度不如二极管照明器,但是如果将它安装上变焦透镜,然后和单筒或双筒望远镜一起使用,那么它就能实现远距离夜视拍摄任务。

一个输出功率为 500mW 的红外激光器能照射到 100 英尺甚至更远距离以外的区域。当然,如果你想观察到远在 100 英尺外的图像的话,你的摄像头就需要拥有长焦镜头,或者安装单筒或双筒望远镜才行。图 2.155 所示是一种功率非常高的激光器,这种激光器很好找,你可以在很多的电子产品零售商那里购买到。如果你不想花钱购买全新的激光器,那么你也可以将一个绿色激光器进行改装,使其成为一个可供使用的红外激光模块,我们曾经就这样做过。如果要让激光器发出绿色的光束,你需要将一个光线波长为 808nm 的高功率红外激光器的光线通过一系列透镜、滤光器和晶体,然后才能达到改变光线波长的目的,因此你将需要功率非常高的激光二极管。为了使激光器发出的光线亮度相当于 5mW 的绿色激光器,最后我们使用了 500mW 的、波长为 808nm 的高功率红外激光器。如图 2.155 所示,我们花费数小时的时间,才小心地打开了这个激光模块的铜管,并提取出里面的红外激光驱动模块。

图 2.154   这是一个输出功率为 5mW 的红外激光器

图 2.155   这是一个功率非常高的红外激光模块

在对功率超过 5mW 的激光器进行操作时,一定要倍加小心,否则那突然射过来的激光会对眼睛造成极大的伤害。这件事情的危险性就在于,你根本看不到光线的存在,而这看不见的光线却有可能给你造成失明的后果。一个功率为 500mW 的激光器的光线会让你的眼睛立即失明,所以在对这类高功率的激光器进行操作时,一定要注意安全,而且在操作前一定要仔细阅读激光器的操作安全须知。

　　要想让高功率的激光二极管能够发射出巨大的光束是相当容易的事情,而这并不是只有价格昂贵的高精度透镜才能完成这个任务,我们从废旧的摄像机和录像机中拆下的任意一个透镜都可以做到。如图 2.156 所示,这是我从废旧摄像机上拆下的几个不同的透镜。当我们将它安装在高功率的激光器前面时,通过视频显示器我们可以看到激光器发射出的巨大光束。要想观察到激光器发射的光线,你还需要将视频摄像头与单筒或双筒望远镜连接起来,这样摄像头才能对远在 100 英尺以外的情景进行隐秘拍摄。在实际操作中,透镜与激光二极管之间的距离需要根据实际情况进行稍微的调整。

图 2.156　从废旧摄像头上拆卸下来的各种不同的透镜

　　如图 2.157 所示,这种安装有透镜的高功率激光器发射的光线能照亮大约 20 平方英尺的区域,照射距离在 50～100 英尺。当然,只有安装了望远镜的摄像头才能拍摄到远处的图像,这样我们制作这种照明灯才有意义。在实验过程中你可能会注意到,当光线发射到这么远距离的时候,激光器里发射出的光线呈奇特的长方形形状。出现这样的现象非常正常,这是由于激光二极管的构造所造成的。实际上这种现象对你的拍摄工作会更加有利。

　　这个高功率的激光照明器非常耗电,所以我们要在电路中连接一个高功率电池组,并且还需要连接一个电源开关,最终我们要将电池组和开关全都安装到一个盒子里(如图 2.158 所示)。安装电池组的时候要注意,电源的电压不能过高。尽管激光器发出的光线经过多重处理之后,光线的聚集性已经不是很强,但是仍然不能掉以轻心,而且一定要透过视频监控器来观察激光的图像。此外,还要注意绝对不能将激光光束直接射进眼睛里。尽管市场上有些激光照明器上写着“对眼睛无伤害”的字样,但是你仍然不能随意拿自己的眼睛开玩笑。

图 2.157　将光线散射透镜安装在激光器上

图 2.158　制作完成的高功率激光照明器

　　如果你在项目中使用的是远距离的激光照明器,那么你还需要想办法延长你的视频摄像头的拍摄距离。单筒或双筒望远镜是不错的选择,当你将焦距调到最合适位置时,它能帮你获得非常清晰的图像。要想将摄像头上连接到一个双筒望远镜,其实方法很简单,我们只要先在镜头盖上钻一个小孔,然后将摄像头胶合在这个小孔里面就行了。如图 2.159 所示,这个小小的视频摄像头已经通过镜头盖与双筒望远镜连接在一起了。这样做有一个好处就是,在最后连接上激光照明器之后,我们可以利用另一个镜头来瞄准拍摄目标。当你将望远镜与摄像头连接好之后,为了使摄像头拍摄到最清晰的图像,你可能需要对摄像头进行一些调焦处理。

图 2.159 将镜头盖与摄像头连接在一起

如果你的激光照明系统的照射距离能达到 100 英尺以上，那么你就必须连接一个望远镜，这样你才可以通过摄像头拍摄到激光器照明区域的图像。图 2.160 所示的这个装备，它的高功率激光照明器效果非常好，我们使用热胶将摄像头固定在一个巴洛透镜转接器上。你可能需要对它进行一些细微的调焦处理，有时它能拍摄的区域也非常有限，但是这个系统确实可以让你通过它进行远距离的拍摄。当然，前提是拍摄区域的光线要充足，只要满足拍摄条件即可。而且，就算是没有红外激光照明器，这些低照度的摄像头在黑暗中所能观测到东西也比人类的肉眼要多得多。

图 2.160 一个远程夜视拍摄摄像机

好了，现在让我们回到夜视拍摄系统的制作。当你将制作这个夜视拍摄系统所需的所有电子零部件都准备齐全之后，你还要寻找一个小封装盒来放置这些电子部件和电池组。黑色电子封装盒是一个非常好的选择，显然，这是因为这种颜色的封装盒的隐秘性非常高。当你带着它四处寻走时,它不会反射出任何的环境光,这样就不易被发现。如果是扁平的黑色封装盒就更好了,它的表面光反射率几乎为零。如果你再穿上一件夜行衣,那么你就几乎不可能会被对方发现了,即使你就在他附近。

美国无线电器材公司生产的一种黑色盒子很符合我们这个项目的需求,这种盒子的尺寸是 5 英寸×2.5 英寸×2 英寸,它能将这些电子零部件全部装下。除了这些必要的电子部件之外,你别忘了电路的电池组、几个开关以及一大堆接线也需要安装到盒子里。在寻找合适的封装盒之前,建议你先将电路接线完全搭建好,这样你对所需的封装盒的大小就大致心里有数了。在挑选封装盒时,要注意挑选空间大小合适的封装盒,注意不能太小,如果太小的话,里面的零部件和电池组以及接线就会挤得非常紧,这样在我们需要更换电池或者对电路进行修改的时候,就会非常麻烦(如图 2.161 所示)。

图 2.161 为所有的零部件选择一个封装盒

最后电路需要多少根接线,以及发光二极管的数量,这些取决于你所使用的电池组的电压,以及单个发光二极管的额定电压。这里的一个基本思路是:让电路中所有的发光二极管都共用同一个电源,一般常用的电源电压是 9V 和 12V。由于大多数的发光二极管的额定电压都在 1~2.5V 之间,因此你可以它们串联在电路中,以此平均分配电路中的电压,使每个发光二极管获得最理想的电压值。当然,电路中串联的发光二极管越多,对电池的电压要求也就更大。需要提醒你的是,使用数量更多的发光二极管只能增加照明器的照明宽度,并不能延长它的照明距离。虽然此项目中对发光二极管的数量和具体布置没有特定的要求,但是对于我们这个夜视拍摄系统来说,选择 10~20 个的发光二极管是最好的。

你可以查找一下你的发光二极管的参数数据表,看看它的最大额定电压是多少。

我们使用的红外发光二极管的额定电压都是 1.4V。现在,你可以根据蓄电池(或电池组)的电压大小以及发光二极管的最大额定电压来确定你需要串联的发光二极管的个数。将这些发光二极管串联在一起,它们会将电路的电压均分,从而使得每个发光二极管所获得的电压都是安全电压。例如,我在电路中只使用了一个 9V 的蓄电池,而每个发光二极管的额定电压是 1.4V,那么我就用 $9 \div 1.4 = 6.428$。当然不可能出现 6.428 个发光二极管,所以我们可以选择串联 7 个发光二极管。在这里的发光二极管的个数只能多不能少,多串联一个只是使得每个发光二极管分得的电压稍微比额定电压低一些,而少串联一个则会使得每个发光二极管分得的电压比额定电压高,这可能会导致发光二极管被烧坏。所以,我们在电路中串联 7 个发光二极管,每个分得的电压大约是 $1.28V(9 \div 7 = 1.28)$,这个电压属于安全电压。

由于 7 个发光二极管发出的光线太弱,所以我打算在电路中再增加一个由 7 个发光二极管串联的电路系统。你可以将这两条串联电路并联在一起即可获得理想的照明效果。通过并联,每个条电路中发光二极管分得的电压都是安全电压。如图 2.162 所示,这是将两条串联有发光二极管的电路并联在一起,这样每个发光二极管分得的电压都是 1.28V。当然,我们还可以将更多这样的发光二极管串联电路并联在一起,但是 14 个发光二极管就已经能够满足我们的项目需求了。当然,这个数量只是一个参考,你可以根据实际需求自行调整,但是一定要考虑到发光二极管的最高额定电压。

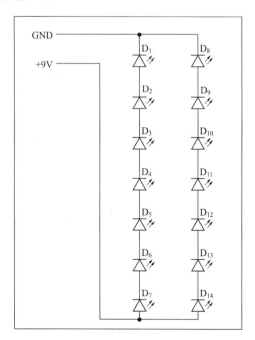

图 2.162 发光二极管的串联和并联电路

发光二极管的布置方式不是唯一的,你可以根据喜好来设计不同的形状。但是,一定要记得使每个发光二极管的光线都能够散发出来,这样才能让你的照明器的照明范围达到最大。此外,记得要预留一些空间给摄像头和开关。要想使你的夜视拍摄系统看起来更专业一些,你还需要在装发光二极管的盒子盖子上钻出一些小孔,以便将这些发光二极管全都露出来。为了使得钻洞时能更快捷,你可以用尺子或电脑预先制作一个图表,将要钻洞的地方做好记号,这样操作起来就更方便了。如图 2.163 所示,这是事先制作好的钻洞区域示意图。

图 2.163　制作一张钻孔区域示意图,用它来为发光二极管钻出大小合适的小孔

如果你不知道哪种钻头的尺寸与发光二极管的尺寸刚好匹配的话,那你可以先选择小钻头,然后再调整到合适尺寸大小的钻头。你也可以先用小钻头将所有的小孔都钻好,然后以这个小孔为中心,选择合适钻头钻出尺寸匹配的小孔。如图 2.164 所示,我已经在盒子外壳上为我的照明器中的 14 个发光二极管钻好了尺寸相匹配的小孔。

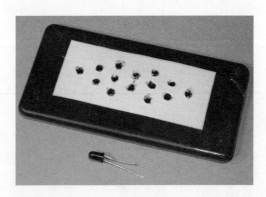

图 2.164　为发光二极管钻出大小合适的小孔

在用钻头将小孔钻好之后,小孔的边缘可能会比较毛糙,这时候你需要再使用一个更大一些钻头,将它在小孔里面钻几圈,这样就可以将小孔的边缘打磨圆滑。如图 2.165 所示,这个盒盖上的小孔已经处理好了,我们将 14 个发光二极管都插进了小孔里。

图 2.165　已经打钻好的发光二极管的小孔

为了节省空间,我们需要将每个发光二极管的引脚都剪到最短,这样我们就能更轻松地将它装进封装盒里,如图 2.166 所示。你可能已经知道发光二极管中长的引脚是正极,短的引脚是负极。除此之外,我们还有另一个方法可以判断发光二极管引脚的极性。你可以通过摸一摸引脚的底部,如果底部有一个小平面则是负极,底部是圆弧状则是正极。如图 2.167 所示,如果你要将所有的发光二极管都串联在一起,那么你就要将这些发光二极管的正极和负极引脚依次连接在一起,从而形成一个串联电路。

图 2.166　将发光二极管的引脚剪短

在图 2.167 中,我们已经将所有的发光二极管的正负极都连接起来了,它们的正极和负极引脚都分别指向同一个方向。在发光二极管的管体底部有小平面的那一侧的引脚是负极引脚,认识到这一点,能为我们连接带来很大的方便,从而避免将正负极接错。电路中只要有一个发光二极管连接错误,整个串联电路都不能正常运行。虽然这样的连接不会对电路中的其他电子元器件造成损害,但却会使得发光二极管照明灯无法提供照明。

接下来,我们要将照明器和摄像头组合在一起,注意需要保证摄像头的拍摄方向和照明器的照明方向一致。为了给其他的电子元器件留下更多的空间,我们将摄像头安装在封装盒盖子的左边角落，如图 2.168 所示。在装配系统的过程中，注意不要将取景器装反，根据取景器的成像方向来确定镜头在盖子上的位置。如果你已经将所有的东西都装配完毕之后，拍摄时却发现所有的图像都是倒的，这是多么恼人的一件事情。虽然现在很多显示器都有"镜面拍摄"的功能设置，这会为你的拍摄带来很大方便。如果你打算制作这个夜间拍摄系统的话，一定注意不要把镜像搞反了。

图 2.167   按照同一个方向安装所有的发光二极管

图 2.168   在封装盒上安装摄像机头

虽然你的两只眼睛都能灵活地查看取景器上的图像，因此取景器放在封装盒的什么位置都没有关系，但是我们在实际装配的时候，要遵照几个原则，第一，当我们从取景器里观察图像的时候，脸部最好能被封装盒遮挡住；第二，摄像头应该在视野（两眼）的正中心，而不是偏向某一边，这样才能拍摄到理想的图像。取景器只有显示图像的功能，它需要通过摄像头的拍摄才能显示图像。图 2.169 所示是演示如何将取景器安装进封装盒里。我们在盒子里切出一个安放槽，这样我们就可以将它放进去并固定住。如果这样取景器还不稳定的话，你可以使用热胶来固定。封装盒底部的电路板上如果有电子元器件松动的话，也可以用热胶来固定。

图 2.169　将取景器安装在封装盒上

　　我们这里制作的夜间拍摄系统是一个左眼观测系统,这是因为我们的左眼视力更好一些。至此,我们这个夜间拍摄系统的基本部件已经安装好了,当我们将这个装置举在脸部时,摄像装置刚好在两眼之间的位置。图 2.170 所示的这个夜间拍摄系统已经安装好了三个主要的零部件。

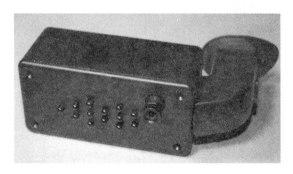

图 2.170　所有的主要硬件设备已经安装完成

　　图 2.171 所示是安装有取景器的夜间拍摄系统的后视图。在安装取景器的时候,还要考虑到你的鼻子哦,记得为你的鼻子预留足够的空间。如果你的取景器和封装盒之间连接太紧密的话,在拍摄的时候你的鼻子就会由于受到挤压而不舒服。所以,这里我们可以采取将取景器侧装的方式。

　　好了,接下来我们要将取景器、摄像头、红外发光二极管和电池组全都连接在一起,这里我们还要再添加一个开关来启动和断开发光二极管与主电路的连接。增加了这个开关之后,你的夜间拍摄系统就变成一个多功能的夜视设备,它不但能帮助我们在夜间观察图像,还能探测到其他的夜间拍摄摄像机的存在。如我们下面的这幅图所示,当我们将这个夜间拍摄系统的红外发光二极管断开电源之后,它就变成一个夜间摄像机的检测器,能检测到其他的监控摄像机的存在。根据发光二极管的电路原理图,我们已经将系统中的发光二极管连接完成,如图 2.172 所示。

图 2.171　夜间拍摄系统的后视图

图 2.172　将所有的电子零部件连接起来

　　我们还要给装置连接一个 RCA 输出插头,这样我们才能将视频摄像头拍摄的视频信息输出到一个摄像机里并进行录制,然后上传到我们的网站进行演示。图2.172 所示的就是一个连接完成的系统,这个系统里包含有两个电源开关、一个电池固定夹子以及一个视频输出插头。

　　如图 2.173 所示,这就是典型的夜间拍摄系统的电路原理图,从电路图中我们可以看到,视频拍摄功能和发光二极管的照明都安装了一个开关。你的连接线路图可能会有一些不同,这是由于你的照明器中使用的发光二极管的数量,以及摄像头和取景器所需的电压会有所不同。当然,你也可以使用不止一个电池,如果需要的话你甚至可能要在电路中使用调压器。一个 9V 的碱性电池可以让我们这个夜间拍摄系统连续工作好几小时,但是如果我们能有一个更大一些的封装盒,里面就能盛装好几节电压为 1.5V 的 5 号电池,使用这些电源就能让我们的系统工作更长的时间。在这个项目中,可充电电池也是不错的选择,但是这些可充电电池提供的电压会比同等功率的普通电池提供的电压要稍微低一些。一个电压为 9V 的可充电蓄电池的输出电压一般都只有 8.6V。

　　当我们将所有的连接线和开关都安装完毕之后,我们原来看起来很宽敞的封装盒现在已经被塞得满满当当的。如图 2.174 所示,电路中所有的零部件在经过测试之后,全被安装进了封装盒里。电路中会有一些容易松散的零部件,如取景器的电路板和电池,你需要用双面胶或其他的固定装置来将它们固定住,使它们在使用过程中不容易松散从而导致电路断开。另外还有一项需要注意的是,一定要使电路板与任何的金属部件(如电池外壳)隔离开。这个问题很好解决,我们只要在电路板的后面添加上一小块硬纸板就行。除此之外,你也可以在电路板后面塞一些纸团或棉球,以此达到绝缘的效果。

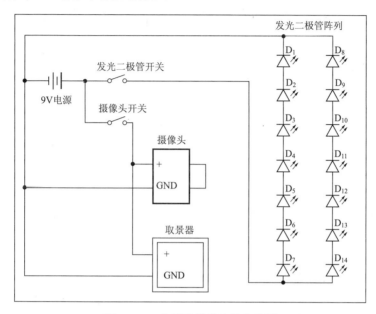

图 2.173 电子元器件连接电路图

图 2.174 将所有的零部件都装进封装盒里

当我们对所有的零部件都进行过测试,确认没有任何的零部件是损坏的,并确定不会出现电路短接的情况时,我们就可以将这些零部件放置进封装盒里。图2.175所示的就是已经组装完成的夜间拍摄系统,这个系统已经可以在漆黑的环境中进行拍摄了。

图 2.175　安装完成的夜间拍摄系统

　　接下来,我们首先要测试一下红外发光二极管是否能正常发光。我们需要站在镜子面前,打开红外发光二极管的开关,然后通过摄像头观察发光情况。图2.176中的画面 1 所示,从镜子中我们可以看到,摄像头拍摄到的光线是如此的明亮,这是因为我们是近距离观察发光二极管的光线。在画面 2 中,我们已经将所有的红外发光二极管全都点亮,发出的光线将我们的实验室照得透亮。画面 3 是红外发光二极管的光线照亮了夜间的停车场。画面 4 是一幅偷拍的图片,偷拍的对象是一条可能听见一些响动,但是没有发现我们的看门狗。这是我的宠物狗,但是我不建议你也尝试去偷拍任何的动物,因为这样可能会出现一些意外情况,你可能会因此遭到动物的伤害。

图 2.176　夜间拍摄系统的几个测试场景

　　要想使用这个夜视设备在一个室内空间自由穿行,你就必须要多花些时间去熟悉周围的视野环境。为了避免触碰到任何家具或者门框从而造成声响,我们可能要花费一天或者两天的时间去熟悉环境,然后才能很平稳地在一个封闭空间内穿行。

　　如果你能在电路中添加一个可控开关,以此控制电路中的发光二极管的打开或关闭,那么你就可以利用你的夜间拍摄系统来探测其他的隐秘摄像头或监视器所发出的红外线。如图 2.177 所示,这里显示的是使用普通照相机拍摄的夜间拍摄系统(用夜间闪光灯拍摄),以及这个夜间拍摄系统所拍摄到的画面。我们从普通照相机拍摄的照片中看到,夜视摄像头正散发出黯淡的紫色光线,但是从夜视拍摄系统拍摄到的画面中我们可以看到,这是一种非常明亮的白色光。使用这个夜间摄像系统我们在很远的地方就可以发现其他隐蔽型的夜视摄像头,这主要归功于这个低照度摄像头对红外线的令人惊讶的感知能力。

图 2.177 用这个夜间拍摄系统来探测其他监控摄像头

这个夜间拍摄系统除了有夜间拍摄功能和探测其他间谍系统的功能之外,它还有第三个功能,那就是对其他监控摄像头进行干扰,使它们无法发现你的行踪。如图 2.178 所示,我们可以将取景器的连接断开,然后开红外发光二极管,当你从其他监控摄像头前经过的时候,你只要将发光二极管的红外线指向监控摄像头,它就看不到任何图像了,这就好像你在黑暗中行走,然后前面有一束强烈的光线射

图 2.178 这个夜间拍摄系统已经可以使用了

向你的眼睛导致你看不清前方物体一样。当你不想让自己的鬼祟行踪被发现时，这个功能是很有用的。

我们真诚的希望你在这个夜间拍摄器的制作过程中能获得很多乐趣，并且希望这个系统能帮助你完成所有的隐秘追踪任务。但是，记住不要利用这个系统去干坏事，否则它会给你惹来很多麻烦。如果你利用这个系统进行了一些违法的事情，请记住，这与我们以及我们的网站没有任何关联。

电话项目 **3**

项目11 电话号码解码器

当你拨电话号码准备打电话时,你所听到的语音被称作双音多频(DTMF)语音,它由高频和低频组成,其中高频和低频都包含 4 个频率。双音多频的拨号键盘是 4×4 的矩阵,总共有 16 个按键,每一行代表一个低频,每一列代表一个高频。每按一个键就发送一个高频和低频的正弦信号组合,其中低频范围从 697～941Hz,高频范围从 1209～1633Hz。由于键盘是 4×4 的矩阵,因此实际上总共有 8 个频率组成 16 个按键的频率组合。双音多频技术被证实是一个非常可靠的通过电话系统发送数据的方法,它已经成为一种被普通采用的标准。

部件列表
IC_1:CM8870 双音多频信号解码器
IC_2:74LS154 4～16 行解码器(可选)
IC_3:74LS240 反向缓冲器/驱动器(可选)
X_1:用于 CM8860 的 3.58MHz 的晶体振荡器
发光二极管:16 对低电流发光二极管和 1kΩ 的电阻器(可选)
电阻器:$R_1=100$kΩ,$R_2=100$kΩ,$R_3=300$kΩ
电容器:$C_1=0.1\mu$F 陶瓷电容器

为了将语音反向解析成一个 4 位信号,就需要高速而精确的信号处理器。高速的微处理器经过编程后可以解译双音多频信号,但是想要得到一个可靠的双音多频解码器,就需要软件具备强大的处理能力和细致的模拟信号控制。不用担心,我们可以选择一些廉价而简单的用于解码语音的集成电路,这个项目是基于一个型号为 CM8870 的双音多频解码器模块制作的。这里将展示一些将双音多频语音解译回数字脉冲的方法,让你可以在电话线上控制这个设备,或者在电话机上或从预先录制好的剪辑音频中,用这个设备来监听正在拨的电话号码。

图 3.1　这个设备可以从电话线或音频源上解译双音多频语音

图 3.2 所示是 CM8870 双音多频解译模块,它只需要一个 3.579MHz 的外部晶体振荡器和一些无源元件就可以解译双音多频信号。实际上有很多厂家生产这种电子芯片,因此当你搜寻这种芯片时,你应该寻找那些名称描述与"8870 DTMF Decoder"很接近的芯片类型。晶体振荡器之所以要求是 3.579MHz,是因为这个值和模拟电视中使用的国际电视系统委员会(NTSC)的彩色脉冲频率是一致的,而且这个频率的晶体振荡器非常常见,因此很容易找到。8870 双音多频解译模块会为你执行所有艰巨繁杂的任务,它会在输入端口获得一个模拟音频信号,然后将被解码的语音转换回到一个 4 位的二进制数值,这个二进制数值就表示 16 个可能的按键的其中一个。大多数电话的键盘上都只有 9 个按键,但是却有 16 个双音多频连接组合。

图 3.2　这是一个独立的 CM8870 双音多频解译模块

图 3.3 所示是 CM8870 双音多频解译模块的产品说明书,其中包含一个示例电路和一张数据表格,表格中的数据向我们展示了二进制数值和 16 个可能的双音多频语音是怎样对照的。实际上在 CM8870 解译模块上会使用 5 个输出引脚,其中有 4 个代表二进制数值,另外一个引脚会在每次解译一个有效的双音多频信号时由低电位切换到高电位,然后再切换回低电位,这样你的设备就可以知道某个数字按键被重复按下。如果没有这个数据准备引脚,那么当某个按键被连续按下多

次时,因为 4 位输出端口的最后一次数据将不会产生变化,所以你将没有办法知道按键被重复按下。因此,在每次解译出一个新的双音多频语音并发送到 4 位的二进制端口时,数据准备引脚都将从低电位切换到高电位,保持很短的时间后又切换回低电位。在我们的 CM8870 解译模块上,二进制数据输出引脚使用 Q_1、Q_2、Q_3 和 Q_4 来标识,数据准备引脚则使用 STD 来标识。

 加利福尼亚微控制器设备 ▶▶▶▶▶ **CM8870/70C**

CMOS双音多频接收器

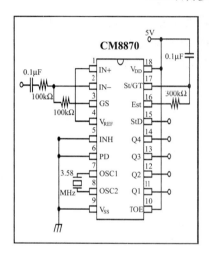

F_{LOW}	F_{HIGH}	KEY	TOW	Q_4	Q_3	Q_2	Q_1
697	1209	1	H	0	0	0	1
697	1336	2	H	0	0	1	0
697	1477	3	H	0	0	1	1
770	1209	4	H	0	1	0	0
770	1336	5	H	0	1	0	1
770	1477	6	H	0	1	1	0
852	1209	7	H	0	1	1	1
852	1336	8	H	1	0	0	0
852	1477	9	H	1	0	0	1
941	1209	0	H	1	0	1	0
941	1336	·	H	1	0	1	1
941	1477	#	H	1	1	0	0
697	1633	A	H	1	1	0	1
770	1633	B	H	1	1	1	0
852	1633	C	H	1	1	1	1
941	1633	D	H	0	0	0	0
-	-	ANY	L	Z	Z	Z	Z
L=逻辑低, H=逻辑高, Z=高阻抗							

图 3.3 在 CM8870 双音多频解译芯片的使用说明书上展示了一个示例电路

在使用说明书上的示例电路上,为了将双音多频数据输送进入 CM8870 解译模块,我们需要将引脚 1、2、3 和 4 设置成模拟信号输入端口。CM8870 解译模块中包含一个强大的用来处理音频信号的处理器,任何在数据输出端口监听到的双音多频语音都将被寄存起来。这个输入端口在很多地方都是通用的,它可以直接连接到电话线,或任何音频播放设备,例如计算机声卡或数字录音模块。基本上任何可以发送音频信号的设备都可以连接到这个 CM8870 双音多频解译器,且只要信号质量正常,双音多频语音就可以被解译出来。没有加密处理的无线电话和模拟手机非常容易泄漏电话号码,只要使用一个连接到双音多频解码器的廉价的无线电频率扫描仪,就可以在拨号的同时,实时显示接听者的号码。

有好几种方法可以让你建立双音多频解码器。你可以用一根电话线从电话插座连接到 CM8870 解译模块,然后就可以解译出连接在相同电话线上的所有电话的电话号码,或者你也可以将射频扫描仪、数字录音器或计算机声卡等一些音频源的输出端,直接连接到双音多频解码器。此外你还可以让你的双音多频解码器同时包含一个 RJ-11 电话插座和一个音频输入插座,从而制作出一个拥有以上两种连接方式的双音多频解码器。在测试时,使用电话系统连接到双音多频解码器会比使用音频源要容易得多,因此,你可以使用电话键盘来校验你的电路运行状况。

我们要使用 CM8870 双音多频解译芯片和一块电路实验板,参照使用说明书搭建出测试电路,电路中将包含一个 3.579MHz 的晶体谐振器和一些无源元件,如图 3.4 所示。至于那个要求额定值为 300kΩ 的电阻器,其实任何一个很常见的 270kΩ 或 220kΩ 的电阻器就可以。0.1μF 的陶瓷电容器和 100kΩ 的电阻器在输入端可以消除所有直流偏置,只留下交流音频信号进入双音多频解码器。这套设置允许很多不同的音频设备连接到输入端,而不用担心阻抗是否匹配和输出端的电平高低问题。你甚至可以在输入端连接一个驻极体麦克风,其实只要简单地将连接到音频录音器的扬声器放置在麦克风的旁边,就可以进行有效的双音多频解码。由此可见这个 CM8870 双音多频解码器的适用范围真的很广。

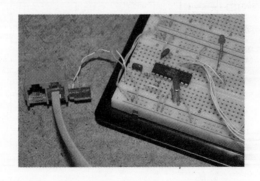

图 3.4 电路实验板的双音多频解码器使用 CM8870 芯片

为了使用电话线测试 CM8870 双音多频解码器,你将需要在电路实验板上安装一个内凹的 RJ-11 型插座,如图 3.5 所示。你也可以绞断一根标准的电话线,然后将其直接插入电路实验板中。一根标准的住宅用的电话线会包含四根线,但是真正会使用的只有两根线,那就是其中的一根红线和一根绿线,也就是这两根线负责承载信号到你的电话终端。注意电话线上会有一个 40V 的低电压,当电话铃声响起时,这个电压会瞬间放大到 100V。虽然电话线上的电流是很微弱的,但是如果在电话铃响时你不小心同时触碰到这两根线,那么如此高的电压肯定会让你产生疼痛感。在你使用通电后的电话线做实验时千万要记住这一点!

同时在电路板上还可以看到 5 个发光二极管,它们连接到一个 1kΩ 的限流电阻器,然后连接到 CM8870 双音多频解码器的 5 个输出引脚。当接收到一个有效的双音多频语音时,数据准备发光二极管会被点亮几毫秒的时间,然后 4 个数据发光二极管将开始或明或暗,这就表示接收到一个从 1~16 的二进制数字。在图 3.3 上,我们可以看到二进制输出($Q_1 \sim Q_4$)的结果和与之相对应的 16 个双音多频语音。

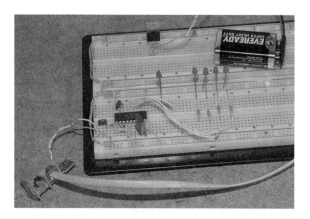

图 3.5 用一个 RJ-11 电话插座输送电话音频到解码器

54154/DM54154/DM74154
4线转16线的解码器/信号分离器

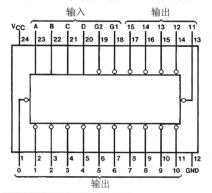

特征

- 将4位二进制输入解译成16个互相独立的输出之一
- 通过将一个输入行分发给16个输出从而实现多路分解功能
- 使用钳位二极管简化系统设计
- 高分支输出，低阻抗，有极性输出
- 经典传输延迟(3levels of logic 19ns/闪频18纳秒)
- 标准功率损耗(170mW)
- 54154曾在军事和航天事业中使用，联系国家半导体组件的经销处可获得详细参数

输 入						输 出														
G1	G2	D	C	B	A	0	1	2	3	4	5	6	7	8	9	10	11	12	13	14	15
L	L	L	L	L	L	L	H	H	H	H	H	H	H	H	H	H	H	H	H	H	H
L	L	L	L	L	H	H	L	H	H	H	H	H	H	H	H	H	H	H	H	H	H
L	L	L	L	H	L	H	H	L	H	H	H	H	H	H	H	H	H	H	H	H	H
L	L	L	L	H	H	H	H	H	L	H	H	H	H	H	H	H	H	H	H	H	H
L	L	L	H	L	L	H	H	H	H	L	H	H	H	H	H	H	H	H	H	H	H
L	L	L	H	L	H	H	H	H	H	H	L	H	H	H	H	H	H	H	H	H	H
L	L	L	H	H	L	H	H	H	H	H	H	L	H	H	H	H	H	H	H	H	H
L	L	L	H	H	H	H	H	H	H	H	H	H	L	H	H	H	H	H	H	H	H
L	L	H	L	L	L	H	H	H	H	H	H	H	H	L	H	H	H	H	H	H	H
L	L	H	L	L	H	H	H	H	H	H	H	H	H	H	L	H	H	H	H	H	H
L	L	H	L	H	L	H	H	H	H	H	H	H	H	H	H	L	H	H	H	H	H
L	L	H	L	H	H	H	H	H	H	H	H	H	H	H	H	H	L	H	H	H	H
L	L	H	H	L	L	H	H	H	H	H	H	H	H	H	H	H	H	L	H	H	H
L	L	H	H	L	H	H	H	H	H	H	H	H	H	H	H	H	H	H	L	H	H
L	L	H	H	H	L	H	H	H	H	H	H	H	H	H	H	H	H	H	H	L	H
L	L	H	H	H	H	H	H	H	H	H	H	H	H	H	H	H	H	H	H	H	L
L	H	X	X	X	X	H	H	H	H	H	H	H	H	H	H	H	H	H	H	H	H
H	L	X	X	X	X	H	H	H	H	H	H	H	H	H	H	H	H	H	H	H	H
H	H	X	X	X	X	H	H	H	H	H	H	H	H	H	H	H	H	H	H	H	H

H=高电平，L=低电平，X=忽略

图 3.6 使用 74154 解码器将 4 位数据反向解译成 16 个输出数值

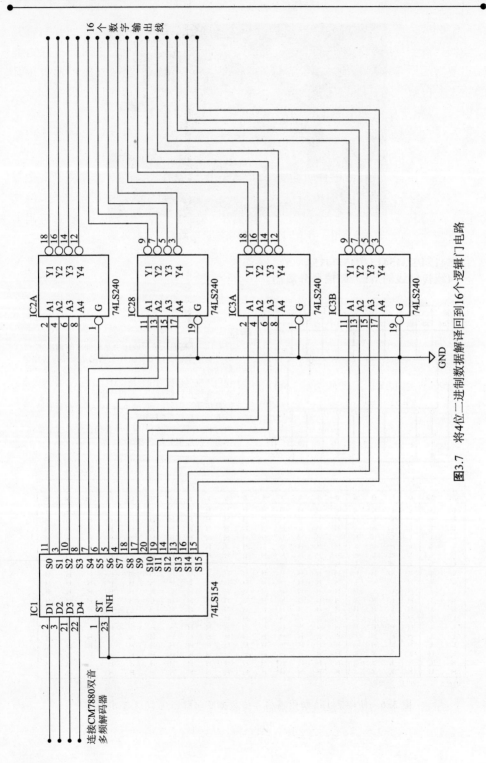

图3.7 将4位二进制数据解译回到16个逻辑门电路

CM8870 双音多频解码器输出的是一个 4 位的二进制数值,这方便我们将其传输到微控制器或电脑中进行处理。当然,这个二进制数值不能用来通过继电器或驱动型晶体管控制其他外部设备,除非你可以将 4 位二进制数据解译回个位数的输入输出线。有一个很简单的方法可以将 4 位二进制数据解译回个位数的输入输出线,那就是使用一个 74154 型的 4 线到 16 线的解码器芯片,这种解码器在接收到 4 位二进制数据后能够将其转换到 16 只引脚的输出端口。不过要想使用它来控制其他外部设备,就必须转换所有的 16 根输入输出线。图 3.6 所示是 74154 解码器的使用说明书,从中你可以看到每次只能转换 16 个输出中的其中 1 个输出。74154 是一个很常见的模拟芯片,另外有一些其他类似的解码器型号,例如74LS154,74HC154,DM54154。在这个项目中,实际上任何 4 线转 16 线的解码器都可以使用。

为了使用 74154 解码器转化所有输出,从而触发外部设备例如继电器或逻辑引脚,你将需要 16 个转化器。你可以使用任何类型的模拟转化器(例如 7404),但是最简单的方法是在输出上添加一对八进制反向缓冲器来转化输出,并为一个小继电器或驱动型晶体管提供驱动电流。图 3.7 所示是原理图,图中使用了一对八进制反向缓冲器(74LS240)来转化 74154 输出信号。由于每个 74LS240 芯片有 8 个转化器,因此你将需要 2 个这样的芯片来转化 74154 解码器上的所有 16 个输入输出线。现在,8870 双音多频解码器的输出可以连接到 4 线转 16 线的解码器和转化器了,然后每次只处理 16 个双音多频语音中的其中一个输入输出。

当 4 线转 16 线的解码器和转化器连接到双音多频解码器之后,你就已经有这么一个系统,它可以将 16 个输入输出线转化成电话拨号键盘上相应的数字。当然电话键盘上只有 12 个按键,除非你也制作出你自己的双音多频语音生成系统,否则其中会有 4 个输入输出线是无效的。如图 3.8 所示是电路实验板上的电路,每次在电话键盘上按下一个数字时,16 个发光二极管中的其中一个就会被点亮。这

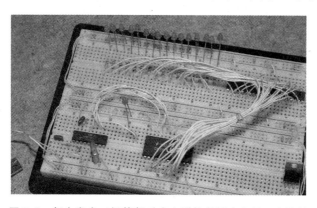

图 3.8 每个发光二极管都对应电话拨号键盘上的一个按键

个系统形成基本的遥控器系统,它可以通过电话的按键命令来运行设备。你也可以在每个发光二极管上贴个标签来显示它表示键盘上哪个按键被按下,这样这个基本的系统就可以解译传入的按键并实时显示它们了。

双音多频信号是非常强的,因此,通过使用这个解码器电路和一些双音多频生成器,你就可以制作出一个能够控制 16 个不同设备的遥控器系统。如果你从数字输入输出引脚发送出一对方形波,且方形波的频率和图 3.3 上的使用说明书上的频率一致,那么你就可以很容易地让一个微控制器产生双音多频语音。双音多频语音既可以在低带宽无线电线路上传输,又可以进行远距离线路传输,甚至还可以使用红外线脉冲。CM8870 解码器可以非常精准地解译双音多频语音,即便在信噪比很高的情况下也是如此。为什么双音多频技术在电话系统中使用了这么长时间,这也是其中的一个原因。如图 3.9 所示,每当你在电话拨号键盘上按下一个按键时,16 只发光二极管的其中一只就会被点亮。

图 3.9 用电话拨号键盘测试双音多频解码器系统上的 16 只发光二极管

如果你想使用一个微控制器来接收双音多频数据,或者想要将其显示在某种类型的 LCD 显示屏上,那么你就不需要使用 4 线转 16 线的解码器和换流器。事实上如果能直接将 4 位的二进制数据传输到任何的微控制器中的话,那会大大减少所需要的元器件数量,从而制作出一个很简洁的基于微控制器的双音多频控制系统。下面我们要做的是如何从 CM8870 双音多频解码器中获得二进制数据,并实时显示在一个 LCD 显示屏上。

LCD 显示屏非常容易连接到各种型号的微控制器。图 3.10 所示是一个可以显示 2 行,每行 16 个字符的小型 LCD 显示屏,它只需要一个串行输入就可以显示多个字符数据。那些使用串联、并联或 I2C 总线(由 PHILIPS 公司开发的两线式串行总线,用于连接微控制器及其外围设备)的 LCD 显示屏很适合在这里使用,因为很多微控制器都已经在内置编译程序中支持连接这些显示屏。在我们的电子部件收集箱中正好有这种串行 LCD 显示屏,用它来显示 CM8870 双音多频解码器解译出来的数据是非常不错的选择。现在,所有我们要做的就是将 5 个输入输出接线(4 位二进制引脚和数据准备引脚)连接到某种型号的微控制器上,然后编写一个简单的程序,使其在解译语音的同时向 LCD 显示屏发送串行数据。

图 3.10 这是一个使用串行输入的可显示 16×2 个字符的简洁型 LCD 显示屏

我们决定不移除电路实验板上的 4 线转 16 线的解码器、换流器和发光二极管,并在电路实验板上再添加一个 LCD 显示屏和微控制器,这样这个系统就拥有多个功能了。因为一块小小的电路实验板上没有足够大空间安装所有部件,所以我们只能在电路实验板外面连接 CM8870 双音多频解码器和 Arduino 电路板。一般来讲,我们只需要在电路实验板上安装一个单独的微控制器就行,使用这种小的电路实验板会给你的工作带来很大的便利,因为一旦你给它接通电源,电路就会开始运转。

如图 3.11 所示,Arduino 是开源电子原型制作平台,它包括一个简单易用的电路板以及一个软件开发环境,它允许通过 USB 接口,在一个非常简便易用的集成开发环境下,使用与 C 类似的语言对爱特梅尔微控制器进行编程。我们在网站 SparkFun.com 上购买了一块 Arduino 电路板,通过简单地将其连接到计算机的 USB 接口,我们在几分钟之内就成功地让它运转起来了。在 Arduino 电路板上的

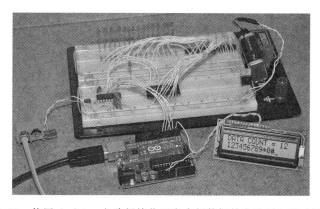

图 3.11 使用 Arduino 电路板接收双音多频数据并发送到 LCD 显示屏

引脚允许连接到稳压器的数字输入输出端口,因此只需要接上必要的接线就可以将其连接到电路实验板上。这个项目的源代码非常简单,代码的主要功能其实就是等待 CM8870 解码器的数据准备行,然后读取 4 位二进制数据,并使用串行写命令,在 LCD 显示屏上显示出与拨号键盘上的按键相对应的数字。另外,程序会在最后一次重置之后统计出被解译出来的双音多频语音的个数。

以下就是电话号码解码器 Arduino 源代码:

```
//////////////////////////////////////////////////
// CM8870 双音多频解码器程序
//////////////////////////////////////////////////

// 定义程序变量
int dtmf;
int cntr;
String dial(16);

void setup() {
dial = "";

// CM8870 二进制输入端口
pinMode(2,INPUT);
pinMode(3,INPUT);
pinMode(4,INPUT);
pinMode(5,INPUT);

// CM8870 二进制数据有效引脚
pinMode(6,INPUT);

// 初始化 LCD 显示屏
Serial.begin(9600);
delay(100);

// 清空 LCD 显示屏
Serial.print(12,BYTE);
delay(100);
Serial.print(12,BYTE);
delay(100);
```

```
// 打开背光灯
Serial.print(17,BYTE);
delay(100);

// 发送准备信号
Serial.print(" * SYSTEM READY * ");
}

// 显示双音多频解码器的数据
void loop() {
// 等待有效信号
if (digitalRead(6) = = HIGH) {

// 解译 CM8870 的数据
dtmf = 0;
if (digitalRead(2) = = HIGH) dtmf = dtmf + 1;
if (digitalRead(3) = = HIGH) dtmf = dtmf + 2;
if (digitalRead(4) = = HIGH) dtmf = dtmf + 4;
If (digitalRead(5) = = HIGH) dtmf = dtmf + 8;

// 清空 LCD 显示屏
Serial.print(12,BYTE);
delay(100);

// 显示计数值
Serial.print ("DATA COUNT = ");
Serial.print (cntr);

// 输入回车符
Serial.print(13,BYTE);

// 显示双音多频数据
if (dtmf = = 1) dial = dial + "8";
if (dtmf = = 2) dial = dial + "4";
if (dtmf = = 3) dial = dial + "#";
if (dtmf = = 4) dial = dial + "2";
if (dtmf = = 5) dial = dial + "0";
if (dtmf = = 6) dial = dial + "6";
```

```
if (dtmf = = 8) dial = dial + "1";

if (dtmf = = 9) dial = dial + "9";

if (dtmf = = 10) dial = dial + "5";

if (dtmf = = 12) dial = dial + "3";

if (dtmf = = 13) dial = dial + " * ";

if (dtmf = = 14) dial = dial + "7";

Serial.print(dial);


//计数值累计加1

cntr ++ ;


}

}
```

　　双音多频显示代码极其简单,但并不意味着将 CM8870 双音多频解码器连接到任何型号的微控制器都有这么的容易。通过添加一些代码和使用一个外部继电器,你可以很轻松地获得电话铃声信号,并且让微控制器接听电话和等待发送双音多频命令,这样就制作出了一个完整的电话自动化系统。据此我们知道,使用电话拨号键盘上的 12 个数字按键其实是可以做很多事情的。

　　图 3.12 所示是制作完成的双音多频数据显示系统,在我们操作电话拨号键盘时,它可以实时显示拨打的数字,并统计数字的总个数。那 5 根从电路实验板连接到 Arduino 电路板的输入输出接线,是从 CM8870 双音多频解码器连接出来的 4 位二进制数据线和数据准备线。尽管我们在电路实验板上仍然保留了 4 线转 16 线的解码器、换流器和发光二极管,但是微控制器并没有使用到它们,它只是连接

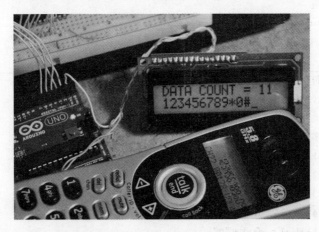

图 3.12 解译来自电话的双音多频语音并显示在 LCD 显示屏上

了那个 CM8870 解码器及其一些无源元件。这个系统的运行效果非常出色,就算是使用一根噪声信号很大的电话线,并且我们以最快的速度拨打拨号键盘上的按键,那个 LCD 显示屏也从来没有丢失过一个数字。事实上 CM8870 双音多频解码器芯片是非常灵敏的,它可以接收到几乎任何类型的音频信号。

如果你想要捕获一次电话通话,然后在 LCD 显示屏上显示双音多频数据,那么你只需要将你的记录设备的输出连接到 CM8870 解码器的输入部分,然后它就会运行,就好像直接连接在电话线上一样。你甚至可以使用一个驻极体麦克风,让它接听一个附近的包含双音多频语音的音频信号,如果音频信号的声音足够大,那么 CM8870 解码器在记录和解译的过程中将没有任何问题。实际上要想让 CM8870 双音多频解码器不能正常工作也不是一件容易的事情,你需要为它准备一个绝对很差的信号,这样它才会放弃解译。

如果想制作出一个通用型的、可以在捕捉到信号时实时显示数字的双音多频解码器模块,那么电路中就要同时包含一个 RJ-11 型电话插座和一些音频输入插座,如图 3.13 所示,这个设备将支持解译格式多样的信号。在家用电话的使用中,RJ-11 线可以插入到任何墙壁插座中,然后你就可以获得房间里任何电话或房间附近任何电话正在呼叫的电话号码。通过一个直径 1/16 英寸的音频插孔,将设备连接到一个小的数字录音器或计算机声卡,这样就可以解译已经被捕获并存储的双音多频信号了。

图 3.13　包含一个电话插座和一个音频输入插座

CM8870 双音多频解码器非常灵敏,我们甚至可以将计算机输出的音频信号连接到解码器模块,然后从包含电话拨号声音的视频剪辑中提取出电话号码!或许还可以将连接到无线电扫描仪的头戴式耳机输出的音频信号连接到这个设备,当有人使用一个不包含加密功能的古老的无线电话时,就可以通过这个设备直接看到他正在拨打的电话号码了。只要使用一个简单的双音多频解码器,就可以很容易地破解你在电话上输入的密码和信用卡账号,因此,下次你通过电话系统输入你的银行账号和密码时,记得要提醒自己确保电话线有没有被窃听,说不定就有人正在窃听你的通话。

项目12　电话防骚扰装置

我们一直很困惑一个问题,为什么那些电话营销员随意扰乱别人的生活却并不违法?当你正在享用晚宴,或正为焊接一个 144 只引脚的 FPGA(现场可编程门阵列)忙的焦头烂额时,最叫人厌烦的事情发生了,电话铃响了。这时你不得不放下手上的任何工作去接电话,而绝对让人反感的是,又是一个电话营销员的电话,他们想要卖给你一些对你来说毫无用途的东西,或者更糟糕的是电话那一端传来自动语音"请不要挂机,稍后有重要信息"。你能想象到那种感受吗?他们竟然如此肆意地破坏你生活的宁静,就好像你的时间与他们向你推销的破烂产品相比简直一文不值似的,这时候手握电话的你肯定早已愤怒了。唉,难道我们就不可以让那些恼人的电话营销员远离我们的生活和工作吗?

部件清单
IC1,IC2:LM555 模拟振荡器
电阻器:$R_1=10\text{k}\Omega$,$R_2=10\text{k}\Omega$,$R_3=4.7\text{k}\Omega$,$R_4=220\text{k}\Omega$,$R_5=10\text{k}\Omega$
VR1:$0\sim50\text{k}\Omega$ 的可变电阻器
电容器:$C_1=1\mu\text{F}$,$C_2=0.1\mu\text{F}$,$C_3=0.01\mu\text{F}$,$C_4=0.1\mu\text{F}$,$C_5=0.1\mu\text{F}$
电源:$9\sim12\text{V}$ 的蓄电池或电池组

图 3.14　这个小盒子将回击那些可恶的电话营销员

那些电话营销员曾给你提供些垃圾信息让你反感至极,在这里我们要制作一个简单的设备,使用同样的方式来反击他们。或许有人会说:"你真小心眼,他们也是在工作啊。"是的,但我们要说的是,他们可以做自己的工作,但是不要影响我们的生活,否则我们就要用我们自制的电话系统去回击他们! 如果你和我们一样,对那些骚扰你个人生活的电话营销员没有宽容心,那么这个小盒子将是你的得力助手,它可以通过你的电话线向对方发送一个非常刺耳的警报声,尖锐的警报声足以惊吓到他们,让他们过后心有余悸。你甚至可以调整语音质量,从平缓的警笛声到急促的尖叫声,就好像机器猫在打斗一样。尽管那些电话营销员或许会将你的电话号码列入黑名单,但是他们以后可能还会给你打电话,就算如此,你也至少是用这个设备将他们娱乐了一把,让他们为骚扰别人而付出代价。

这个设备可以制作成两种版本,一种是直接连接到你家的电话线,向对方发送最大音量,另外一种是移动装置,它可以将声音传送到移动电话的送话口。当然,连接电话线是最有效的方法,因为只有这样才能让传送到骚扰者那边的声音达到最高,就算你对着电话筒大声尖叫也达不到那个音量。这是因为这个电话防骚扰装置可以直接将音频信号传送到电话线上,它避开了电话听筒中的所有音频调节电路,所输送出的最大音量没有进行任何调节,直接发送给了对方。直接连接电话线也意味着它将对房间里连接到这根电话线的每一部电话都会产生影响。

如果你不害怕"电话警察",那么你只要获得一根标准的电话软线,其中一端有一个 RJ-11 连接头,就可以连接到你家的电话线。如图 3.15 所示,我们将要使用这个内含 4 根导线的电话软线来连接电话防骚扰设备和电话线,因此,这根电话软线需要一端有 RJ-11 插头,这样才能连接电话线,另一端是裸线,用来连接我们的设备。

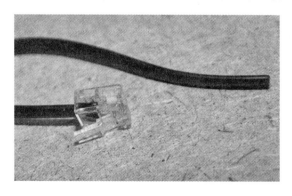

图 3.15 这个标准的电话软线的一端有一个 RJ-11 连接头

当你剪断你的电话软线并在其中一端剥去外皮之后,你会发现里面有 2 根或 4 根导线。在大多数住宅电话系统中都只用到中间的 2 根线,这 2 根线是很好辨别的,它们分别用红色和绿色来标识。你可以剪短那两根靠外的导线,然后熔化中间 2 根线的绝缘外皮,这样就方便焊接到你的设备上了。你可能会发现,由于电话软线中有一些怪异的钢丝绞线保护着,使用剥线的方法很难剥去它的外皮,这时通过加热熔化绝缘外皮要比使用刀片剥线要方便得多。如图 3.16 所示,将电话软线的中间两根线焊接到一个双行插头上之后,它就可以连接到电路实验板了。

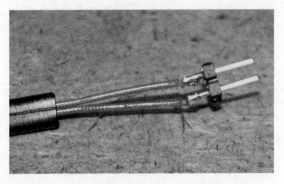

图 3.16　在大多数住宅电话系统中只使用中间的那两根线

噢,对了,我们差点忘了告诉你,电话线在闲置时的电压是 40V,但是电话铃响时的电压可超过 100V,因此不要在电话软线接通电源后对它进行剥线,否则你将亲身体验到电击的疼痛。虽然电话线中的电流是非常微弱的,但是电话来电时高达 100V 的电压仍然可以刺痛你的神经。因此,还是在设备制作完成之后再连接到电话线吧。

如果你计划以后经常做一些与电话相关的项目,那么图 3.17 所示的电路图对你来说是非常有用的,这个电路图可以让你使用几乎任何设备向电话线发送音频数据,或者从电话线接收音频数据。那一对 $0.1\mu F$ 的陶瓷电容器可以限制任何直流电流的通行,它可以让你的设备通过电话线发送或接收音频信号。这个项目的电路图中已经包含了这个接口电路,但是你可能会发现,只要在电话软线的末端连接上那两个电容器,使其成为一个独立的接口,你就可以随时用它连接到你的电路实验板或其他需要连接电话系统的项目中了。

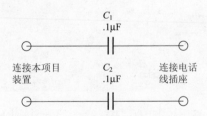

图 3.17　这是一个简单而强大的连接电话线的接口电路

当然,所有这些电话黑客技术都是需要违背电话供应商的规章及条例的,但是我们违犯规则只是为了回击那些骚扰我们的电话营销员,并没有其他恶意!尽管如此,在不使用的时候最好还是不要让你的这个恶作剧小玩意连接到电话线。

这种用途广泛的电话线接口使用一对 $0.1\mu F$ 的电容器,这样就可以限制电话线上的直流电流。图 3.18 所示是连接到一块小电路实验板上的接口,它在其他很多项目中都可以使用。这个接口看起来是非常简单,你只需要在电话软线的末端焊接一对电容器,然后在上面套一个热缩管,裸露一些引脚来连接电路实验板就将它制作完成了。如果没有这个接口,那么电话线上的 40V 甚至 100V 的电压就会直接加在你的电子设备上,这很容易造成设备中的晶体管或集成电路彻底的损坏。

图 3.18　使用这个接口可以将你的电路实验板连接到电话线

从图 3.19 所示的原理图上可以看到,本项目的电话防骚扰装置基本上是由两个 555 振荡器所组成的,将这两个振荡器组合在一起就形成一个双音警报器。第一个 555 振荡器电路就像一个低频脉冲发生器,它用来往返反复改变第二个 555 振荡器电路的音调,使其听起来就好像救护车的声音。音调的改变也会有一定的

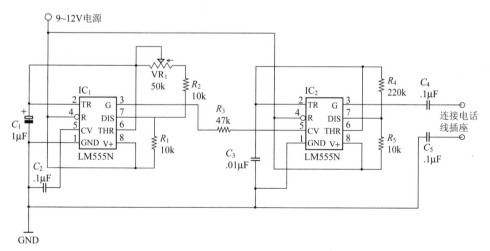

图 3.19　电话防骚扰装置的主要部件是两个 555 振荡器

频率,这个频率是可以通过调节可变电阻器 VR_1 的电阻来改变的,因此它的声音既可以和警车汽笛一样平缓,又可以和狂怒的尖叫一样急促。所有这些声音当直接传送到电话线上时,都是十分响亮而且令人非常不悦的。

你也可以通过改变第二个振荡器电路中 C_3 的电容、R_4 和 R_5 的电阻值来调节警报器的实际音调。第二个振荡器的输出在经过接口电路上的电容器 C_4 和 C_5 之后产生声音,最终向目标电话线输送交流电音频信号。如果你不想连接你家的电话线,只是想制作一个便携式的装置,那么可以使用一个压电式蜂鸣器,其正极连接第二个555振荡器的引脚3,负极接地,这样就可以直接发出能听见的声音。

在你制作最终设备之前,先在一块无焊料的电路实验板上搭建测试电路是很有必要的,这样便于你根据自己的喜好去调节设备的输出音调,如图3.20所示。我们说过,设备的声音可以调成警报声,也可以调成尖叫声,但除此之外,你当然还可以通过替换电路中的一些组件,从而制造出更多其他的声音。实际上,在我们这个电路中只有一个555振荡器在制造声音,再怎样调整,它都只能发出一种频率的声音。如果再添加一个555振荡器,那么你可能制作出各种各样的令人惊奇的声音。测试音频输出的方法是,使用一个压电式蜂鸣器,其正极连接第二个555振荡器引脚3,负极接地,也可以使用一个扬声器和 100Ω 的电阻器。

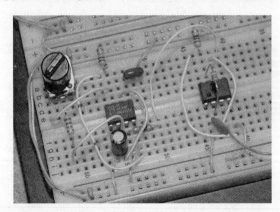

图3.20 在无焊料的电路实验板上搭建电话防骚扰设备的测试电路

当你对这个制造噪音的电路所输出的声音质量感到满意之后,如果你计划将此设备连接电话线,那么你可以使用一根合适的电话软线来测试这个系统。你不需要等电话来电,只要拾起电话听筒然后按电话按键,振荡器就会开始工作。这个设备所发出的声音将是非常洪亮的,它可以完全覆盖按键的声音,这或许是你在电话听筒里唯一可以听到的声音。你在电话中听到的声音和在电话线另一端的人所听到的声音是一样的,因此,当你用这个设备攻击电话营销员时,你的耳朵要离电话听筒尽量远一些。图3.21所示是制作完成的原型电路,在电路实验板的右上方是电话线的连接接口。

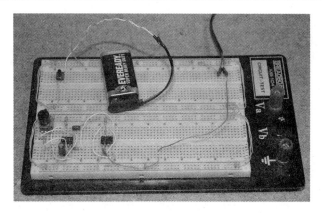

图 3.21　在电路实验板上接通电话线进行测试

如果你计划制作一个用于手机的便携式防骚扰设备,那么你可以使用一个压电式蜂鸣器或者扬声器,使其正极连接第二个 555 振荡器的引脚 3,负极接地,如图3.22 所示。如果使用一个电阻为 8Ω 的扬声器,那么你需要并联一个 100Ω 的电阻器。你只需要将这个便携式设备对准手机的送话口,就可以攻击那些电话营销员了。当然,这个设备发送过去的音频音量没有直接连接到电话线时那么大,但是仍然可以令他们烦躁!

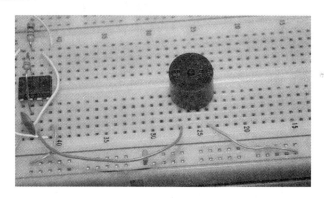

图 3.22　使用一个压电式蜂鸣器或小扬声器作为音频源

由于这个电话防骚扰装置将在 9V 蓄电池下运行很长时间,因此,为了制作出可以使用的最终设备,你需要将电路上的开关、可变电阻器和电池等所有元器件都安装到一个小盒子里,图 3.23 所示。在我们的设备中同时使用了压电式蜂鸣器和一个连接到电话线的插头,这样我们既可以在家用电话线上使用,又可以在手机上使用了。你可能想在这个设备上添加一个按钮开关来控制电源,这样的话只有当你按下这个开关之后,它才会向外发送声音。一般来说电话营销员只会接通几秒钟的时间,因此你只需要安装一个瞬时按钮开关就可以。

图 3.23 将所有元器件和电池安装到小盒子里

穿孔板非常适合于安装这种低频的小设备。你只要花费几美元就可以买到一个 6 英寸的方形穿孔板,它可以让你在上面的小孔中安装所有半导体组件,然后在电路板背面焊接连接线。图 3.24 所示是将大部分元器件固定到一小块穿孔板上之后,准备将这块电路板安装到一个小塑料盒中。

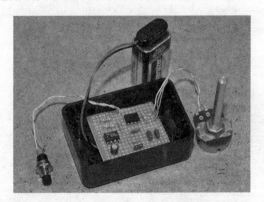

图 3.24 将穿孔板电路安装到盒子里

为了实现这个项目的多个用途,我们不仅在盒子里添加了一个小的压电式蜂鸣器,还安装了一个直径 1/8 英寸的可以连接到 RJ-11 型电话软线的单声道插头。将电话插头插入之后,1/8 插头的开关将切断压电式蜂鸣器,并直接向电话线发送最大音量的音频信号。为了方便在移动电话上使用这个设备,我们在小盒子的侧面钻了一个小孔,这样方便压电式蜂鸣器输出声音,然后就可以将音频直接传送到移动电话的送话口,如图 3.25 所示。

使用图 3.19 所示的电路,当调节可变电阻器到某个位置时,这个电话防骚扰设备可能发出一个和汽笛类似的声音,当调节到另一个位置时,声音的频率可能会加速,直到听起来就像是混乱的非常令人反感和厌恶的数字噪音信号。将这个设备直接连接到电话线时,它会向那些电话营销者发送最大音量的噪音,这种噪音非常叫人吃惊,保证他们听后会心有余悸。不过注意不要太疯狂了,报复一下他们就行!

图 3.25　这个电话防骚扰设备既可以直接输出声音也可以连接电话线

项目13　电话声音改变器

在这个项目中,我们将一台古老的台式电话机改装成一个通用型混合音频设备,你在电话上发送出的声音在经过一个效果处理器处理之后将发生改变。通过使用一个实时的计算机音频过滤器或一个专业的音频特效处理设备,你可以彻底变换你的声音,让别人听起来会觉得完全是另外一个人发出的声音。你可以让一个男人发出女人的声音,让一个小女孩发出男人的声音,让一个男人发出老妇人的声音,或者任何其他可以想象到的组合的声音,以此愚弄任何接听电话的人。通常来说那些"间谍玩具"的声音变换器只是把你的声音变成有趣的卡通人物的声音,而一个真正的音频特效装置或计算机音频过滤器则可以按照一个完美的很具有说服力的方式去改变一种声音,它可以很好的控制你的声音的音色和音高。当然,如果能变换各种声音,那你肯定能从中得到很多乐趣,但是如果你真的想要让你变换后的声音足够令人信服,那么这个设备将允许你在你的电话上连接任何兼容麦克风的音频处理装置,这样你可以随时随意改变你的声音了。

部件清单
电话:任何可正常使用的台式有线电话机
声音改变器:Boss-VT1 或与之类似的改变器
头戴式耳机:带有插头的单声道或立体声头戴式耳机
其他:塑料盒、触发开关

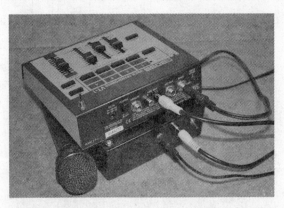

图 3.26 这个黑盒子可以让你为电话系统选择音效

现在有很多功能非常强大的音频处理计算机软件可供使用,当某个人对着麦克风说话时,这种软件可以实时改变他们的声音。大部分这种软件都是非常便宜甚至完全免费的。那些音像店也会提供数字音效处理设备,这些设备虽然具有它们专用的数字信号处理器,但处理效果和计算机软件还是有很多共同点的。我们将在这个项目中对计算机音效软件和音效处理设备做个比较,并告诉怎样将它们连接到电话系统。

为了能够实时改变你的声音,你必须将一个麦克风连接到数字信号处理器,这样才能将你的声音转换为数字信号,之后处理器会使用一个复杂的算法对这个信号加以处理,然后将处理过后的信号输送到音频输出设备,整个过程所用的时间非常的短,我们很难辨别出这种信号延迟。这种音频处理方法使用在计算机程序和音乐效果处理器上是非常有效的,当你对着麦克风说话时,它们会在输出设备实时的输出一个已经发生变化的声音。有了改变声音的设备之后,我们要考虑的是,怎样才能将改变后的声音输入电话系统,从而在通话过程中掩饰自己的真实声音?其实不难,我们只要用一台廉价的台式电话机制作出一个高质量的电话音频输入/输出装置就可以了。

在这个项目中可以使用任何台式有线电话机,而且越普通的电话机,对我们的制作越有利。图 3.27 所示是一台廉价的台式电话机,这种电话机非常适合这个项目,因为它没有内置的应答器,并且很容易拆卸。在这里不能使用无线电话,因为你的电话机需要直接将电话线插入到墙壁的插座上。当你正为该项目寻找一台合适的电话机时,记得尽可能找那种普通的没有太多附加功能的电话机,最好是那种不需要安装额外电源的电话机。一个最普通的老式电话机,只要它还能工作,那就完全满足你的要求了。

当你已经找到一台可以正常工作并且适合改装的电话机时,先拆除所有的螺丝钉并打开电话机,然后将里面所有的部件都摆放在你的工作台上。记住尽量拆卸出所有部件,当迫不得已需要剪断接线才能将主电路板和塑料外壳分开时,注意对任何被剪断的接线都做好记号。如图 3.28 所示,我们已经将电话机拆开,虽然里面的部件非常简单,但我们还是剪断了一些接线才最终移除塑料外壳。有一个很有利的消息是,大部分被剪断的接线到最后都不再需要了,但还是要注意将它们标记好,因为以后可能还会用到这台电话机。

图 3.27　这个简单的台式电话机可以改装成一个音效混频器

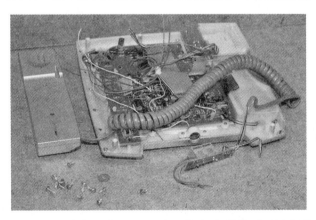

图 3.28　在确定电话机可以正常工作之后再拆卸出所有部件

　　我们的目的是要将电话机完全拆开,去掉所有不需要的东西,精简到只剩下我们要用的部件。如图 3.29 所示,我们已经去除了电话机的所有螺丝和其他附带部件,并记下了所有被剪断的接线,最后只剩下这个光秃秃的电路板。通常大部分电话机都只包含一块电路板,但是我们这个电话机有好几块,看起来像是一个更古老的设备,只不过有了免提和计算器功能。如果你不得已需要剪断连接到墙壁插座或电话听筒的接线,那么要特别注意记录下这些接线的颜色和位置。

　　我们将要把这个电话机改装成一个音频混频器,然后它就可以获得声音处理设备(如计算机)的输出,并将其通过电话线输送出去。使用一个标准的头戴式耳机连接到这个设备,你就可以听到来自电话线的音频信号。因此从根本上来说,我们改装这个电话机的过程是,使用一根音频输入接线代替电话筒的送话口,并使用一个头戴式耳机代替接听方的听筒。使用这个设备打电话的方法是,对着已经连接到声音变换器的麦克风说话,使用一个头戴式耳机来接听对方的声音。在这个设备中,除了可以听到电话机里传来的声音之外,你还可以听到自己改变后的声音,因此不仅对方可以听到你的声音,你自己也可以听到,而且声音是一样的。为了能够充分发挥音频混频的功效,这个装置需要依赖于电话机里的电子元件。

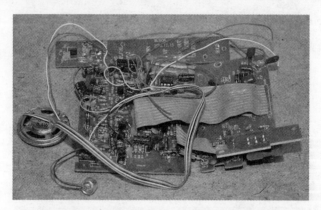

图 3.29　分解电话机,只留下电路板

你需要考虑三种接线的连接:一对电话机接线,一对头戴式耳机听筒接线和一对头戴式耳机的送话口接线。让我们从电话机接线开始,顺着从 RJ-11 型电话插孔(如图 3.30 所示)引出的两根接线,你可以找到它们。在住宅用的电话系统中一般只需要两根接线。在电话机背面都会有一个包含 4 只引脚的 RJ-11 型内凹插孔,电话机的两根接线将连接到这个插孔中那两根中间的引脚。可能有些电话机没有插孔,但是会有一个连接头,其实这和插孔的使用方法是一样的,也是只用到

图 3.30　RJ-11 型电话插孔都会有一对接线连接到主电路板

了中间两根接线。一般来说(并不经常是),这两根接线会用绿色和红色来标识正极线和负极线。因此,在你必须剪断接线才能从电话机中分离出电路板的时候,请务必记住连接头上的接线极性和位置。如果你刚好接反了正负极接线,那么在你再次使用电话机时,你可能会听到听筒里发出刺耳的杂音。

当从电话机中取出整块的电路板之后,你需要将所有接线都焊接回原来的位置并进行测试,确保它仍然可以正常工作。由于听筒在脱离电话机外壳之后不能再挂断,电话机的压簧开关将可能是一直处于通路状态,因此在你将电话线插入墙壁插座的同时,你就应该可以听到电话里的声音。图 3.31 所示是拆卸出来的电路板和焊接回去的接线,这一堆乱七八糟的东西和我们拆卸部件之前的电话机一样可以正常工作。现在,你可以开始删减其中不必要的电话机部件了。

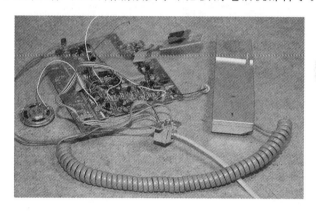

图 3.31　这一堆混杂的东西实际上是一个全功能的台式电话机

要将电话机改装成为一个通用型的音频输入混频装置实际上有好几种方法,因此在你继续往下做之前,你可以先通读完本篇整个项目。我们想尽可能地删减电话机里不必要的部件,然后将必要的部分装进一个小黑盒里,并且不准备再使用它的拨号装置,因为我们可以使用主电话机来拨号。我们最终的目的是要制作出一个小黑盒子,这个小黑盒子只要便于安装一个连接到电话系统的音频输入输出设备和一个控制开关就可以。有了这个方法,我们可以像平时那样使用常用的电话机,只不过在需要的时候可以通过控制声音变换器来改变我们的声音。为了使这个设备同时具备拨号功能,我们将使用到另外一个常用的电话机。你也可以选择在你改装后的电话机上留下拨号功能,这样你的这个设备就既可以拨打电话,又可以改变声音了。

当电话听筒按下电话压簧开关时,电话连接就会被切断。因此,压簧开关是一个常闭开关,一旦你拿起电话听筒,电话机就会通过这个开关连接到电话线。这些压簧开关通常有两个或多个极点,需要某件东西压在上面它才会处于常闭状态。由于完成后的项目将不再使用手持听筒,因此这个压簧开关也就用不上了。为了能够控制我们这个新设备的连接状态,我们需要在其中一根电话线上连接一个单个极点的触发开关,这样我们就可以切断电话线的回路了。

如果想移除听筒压簧开关的功能,那你有两种选择:一个是简单的将压簧开关压下去使其处于挂机位置,另一个是破译其中的开闭原理,将需要的接线焊接起来使其处于挂机状态。由于我们将使用一个新的触发开关来控制电话机的开闭,因此电话压簧开关就不再需要了,而且我们要使其一直处于脱钩状态,也就是只要电话机连接到电话线,这样它就永远都是接通状态。压簧开关依附于一块小电路板(如图 3.32 所示),虽然留下这个小东西不会妨碍我们什么,但是我们想彻底地移除它,从而使设备尽可能的微小和简洁。

图 3.32　识别电话压簧开关并破译其中的走线原理

为了破译压簧开关中的引脚连接方法,你将需要将其从电话机的电路板上拆卸下来,这样你就可以使用一个欧姆表对它进行测试。压簧开关有它自己的一小块电路板,如图 3.33 所示,上面会有接线连接到主电路板,因此我们只要移除这些接线就可以将其拆卸下来。记住当移除开关时,要对任何接线的颜色和位置都做好标记,这样当你了解清楚其中的原理,并让电话机停留在常开状态时,你就知道

图 3.33　电话压簧开关是一个两个或三个极点的常闭开关

应该怎样将那些触点或接线焊接回去了。我们的目的是要破译开关的挂机操作，并短接主电路板上适当的接线或轨迹线路。

一般在电话压簧开关上可能会有 2 根到 8 根接线，因此你将需要一个欧姆表来帮助你区分一个比较复杂的压簧开关上的引脚。由于我们的目的是要模仿开关的接通状态，因此在破译这些引脚时要使压簧开关一直处于弹起状态，也就是听筒要离开挂钩。将所有部件组合起来，使用一个欧姆表进行测试，直到你找出哪两根接线形成一个回路。图 3.34 所示是一个短接的回路（0Ω），这表示在开关处于闭合状态时那两根接线是接通的。事实上，你需要绘制出一个关于压簧开关的电路原理图，然后在你电话机的电路板上仿照其接通状态的走线。

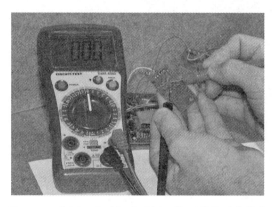

图 3.34　使用一个欧姆表破译压簧开关的引脚接线

在进行几次试触测试之后，我们已经知道了压簧开关的电路原理，图 3.35 所示是它的原理图，从图中可以看出，引脚 A 和 D 还有引脚 E 和 C 需要短接才能让电话机永远处于在挂钩上的状态。这个引脚连接方法实际上相当的普遍，我们曾经使用过的好几个电话机都是如此。

图 3.35　绘制电话压簧开关的电路原理图

当你已经破译出电话压簧开关的原理之后,你就可以很容易地在电话机的电路板上连接恰当的接线端子或走线,最终让电话机一直处于停留在挂钩上的状态。电话机有一根带状的缆线,这根缆线用来连接一块较小的电路板,这个电路板就是压簧开关所连接的电路板,因此我们只要在缆线末端焊接需要的两对接线就可以,如图3.36所示。现在,当我们在电话机插座中插入 RJ-11 型电话线时,电话机始终都是在挂钩上,而且我们可以听到电话线接通后的声音。再次提醒你一下,你也可以使压簧开关一直处于弹起的位置,因为那样也可以让电话机永远都处在挂钩状态。

图 3.36 焊接压簧开关引脚从而让电话机处在挂钩状态

在之前的图 3.29 中,我们看到除电话压簧开关相关部件以外,还有其他一些不需要的部件,例如指示灯、拨号键盘和大量接线,在将这些东西全部移除之后,整个电路就显得简洁干净多了,如图 3.37 所示。如果你不计划使用这个系统来拨号,那么你可以从主电路板上移除拨号键盘电路,这不会影响到电话机的其他操作。如果拨号键盘是由一个连接头连接的,那么可以将连接头拔下来,然后测试一

图 3.37 从电路板上移除非必要部件之后的电路变得更小了

下你的电话机,确保你仍然可以听到电话线里的声音,并且在你对着送话口说话时,你可以在听筒里听到自己的声音。当从主电路板移除其他非必要组件例如拨号装置时,可能有必要做一些改装,然而这肯定是要花费一些时间才能完成的。在处理这个电话时,我们可以不移除拨号装置,只切断它连接到主电路板的接线就行,这样不会对整个电话机的操作造成影响了。

在将电话机精简到最小,但仍然可以在向电话线传送音频信号之后,你就可以进行下一个步骤了,那就是将话筒连接到一个音频输入/输出设备进行信号转换。由于电话机的电路板上已经有一个音频放大器和混频器,所有你要做的就是移除送话口的麦克风和听筒扬声器,然后使用输入插头来代替它们。你要将声音变换器的输出连接到电路中,对麦克风信号进行放大,并且将话筒的输出连接到一个头戴式耳机。这样最终结果就是,改装后的电话机和它最初的工作方式是一样的。通过在电话机中开发音频混频电路,你根本不需要设计任何电话机兼容的音频放大和过滤系统。

如图 3.38 所示那样打开电话听筒,然后你可以在其中找到连接麦克风和扬声器到电路板的那两对接线。在一个典型的台式电话机的听筒里,你通常可以在送话口的位置找到一个很小的驻极体麦克风,在听筒的位置找到一个很小的扬声器,另外在中间部位还有一块钢铁或铅块。安装这个金属块的目的是为了让电话听筒不至于太轻,当我们握住听筒时,它会让我们感觉这个电话机很有质感。注意记住每一对接线的颜色和连接位置,这样方便你以后将它们连接回电路板。我们的目的是要使用输入/输出插头来替换原始的麦克风和扬声器。

图 3.38　打开电话听筒装置,并将其连接到一个输入/输出设备

如果你的电话机不是在黑暗时期(欧洲史上约为公元 476～1000 年,是文化几乎全面衰退的一段时期)买的,那么它就应该在送话口处有一个典型的驻极体麦克风,并在听筒处有一个细小的扬声器。如图 3.39 所示,驻极体麦克风是一个小金属罐状的电子元器件,在它小小的金属外壳里面包含了一个高增益放大器。注意

标记扬声器和麦克风的接线的极性与颜色,当连接到你的音效设备或计算机声卡时,极性的区分是很重要的。

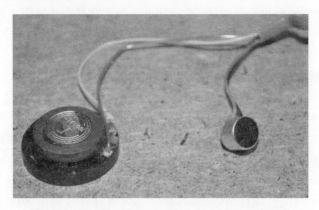

图 3.39　从话筒中取出来的驻极体麦克风和扬声器

对于有正负极性的电子设备,有些会用显著的红色接线和黑色接线来区分极性,而有些则可能不能用颜色区分,因为所有接线的颜色都是一样的。对于驻极体麦克风来说,与其判别接线颜色,不如查看麦克风金属壳底面特征来区分正负极性,麦克风的负极引脚是连接金属外壳的,从如图 3.40 中可以看出,那个连接金属外壳的引脚就是负极,也就是接地极。当你移除驻极体麦克风,安装音频输入插头时,你的设备的信号线将是正极,被隔离的接地线将是负极。那个小扬声器的引脚可能也有正极和负极之分,但实际上不论你怎么连接它都可以正常工作。

图 3.40　如何区分驻极体麦克风的正负极性

电话听筒的接线可以很容易地连接回主电路板,尤其是如果有显著颜色区分极性的话更是如此。我们听筒的两根接线都是银色的,因此我们需要再次使用欧姆表来区分极性,然后才能将听筒连接回到主电路板,如图 3.41 所示。当你已经区分出麦克风和扬声器的接线正负极性之后,可以剪断听筒的连接线,并留下足够长的线来安装新的连接头。如果听筒接线不够长的话,可以在每个设备上焊接一对新的接线。

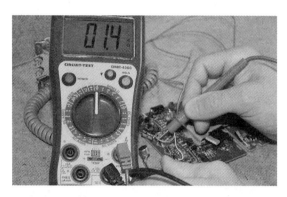

图 3.41　将电话听筒的接线接回到主电路板

　　电话机基本的改装差不多已经完成了,但是在你连接到输入插头之前,最好是在系统中插入原先的驻极体麦克风测试一下,确保你将新的接线连接正确。如图 3.42 所示,当麦克风插入到你的输入线的末端时,如果改装后的电话机连接到墙壁电话插座,那么你应该可以在房间内另外一台电话机中听到你的声音。当你将听筒的扬声器接回到电路中时,如果不能在任何电话机中听到你的声音,那么可能是你将麦克风的极性接反了。当已经验证改装后的电话机仍然可以正常工作之后,你就可以开始安装那些输入输出插头了。

图 3.42　使用原先的驻极体麦克风测试改装后的电话机

　　你可以用这个系统做的另外一项测试是,将一个微弱的音频信号连接到麦克风输入端,如图 3.43 所示。这个从根本上来说就是将 MP3 播放器所播放的音乐传输到电话系统中。如果连接无误,那么在你将头戴式耳机连接到改装后的电话机的音频输出上时,你应该可以听到 MP3 播放的音乐声,此外,你还可以在房间内任何连接到相同电话线的其他电话机中听到这个声音。如果你有一个移动电话,那你可以拨打你家里的电话号码,然后将改装后的电话机连接到电话线,它将会立即接通电话,并且你将在移动电话中听到音乐声。因为电话机中的音频混频器有它自己的滤波器和前置放大器电路,所以你所传输的音乐只需要很小的音量就可以。对于 MP3 播放器来说,非常小的音量就可以获得很不错的效果。现在,你的输入输出功能都已经测试过了,可以在电路中安装输入输出插头,从而完成电话音频混频设备的制作了。

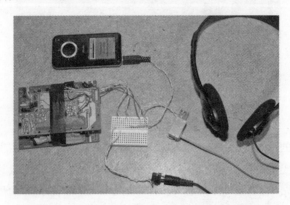

图 3.43　使用一个音频播放器来测试设备的功能

与图 3.29 中的一大堆的电路板和接线相比,制作完成后的电话音频混频设备显得有模有样了,如图 3.44 所示。现在这个电路的体积已经足够小了,我们可以将它安装到一个小塑料盒内,从而形成一个功能完备的音频混频设备,它可以混淆电话线中的音频,并同时将它和电话线另一端的呼叫者的声音一起传送给接听者。这个改装后的电话机现在是和一个被称作数据存取装置(DAA)的设备做同样的事情,数据存取装置实际上是一个特殊的混频器,它用来转发电话网路中的音频或数据。事实上你可以购买一个数据存取装置模块,但是它们在连接的时候会有些复杂,而且价格肯定要比一个廉价的古老的台式电话机要高。

图 3.44 所示是制作完成的电话音频混频设备,为了节约空间,我们将两块电路板叠在一起,并用一根电工胶带绑在一块。在这个设备中总共有 6 根(3 对)接线,它们分别用于连接外部的音频输入装置(麦克风送话口),音频输出装置(耳机听筒)和墙壁电话线插座。

由于所使用的电话机部件的不同,你的电话音频混频设备可能和我们的会有些差异,但是输入输出部分的电路应该都是和图 3.45 所示的电路图一样的。从图中我们可以看到,这个电话音频混频设备有三对接线,其中一对用于连接音频输入装置,另一对用于连接头戴式耳机,还有一对连接墙壁上的电话线插座。注意观察和 RJ-11 型连接头的其中一根接线串联的触发开关,这实际上就是替代内置的电话压簧开关,它可以让电话音频混频设备处于接听或挂断状态。如果你要接听呼叫者的来电,那么你就可以将这个开关调拨到接听状态。

图 3.44 制作完成的设备已经大大减小了自身体积

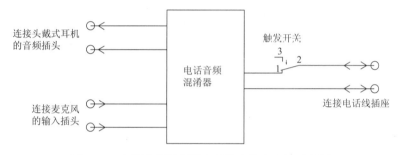

图 3.45 电话音频混频设备的输入输出连接示意图

在对这个古老的台式电话机进行几小时的改造之后,最终的电话音频混混设备最后准备安装到一个小黑盒子里,如图 3.46 所示。当你正为这个项目选择一个小盒子时,注意不要使用可以导电的金属盒子,我们在金属盒上钻完所有的小孔并安装完电路板之后才测试出这个问题,这个代价是很大的。之所以不能选择金属盒,是因为所有连接头的接地极都是连接到这个金属盒,这会导致系统的失败,因为电话机电路中的输入和输出共用接地极的话可能不能够正常工作,至少在我们的试验中确实是这样的。我们不得不进行第二次安装,在改换成使用塑料盒之后,电路中的所有一切都正常了。

现在你的这个电话音频混频设备已经可以准备使用了,你只需要为这个设备提供一个麦克风,一个头戴式耳机和一些可以改变声音的音效就行。最容易和最便宜的方案是找一个实时变换声音的计算机软件,然后将计算机声卡的输出端口连接到电话音频混频设备。使用计算机软件的唯一缺点就是你必须拔掉计算机的扬声器来连接电话声音改变器,设备的可移植性也就因此不大理想。另外一种方案就是使用一个专用的音效处理装置,例如 BossVT-1 音效盒(如图 3.47 所示)。

图 3.46 准备将制作完成的电话音频混频设备装进小盒子里

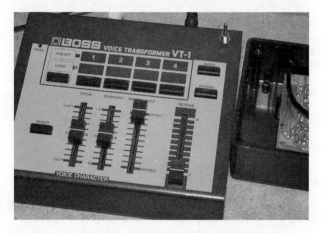

图 3.47 这就是叫人称奇的音效处理器 Boss VT-1

别搞错了,Boss VT-1 可不是小玩具,它的音效处理功能非常强大,可以完全地改变一个人的声音,因此我们可以用它去愚弄那些非常熟识的好友! 你可以至始至终地用一种老太太的声音跟你的好友在电话上聊天,和他们开了 15 分钟的玩笑之后,你想象一下他们会有多么惊奇和困惑。Boss VT-1 可以让说话者的声音听起来像异性,它可以改变音高,在声音中添加非常逼真的房间里的回音,甚至可以发出机器人的声音。这个设备是专门用于音效处理的,它就像是一个声音掩饰设备。这个 Boss VT-1 是我们从易趣网上花了 100 美元购买的,除此之外还有一些其他类似的可用设备,价格都差不多,且都有非常强的音效处理功能。当你想在网上搜索声音变换器时,你可以输入关键字"format changer",其中的"format"表示男性发声管道和女性发声管道之间的变换,这种变换不仅仅是简单的改变音高。如果只改变音高,那么你可以发出卡通米老鼠或魔鬼的声音,虽然这也很有趣,但是不能让接听电话的人信服。为声乐家设计的音效设备通常都有对 format 的控制,但是通常在购买音效设备之前,你应该在商店里进行测试,或在网上查找相关声乐演示。被称作"语音编码器"的音效设备可能也有一个 format 的控制,它可以对声音进行各种各样不同音效的变换处理。我们有好几个音效处理盒和最好的计算机滤波器,但是说实在的,如果要达到最好的性别变换效果和最逼真的声音掩饰效果,那还是 Boss VT-1 更胜一筹。如果你能够找到一个低于 200 美元的 Boss VT-1,那它绝对是物超所值。

为了在电话音频混频设备上连接一个外部音效处理器,你将需要识别音效设备背面的输入和输出插孔。大部分用于调节吉他或麦克风声音的音效设备都会有直径 1/8 英寸的单声道音频插孔,上面会有"麦克风输入"和"音频输出"或与之相似的标识语。Boss VT-1 也包含一对立体声"线性电平"RCA 插孔,如图 3.48 所示,这样我们可以使用左声道来连接电话音频混频器。虽然将线性电平或麦克风位准音频输入和输出设备连接在电话混频器上可以正常工作,但是不能将电话音频混频器连接到任何用于直接驱动扬声器的输出插孔,因为这样会导致混频电路严重过载,甚至损坏电话混频电路中的前置放大器。将电话音频混频器连接到用于连接头戴式耳机的输出插孔是没问题的,但是要注意,如果它有一个音量控制,那么首先要将音量调到最低,之后如果有必要再做适当的调节。

图 3.48 在电话音频混频设备上连接一个音效盒

为了使用一个可以实时改变声音的计算机软件,你需要将你的电话音频混频设备连接到计算机的"行输出"和"麦克风输入"插孔。通常在台式计算机的主机箱后面都会有这些插孔,如图 3.49 所示,而对于笔记本电脑来说,这些插孔可能会在侧边。如果插孔处没有明确标识它的作用,那么一般来说,红色插孔是输入接口,用来连接麦克风,绿色插孔则是行输出接口。由于一些计算机的声卡是直接驱动扬声器的,你应该首先将计算机的音量调到最低,然后再一边对着麦克风说话,一边调节音量,直到将音量调节到一个合适的位置,可以连接到电话音频混频器为止。当你调节好麦克风和音量之后,你和呼叫者都可以在电话线上听到你的声音,而且这个声音是可以随意变化的。

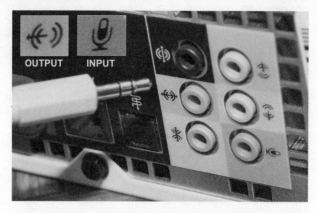

图 3.49 将电话音频混频设备连接到计算机

既然说到音频处理软件,那么我可以告诉你一个很流行的声音改变器,那就是"AV VCS Voice Changer",这款软件不论是从网上下载的试用版还是支付小额费用之后购买的全面升级版本都可以使用。这款软件的质量实际上是非常棒的,它可以让一个人的声音听起来完全不一样,且别人不会产生任何怀疑,或者它可以将你的声音变换成各种各样的卡通角色很滑稽的声音。这个软件能够实时转换声音,因此你可以在对着麦克风说话的同时听到转换后的声音。在你将麦克风和音量调节好,并连接到电话音频混频器之后,当你对着麦克风说话时,你将在软件界面上方看到指示条会左右移动,如图 3.50 所示。在头戴式耳机中,你将听到自己改变后的声音,以及电话线另一端的呼叫者的声音。声音改变软件也可以让你预先设置好自己的声音并进行保存,这样你可以很容易的通过按下某个按钮,让自己一个人扮演众多角色。

通过使用一个实时音效设备或计算机音效软件来选择音频信号,这个制作完成后的电话声音变换器可以让一个人完全掩饰自己的身份。因为音频处理器已经对音频进行了混频和过滤处理,所以电话上的谈话声听起来非常自然,就好像使用一个标准的电话机一样。通过使用一个音效处理设备或计算机音效软件,你能够将你的声音改变的非常有说服力,借此可以愚弄任何人,甚至是那些已经非常熟识你的声音的好友。你也可以使用一些夸大的音效,例如回声、卡通米老鼠的声音、魔鬼的声音和机器人的声音,你肯定能够从中获得很多乐趣。电话声音变换器的音频混频部分也是一个非常通用的输入/输出设备,有了它,你不需要使用任何数据存取装置(DAA)或滤波系统,就可以通过电话线来发送或接收音频数据。

如果你曾经因为某些原因需要在电话机上伪装你的声音,那么在这个设备的帮助下,你将能够以一种非常有说服力的方式去这么做。当电话骚扰者听到你魔鬼般狂怒的声音时,他们将为拨打了你的电话号码,扰乱了你的生活而满怀歉意,

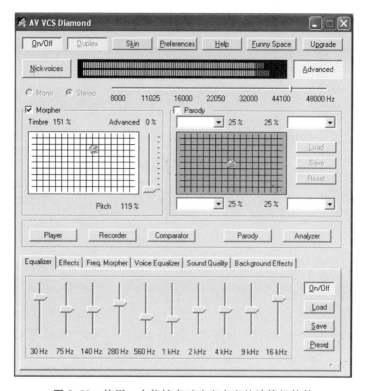

图 3.50　使用一个能够实时改变声音的计算机软件

至于你的那些好友,他们或许永远都不会知道你正在戏弄他们,直到你再也不能抑制住你的笑声!当然,为什么要对电话线另一端的人保密自己的身份呢,有时候我们也有自己的理由。将这个设备连接到一个好的音效处理装置,你就可以随意变换你的声音了,如图 3.51 所示。

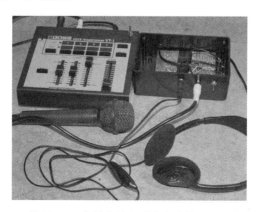

图 3.51　使用 Boss 音效盒的电话声音变换器已经制作完成

GPS 定位追踪技术

项目14 GPS 数据接收机

GPS 的英文全称是"Global Positioning System",中文译作全球定位系统,顾名思义,这是一个在全球范围内都可以定位和计时的系统,它是依赖很多颗轨道卫星进行无线电定位的。GPS 卫星的分布使得在全球任何地方、任何时间都可观测到 4 颗以上的卫星,一台 GPS 接收机可以在地球上的任何位置进行定位,只要所处地的上空没有被明显遮挡,那么这台 GPS 接收机就可以接收到从每颗卫星传送的无线电信号。GPS 接收机使用它所接收到的无线电信号中的信息,来推算出自身和每一颗卫星的距离。GPS 接收机的位置是通过一个运算法则计算出来的,这个运算法则包含从每一颗卫星接收到的无线电信号中的信息和长度。有了无线电信息与精准的计时之后,就可以计算出几乎所有的定位数据,例如经度、纬度、海拔、移动速度和方向等,并在用户终端实时显示出来。

部件清单
GPS_1:任何一个具有串行数据输出接口的 GPS 模块
$Eval_1$:sparkfun GPS 评估板(可选)
IC_1:ATMEL ATMega32p 或者其他与之类似的微控制器
XT_1:14.755MHz 的晶体,用于微控制器 USART(通用同步/异步串行接收/发送器)时钟
LCD_1:16 位串行输入数据的 LCD 模块
LED_1:用于显示 GPS 状态的红色 LED 指示灯
R_1:1kΩ 的电阻器,用于为 LED_1 限流

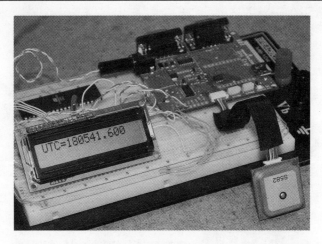

图 4.1　在这个项目中我们要将微控制器与 GPS 模块相连

　　在地球上任何位置,一旦你拥有这些可靠的定位信息,就意味着你可以在任何时候都能够知道当前准确的时间,当前所处的位置,当前的运行速度和方向。机器人可以进行自我定位从而实现自我操控,监控设备能够以一种非常精准的方式时刻跟踪某个人或为交通工具定位,这些都离不开 GPS 定位技术。一个非常有利的消息是,你只要花费不到 100 美元就可以在你的项目中添加一个 GPS 装置,并且不需要交纳其他任何授权费和使用费。而有个不大好的消息是,普通消费者使用的 GPS 接收机的定位精度都会偏低,误差大约会在 25 英尺左右,尽管大多数时候的定位精度会比这个好很多。如果你拥有一台手持型 GPS 接收机,那么你可能已经体会到这种设备的局限性了。当然,虽然误差可能达到 25 英尺,但这个定位精度已经足够用于沿着一条街道跟踪一个人或者物体,并显示数据到用户终端程序,例如 Google Earth 或 Google Maps。

　　GPS 模块是一个包含 GPS 接收机的模块,它可以为你完成所有复杂的信号处理和计算工作。这些并不昂贵的令人惊异的 1 英寸大小的四方块将锁定所有探测到的卫星,然后开始用一串很方便查看的字符串信息输出定位和时间数据,微控制器只使用少量的输入/输出行,就可以获取到这些字符串信息。这个项目将开发出一种基本的连接 GPS 模块和微控制器的装置,这样就可以接收到 GPS 数据并将其解析为最终使用的格式。

　　可供选择的 GPS 模块有很多,而且型号各不相同。所有事物都良莠不齐,GPS 模块也一样,有些很好,有些却并不尽如意。GPS 作为当今时代的新技术,正不断地进行着改善,所以你必须做一些研究和调查,以此确保你能找到一个尽可能使用最新技术的 GPS 模块。在考虑选择合适的 GPS 模块时,有一些更加重要的因素是需要考虑的,那就是数据输出格式、定位的时间、天线类型和是否可得到技术支持等。当使用这些 GPS 模块时,技术支持和说明文档所起的作用是不能低估的。为了 GPS 能够正常运转,他们要求 GPS 模块和你的微控制器之间的通信方式是非常明确和严格的。有了好的说明文档和可以联系的技术支持,在你使用 GPS 模块的那段时间内,应该就不会产生任何的问题。如果你使用的是一台没有说明文档的廉价的 GPS 接收机,或者是你打算第一个使用最新生产的接收机,那么你可能在使用过程中会遇到很多麻烦。我们知道,在一个基于 GPS 技术的项目中,使用最新的接收机可能不会那么糟糕,最糟糕的是使用了一个几乎没有任何说明文档和技术支持的 GPS 模块,这是非常令人沮丧的事情!

　　我们所找到的 GPS 接收机和评估板的最好来源是电子爱好者提供商网站 SparkFun. com。他们针对不同的 GPS 接收机的类型进行明码标价,提供了一个非常宽泛的合理的价格范围,而且每种类型都配备了详细的说明文档,还建有一个论坛,在这个论坛里,用户不仅可以提交自己遇到的问题,还可以上传在各式各样的 GPS 模块和微控制器上运行的源代码。此外,SparkFun 还提供了一个评估板,它满足电源供应与设备连接的需求,同时还适应 GPS 模块与你的微控制器或计算机的串行端口之间的电平转换。我们发现,GPS 模块时评估板会给我们提供很大的帮助,因为它可以让我们知道,通信上的任何错误都很有可能是我们的源代码导致的,而并非硬件问题。图 4.2 所示是我们从 SparkFun 网站订购的 GPS 模块(SanJose FV-M8)和评估板,这两件东西总共的花费还不到 140 美元。

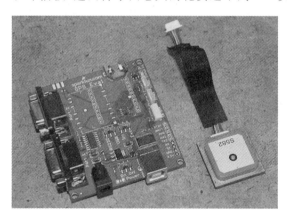

图 4.2　从 SparkFun 网站订购的 GPS 模块和评估板

　　图中的 FV-M8GPS 模块是由 SanJose 导航公司制作的,它是一个功能很强的 32 位 GPS 接收机,拥有 5Hz 的输出频率和一个内置天线。这个 GPS 模块看起来好像价格昂贵,但实际上不到 100 美元,对于那些想在项目中使用快速定位的 GPS 导航系统的人来说,这是一个非常实惠的产品。这个 GPS 模块使用的是内置天线,这使得很多事情都变得非常简便。GPS 接收机能够在一分钟之内定位,就算是在地下实验室也一样。在 SparkFun 的评估板上可以插入好几个 GPS 模块,它不仅可以通过 USB 接口接入电源,还可以连接外部直流电源。这个评估板也包含一个 USB 转串口的转换器和一个用于与计算机串口通信的电平转换器。此外,使用免费的软件(如 Mini-GPS)可以很方便地使 GPS 模块运作起来,并且能够检验 GPS 模块是否运行正常。

GPS 接收机模块在过去的数年时间里已经取得了很大的进展。SanJose 导航公司的 FV-M8 接收机模块的外型只是一个 1 英寸大小的小方块,它一旦接上电源就可以立即使用了,如图 4.3 所示。接入电源之后,这个 GPS 模块将开始搜寻卫星,然后向其中一个输入/输出总线发送一个 1Hz 的心跳脉冲,以此证实它正在进行有效的定位。GPS 模块也可以输出包含所有 GPS 定位相关信息的串行数据,然后微控制器或者是用户终端就可以解析和使用这些数据。为了在你的项目中添加 GPS 设备,你其实只需要三根接线就可以了,在这三根接线中,一根用于连接电源(3.3V),另一根用于接地,最后一根用于接收串行数据。以前,我们曾经尝试在机器人项目中添加 GPS 设备,使用的是一个非常早期的 GPS 模块,在浪费了一个星期的时间尝试解析 GPS 数据之后,最终还是失败了。现在,所有事情都比以前简便很多了。

图 4.3   从 SparkFun 订购的 SanJose FV-M8 是一个微型的全功能 GPS 模块

大多数的 GPS 模块都允许通过串口通信来设置参数,但是一般来讲,你事先不需要做任何装配或设置工作,就可以直接使用 GPS 模块了,除非你确实有必要改变它的默认设置。在大多数 GPS 接收机中,通常能改的参数设置是串口通信速率、数据转换速率和数据的格式,但是在这个项目中,我们将不用改变任何参数,而是直接使用 GPS 模块使用说明书中的默认配置。

连接 GPS 模块的第一步是提供所需的电源电压,然后将电源接上 GPS 接收机,并用数据线连接到你的微控制器。使用说明书会向你详细解说 GPS 模块的输出接口,另外还有计时和通信所需要的所有参数配置。如果你计划使用一个可以连接 GPS 模块的开发板,那么输入输出端口的参数配置就变得不再重要了,但是最终你可能还是想要简化你的项目,直到只使用 GPS 模块和一个微控制器。图

4.4所示是 GPS 模块使用说明书的一部分,上面明确指示了 GPS 模块的 8 针输出端口的每一只引脚的作用。在 8 只引脚中,我们其实只需要其中的 3 只引脚就可以从 GPS 模块中获取数据,然后输入到微控制器中,这 3 只引脚的作用分别是连接电源(VIN)、接地(GND)和数据传输(TX1)。

MTK-3301型GPS接收机系列
FV-M8GPS接收机模块
用户使用指南

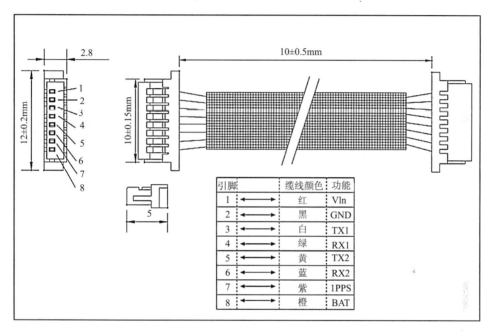

引脚		缆线颜色	功能
1	← →	红	Vln
2	← →	黑	GND
3	← →	白	TX1
4	← →	绿	RX1
5	← →	黄	TX2
6	← →	蓝	RX2
7	← →	紫	1PPS
8	← →	橙	BAT

图 4.4　使用说明书展示了输入输出端口的详细解说和默认的参数配置

只要你能够向 GPS 模块提供合适的直流电源,并准确知道从数据总线输出的数据的格式与类型,那么这个 GPS 模块的使用对你来说就相当简单了。如果 GPS 模块包含一个心跳输入/输出引脚,那么你可以简单的添加一个限流电阻器和一个发光二极管来设计一个可见的心跳指示灯,这个指示灯将告诉你 GPS 模块已经定位并且正在传送串口数据。在我们的 GPS 模块上,心跳输入/输出线在使用说明书上被标识为"1PPS",这个缩写的意思是每秒钟发送一次脉冲。在接上电源之后,当 GPS 模块已经搜寻到它所需要的足够多的卫星,并进行了有效的定位时,这个心跳引脚就会每隔一秒输送出一次电流,然后发光二极管就能够每隔一秒闪烁一次了。

为了能够校验 GPS 模块的运行状况,我们从 SparkFun 网站订购了评估板(如图 4.5 所示),这个评估板包含了一个用于连接 GPS 模块或其他一些常用模块的接口。这个接口除了可以向 GPS 模块提供所需要的直流电源之外,它还负责执行其他所有的输入输出,包括连接一个型号为 RS232 的电平转换器,通过这个电平转换器,任何配有串行端口的计算机都可以接收到 GPS 数据。对于没有串行端口的计算机终端也没有关系,这个评估板上配备了一个 USB 转 RS232 的转换器,这样计算机终端就可以通过虚拟通信端口来接收数据了。有了这个评估板,在将GPS 模块连接到计算机进行串行数据读取或向 GPS 模块发送命令时,你基本上就不会犯错误了。这个评估板可以说完全是即插即用型的设备。

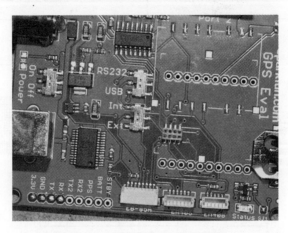

图 4.5 使用评估板进行初期测试

将 GPS 模块连接到评估板,然后连接到计算机终端,这只是一系列插入式接线的过程,没有比这更简单的了。由于在我们的试验台上有一根用于连接 Atmel STK500 开发板的 9 针的串行接线,所以我们只需要将其从开发板的接口上拆卸下来,然后接到 SparkFun 评估板上就可以。接着我们将 FV-M8 插入评估板上的插座,并根据评估板使用说明书上明确标识的正负极标志,接入一个 12V 的直流电源(如图 4.6 所示)。如果使用的是 USB 接口,那么就不再需要接入外部直流电源了,因为评估板可以从 USB 接口获得电源。

当闭合电源开关之后,标识评估板的运行状态的发光二极管就会被点亮,这表示 GPS 模块已经接入了合适的直流电源。由于我们使用的是 9 只引脚的串行接线,而没有选择 USB 接口,因此我们选择的评估板上的通信接口是"RS232"而不是"USB"。我们用"Port1"来标识的 9 只引脚的串行端口,然后使用一根标准的直通串行数据线(注意不是零调制解调器数据线),将这个端口连接到我们的计算机的串行端口。

当我们将评估板连接好并接通电源之后,发光二极管状态灯就会从刚开始的固定不变到 1 秒闪烁一次,一般来说这种变化在一分钟之内就会出现。发光二极管的闪烁就表示 GPS 模块已经进行了有效的定位。很惊奇的是,如果和 Garmin

(专注于设计、制造和销售全球定位系统、全球定位系统接收机和其他消费电子产品的公司)的手持 GPS 同时开机,这个 GPS 模块获得有效定位的时间要更快。就算是在地下室实验室里,这个 GPS 模块也可以在 1 分钟之内获得定位,所以如果要在机器人项目甚至是目标跟踪设备中使用 GPS 技术,那这种 GPS 模块无疑是一个很不错的选择。下一步我们要做的是在计算机终端显示 GPS 定位数据,这一步可并非我们想象的那么简单。

图 4.6　将 FV-M8 GPS 模块连接到评估板

我们从 SparkFun 网站下载了好几个可以显示 GPS 定位数据的免费软件,不仅 SparkFun 网站有下载,一些 GPS 模块的生产商网站也会提供下载。借助这些免费软件,我们可以实时查看 GPS 定位数据。根据 FV-M8 的使用说明书和产品销售文件的说明,GPS 模块接通电源后会开始以 4800 字节每秒的速度发送串行字符串,输出字符串的速率为 5Hz,也就是每秒钟输出 5 条字符串,这看起来好像比较简单。发光二极管指示灯的闪烁频率是 1Hz,每次闪烁表示 GPS 模块已经进行了有效定位。我们曾尝试用所有免费的 GPS 软件和计算机的超级终端软件来接收每秒 4800 字节的串行数据,在花费 4 小时之后,没有任何一个软件能够接收到串行数据。我们还尝试了好几根数据线,甚至返回去使用 USB 接口,却仍然没能接收到每秒 4800 字节的串行数据流。由于使用说明书上明确表明了这个 GPS 模块可以在通电之后输送出每秒 4800 字节的数据,而且在没有使用备用电源时是不会保存任何用户自定义的串行配置的,因此我们开始怀疑评估板没有起到任何作用。

在第二天的时候,我们开始简单改造了一下这个项目,试着随意改变设置和其他传输速率的波特值,令人意想不到的是,使用说明书上的说明竟然是错误的!FV-M8 的默认输出是每秒 38400 字节,而并非使用说明书上所说的每秒 4800 字节,发现这个错误之后,我们又开始生龙活虎地开始投入工作。当我们怀疑评估板没有起作用时,我们无奈地剪断了数据线,并计划连接一个新的 RS232 集成电路。使用说明书上出现错误信息只是个偶然,但是如果你正在使用和我们相同的 GPS 模块,请一定要注意它的默认输出是每秒 38400 字节,而并非使用说明书上所说的每秒 4800 字节。

将计算机终端的频率设置为每秒 38400 字节之后,GPS 定位数据开始显示在计算机屏幕上了,如图 4.7 所示。从软件"Mini-GPS"的界面上可以清楚地看到卫星定位数据,这和很多手持型 GPS 接收机是很相似的,上面显示了当前的位置,以及它能搜到的所有 GPS 卫星的信号的强弱。你也可以自定义 GPS 模块的默认参数配置,改变它输出串行数据的频率和速度。我们尝试了将串行输出速度改回到 4800 字节每秒,结果运行正常,但如果没有使用备用电源,这个自定义的设置将不能保存,默认的速率将回归到 34800 字节每秒。我们决定就使用 GPS 模块的默认设置,因为这样的话,在切断电源之后再重启时,GPS 模块与微控制器之间的通信很快就能恢复正常,我们不用再去做一些繁杂的参数配置工作。当然,我们可以将速率设置为 4800 字节每秒,并将微控制器设置为相同的速率,但是万一 GPS 模块断电或备用电源失效怎么办呢?微控制器不能自动调整速率,甚至不能再和 GPS 模块通信,这时候你就需要将它从用户终端移除,并重新设置为 38400 字节每秒才可以继续使用。当你需要在一些要求永久性连接 GPS 的项目中添加一个 GPS 模块时,考虑一下这个问题是很有必要的。

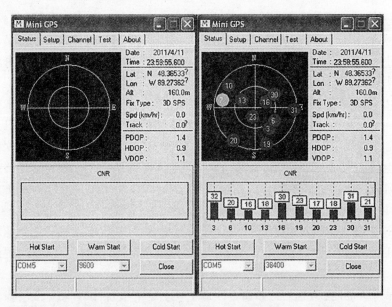

图 4.7　使用计算机软件"Mini-GPS"查看接收到的 GPS 定位数据

LCD 显示屏非常容易连接到几乎任何的微控制器。图 4.8 是一个只有两根接线的 16 位的 LCD 显示屏,它只需要一个单一的串行输入就可以显示字符数据。

使用串联、并联或 I2C 连接的 LCD 显示屏使用起来很容易,因为很多的微控制器都已经支持这些 LCD 显示屏的编程语言,或者在它们的编译器中已经添加了对 LCD 的支持。我们将这个 LCD 显示屏串联接入设备中,因为它非常适用于显示 GPS 模块输出的 GPS 定位数据,在这个项目中是一个非常不错的选择。当然,LCD 显示屏是不能直接从 GPS 模块接收并显示数据的,所以必须使用微控制器先从 GPS 模块那里读取串行数据,然后将数据格式化成 LCD 能显示的字符串,最终发送到 LCD 显示屏进行显示。

图 4.8 这是一个很方便使用的只有两根接线的 LCD 显示屏

当你确认 GPS 模块能够进行正常定位,并且输出串行数据的速率和格式都正常的时候,你就完成了 GPS 模块的校验工作,接下来将它直接连接到一个微控制器就很容易了。任何能够以特定传输速率接收串行数据的微控制器,都可以从 GPS 模块中读取数据并进行内部数据处理。这个项目可能会和 Basic Stamp 或 Arduino 一样简单,因为我们只是要从 GPS 模块的输出引脚中读取数据,从中来获得定位信息或更复杂的信息,以及通过 GPS 模块的串行接收引脚来控制 GPS 模块的功能。在这个实验中,我们将简单地读取使用默认设置的 GPS 模块输送出来的串行数据流,然后将数据中的时间和定位信息显示在 LCD 显示屏上。

图 4.9 所示是这个项目的简单原理图,从图中可以看出 GPS 数据被输送出来之后先进入 Atmel 324P 微控制器,微控制器对数据进行解析和处理,然后输出到 LCD 显示屏。我们选择 ATMega324 微控制器是因为它有两个 USART(通用同步异步收发装置),另外还有足够大的程序缓存空间可以用来扩充项目功能,使导航项目更加有趣,例如机器人导航系统。在原理图中,"CON-1"表示 SparkFun 评估板的焊接端口,从这里我们看到它是怎么连接到型号为 FV-M8 的 GPS 模块的。最终,我们要将 GPS 模块直接连接到微控制器,但是在最初的原型设计中,当运行微控制器源代码时,需要用评估板来确保没有任何接线错误。

微控制器和 GPS 模块运行时的电压都是 3.3V,所以在数据接收端和输送端之间不需要任何电平转换器。如果微控制器接入的是5V电源,那么有些GPS模

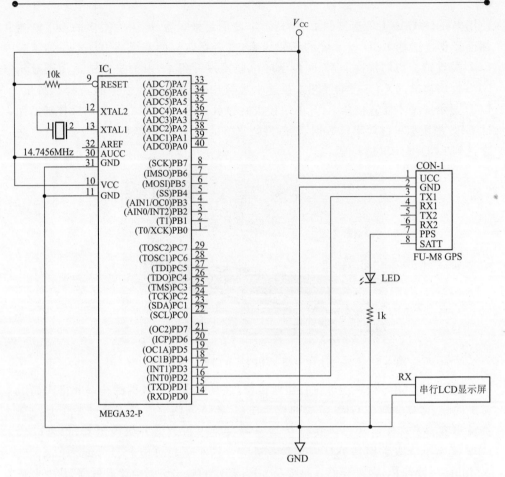

图 4.9 使用微控制器接收 GPS 数据并将其显示到 LCD 显示屏上

块可能要求接入电平转换器,然后才可以在 5V 和 3.3V 之间进行正常的串行通信。查看一下你的 GPS 模块使用说明书,确保它可以在微控制器的任何运行电压下连接你的外部设备。对于微控制器来说,从 GPS 模块中接收数据很可能不需要从 3.3V 到 5V 的电平转换,但是对于 GPS 模块本身来说,你就要小心一点了,因为它很可能无法承受更高的电压并因此遭受损坏。

由于 LCD 显示屏的通信速率是 9600 字节每秒,而 GPS 模块的速率却高达38400 字节每秒(默认设置),因此我们需要选择一个具备两个串行 USART(通用同步异步收发装置)的微控制器,并找一个可以同时在这两种速率下运行的时钟振荡器。当使用更低的串行通信速率例如 2400 或 4800 字节每秒时,你常常可以使用任何时钟频率,但在使用更高的数据传输速率(例如 38400 字节每秒)时,你可能要用到某种"神奇的"时钟频率才可以保证你的通信系统不出故障,14.7456 就是其中一个很常用的"神奇的"串行通信时钟频率。在图 4.10 中的电路实验板上有一个罐式晶体振荡器,我们从废料收集箱中找到了好几个这种晶体振荡器,它们原先很可能是一块古老的 PC 卡上面的。

图 4.10　之所以选择 ATMega324p 微控制器是因为它有两个 USART 装置

如果你打算使用一个较低的传输速率来连接你的 GPS 模块,那么你将不需要选择微控制器的时钟频率,但是需要注意的是,可能会因此出现一定的误差,这个误差可能导致 GPS 模块的数据传输速率变慢。如果你发现 GPS 模块传送出来的串行字符串老是会产生丢失,那么你可能就需要调整串口传输速率,或者是选择一个接近理想传输速率的时钟频率。

我在 Code Vision AVR(一种 C 语言编译器)开发环境下用 C 语言为 ATMega324p 微控制器编写出了基本的 GSP 数据接收程序,你可以很容易地将其进行功能扩展或转换为其他编程语言。这个程序代码使用最简练的程序语言解析 NMEA 协议中的 GPGGA 格式的串行字符串数据,在将字符串数据分割为具体的定位数据之后,最终传输到 LCD 显示屏进行显示。NMEA(National Marine Electronics Association,国际海事电子协会)协议是 GPS 接收机应当遵守的标准协议,也是目前 GPS 接收机上使用最广泛的协议,大多数常见的 GPS 接收机、GPS 数据处理软件、导航软件都遵守或者至少兼容这个协议。它是一种航海、海运方面有关于数字信号传递的标准,有若干种不同的数据格式,其格式都是格式标识符加上一连串用逗号分隔的具体数值。毫无疑问,你需要事先熟悉你的 GPS 模块输出的数据流的格式,然后从多个可能的字符串格式中选择其中一个去进行解析。在 Google 的搜索栏中输入"NMEA stirngs"或"NMEA sentence",就可以搜索到所有可能的 NMEA 的字符串格式,其中必定有你需要的格式。

```
// * * * * * * * * * * * * * * * * * * * * * * * * * * * * *
// * * * 程序功能:简单的 GPS 数据接收功能
// * * * 微控制器:ATMEGA88P
// * * * 时钟频率:14.7456 MHz
// * * * * * * * * * * * * * * * * * * * * * * * * * * * * *
```

```
# include <mega324.h>
# include <delay.h>


// * * * * * * * * * * * * * * * * * * * * * * * * * * * * * *
// * * * * 预定义存放 NMEA 数据的全局变量
// * * * * * * * * * * * * * * * * * * * * * * * * * * * * * *
char fix[16];
char sats[16];
char height[16];
char utctime[16];
char altitude[16];
char latitude[16];
char longitude[16];
char horizontal[16];


// * * * * * * * * * * * * * * * * * * * * * * * * * * * * * *
// * * * * 以每秒 9600 字节的速率向串行 LCD 显示屏发送数据
// * * * * * * * * * * * * * * * * * * * * * * * * * * * * * *
void LCDWRITE(char lcd){
while (! (UCSR0A & (1<<5)));
UDR0 = lcd;
}


// * * * * * * * * * * * * * * * * * * * * * * * * * * * * * *
// * * * * 以每秒 38400 字节的速率读取 NMEA 字符串数据
// * * * * * * * * * * * * * * * * * * * * * * * * * * * * * *
void GPSREAD(){
char cntr;
char data;


// $ GPGGA,223611.000,4821.9234,N,08916.4091,W,1,8,1.17,190.1,M,-35.0,M,,*6F
//语句标识头,世界时间,纬度,纬度半球,经度,经度半球,定位质量指示,使用卫星数量,
水平精确度,海拔高度,高度单位,大地水准面高度,高度单位,差分 GPS 数据期限,差分参考基
站标号,校验


// 清空上次的字符串数据
for (cntr = 0; cntr<16;cntr ++ ){
fix[cntr] = 32;
```

```
sats[cntr] = 32;
height[cntr] = 32;
utctime[cntr] = 32;
altitude[cntr] = 32;
latitude[cntr] = 32;
longitude[cntr] = 32;
horizontal[cntr] = 32;
}

//等待字符串的标识($ GPGGA)
while (cntr != 6){
cntr = 0;
while (! (UCSR1A & (1<<7)));
data = UDR1;
if (data == '$') cntr + + ;
while (! (UCSR1A & (1<<7)));
data = UDR1;
if (data == 'G') cntr + + ;
while (! (UCSR1A & (1<<7)));
data = UDR1;
if (data == 'P') cntr + + ;
while (! (UCSR1A & (1<<7)));
data = UDR1;
if (data == 'G') cntr + + ;
while (! (UCSR1A & (1<<7)));
data = UDR1;
if (data == 'G') cntr + + ;
while (! (UCSR1A & (1<<7)));
data = UDR1;
if (data == 'A') cntr + + ;
}
while (data! = ','){
while (! (UCSR1A & (1<<7)));
data = UDR1;
}

//读取世界时间字符串
data = 0;
```

```
cntr = 0;
while (data! = ',') {
while (! (UCSR1A & (1<<7)));
data = UDR1;
utctime[cntr] = data;
cntr ++ ;
}
utctime[cntr - 1] = 32;


//读取纬度字符串数据
data = 0;
cntr = 0;
while (data! = ',') {
while (! (UCSR1A & (1<<7)));
data = UDR1;
latitude[cntr] = data;
cntr ++ ;
}
data = 0;
while (data! = ',') {
while (! (UCSR1A & (1<<7)));
data = UDR1;
latitude[cntr] = data;
cntr ++ ;
}
latitude[cntr - 1] = 32;


//读取经度字符串数据
data = 0;
cntr = 0;
while (data! = ',') {
while (! (UCSR1A & (1<<7)));
data = UDR1;
longitude[cntr] = data;
cntr ++ ;
}
data = 0;
while (data! = ',') {
```

```
while (! (UCSR1A & (1<<7)));
data = UDR1;
longitude[cntr] = data;
cntr ++ ;
}
longitude[cntr - 1] = 32;
```

```
//读取定位质量指示
data = 0;
cntr = 0;
while (data! = ´,´){
while (! (UCSR1A & (1<<7)));
data = UDR1;
fix[cntr] = data;
cntr ++ ;
}
fix[cntr - 1] = 32;
```

```
//读取使用卫星数量
data = 0;
cntr = 0;
while (data! = ´,´){
while (! (UCSR1A & (1<<7)));
data = UDR1;
sats[cntr] = data;
cntr ++ ;
}
sats[cntr - 1] = 32;
```

```
//读取水平精确度
data = 0;
cntr = 0;
while (data! = ´,´){
while (! (UCSR1A & (1<<7)));
data = UDR1;
horizontal[cntr] = data;
cntr ++ ;
}
```

```
horizontal[cntr - 1] = 32;

//读取海拔高度
data = 0;
cntr = 0;
while (data!  = ´,´){
while (! (UCSR1A & (1<<7)));
data = UDR1;
altitude[cntr] = data;
cntr ++ ;
}
data = 0;
while (data!  = ´,´){
while (! (UCSR1A & (1<<7)));
data = UDR1;
altitude[cntr] = data;
cntr ++ ;
}
altitude[cntr - 1] = 32;

//读取大地水准面高度
data = 0;
cntr = 0;
while (data!  = ´,´){
while (! (UCSR1A & (1<<7)));
data = UDR1;
height[cntr] = data;
cntr ++ ;
}
data = 0;
while (data!  = ´,´){
while (! (UCSR1A & (1<<7)));
data = UDR1;
height[cntr] = data;
cntr ++ ;
}
height[cntr - 1] = 32;
}
```

```
//* * * * * * * * * * * * * * * * * * * * * * * * * * * * *
// * * * *定义程序变量和端口设置
// * * * * * * * * * * * * * * * * * * * * * * * * * * * * *
void main(void){

//定义主函数变量
char temp;
char ct;

//SET USART0 TO TX @ 9600,8,N,1
UCSR0A = 0x00;
UCSR0B = 0x08;
UCSR0C = 0x06;
UBRR0H - 0x00;
UBRR0L = 0x5F;

//SET USART1 TO RX @ 38400,8,N,1
UCSR1A = 0x00;
UCSR1B = 0x10;
UCSR1C = 0x06;
UBRR1H = 0x00;
UBRR1L = 0x17;

// * * * * * * * * * * * * * * * * * * * * * * * * * * * * *
// * * * * 程序初始化
// * * * * * * * * * * * * * * * * * * * * * * * * * * * * *

//清空 LCD 显示屏
LCDWRITE(12);
dalay __ms(500);

//关闭光标指示
LCDWRITE(22);
delay __ms(500);

//打开背光灯
LCDWRITE(17);
```

```
delay __ms(500);

//显示启动标识信息
LCDWRITE('G');
LCDWRITE('P');
LCDWRITE('S');
LCDWRITE(32);
LCDWRITE('S');
LCDWRITE('T');
LCDWRITE('A');
LCDWRITE('R');
LCDWRITE('T');
LCDWRITE('U');
LCDWRITE('P');
LCDWRITE('.');
LCDWRITE('.');
LCDWRITE('.');
ct = 0;


// * * * * * * * * * * * * * * * * * * * * * * * * * * * * * *
// * * * * 程序初始化
// * * * * * * * * * * * * * * * * * * * * * * * * * * * * * *
while (1){

//从 GPS 模块读取 GPGGA 格式的数据
GPSREAD();

//清空 LCD 数据
LCDWRITE(128);
ct ++ ;

// 显示定位状态信息
if (ct == 1){
LCDWRITE('F');
LCDWRITE('I');
LCDWRITE('X');
LCDWRITE(' = ');
for (temp = 0; temp<14; temp ++ ){
```

```
LCDWRITE(fix[temp]);
}
  }


// 显示使用的卫星数量
if (ct == 2){
LCDWRITE('S');
LCDWRITE('A');
LCDWRITE('T');
LCDWRITE(' = ');
for (temp = 0; temp<14; temp ++ ){
LCDWRITE(sats[temp]);
}
}


// 显示世界时间
if (ct == 3){
LCDWRITE('U');
LCDWRITE('T');
LCDWRITE('C');
LCDWRITE(' = ');
for (temp = 0; temp<14; temp ++ ) {
LCDWRITE(utctime[temp]);
}
}


// 显示纬度数据
if (ct == 4) {
LCDWRITE('L');
LCDWRITE('A');
LCDWRITE('T');
LCDWRITE(' = ');
for (temp = 0; temp<14; temp ++ ) {
LCDWRITE(latitude[temp]);
}
}


// 显示经度数据
```

```
if (ct == 5) {
LCDWRITE('L');
LCDWRITE('O');
LCDWRITE('N');
LCDWRITE(' = ');
for (temp = 0; temp<14; temp ++ ) {
LCDWRITE(longitude[temp]);
}
}


//显示水平精确度
if (ct == 6) {
LCDWRITE('H');
LCDWRITE('O');
LCDWRITE('R');
LCDWRITE(' = ');
for (temp = 0; temp<14; temp ++ ) {
LCDWRITE(horizontal[temp]);
}
}


// 显示海拔高度
if (ct == 7) {
LCDWRITE('A');
LCDWRITE('L');
LCDWRITE('T');
LCDWRITE(' = ');
for (temp = 0; temp<14; temp ++ ) {
LCDWRITE(altitude[temp]);
}
}


// 显示大地水准面高度
if (ct == 8) {
LCDWRITE('H');
LCDWRITE('E');
LCDWRITE('I');
LCDWRITE(' = ');
```

```
for (temp = 0；temp＜14；temp ++ ) {
LCDWRITE(height[temp]);
}
ct = 0;
}


//显示持续 1 秒的时间
delay __ms(1000);

// 主循环结束
}
}
```

型号为 FV-M8 的 GSP 模块默认是每秒钟传送出 5 次定位数据,每次数据都包含好几条字符串,其中就有一条就是 GPGGA 格式的字符串,这是我们很容易理解的格式。以下是 GPGGA 格式的串行字符串的示例数据:

$GPGGA,223611.000,4821.9234,N,08916.4091,W,1,8,1.17,190.1,M,−35.0,M,,,*6F

在格式标识符"$GPGGA"后面的每个数值或字符都是接收到的和计算出来的 GPS 定位信息,其代表的意义依次为:

格式标识头,世界时间,纬度,纬度半球,经度,经度半球,定位质量指示,使用卫星数量,水平精确度,海拔高度,高度单位,大地水准面高度,高度单位,差分 GPS 数据期限,差分参考基站标号,校验

因此,你的程序需要做的所有事情就是读取串行字符数据流,然后查找标识符"$GPGGA",然后从头到尾解析出以逗号分割的数据。我们写的这个 GPS 数据接收测试程序是以最基本的方式写的,这样就可以很容易地仿照其中的字符串解析规则,然后转换为其他的编程语言。字符串解析规则里没有进行时间输出和错误校验,仅仅是等待下一个标识符"$GPGGA"的出现,然后继续读取紧随其后的以逗号分割的数值,并将其解析为可以使用的数据。这些数值然后被传送到 LCD 显示屏进行显示,每一秒钟显示一个数值,这样你就可以看到从 GPS 模块中输送出来的定位数据了。如图 4.11 所示,程序在启动的时候将向 LCD 显示屏发送"GPS LOADING…"的信息,这表示 GPS 模块正在搜寻卫星进行定位,之后就一直等待下一个 GPGGA 格式的字符串的出现了。

为了验证 FV-M8 型 GPS 模块的运行,并将其定位精度与一个高质量的手持型 GPS 做比对,我们让这两个 GPS 系统同时获得定位。因为程序是循环运行的,所以它们都会不断地显示定位数据。从图 4.12 中可以看到 Garmin 手持型 GPS 显示的定位信息,我们要用这个数据来校验 LCD 显示屏上显示的 FV-M8 型 GPS

模块的定位数据。刚开始这两个 GPS 系统都成功的在 1 分钟之内搜寻到了 6 颗 GPS 卫星,后来,身处室内的 GPS 模块竟然搜寻到 8 颗卫星,而手持型 GPS 仍然保持在 6 颗。这两个 GPS 系统显示的坐标数据几乎是完全一致的,但是当我们在房间内同时将它们来回移动时,手持型 GPS 看起来对运动的感应要比 GPS 模块稍微灵敏一些。到目前为止,商业手持型 GPS 和 FV-M8 GPS 模块的性能不分高低。

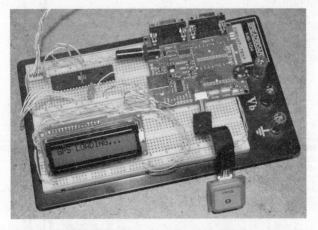

图 4.11　微控制器正准备接收来自 GPS 模块的串行数据

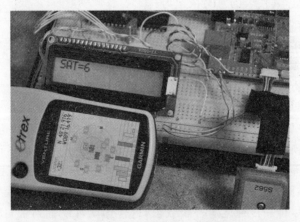

图 4.12　将 GPS 模块的定位数据与手持型 GPS 做比较

在带着这两个 GPS 系统在房间里来回走动之后,我们发现纬度数值是非常接近的,Garmin 手持型 GPS 的纬度显示为 48-21.914-N,而 FV-M8 GPS 模块的纬度显示为 48-21.9223-N。当我们在 Google Earth 中查找这个数值时,它刚好定位到我们房屋的中心点,所以这个定位数值还是比较准确的。如图 4.13 所示,这两个 GPS 模块的定位结果非常的相近,以至于我们就算借助 Google Earth 或 Google Maps,也都不能判断哪个的定位数据更加精确。实际上,GPS 模块的定位数值比手持型 GPS 多一个小数位，按理说应该会更精确一点，但是考虑到 GPS 定位的边缘误差问题，可能也会影响到定位的精度。到目前为止，GPS 模块的定位还算精准，可以和一个高质量的手持型 GPS 相媲美，甚至还要稍稍胜出一些。下一步需要做的测试是去除评估板，尝试将 GPS 模块直接连接到微控制器。

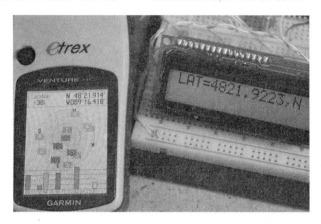

图 4. 13　比较 GPS 模块和手持型 GPS 的纬度值

我们经常会在电路实验板上进行原型设计，然而 GPS 模块的连接口对于连接电路实验板来说实在是太小了。图 4.14 所示的内凹型的接口刚好可以和 GPS 模块的接口相吻合，使用这种接口，就可以很容易地将 GPS 模块连接到电路实验板了。我们决定在电路实验板上制作一个兼容连接 GPS 模块的接口，以便充分挖掘 GPS 模块的功能。大家注意看，马上就有好戏了！

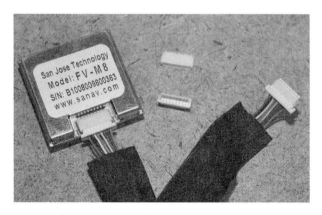

图 4. 14　用一个 8 只针孔的连接口正好可以连接 GPS 模块

连接 GPS 模块的数据线两端都有一个 8 只引脚的连接头，所以我们想，如果将它从中间剪断，那我们就可以得到两根数据线了，一根用于连接电路实验板上的兼容性接口，而另一根则可以用于以后将我们计划使用 GPS 模块焊接到任何电路板上。如图 4.15 所示,我们将数据线从中间剪断,使剪开的那一端的接线分开,以便于我们将每根接线都焊接到兼容连接电路实验板的排针引脚上。由于 Spark-Fun 网站也出售这些零散的小的数据线和接口,因此,以后当我们需要在印制电路板上使用原装接线时,我们随时都可以去购买新的。

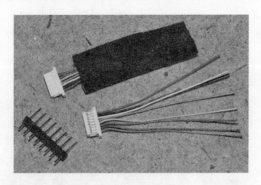

图 4.15 准备将 GPS 数据线连接到电路实验板上

当我们将 8 根颜色各异的接线焊接到排针引脚上之后,GPS 数据线就可以在任何无焊料电路实验板上用来快速地搭建原型电路了。每一根接线的颜色差异是很明显的,其中红色的是电源线,黑色的是接地线,因此要想在无意中将电源线接反也是有困难的。除了电源线和接地线之外,其他的接线中我们只准备使用其中一根,那就是那根白色的串行数据传输线。我们将所有的 8 根接线都连接到排针引脚上,是因为万一我们想要试验改变 GPS 模块的默认参数的时候,就要用到其他某根串行接收线了。图 4.16 所示是最终完成后的兼容连接电路实验板的 GPS 模块和它的数据线。

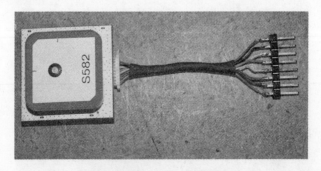

图 4.16 制作完成后的兼容连接电路实验板的 GPS 模块和它的数据线

如图 4.17 所示,在将评估板从项目中移除之后,整个项目结构就显得简洁了很多。我们从最开始的源码中撤销了 LCD 显示屏显示数据的代码,然后使用一个体积更小的 ATMega88 微控制器来接收 GPS 模块输出的 NMEA 协议的串行数据。作为心跳指示灯的发光二极管被连接到接口的"1PPS(每秒一次脉冲)"引脚上,这样我们就可以判断 GPS 模块是否正常接入电源,并知道它获得一次有效的定位大概需要多长时间。这个功能算作是 GPS 模块的一部分,所以我们只需要在"1PPS"接口、接地和发光二极管之间添加一个限流电阻器就可以了。GPS 模块的串行传送接线"TX"直接连接到微控制器的串行接收引脚上,这样 USART 设备就可以用来接收 34800 字节每秒的串行数据。在这里我们又可以选择那个"神奇的"晶体频率 14.7456,它可以让你的串行通信避免出现故障。

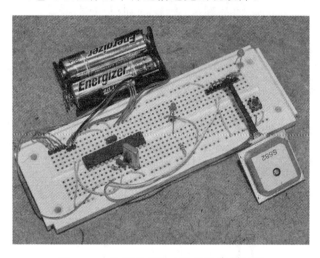

图 4.17　将 GPS 模块直接连接微控制器

　　我们对程序做了调整,当我们按下按钮开关之后,从 GPGGA 字符串中解析出来纬度值会被记下来。每次将记忆下来的纬度值和最近从 GPS 模块接收到的纬度值进行比对时,发光二极管就会闪烁一次。我们只取前 7 次的数值,这样它的定位精度大概在方圆 25 英尺左右。GPS 系统完全可以有更高的定位精度,但是这要求具备理想的定位条件,例如在空旷的户外进行长时间的静态定位。这个测试的目的是要测试在我们按下记忆按钮之后,这套系统是否可以辨别出身处哪个房间。在绕着所有房间测试几次之后,我们发现答案是肯定的,这个简单的原型电路确实可以辨别我们正身处哪个房间,只要多给它几秒钟的时间来获得足够精确的定位数据就行。当我们来回移动时,定位数据会限制在房子的定位范围之内不断变化,但当静止在某个房间时,其定位精度看起来会在 20 英尺左右,这已经很棒了!

　　这个项目证明,一个并不昂贵的 GPS 模块照样可以用来连接一个微控制器,从而制作出一个定位精度相当可观的导航系统,它可以地球上的任何地方,判断当前时间、纬度、经度、水平方位、海拔等误差在 20 英尺内的定位数据。将 GPS 模块和简单的机器视觉、障碍回避系统一起使用,就可以制作出一个机器人,它可以在户外环境中通过接收 GPS 模块的定位数据来进行导航。也可以制作出一个小型的和精确的秘密跟踪系统,它允许使用者过后在 Google Maps 或 Google Earth 上检查行踪。当你的项目拥有在任何时间任何地点进行准确定位的能力时,它的作用就大了,没有它做不到的,只有你想不到的。随着 GPS 技术的定位精度越来越精确,户外机器导航将最终变成现实。就说这么多了,现在让我们回到我们那个定位在 296407.42mE,5350996.54mN,1080ft 的秘密实验室吧。

项目15 GPS 追踪设备

这个项目将使用一个 8 位的微控制器和一个 GPS 模块来制作出一个简单的跟踪装置,这个跟踪装置可以记录它的定位数据,然后将数据展现到一个像 Google Maps 或 Google Earth 这样的地图程序中。这个项目介绍了 GPS 模块与微控制器之间基本的串行通信方法,同时展示了如何解析 GPS 模块输送出来的数据流。为了使这个项目更加容易模仿,我们将源代码和硬件设施都做了尽可能的简化,其中预留了很大的拓展空间,你可以将其改造升级为一个功能更加强大的跟踪系统。

前面说过,GPS 是全球定位系统英文的简称,顾名思义,这是一个通过与多颗环绕地球运转的 GPS 卫星进行无线电通信,在全球范围内进行实时定位和计时的系统。任何一个 GPS 接收机都可以在空旷的任何地方,搜寻到至少 4 颗 GPS 卫星,然后它就可以接收到每颗卫星传来的无线电信号,GPS 接收机正是使用隐含在无线电信号中的信息来计算自身与每一颗卫星之间的距离。GPS 接收机的位置是通过一个运算法则计算得到的,这个运算法则的必要条件是获得每颗 GPS 卫星发送过来的无线电信号的信息和强度。有了这些信息,那么精准的当前时间和诸如经度、纬度、海拔、移动速度与方向等定位数据,就可以计算出来并显示到用户终端了。

图 4.18 这个项目将演示一个简单的 GPS 跟踪装置

　　GPS 模块就是一个可以为你进行所有复杂信号处理和数据计算的完备的 GPS 接收机。这些 1 英寸大小的四方块小盒子虽然很便宜,但是很令人惊奇,它可以锁定当前范围内的所有 GPS 卫星,然后开始以一种非常容易识别的字符串形式输送出定位和时间数据,我们只要使用一些输入/输出接线就可以将这些数据传送到微控制器进行处理。这个项目将制作出一个连接 GPS 模块和微控制器的原型设备,微控制器将记录下所有它接收到的定位数据,之后我们可以将这些数据导入到一个计算机地图软件(如 Google Earth)中去查看。

　　GPS 接收机模块在过去一些年间已经取得了很大的发展。图 4.19 所示是一块产自 San Jose Navigation(一个 GPS 公司)的型号为 FV-M8 的接收机模块,这是一个微型的只有 1 英寸大小的四方块,只要我们一给它接上电源,它就会立即开始工作。在接上电源之后,这个 GPS 模块将开始搜寻空间卫星,然后通过一个输入/输出接口向外发送一个 1Hz 的心跳脉冲,这时候我们就可以判断它已经获得了有效的定位。这个模块将同时向外发送串行数据,其中包含所有 GPS 定位相关的信息,这样就可以让微控制器或用户终端去接收并解析这些信息。想要在你的项目中添加 GPS 导航功能,你只需要三根接线,一根连接电源(3.3V),另一根接地,还有一根用来接收串行数据。连接好后,其他所有接收无线电信号并进行三脚测量的复杂工作都将由 GPS 模块来为你完成。

图 4.19　从 SparkFun 订购的产自 SanJose 公司的型号为 FV-M8 的 GPS 模块

　　购买 GPS 模块时都会附带一根小的数据线和连接头,这个连接头可以帮你顺利地将 GPS 模块安装到一块印制电路板上,但是要想用在电路实验板上就不大方便了。如图 4.20 所示,为了将 GPS 模块连接到电路实验板,我们决定将数据线从中间剪断,这样我们就可以将那些接线焊接到那一排排针引脚上了。将数据线剪断之后我们就有两根数据线了,且每根数据线的其中一端都有一个 GPS 模块的兼容性接口。

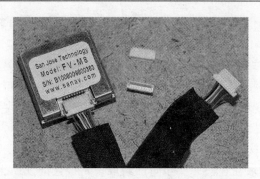

图 4.20　剪断 GPS 模块的数据线用来连接电路实验板

　　根据 FV-M8 使用说明书上的说明可以知道,GPS 数据线中的所有接线要么是电源线要么是数据传输线,因此我们改变了数据线的长度应该是没有什么问题的。使用说明书会向你详细介绍 GPS 模块接口的每个输出引脚,还有所有需要用到的计时和通信的参数设置。如果你计划使用一块支持连接 GPS 模块的开发板,那么输入/输出引脚的配置就不再那么重要了,但是最终你有可能需要将你的项目简化到只剩下一个 GPS 模块和一个微控制器。图 4.21 所示是从使用说明书上截

MTK-3301型GPS接收机系列
FV-M8GPS接收机模块
用户使用指南SANAV™

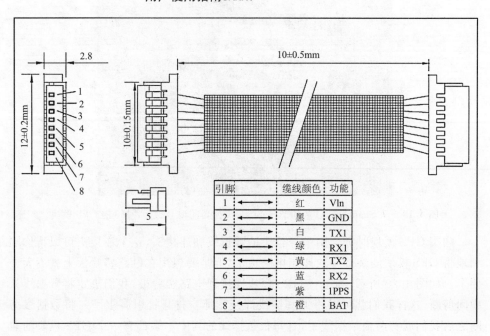

引脚		缆线颜色	功能
1	↔	红	Vln
2	↔	黑	GND
3	↔	白	TX1
4	↔	绿	RX1
5	↔	黄	TX2
6	↔	蓝	RX2
7	↔	紫	1PPS
8	↔	橙	BAT

图 4.21　使用说明书对所有的接线及默认设置进行了详细的图解说明

取的一部分内容,上面明确指出了从 GPS 模块连接出来的所有 8 根接线的目的。其实这 8 跟接线中,我们只需要其中的 3 根就可以将 GPS 模块的定位数据传送到微控制器,这 3 根接线分别是:电源线(VIN),接地线(GND)和传输线(TX1)。

连接 GPS 模块的数据线两端都有一个 8 只引脚的排针接头,所以我们想,如果将它从中间剪断,那我们就可以得到两根数据线了,一根用于连接电路实验板上的兼容性接口,而另一根则可以用于以后将我们计划使用 GPS 模块焊接到任何电路板上。如图 4.22 所示,我们将数据线从中间剪断,使剪开的那一端的接线分开,以便于我们将每根接线都焊接到可以兼容连接到电路实验板的排针引脚上。由于 SparkFun 公司也出售这些零散的小的数据线和接口,因此,以后当我们需要在印制电路板上使用原装接线时,我们随时都可以去购买新的。

图 4.22　准备将 GPS 数据线连接到电路实验板上

当我们将 8 根颜色各异的接线焊接到排针引脚上之后,GPS 数据线就可以在任何无焊料电路实验板上用来快速设计原型电路了。每一根接线的颜色差异是很明显的,其中红色的是电源线,黑色的是接地线,因此要想在无意中将电源线接反也是有困难的。除了电源线和接地线之外,其他的接线中我们只准备使用其中一根,那就是那根白色的串行数据传输线。我们将所有的 8 根接线都连接到排针引脚上,是因为万一我们想要试验改变 GPS 模块的默认参数的时候,就要用到其他某根串行接收线了。图 4.23 所示是最终完成后的兼容连接电路实验板的 GPS 模块和它的数据线。

图 4.23　制作完成后的兼容连接电路实验板的 GPS 模块和它的数据线

这个项目的目的是制作一个最精简的开源系统,该系统的用途是以一个设定速率在微控制器的内置存储器中记录 GSP 定位坐标,然后在地图软件(如 Google Earth)上回放和展示这些定位数据。为了使 GPS 模块和微控制器之间可以通信,我们需要将微控制器 AVR ATMega324p 的串行端口的数据发送/接收速率设置为 38400 字节每秒,这个速率正好是 GPS 模块默认的串行传输速率。在图 4.24 所示的电路图中,PORTD.2(PD2)就是微控制器 324p 的串行接收引脚。

为了能够与计算机通信,我们需要将微控制器 324p 的 PORTD.1(PD1)连接一个型号为 RS232 的电平变换器,这样才能满足计算机所需要的电压要求。图中的 MAX232 产自 Maxim(美信公司,成立于 1983 年,总部位于美国加利福尼亚的 Sunnyvale,是世界范围内模拟和混合信号集成产品的设计、开发与生产领域的领导者之一),它是一个很容易使用的串行电平变换器,它可以将微控制器的 3V 或 5V 的串行输出电压放大到计算机串行端口所需要的 12V。如果不使用这个电平变换器,计算机好像是接收不到串行数据的,就算能够接收,也会产生大量错误的和虚假的数据。正如你在图 4.24 中看到的那样,MAX232 电平变换器只需要三个外部电容器就可以实现其电平转换功能,所以它是一个使用起来非常简便,而且价格也非常便宜的设备,它支持将任何的微控制器连接计算机的串行端口。

由于古老的 9 针的计算机串行端口现在似乎已经不再流行了,因此你可能想要使用 USB 接口来代替它。来自 FTDIChip 公司的型号为 FT232 的集成电路,是一个功能类似的串行电平变换器和翻译器,它将要完成和 MAX232 相同的工作,但是它的职责是在微控制器的串行端口和计算机的 USB 端口之间进行变换。如果你在 Google 中搜索"FT232 to AVR",你将发现它看起来很像 MAX232,只要使用一些外部电容器和电阻器,就可以将一个微控制器通过一个虚拟的 USB 串行接口连接到计算机。你可以选择你的计算机所支持的任何串行通信方法,但是记住,如果没有这个电平变换器(MAX232 或 FT232),你就不能从微控制器接收到真实的串行数据,甚至根本就不能接受到任何数据。

除了 GPS 模块和串行电平变换器以外,从原理图中只看到极少数的一些其他部件,它们是两个按钮开关和三个可选的发光二极管指示灯。那两个按钮开关用来控制记录和回放,所以 GPS 定位点可以以某个设定的频率保存到微控制器的内置 SRAM(静态随机存储器)中。当处于回放模式时,GPS 定位信息就会以标准的 NMEA 协议下的 $GPGGA 格式,用很快的速度输送到计算机,然后计算机上诸如 Google Map 或 Google Earth 之类的地图软件就可以读取和显示这些数据。基本上,这个项目是一个超级简洁的 GPS 跟踪系统,它可以一直进行定位数据的存储,直到装满整个存储器。其中的 3 个状态指示灯可以同时向我们展示数据存储模式、数据回放模式和 GPS 定位时的工作状态。

图4.25所示是简单的GPS跟踪系统,首先我们要在一个无焊料的电路实验

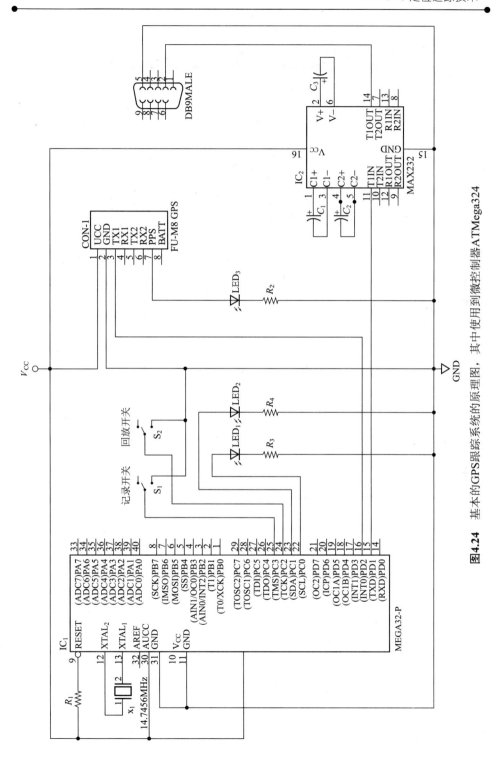

图4.24 基本的GPS跟踪系统的原理图，其中使用到微控制器ATMega324

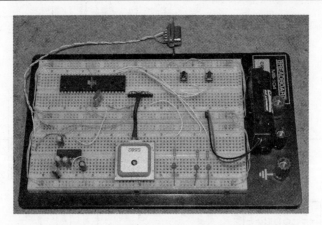

图 4.25 在一块电路实验板上搭建的 GPS 跟踪系统

板上进行简单的原型电路设计。如果你之前没有阅读"GPS 数据接收机"项目,那么我建议你回去阅读一下,因为在那个项目中非常详细地介绍了 GPS 模块和微控制器的连接。正如你看到的那样,我们只用到了 AVR324p 微控制器的 32 只输入/输出引脚的其中几个,但是为了能够存储 GPS 数据,我们需要微控制器拥有一个容量足够大的内置 SRAM(静态随机存储器),这就意味着使用一个大容量的数据包。确实如此,如果你想采集足够多的 GPS 定位数据,那么你将需要一个非常大的存储空间,而且这个存储空间不是任何一个微控制器可以满足的。我们这个项目将 GPS 定位数据都存放在微控制器内存中,这样只是为了制作一个简单的演示系统,更多更广的改进空间有待读者自己去挖掘。

由于 GPS 模块和微控制器都将运行在 3V 的电源下,因此我们只要选择使用一对三号电池就行。电池体积很小,因此待会可以将其一起装进跟踪系统,然后就可以通过一个磁铁装置将整个跟踪系统安装到一个交通工具上了。3V 的电压对于 MAX232 电平变换器来说是不够的,但是我们在使用过程中并没有因此遇到任何计算机通信问题。如果你要坚持采用说明书上的规格,那么你可以选择使用一个标准电压比 3V 要低的 MAX232 电平变换器,但最终你会发现它们并没有多大的区别。

由于 FV-M8 GPS 模块将以 38400 字节每秒的默认速率向外传输串行数据,因此我们需要选择一个拥有串行 USART(通用同步异步收发机)的微控制器,然后找一个时钟振荡器,它需要将串行速率设置引发的错误降低到最少。当使用更低的串行通信速率例如 2400 或 4800 字节每秒时,你常常可以使用任何时钟频率,但在使用更高的数据传输速率(例如 38400 字节每秒)时,你可能要用到某种"神奇的"时钟频率才可以保证你的通信系统不出故障,14.7456 就是其中一个很常用的"神奇的"串行通信时钟频率。在图 4.26 中的电路实验板上有一个罐式晶体振荡器,我们从废料收集箱中找到了好几个这种晶体,它们原先很可能是一块古老的 PC 卡上面的。

图 4.26　为了支持高速率的串行通信,时钟频率的大小是很重要的

　　常见的一些编程语言例如 C 语言、Basic 或 Arduino 都有内置的串行示例程序,它们支持在微控制器上使用两个 USART 装置,或简单地通过一个输出端口将数据流向外传输。需要注意的是如果主时钟频率选择不当的话,这些内置示例程序也是会出错的。在 16MHz 下,Arduino 不能够正确接收 GPS 模块的 38400 字节每秒的串行数据流,这是因为传输速率冲突引发了错误。如果使用 C 语言,在 20MHz 下,与 GPS 模块之间的通信能够稍微好点,但是实际上,如果你希望从 GPS 模块接收到真实的通信数据或者通过串行端口将数据输入到计算机,那么你将可能需要选择一个合适的时钟频率来满足高速率传输的串行 USART。在微控制器的使用说明书上,或者是在一些编译器(例如 CodeVision AVR)上,当你创建一个新的项目时,上面会列举出一些"神奇的"时钟频率。当你的串行数据传输速率超过 4800 字节每秒时就可以考虑使用这些特殊的时钟频率了。

　　除了一些电容器和一个直流电源,MAX232 电平变换器不需要任何其他的组件,就可以在你的微控制器和任何计算机之间起到电平转换的功能,如图4.27所

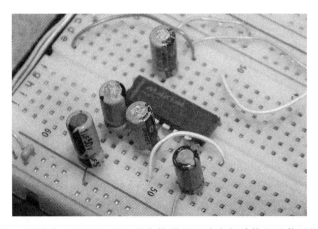

图 4.27　型号为 MAX232 的电平变换器用于改变与计算机通信时的电压

示。USB 接口的电平变换器 FT232 也是一个简单的电平转换设备，它可以通过一个虚拟的 USB 端口将 3V 或 5V 的微控制器连接到计算机。如果你只是需要从计算机发送数据到微控制器，那么就不需要电平变换器，但现在是从微控制器发送数据到计算机，而微控制器的电压是不足以驱使计算机串行端口来接收数据的，因此中间就必须要使用电平变换器。

如果你计划使用串行通信方式，那么图 4.28 所示的原理图将非常便于在一块小的电路板或穿孔板上制作。我们已经有若干包含 MAX232 或 FT232 的电路板，所以当我们需要在微控制器和计算机之间发送或接收数据时，只要直接将电路板插入某个项目设备或电路实验板上就可以。图 4.28 所示的原理图只是从微控制器到计算机的单向传输，但是想要实现从计算机到微控制器的传输，或是支持双向传输，那么就要将输入或输出连接到串行接口和 MAX232 集成电路了。支持 USB 串行转换的 FT232 变换器的工作原理也是一样的，它同样支持在任何低电压逻辑电路和计算机 USB 虚拟串行接口之间进行双向通信。

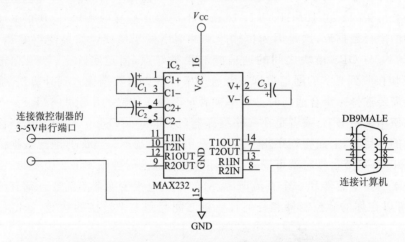

图 4.28　使用型号为 MAX232 的电平变换器发送数据到计算机串行端口

为了使计算机串行端口能够接收数据，你只需要两根线：接地线（引脚 5）和串行数据线（引脚 2）（参见图 4.29）。我们假设你正使用计算机上的一个标准的 9 针的串行端口来接收数据，当这两根线都连接上之后，串行数据流就会开始通过电平变换器发送到计算机了。

当你在一块电路实验板上搭建好这个电路，并制作出了连接到你的计算机的串行接口或 USB 接口之后，你就需要为你的微控制器编译一个简单的 GPS 数据记录程序了。这个程序是在 CodeVision（一种 C 语言集成开发工具）里开发出来的，且只适用于 AVR324p 微控制器，但是你可以很容易地对它进行修改，然后移植到其他任何的微控制器中。唯一的限制是存储在微控制器的内置 SRAM 中的数据量的大小，但是你可以扩展程序功能，使用一个串行 EEPROM（电可擦只读存储器)或闪速存储器来扩充数据容量,这样你就可以很容易地存储数小时甚至好几天的 GPS 定位数据了。而现在,我们只是要让这个最基本的系统运行起来就行,以此检验一下微控制器是否可以正常的解析、存储 GPS 定位数据并将数据传输到计算机中。

图 4.29　用于连接 9 针的 RS232 计算机串行端口的连接头

微控制器程序的运行过程是非常简单的。如果你按下数据记录按钮,当数据被存储到内置 SRAM 时,记录指示灯就会被点亮。在记录指示灯熄灭了之后,你就可以按下数据回放按钮,它会自动将数据传输到计算机的串行端口。这个数据是进行过格式化处理的,这样在 Google Earth 或 Google Maps 等地图软件中就会将数据作为标准的 GPS 数据来处理。AVR324 微控制器只有几千字节的存储空间,在 SRAM 存满之前,它可以存储大约 20 条 NMEA 协议的标准字符串。显然这个数据量是很少的,但是只要你快速在附近绕行,这些数据还是足够你用来测试硬件设备的。这个 GPS 跟踪测试程序是由 GPS 数据接收机项目的源码改写的,在这里会有更加详细的代码注释。

```
// * * * * * * * * * * * * * * * * * * * * * * * * * * * * * * * *
// * * * *程序功能:GPS 追踪功能
// * * * *主要设备:ATMEGA324P 微控制器和 FV－M8 型 GPS 模块
// * * * *时钟频率:14.7456MHz
// * * * * * * * * * * * * * * * * * * * * * * * * * * * * * * * *
# include <mega324.h>
# include <delay.h>


// * * * * * * * * * * * * * * * * * * * * * * * * * * * * * * * *
// * * * * 定义用于存储 GPGGA 数据的全局变量
// * * * * * * * * * * * * * * * * * * * * * * * * * * * * * * * *
char gpgga[80];
```

```
char track[1440];

// * * * * * * * * * * * * * * * * * * * * * * * * * * * * * * * * * * * *
// * * * * 以每秒 38400 字节的速率向串行端口发送数据
// * * * * * * * * * * * * * * * * * * * * * * * * * * * * * * * * * * * *
void DATSEND(char dat) {
while (! (UCSR0A & (1<<5)));
UDR0 = dat;
}


// * * * * * * * * * * * * * * * * * * * * * * * * * * * * * * * * * * * *
// * * * * 以每秒 38400 字节的速率读取 GPGGA 字符串数据
// * * * * * * * * * * * * * * * * * * * * * * * * * * * * * * * * * * * *
void GPSREAD() {
unsigned char ctr;
unsigned char data;

// $ GPGGA,223611.000,4821.9234,N,08916.4091,W,1,8,1.17,190.1,M,-35.0,M,,*6F
//语句标识头,世界时间,纬度,纬度半球,经度,经度半球,定位质量指示,使用卫星数量,
    水平精确度,海拔高度,高度单位,大地水准面高度,高度单位,差分GPS数据期限,差分
    参考基站标号,校验

//清除上一次的字符串数据
for (ctr = 0; ctr<80; ctr ++) {
gpgga[ctr] = 32;
}


// 等待 $ GPGGA 标识头
while (ctr! = 6) {
ctr = 0;
while (! (UCSR1A & (1<<7)));
data = UDR1;
if (data == '$') ctr ++;
while (! (UCSR1A & (1<<7)));
data = UDR1;
if (data == 'G') ctr ++;
while (! (UCSR1A & (1<<7)));
data = UDR1;
```

```
if (data == ´P´) ctr ++ ;
while (! (UCSR1A & (1<<7)));
data = UDR1;
if (data == ´G´) ctr ++ ;
while (! (UCSR1A & (1<<7)));
data = UDR1;
if (data == ´G´) ctr ++ ;
while (! (UCSR1A & (1<<7)));
data = UDR1;
if (data == ´A´) ctr ++ ;
}
while (data ! = ´,´) {
while (! (UCSR1A & (1<<7)));
data = UDR1;
}


//读取整行的 GPGGA 数据
data = 0;
ctr = 0;
while (data ! = 10) {
while (! (UCSR1A & (1<<7)));
data = UDR1;
gpgga[ctr] = data;
ctr ++ ;
}
}


// * * * * * * * * * * * * * * * * * * * * * * * * * * * * * * * * * * * * * * *
// * * * * 定义程序变量和端口设置
// * * * * * * * * * * * * * * * * * * * * * * * * * * * * * * * * * * * * * * *
void main(void) {

//定义主函数变量
unsigned char ctr;
unsigned char mode;
unsigned char skip;
unsigned int trk;
```

```
// SET USART0 TO TX @ 38400,8,N,1
UCSR0A = 0x00;
UCSR0B = 0x08;
UCSR0C = 0x06;
UCSR0H = 0x00;
UCSR0L = 0x17;

// SET USART1 TO RX @ 38400,8,N,1
UCSR1A = 0x00;
UCSR1B = 0x10;
UCSR1C = 0x06;
UCSR1H = 0x00;
UCSR1L = 0x17;

// 定义记录按钮引脚
DDRC.3 = 0;
PORTC.3 = 1;

//定义回放按钮引脚
DDRC.2 = 0;
PORTC.2 = 1;

//定义记录 LED 指示灯引脚
DDRC.1 = 1;
PORTC.1 = 0;

//定义回放 LED 指示灯引脚
DDRC.0 = 1;
PORTC.0 = 0;

// * * * * * * * * * * * * * * * * * * * * * * * * * * * * * * * * * *
// * * * * 程序初始化
// * * * * * * * * * * * * * * * * * * * * * * * * * * * * * * * * * *

// 清除存储器的数据
for ( trk = 0; trk<1440; trk ++ ) {
track[trk] = 0;
}
```

```
//重置变量
mode = 0;
skip = 0;


//* * * * * * * * * * * * * * * * * * * * * * * * * * * * * * * * * *
//* * * * 主循环
//* * * * * * * * * * * * * * * * * * * * * * * * * * * * * * * * * *
while (1) {


//* * * * * * * * * * * * * * * * * * * * * * * * * * * * * * * * * *
//* * * * 控制模式按钮
//* * * * * * * * * * * * * * * * * * * * * * * * * * * * * * * * * *


// 记录模式 = 1
if (PINC.3 == 0) {
trk = 0;
mode = 1;
PORTC.1 = 1;
PORTC.0 = 0;
}


//回放模式 = 2
if (PINC.2 == 0) {
trk = 0;
mode = 2;
PORTC.1 = 0;
PORTC.0 = 1;
}


//* * * * * * * * * * * * * * * * * * * * * * * * * * * * * * * * * *
//* * * * 控制状态 LED 指示灯
//* * * * * * * * * * * * * * * * * * * * * * * * * * * * * * * * * *


// 闲置模式
if (mode == 0) {
PORTC.1 = 0;
PORTC.0 = 0;
```

```
}

// 记录模式
if (mode == 1) {
PORTC.1 = 1;
PORTC.0 = 0;

//回放模式
if (mode == 2) {
PORTC.1 = 0;
PORTC.0 = 1;
}


// * * * * * * * * * * * * * * * * * * * * * * * * * * * * * * * * * * * *
// * * * * 模式 1：向微控制器缓存中存储 18 条 GPS 数据(1440 ÷ 80) = 18
// * * * * * * * * * * * * * * * * * * * * * * * * * * * * * * * * * * * *
if (mode == 1) {

// 从 GPS 模块中读取 GPGGA 数据
GPSREAD();

//每次记录第 20 条定位数据
skip ++ ;
if (skip == 20) {
skip = 0;

// 将 GPGGA 数据发送到 USART
DATSEND('$');
DATSEND('G');
DATSEND('P');
DATSEND('G');
DATSEND('G');
DATSEND('A');
DATSEND(',');
for (ctr = 0; ctr<80; ctr ++ ) {
DATSEND(gpgga[ctr]);
}
DATSEND(13);
```

```
//存储用于回放的 GPGGA 数据
for (ctr = 0; ctr<80; ctr ++ ) {
track[ctr + trk] = gpgga[ctr];
}


// 累计定位数据的指针
trk = trk + 80;


//微控制器的缓存被填满后停止记录
if (trk>1440) mode = 0;
}

}


// * * * * * * * * * * * * * * * * * * * * * * * * * * * * * * * * * * * * *
// * * * 模式 2：向 USART 发送 18 条定位数据
// * * * * * * * * * * * * * * * * * * * * * * * * * * * * * * * * * * * * *
if (mode == 2) {


//发送所有 18 条定位数据
for (trk = 0; trk<1440; trk = trk + 80) {


//创建 GPGGA 字符串数据
DATSEND('$');
DATSEND('G');
DATSEND('P');
DATSEND('G');
DATSEND('G');
DATSEND('A');
DATSEND(',');


for (ctr = 0; ctr<80; ctr + +) {
DATSEND(track[ctr + trk]);
}
DATSEND(13);
}


// 从缓存中取完所有定位数据,切换至闲置模式
mode = 0;
```

273

```
    }

    //主循环结束
    }
    }
```

在你拿起电路实验板并准备测试之前,首先确保你的计算机在打开终端程序(如超级终端)之后,可以正常地接收到串行数据流,超级终端程序是 Windows 系统自带的程序。大多数编译器和集成开发环境也都包含一个串行终端,所以你只需要将电平变换器的 USB 接口或 9 针的串行数据线连接到计算机,然后打开终端程序,将终端的接收速率设置成与你的 GPS 模块和微控制器相同的速率就可以了。如图 4.30 所示,串行通信设置是 38400,8,N,1(38400 字节每秒,8 位,无奇偶校验,1 位停止位)。其中的"8,N,1"是近乎每种设备的通用设置。

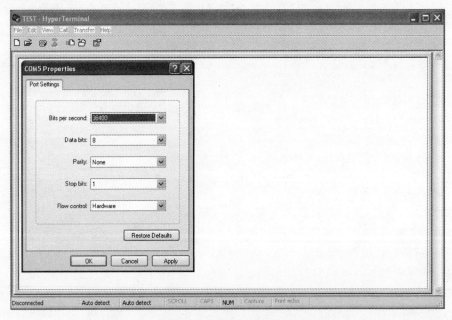

图 4.30   使用计算机的超级终端测试串行通信

在图 4.31 所示的屏幕截图上显示的大量数据是直接从 GPS 模块接收到的 NMEA 协议的各种字符串。通过将 GPS 模块的发送引脚连接到 MAX232 电平变换器的接收引脚,计算机就可以直接获取到这个数据流了。在这里暂时没有使用微控制器,这样你可以校验你的 GPS 模块是否正在向外发送数据。型号为 FV-M8 的 GPS 模块向外发送 NMEA 数据的频率默认是每秒 5 条字符串。NMEA 数据都是以"＄GP"开始的,然后随后紧跟着三个用来区分数据格式的字符。从图 4.31所示的屏幕截图中可以看到,从 GPS 模块接收到 5 种不同格式的数据流信息,它们分别是:"＄GPGSA"、"＄GPGSV"、"＄GPRMC"、"＄GPVTG"和"＄GPGGA"。虽然 GPS 模块默认会发出这 5 种格式的数据,但是在我们的微控制器中将只使用其中的 GPGGA 格式的字符串数据。

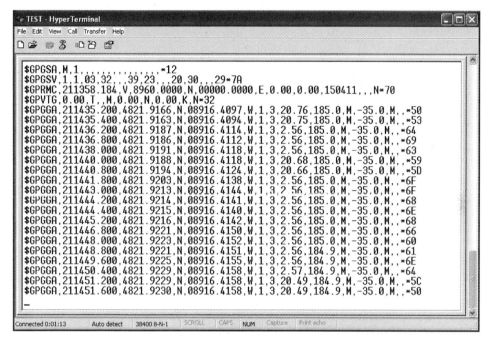

图 4.31　在计算机超级终端中实时显示 GPS 模块的数据流

大多数 GPS 模块的输出数据都是使用 NMEA(国际海洋电子协会)协议下的数据格式。NMEA(National Marine Electronics Association,国际海洋电子协会)协议是 GPS 接收机应当遵守的标准协议,也是目前 GPS 接收机上使用最广泛的协议。它是一种航海、海运方面有关于数字信号传递的标准,有若干种不同的数据格式,其格式都是格式标识符加上一连串用逗号分隔的具体数值。毫无疑问,在编写你自己的 GPS 软件之前,需要事先熟悉你的 GPS 模块输出的数据流的格式,然后从多个可能的字符串格式中选择其中一个去进行解析。在 Google 的搜索栏中输入"NMEA stirngs"或"NMEA sentence",就可以搜索到所有可能的 NMEA 的字符串格式,其中必定有你需要的格式。

当你通过直接在计算机超级终端查看,可以确定你的 GPS 模块能够正常发送出串行数据时,你就可以将 GPS 模块的发送引脚连接回到微控制器,这样就可以通过微控制器程序来读取和解析 NMEA 数据了。连接微控制器之后,数据将不再向外发送,计算机终端的数据流将会停止,直到设备上的一个按钮被按下。

按下数据记录按钮后,在微控制器保存了 18 条 GPS 定位数据到内置的静态随机存储器之后,记录指示灯将开始被点亮。我们将程序设置为每次保存第 20 条

$GPGGA格式的数据字符串，由于GPS模块发送数据是每秒发送一次，因此记录指示灯在20秒之内将保持点亮状态。你可以修改记录循环段的代码行"if（skip==20)"，将20替换为其他数值，这样就可以简单地改变记录字符串的频率。当数据被记录下来之后，它将被发送到串行电平变换器和你的计算机终端程序。进行过解析和处理的数据将会如图4.32所示，其中只包含"$GPGGA"格式的字符串，所有其他的字符串信息都已经被过滤掉了，因此现在的数据具有更高的可读性。

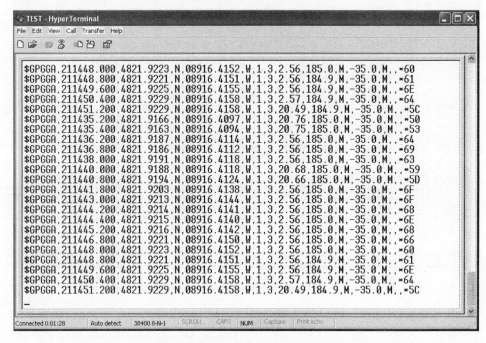

图4.32　在计算机超级终端显示微控制器处理过后的NMEA数据

这个项目是假设你已经清楚了GPS模块通信原理的条件下运行的，如果你正使用一个与FV-M8不同的GPS模块，那么你将很可能需要调整传输速率或者重新选择发送出来的NMEA数据格式。如果你不能在GPS模块中设置这些参数，那么你将需要在微控制器程序中改变这些参数，以此来匹配PGS模块的设置。有关GPS模块和NMEA数据格式的更多信息可以参看项目"GPS数据接收"。

现在，让我们来使用Google Earth或Google Maps来显示我们的实时定位数据。打开Google Earth，然后单击"Tools"菜单，选择"GPS"，之后将弹出图4.33所示的窗体。在这个窗体中选择"NMEA"协议，然后勾选"Automatically follow the path"复选框，这样Google Earth将自动根据GPS模块的定位信息直接定位到相应的位置。当你按下"Start"按钮后，这个窗体就会消失，然后Google Earth将开始跟踪从串行端口或USB接口接收到的实时定位数据。

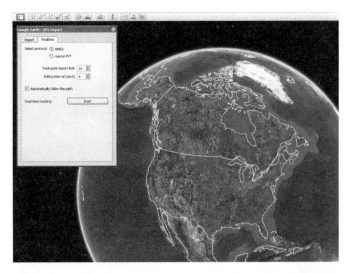

图 4.33 将 Google Earth 设置为显示 GPS 模块的实时定位数据

你可以和前面一样将 GPS 模块的数据传输线接回到接收引脚,也可以按下电路实验板上的记录按钮或回放按钮来将数据流发送到计算机。不论什么方法,Google Earth 都将检测到数据流并开始解析接收到的任何格式的 NMEA 数据。Google Earth 可能需要花费几秒钟的时间在地球上定位,但是一旦它开始定位,它将根据你最近的定位信息,带你直接飞往准确的地方,其定位误差应该在 20 英尺左右。

在发送 NEMA 字符串到计算机的几秒钟的时间里,Google Earth 会立即行动,它旋转地球并放大地图,直到定位到我们的准确地点,如图 4.34 所示。在一块电路实验板上搭建的简单电路竟然可以在顷刻间知道我们在地球上所处的位置,这真是一件很酷的事情,同时会让人感觉不可思议! 至于定位精度,GPS 通常可以将定位误差控制在 20 英尺左右,但是 Google Earth 地图上的那个很小的定位点看起来刚好覆盖在我们的实验室所在房子的上空,这正是我们当前所在地。如果我们在所处地附近点击其中的"Street View"图标,Google Earth 就会放大到街道视角,然后我们就可以看到一张夏天的照片,照片中有一幢房子,而此时这里满地都正覆盖着一层雪。

当你确定程序可以成功地从 GPS 模块接收、存储并在计算机上回放 NMEA 数据时,你就可以拿着你的原型电路做一次测试旅行了。由于受到微控制器的内置静态随机存储器的存储空间的限制,你将只能进行短暂的旅行,不过你也可以调整一下记录数据的频率,这样就可以进行更长时间的旅行。不论你采取什么方法,你都只能在 AVR324 微控制器的静态随机存储器中存储 18 个定位点的定位数据。当然这个项目只是一个理论的验证,后期还可以进行功能扩展。

图 4.34 按下按钮之后,Google Earth 就会开始在地图上进行准确的定位

　　我们调整了记录数据的频率,这样我们就可以有足够的时间绕行两个街区来采集定位点的数据。我们花费了好几次的计时修正来采集 18 个相对分散的定位点,最终很好的产生了预期的效果。图 4.35 所示是搭建在电路实验板上的 GPS 跟踪设备,我们正准备带着它绕着街区做一次旅行。当我们开车出发的时候,我们按下了记录按钮,然后从这条街开到那条街,转了一圈最后回到原点。在旅行刚结束时,记录指示灯也刚刚关闭了,所以我们知道,将存储的定位数据展现到地图软件上可能会是一个环形。由于这个项目是将定位数据存储在微控制器的静态随机存储器中,断电后数据就会丢失,因此为了不让它断电,我们必须小心谨慎。如果想进行长时间的GPS 定位数据的采集,那么可以选择使用一个更大容量的闪速存储器。

图 4.35 带着 GPS 跟踪设备的原型电路准备绕着街区做一次快速旅行测试

　　这个 GPS 模块非常棒,它可以在一分钟之内搜寻到 GPS 卫星并进行定位,这实际上比 Garmin 的手持型 GPS 还要稍微快一些。我们绕着附近的街区做了好几次旅行,也用手持型 GPS 做了定位数据的记录,这样待会就可以在 Google Earth 上将它与我们的 GPS 跟踪设备进行比对,如图 4.36 所示。GPS 模块和手持型 GPS 都精准地显示出两条街区之间的宽度,只是在拐角处定位到马路的境外去了。GPS 技术在室内定位时并不是十分的精确,但是在户外宽阔的区域内,将机器人装上 GPS 系统和障碍回避系统,它就可以更好地完成工作。

图 4.36　在附近的街区沿途采集 GPS 定位数据

　　当绕着街区旅行完成后,电路实验板要小心地从汽车的仪表板上移到实验室,以便进行数据传输。为了在计算机上显示旅途中的定位数据,就需要用到一个可以导入和解析 NMEA 数据的地图软件。一个简单的分析数据的方法是,获取从微控制器的存储器中传输出来的数据流,然后保存到一个文本文件中。如图 4.37 所示,从 Windows 超级终端中得到 GPS 数据正在被获取并保存到一个文本文件。从一个超级终端中获得数据的方法是,选择"Captrue Text",然后选择一个用于存储文件的本地路径。当文件被选定后,按下回放按钮将数据保存到文本文件。当你停止获取时,微控制器所存储的 $GPGGA 格式的定位数据就会保存到文件中。

　　由于 Google 地图软件不能读取由终端程序所保存的未经处理的 NMEA 文本文件,因此需要将其转换成一种 Google Earth 或 Google Maps 能够识别和打开的格式,如图 4.38 所示。在 Google 网站中搜索"NMEA to KML",你会搜索到好几种 GPS 数据格式转换工具,其中包含一个在线转换工具,网址是 http://www.h-schmidt.net/NMEA/。我们单击浏览按钮,然后选择本地路径下的来自系统超级终端的数据文件就可以了。在转换过程中会有一些其他的可用选项,但是我们全都使用了默认设置。

　　这个在线转换工具可以读取任何包含有效 NMEA 字符串的文本文件,然后将它们转换成 KML 格式的数据,之后就可以导入到 Google Maps 或 Google Earth

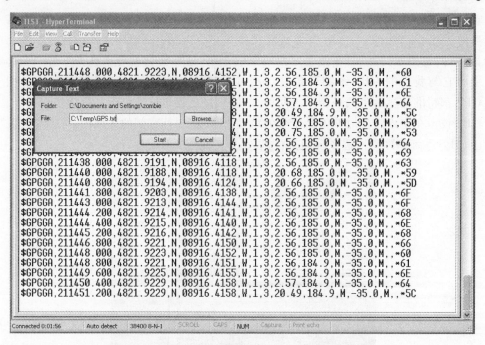

图 4.37　获取 GPS 定位数据用于导入到地图软件中

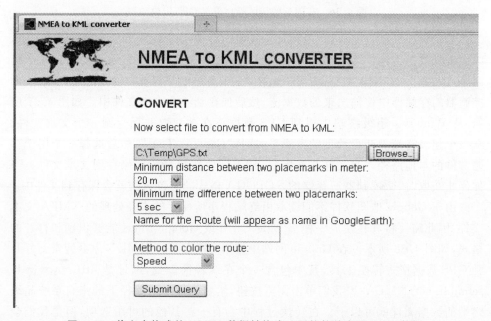

图 4.38　将文本格式的 NMEA 数据转换成地图软件兼容的 KML 数据

软件中了。同时安装了这两个软件时会提示你选择需要直接启动的程序,如图
4.39所示。虽然现在网上有很多数据转换工具可以使用,但我还是希望以后新版
的 Google Earth 可以直接读取 NMEA 数据的文本文件,这样就不用再进行数据
转换了。

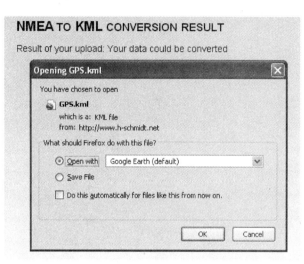

图 4.39 当转换完成后需要选择保存或打开方式

打开 Google Earth 之后,KML 格式的文件就会被加载进去,然后 GPS 定位轨
迹就会在地图上显示出来,如图 4.40 所示,将总共 16 个定位点连接起来就是我们
的整个行程。我们另外用手持型 GPS 进行了同样的行程跟踪,在直接比对它们的
定位数据之后发现,这个 GPS 跟踪设备原型电路的定位精度可以和商业 GPS 成
品同样精确。为了以后的实验方便,我们将会把这个原型电路设计到一个小黑盒
子里。只要将发光二极管指示灯移除,然后加入一块强力磁铁,我们就可以将其固
定在汽车上某个不显眼的地方。在使用原型电路进行了这项随意的测试之后,我
们下一个版本的设备将要加入一个可以存储更多 GPS 数据的大容量存储器,还可
以进一步支持更多格式的 NEMA 字符串的解析和格式化。

尽管使用一块实际应用的电路板和装配组件,就可以制作出一个体积更小,构
造更简洁的原型系统,可是我们还是希望这个 GPS 跟踪设备就是一个操作快捷
的,容易制作的小盒子,可以随时进行定位测试。在这个项目中,除了 GPS 模块、
一个 40 只引脚的 AVR324 微控制器、MAX232 串行电平变换器和一些电容器以
外,就没有其他的电子元器件了,因此只需要用一小块穿孔板就可以制作出电路
板。这时候发光二极管指示灯是看不见的,因为它不仅起不到作用,而且长时间亮
灯会耗费电源,所以我们可以直接将其移除。图 4.41 所示是一个黑色的塑料小
盒,其中预留了足够的空间来安放电池、GPS 模块和那个很小的电路板。因为
GPS 模块的天线是内置的,所以如果将它安装在一个钢铁或铝制盒子内,卫星的无

线电信号将会受阻,这样就会影响 GPS 模块的定位。而使用黑色的塑料盒子则不会对 GPS 模块的运行造成影响,只要 GPS 天线是对准塑料,而不是对准其他电子元器件就行。

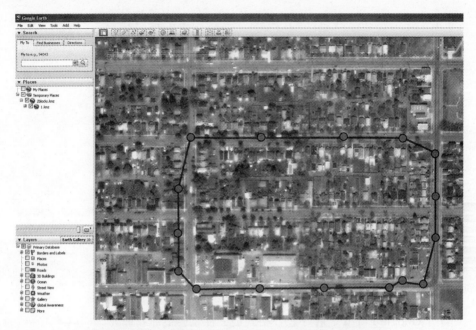

图 4.40　在 Google Earth 上显示原型电路定位的行程路线

图 4.41　使用基本的原型部件来快速组装 GPS 跟踪设备

　　在这一小块穿孔板上搭建电路时确实没有太多的接线工作要做,因为这个电路真的是太简单了。使用细小的接线将电子元器件都焊接到穿孔板的底部,在引脚之间预留一些空间,这样就可以将它们弯曲 90°,从而使全部元器件都安装到穿孔板上。如果你想要移除微控制器来进行重新编程(如果不是使用 ISP 编程)或在将来某个项目中使用,那么使用一个能够连接任何微控制器的接口会是一个很不错的选择。对于这个塑料盒子来说,9 针的串行端口真的是太大了,因此我们使用了一个直径为 1/8 英寸的单声道插座(如图 4.42 所示)。实际上由于这个串行端口只有两根接线,我们可以使用任何类型的插座。

图 4.42　在一小块穿孔板上制作黑盒子里的原型电路

在安装完电路板之后,塑料盒内刚好还有足够的空间来安放两个开关和串行插座,如图 4.43 所示。当然这个设备可以做进一步改造使其体积更小,但是现在已经是口袋 GPS 的一半大小,所以它可以很容易地安装在汽车底部的隐蔽处,或者是放在卡车的车箱里。

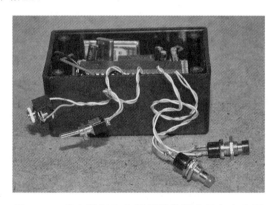

图 4.43　将电路板和电子元器件装入黑色小盒子

在将所有电子元器件和硬件设施都塞进塑料盒子之后,GPS 跟踪设备就组装完成了,如图 4.44 所示。这个盒子使用了一个铝制的盖子,但是这不会影响 GPS 的定位,因为 GPS 天线并没有指向这个盖子,而是指向了空置的一边,从而获得最理想的信号接收。在将这个盒子粘到汽车上时,注意使盒子平坦的一面朝外,这一点很重要,因为只有这样,GPS 天线才不会被任何金属物遮盖。这个隐蔽的跟踪设备使用起来是非常简单的,首先打开电源开关,等待大约 1 分钟的时间,然后将其粘在一辆汽车的外面或里面,再按下红色按钮就可以开始定位了。要想将数据导入 Google Earth,只需要将设备连接到计算机串行端口,然后按下黑色按钮就可以开始传输数据了。这个概念模型的唯一缺陷就是缺少一个外部存储器来提供更多的存储空间，从而获取足够多的 GPS 定位数据。

图 4.44　制作完成的 GPS 跟踪设备

由于这个小塑料盒没有足够的空间来放置 DB9 串行接口，因此我们只使用了一个直径 1/8 英寸的单声道耳机插孔来代替。图 4.45 所示的转接导线将 DB9 串行接口的引脚 2 连接到直径 1/8 英寸的耳机插头的尖点上，而 DB9 接口的引脚 5 则连接耳机插头的接地线。为了支持计算机和 GPS 模块之间的双向通信方式，就需要用到一个直径 1/8 英寸的立体声头戴式耳机的连接头。我们不想改变 GPS 模块的默认设置，因此只用了两根接线的数据线。

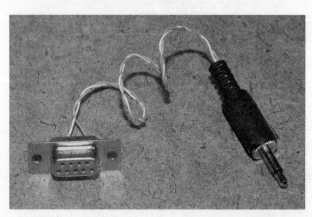

图 4.45　为了导出数据，需要制作一根将耳机插头与串行端口相连的数据线

为了制作出一个安全的系统，我们在塑料盒的顶部用双面胶粘了一块 2 英寸长的合金磁铁，如图 4.46 所示。实际上这块磁铁对这个小设备的磁性非常强，但是我们不想在路上不小心将 GPS 模块丢失，因此才用了双面胶。当将这个装有磁铁的设备吸附到一块金属体上时，磁铁会紧紧的吸住金属体，这时候如果要取下

了,只能用一把塑料螺丝刀将磁铁与金属体撬开,不要试图生硬地拔下来,因为这很可能将设备的盖子拔出来。如果磁铁小一些,它的磁性也会小一些,因此一半大小的磁铁可能会更合适,但是我们可不想这个 GPS 跟踪设备掉下来然后落入敌人手里,或者是被雨水冲入下水道里。

图 4.46 使用一块非常强劲的合金磁铁将 GPS 设备固定到钢铁表面上

想要秘密安装这个 GPS 跟踪设备那是很简单的事情,只需要将它贴到某个金属外壳上就行了。但是注意需要给 GPS 天线留有空间来接收 GPS 信号。我们发现这个设备可以在大多数载体上安装和使用,包括安装在一辆汽车的下面。如图 4.47 所示,如果汽车的牌照部位有一个很小的隐蔽空间,像雪铁龙 S10 那样,那么这个隐蔽处就非常适合放置这个小设备了。有了这块磁性超强的磁铁,哪怕是与金属体之间隔着一层玻璃,这个 GPS 跟踪设备也可以紧紧地吸住。

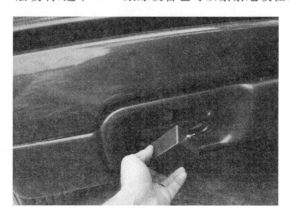

图 4.47 在一个不影响 GPS 天线的隐蔽区域安装 GPS 跟踪设备

我们下一步需要改进的,除了使用更大容量的存储器之外,还需要把 GPS 定位状态指示灯再添加进去,然后这样这个设备就可以在安装之前启动,从而节省时间,并保证在按下记录按钮之后可以开始实时记录坐标位置。在开始记录数据之后,最好是让指示灯停止闪烁,这样盒子里就不会发出闪烁的灯光。在黑夜里,如果盒子不断的闪烁红色光,那就明显暴露了目标,更不用说这个设备本来就看着像一颗定时炸弹! 我们都只是想要和朋友开开玩笑而已,真要那么吓唬别人就有点过分了!

这种隐蔽型的 GPS 数据记录设备与之前在电路实验板上搭建的实验电路一样可以进行准确的定位,甚至还可以和手持型 GPS 相媲美。在我们的很多次测试中,只发生过一次 GPS 设备确实丢失信号的事情,但这是因为天线几乎完全被一些金属物体遮挡住了。为了让这个简易型的原型设备保存更多一点的定位数据,我们将 AVR324p 微控制器(4KB 的内存)更换为 AVR1284p 微控制器(16KB 的内存),这样我们就可以保存原先 4 倍多的 NMEA 数据,可以进行大约 20 分钟的数据记录。虽然这仍然远远不能满足实际应用的数据量需求,但是确实可以进行更长行程的跟踪定位,如图 4.48 中的 Google Earth 地图所示。

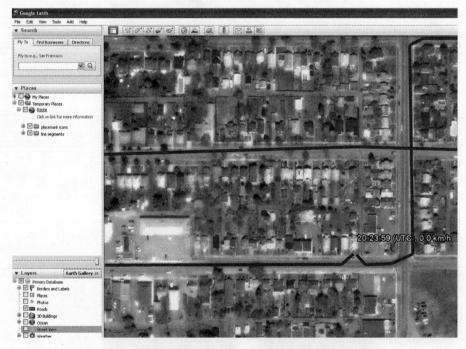

图 4.48 这个隐蔽的 GPS 跟踪设备可以跟踪你到天涯海角

这个 GPS 跟踪设备的研发项目取得了很大的成功。其中的微控制器代码非常简洁,具有很大的功能扩展空间,你可以增强数据记录频率和设备运行的可控性能。如果使用一个外部的 EEPROM(电可擦只读存储器)或闪速存储器,那么这个 GPS 跟踪设备可以储存数小时甚至好几天的定位信息。通过在微控制器和计算机之间建立双向通信,我们可以制作出一个完整的基于用户终端的菜单系统,然后就可以在计算机上设置 GPS 跟踪设备的参数;添加一些其他数据特征,例如日程、位移侦测、灯光侦测、方向和速度记录,以及很多其他的不需要大型硬件支持的特征;使用更小的表面吸附装置和一块锂电池,可以使这个 GPS 跟踪设备小到跟一个火柴盒一般大;选择一个节省电源的微控制器可以让设备连续运行好几天。可以说这个项目的性能优化和功能扩展是没有限制的,所以拿起你的烙铁去将你的想法变成现实吧。

信号的发射与窃听 **5**

项目16 激光侦探设备

激光侦探系统被很多人认为是高科技侦探设备中的必杀技,因为它不需要在所在地安装任何窃听器或发射机,就可以让人听到遥远的建筑里的谈话声。这种激光侦探系统据说是由前苏联物理学家雷奥·特雷门在 20 世纪 40 年代发明的。特雷门的这个系统可以通过感触玻璃表面上的微弱振动,从一个附近的窗户上探测到声音。后来苏联国家安全委员会(KGB)用这种设备侦探英国、法国和美国驻莫斯科的大使馆。还有一个比较有趣的事是雷奥·特雷门发明出了世界上第一台

部件清单
IC_1：LM386 1-W 音频放大器集成电路
电阻器：$R_1 = 1k\Omega(K)$，$R_2 = 10k\Omega$，$VR_1 = 50k\Omega$ 电位计
电容器：$C_1 = 0.01\mu F$，$C_2 = 10\mu F$，$C_3 = 470\mu F$
感应器：$Q_1 = NPN$ 型光电晶体管或硫化镉元件
头戴式耳机：单声道或立体声头戴式耳机及插座
电源：$3\sim9V$ 的蓄电池或电池组

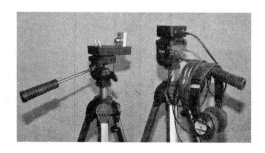

图 5.1 制作远距离激光侦探系统

电子乐器,这是一台不需要身体接触的交响乐器,后来被人们称为"特雷门琴"。

这种激光侦探系统有很多种称号,例如激光传声器、激光监听器、激光窃听器、窗户振动监听器以及其他一些类似的名称。激光侦探系统在理想状况下的效果很好,但是它有很多的限制条件和薄弱环节,在这个项目中我们将会讨论到这些问题。你可以制作出属于你自己的激光侦探设备,使其符合你的独特需求,这是体验激光侦探技术最好的方法,比花费上百甚至上千美元去购买一个现成产品要好得多,而且那些买来的产品可能还没有你自己制作的好。我们在网上看到有很多待出售的激光侦探产品,可是这些设备不仅使用的技术老套,而且对激光侦探技术还存在错误的描述,他们声称这种设备是通过调制激光光束来将窗户玻璃的振动转换为声音的,显然事实并非如此。让我们抛弃这种貌似神奇的言论吧,我们要做的是一步一个脚印地制作出真正的激光侦探系统,并探究这个系统的每个构成部分的功能。

我将从一个超级基础的理论测试系统开始研究,之后你将看到激光侦探系统是怎样将微弱振动转换成声音的,而且为了达到最佳的效果,激光器和接收器需要进行特别细致的部署和设置。最基础的配置可能会被证实是最实用的,因此你使用 20 美元购买的部件制作出来的系统,其运行效果可能和你花上千美元从网上买到的产品一样好,甚至会更好。最终你将发现,使用激光光束侦探的秘诀在于设备的安装部署和光束的感应,并非满是奇特滤波器和光学组件的神奇黑盒子。

显然,激光侦探系统肯定要用到激光器,激光器将光束发射遥远的物体上,物体再返回光束到接收机,由接收机进行解码与分析。在深入研究这个项目之前,让我们先来了解一下这个系统的运行原理,并证实此设备并非网络上宣扬的那么神乎其神。首先,这种激光侦探设备并非像一些激光通信设备那样依靠激光光束的调制来达到目的。激光光束的调制其实是不可能的,就算是调制也只是调制光束的强度,而且激光器是要安装在你的位置,而不是目标位置。激光侦探设备的真正工作原理并非调制解调,而是震动感应!激光射向目标窗户后,会从目标窗户那里反射回来,谈话声或嘈杂声会让窗户玻璃产生的微弱震动,这样返回的激光光束也会发生微弱的变化。这就是为什么接收机达到最理想的条件是需要由光电晶体管对激光光束进行细微的补偿,后文中我们会有关于光电晶体管的介绍。因此激光侦探系统的原理在于震动感应,与信号的调制解调无关。

在这个项目中,你可以使用任何你喜欢的激光器,不论是最先进的研究所里的激光器还是 2 美元的便宜货,在这里它们并没有多大的区别。使用便宜激光器的唯一的缺点是,如果你想要让它长时间发光的话,你就要为它连接一个外部电池组,虽然这是很容易做到的事情。激光的颜色在这个项目中也无关紧要,红色和绿色都可以,使用可视激光器可以很容易地找到激光光束的来源,尤其是在晚上的时候。鉴于这个缘故,可视激光器可用于在白天进行初期实验,而不可见的红外线激光器则可以用于最理想的长时间运行和夜间运行。当然,选择什么样的激光器全都由你的使用目的所决定。这里鉴于演示和试验目的,选用一个可视红色激光器将是最理想的。图 5.2 所示是一些不同类型的激光器。

图 5.2　你将需要用到某种类型的激光器

我们第一次用激光器做实验是在 20 世纪 80 年代的时候,那时候我们在一本电子杂志找到一篇有关 DIY 的论文。当时的激光器是很庞大的、很昂贵的怪物,但是我们还是傻头傻脑的买了一个,然后照着那篇论文中讲的那样一步一步去做。可是结果很遗憾,做出来的系统根本就是个废物,后来有传言说那篇论文完全就是欺骗读者的假论文。然而事情的原委是那篇论文把设备的制作讲的很轻松,没有提及设备的安装和装配是极其困难的,尤其是当你需要从一个遥远的窗户玻璃上获得震动感应的时候就更是如此,我们这里将要制作的设备同样面临这个问题。当我们告诉你这个设备确实可以运行时,请相信我们,但是若要使用它隔着大街侦探街道那边的声音,就必须对设备进行非常严格的装配和微调,这将十分考验你的耐心。可以很诚恳的告诉你,就算你只是想用这个设备去偷听你的邻居,能听到的概率也只有千分之一。影响这个设备的侦听效果的因素太多了,例如窗户玻璃类型、建筑物的结构、当日时间、目标声音的高低,更主要的是你的耐性。我们已经成功地制作出了一个可以隔着城市街道侦听窗户震动的设备,但是请记住,这不是一项简单的工作。任何网站上配套出售的这种设备,如果它声称只要将设备对准就可以侦听到声音,那么你可以立即将它否定。

我们先要制作一个"测试窗户"用来反射激光光束,为此,可以使用一个小的扬声器连接到某种音频播放器,例如一个收音机或计算机的耳机插孔,如图 5.3 所示。不要担心音频播放器的音量大小,只要你可以勉强听到扬声器的声音就不会有任何问题。任何小收音机或便携式音乐播放器都会有一个耳机插孔,你可以将扬声器插在这个耳机插孔上。扬声器的大小并不重要,只要它有足够大的表面来反射激光光束就行。一些扬声器在中心已经有一个铬金属圆盖,因此如果你可以找到这样的一个扬声器,那么你将不需要使用镜子。你可以在扬声器上焊接合适的插头,例如一个直径 1/8 英寸的头戴式耳机插头。

图 5.3　使用一个小扬声器来模拟震动的窗户

　　任何一小块高度反射光线的表面例如一面镜子,都可以在测试期间用来检验激光器光束,如图 5.4 所示。一面普通镜子的效果最好,因此你可以找一面陈旧的镜子,然后用一把钳子将其折断成小块,或者找一面小巧的口腔镜,去掉外围的塑料套,取出里面圆形的镜子。为了将这面小镜子粘贴在扬声器的中间,你可以使用热胶或者双面胶。镜子的大小并不重要,因为激光器光束发射到物体表面上时只有几毫米宽。如果你选择将一面大镜子折断成小块,那么就要使用一块布或纸巾包裹住要折断的部位,这样当你用钳子折碎镜子时就不会从镜子里飞溅出小碎片。任何一个高度反射光线的塑料或金属表面都可以在这个实验中使用,甚至还可以凑合着使用一枚闪闪发光的硬币。

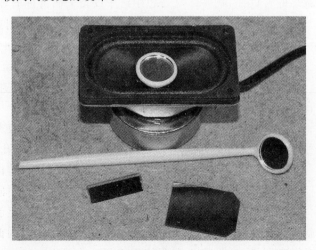

图 5.4　在扬声器的中间粘上一块可反射光线的镜子

扬声器要发出声音就必须要连接某个音频播放器,但是最好是将音量调到很小,只要你把耳朵贴上扬声器刚好能听到声音即可,如图 5.5 所示。将扬声器音量调小的目的是为了模拟真实的侦听应用环境,这样光束反射表面的震动就极其的微弱。这项测试非常适合使用一个便携式音频播放器,因为它有一个低功率的前置放大器,且可以连续运行数个小时。将你的播放器调成无限循环播放模式,然后将音量调节到尽可能的低,低到你几乎听不到扬声器的声音为止。

图 5.5 将扬声器连接到一个音频播放器

摆放激光器和目标物体的位置,使激光器光束可以准确到达物体表面并反射回来,这并不是一项简单的任务,而且当激光器和目标物体的距离逐渐加大时,你的设备误差也会随着增加。在距离 500 英尺时,光束对位移的变化会非常敏感,因此当你在激光器旁边走动时,你需要非常地小心,因为你房间内地板的震动足够让光束偏转 1 英寸甚至更长的距离。当我们好不容易成功地装配出一个较长距离的测试阵型时,我们发现这个阵型太敏感了,就连外面马路上一辆过往的汽车造成的震动也会对室内的这个系统造成干扰。激光器侦探设备毫无疑问是可以侦探到数百英尺之外的动静,甚至可以穿越好几个城市街区,但是外界震动因素会给它造成很大的影响,因此你可能会希望将这个设备安装在一块相当沉重的,稳稳地扎在地面上的混凝土或金属块上,这样才会让设备更加稳固。这些就是在做这项实验时,你将遇到的并需要考虑解决方案的问题。

为了可以更加方便地进行室内实验,你需要像我一样制作出很容易调节扬声器方位和角度的某种支架,可以使用一个老式的摄像头支座或可调节的老虎钳,如图5.6所示。将扬声器调节到任何角度并固定不动,这是你成功测试激光侦探设备的首要前提条件。同样,激光器也需要安装在可以调节方位和角度的某种支架上。

如图 5.7 所示,这个扬声器就是一个可调节方位的窗户模拟器,它可以在你制作和调试设备的过程中提供很大的帮助。因为在调试时需要预先知道实际音频,只有当设备捕获的音频信号和预期的实际音频一致,这个设备才是成功的,否则即使这个设备的各个功能都很正常,也几乎不可能用来侦探一个遥远的窗户。如果

20世纪80年代的那本杂志里的论文论述到这一点，或许我们那时候就可以在第一次尝试这个实验时获得一些成功的经验。

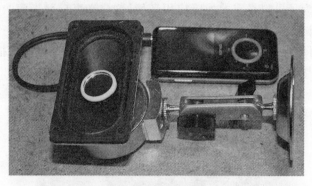

图5.6 为扬声器制作一个容易调节方位的支架

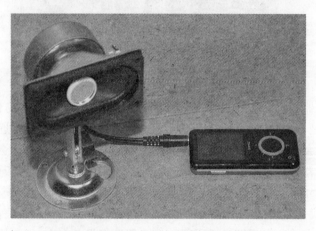

图5.7 可调节方位的窗户模拟器制作完成

首先，这个实验的目的是要验证一下你是否确实可以听到在一个附近的反射表面上发出的声音。在我们的设备上，这个反射表面就是那面小镜子，它被粘到扬声器的圆顶上，音频播放器由扬声器播放声音，这样就导致了扬声器的震动，如果不使用音频播放器，你也可以找个人帮你直接对着扬声器说话，然后你在接收器端侦听他的声音。这个测试接收器将可能是最基础的系统，它只包含一个硫化镉元件以及"硫化镉光电池"，它们会连接到一个晶体管放大器，这个晶体管放大器能够将激光光束的微弱变化转化成电压的变化，然后将此作为音频信号传输到你的头戴式耳机。你可以将激光光束想象成唱片机用的唱针，然后窗户表面上的震动就是唱片上跳动的音符。

图5.8所示的硫化镉元件从根本上来讲就是一个电阻器，它可以依据照射在表面的光的多少来改变它的阻抗。高纯度硫化镉是良好的半导体，对可见光有强烈的光电效应，可用于制光电管、太阳能电池。在将硫化镉元件串联连接到一节电

池,然后连接到一个音频放大器之后,结果就是一个感光音频系统,你可以用它来"聆听"光的声音。因为这个系统没有做增益处理,且没有信号过滤,所以它只是一个低级系统,尽管如此,它仍然可以通过使用激光光束让你听到机密的音频信号。激光光束的布置是使用激光侦探系统最主要的难点,如果你正确布置光束的话,那么这个初级侦探系统或许可以侦听到数百英尺之外的声音。你只要花费几美元,就可以在大多数电子供应商那里都可以购买到硫化镉元件,但是如果你不想从网上订购或者是在附近商店里购买不到,那么你可以购买一个夜间照明灯,在将其拆开之后可以看到其中有硫化镉元件。硫化镉元件是很小的圆盘状元器件,它有两根引脚,且在它表面上会有一条波浪形的线。只要将它从电路板上脱焊或直接折断它的引脚,就可以将它从那块的小电路板上取下来。

图 5.8 可以对光线的变化做出反应的光敏电阻

我们在接收器上使用的光敏电阻是从一元店购买的夜间照明灯里拆卸下来了。你将很容易就可以在照明灯中找到硫化镉元件,因为它就在塑料透镜的后面。夜间照明灯的核心电路其实和我们这里用来将光线转化为声音的电路很类似。在夜间照明灯中,光敏电阻器被连接到晶体管的基极或开关,它的电阻值大小将控制小灯管的电流强弱。我们这里的使用方法也一样,只不过是把灯管换成了头戴式耳机,如图 5.9 所示。

激光器将需要安装在某种可以调节的支架上,或者是放在一个大致平整的地方,这样你就可以让光束照射到扬声器,并在你的电路实验板上捕获到反射光束。如图 5.10 所示,我们将红色激光器固定在一个可调节的老虎钳上,调整高度和方位,对准照射扬声器之后锁定激光器位置。当安装激光器和扬声器时,记得根据光线反射法则安装,这个反射法则就是"入射角等于反射角"。换句话说,如果激光器比扬声器镜子要低,那么反射回来的光束将高过激光器。随着激光器和目标物的距离的增加,偏差也会加大。如果你有足够的耐心,可以试试在实验室的一端用激光器照射实验室另一端的扬声器,然后让光线反射到你的电路实验板上,我保证你很难做到。

图 5.9 所有的夜间照明灯都会包含一个光敏电阻器

图 5.10 在工作台上安装激光器和扬声器

在最初使用光敏电阻器的实验中,你将只需要一个简单的 NPN 型晶体管、电阻器和一节电池就行,这只是为了证明激光器光束确实可以感测到微弱的震动并将它们转化为音频信号。任何常见的 NPN 型晶体管例如 2N3904 或 2N2222 都可以在这个电路中使用。电池电压可以是 3~9V 之间的任何一个电压值。如果你想要再简单一些,那么就直接用一个 9V 的蓄电池连接到光敏电阻器和头戴式耳机,虽然没有连接用于放大信号的晶体管,但是你还是可以听到十分微弱的音频信号。

这个最基本的转换器之所以可以将光转化为声音,是因为任何晶体管基极的变化都会放大头戴式耳机的电流,如图 5.11 所示。由于返回的激光光束将会因为扬声器的震动而不断地跳动,这将导致头戴式耳机对光束做出反应,就好像这个跳动的光束就是音频信号一样。虽然激光光束是移动的,而不是调制的,但是工作原理恰好是相同的。光束需要从光敏电阻器的中间做轻微的偏移,这样当它穿过光敏电阻器表面时,会产生一个相应的电压变化。如果这里的工作原理是调制解调,那么直接将光束照射在光敏电阻器上应该是最理想的。

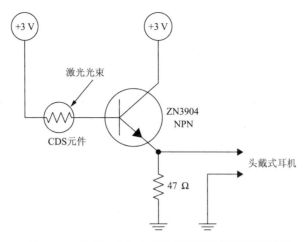

图 5.11 将光转化为声音的精简版转换器的原理图

　　打开你的音频播放器并调整音量,使音量小到你几乎听不到扬声器发出的声音为止,然后安装激光器和接收器,让光束照射在光敏电阻器的表面上,如图 5.12 所示。一旦光束照射在光敏电阻器上,阻抗会发生显著的变化,然后你将听到音频播放器播放的流行音乐,其中很可能掺杂着噪音。试着来回移动光束的位置,看看音频信号会对光敏电阻器上的光束位置的变化做出什么样的反应。你将看到光束最理想的位置是刚好照射在光敏元件的表面上,然后任何因震动导致的光束位置的变化都会导致产生显著的电压变化,从而影响到头戴式耳机的输出。如果你听到的全都是嘈杂的嗡嗡声,那可能是因为受到你房间里的环境光的影响。通常白炽灯的实际振荡频率为 $50\sim60\,\mathrm{Hz}$,在这个环境中做实验时,你将在头戴式耳机中里听到一个持续不断的嗡嗡声。你很可能已经猜测到,这个激光侦探系统在白天的时候,由于受到周围环境光源的影响,其效果不会很理想,但是这并不很糟糕的事情,因为侦探行为通常都是在晚上进行的。

图 5.12 让激光光束照在光敏电阻器的表面

在你将扬声器和激光器安装在某个工作台上之后，然后需要将激光光束照射在扬声器上，这很可能只要 10 秒的时间就可以完成。现在，试着将你的扬声器放在房间的另一头，看看你要花多长时间来将激光光束反射到目标物体上。我们发现，从房间这头到那头的距离使得设备的调试艰难得多，甚至当我们在地板上行走时，都会给返回光束的位置造成巨大的变化。你将也注意到，桌子或扬声器支架发生的任何轻微的震动，都会导致你的头戴式耳机发出千奇百怪的音效。当我们在某一处说话时，我们甚至可以听到自己的声音，这是因为我们说话时，使扬声器支架产生了震动。

这些初期实验是非常重要的，通过这些实验你就知道这个激光侦探系统是灵敏而有效的，然而当距离比较远时，调试工作就会变得异常的繁琐。尽管你的测试装备极其简单，只包含一个便宜的激光器和三个半导体组件，但是它实际上是一个功能完备的系统，可以真正地听到一英里以外的谈话声，前提条件是你需要想尽办法去捕捉到反射回来的光束，如图 5.13 所示。你在互联网上找到的专业型的激光侦探设备的售价可能高达上百甚至上千美元，然而我们这里制作的设备只需要 2 美元，其侦探效果也并不逊色。那些网上出售的侦探设备都必须提供某种内置的音频过滤器和一个更加稳固的调试设备用的支架。如果你将你的测试装备连接到一个可以实时滤波的计算机软件，并将所有元器件都安装到一个固定的支座上，那么你的这个系统的性能就不会比那些专业设备差了。不敢想象吗？就算做不到这个，我们实际上还可以改进接收器的灵敏度，现在让我们来试试吧。

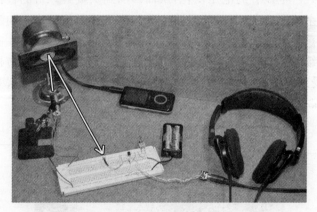

图 5.13 这些简单的装备却有着完备的侦探功能

光敏电阻器可以将激光位置的变化转换成电压强弱的变化，但是实际上在这个项目中，它并不是唯一的最理想的组件，因为它的反应不够迅速，而且光线接收表面比较大。其实光电晶体管更适合用作光线接收器，因为它就像一个放大器，它有着更加快捷的反应速度和一个较小的光线接收区域，以此获取反射回来的激光光束的非常微弱的位移变化，如图 5.14 所示。光电晶体管其实就是基极连接一个感光区域的晶体管,换句话说,它就像是没有基极连接引脚的一个标准的小信号晶体管。

图 5.14   光电晶体管反应速度更快,且对光线的感应更加灵敏

任何 NPN 型的光电晶体管都可以在这个项目中使用,它们有着各种各样类型和形状。大部分常见类型的光电晶体管都看起来和一个透明的发光二极管完全一致,但是可能会有一个平坦的顶部区域,以此在感光区域聚集光线。这个透明的顶部平坦的光电晶体管类型将是你最好的选择。如果你不想新买一个这种元器件,那么你可以找一个古老的滚珠鼠标,因为这种鼠标内常常会包含好几个光电晶体管。另外,在任何包含红外线遥控装置的设备中都可以找到这种光电晶体管。

由于激光与任何其他类型的光相比是非常明亮的,因此光电晶体管的实际波长和镜头类型都是无关紧要的。一些光电晶体管对红外线比对可见光更加敏感,但是它们仍然可以在任何颜色的激光光束下正常工作。如果你正准备为这个项目选择一个全新的光电晶体管,那么查看一下产品说明书确定镜头类型和最佳波长,并确保它是一个 NPN 型而不是 PNP 型的光电晶体管,如图 5.15 所示。光电晶体管有成百上千的生产厂商和元件型号,你只需要去一个网络电子供应商如 Digikey 公司网站那里订购,或者在搜索网站输入"NPN 型光电晶体管"来搜索卖家。

如果你有很多种选择,试着找一个对你的激光波长最灵敏的光电晶体管,但是要记住,为了激光侦探的完全转换,你将可能想要使用红外线,它的波长为 $800\sim$ 1000nm。在可见光激光中,红色激光的波长在 650nm 左右,而绿色激光的波长则在 530nm 左右,最近又出了一个蓝色激光器,它的波长在 470nm 左右。再次声明一下,不要过度挑剔激光波长,因为光电晶体管对任何光都可以做出反应,尤其是明亮的激光。我们的光电晶体管虽然在使用红外线时可以达到最佳效果,但是使用发射可见光的红色激光器和绿色激光器的效果同样很好,我们在实验时使用的就是可见光激光器。

NPN型硅光电晶体管，通过RoHS认证

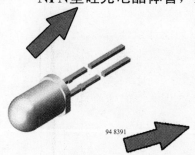
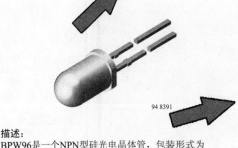

94 8391

特征：
- 包装类型：引脚类型
- 包装形式：T-1.75
- 直径尺寸：5mm
- 引脚支座绝缘
- 高光谱灵敏度
- 高辐射灵敏度
- 适用于可见光和近红外辐射
- 反应快速
- 半感光角：±20°
- 遵守RoHS2002/95/EC与WEEE2002/96/EC的要求

描述：
BPW96是一个NPN型硅光电晶体管，包装形式为T-1.75塑料包装，它对可见光和近红外辐射具有较高的灵敏度。

应用：
- 电子控制和驱动电路中的探测器

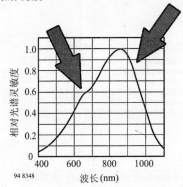

94 8348

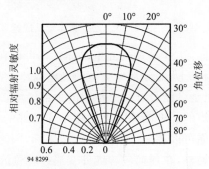

94 8299

图 5.15 为你的接收器选择最好的光电晶体管

我们接下来要制作的是第二个版本的将光转换成声音的电路，虽然更有些科技含量，但它仍然是非常基础的设备，和原理图差不多。光电晶体管将被当作一个放大器来安装，它的输出端被直接连接到一个 LM386 音频放大器集成电路的输入端，这是为了驱动头戴式耳机发出的声音有较高的音量。奇怪的是，输出端从来都不是问题，它常常在激光器的调试中起着最重要的作用，而且我们已经调高了音量控制超过大约百分之十。从所谓的侦探仪器商店里购买的定价过高的设备，通常在接收器中包含一些类型的声音过滤器或降噪电路，但是实际上，如果与计算机相比，这些滤波设备是几乎没有意义的，当你简单地将这个设备的未过滤的输出连接到一个计算机的声卡，并使用软件来处理音频信号时，其效果会比任何滤波硬件设备都要好很多倍。你最好的办法是记录和保存那些未经处理的音频信号，之后在一台计算机上进行处理，如此费尽周折地安装前端滤波硬件，并希望它们可以帮助处理音频信号，那简直就是浪费时间。

LM386 是一个非常常见的音频放大器集成电路，它几乎不需要连接任何外部组件就可以运转。它有足够的输出电源来驱动头戴式耳机发出非常响亮的声音，因此用于控制音量的可变电阻器常常在使用时将电阻设置得非常低。你当然可以

将光电晶体管的输出端连接到任何音频放大器甚至是一台计算机的声卡。如果你确实计划使用一些类型的实时音频滤波器,那么你可以让音频滤波器连接光电晶体管的输出端,这样当信号被放大时就不会包含额外的噪音。很多音频编辑软件都包含支持实时的滤波和音频处理,因此花费极少的开支你就可以制作一个实时的信号处理系统,它比得上任何几年前的可用的甚至很好用的侦探设备。有一些用于个人计算机的音频处理软件,它们可以在极度混杂的背景声音中提取和修复极其微弱的谈话声,如图 5.16 所示。

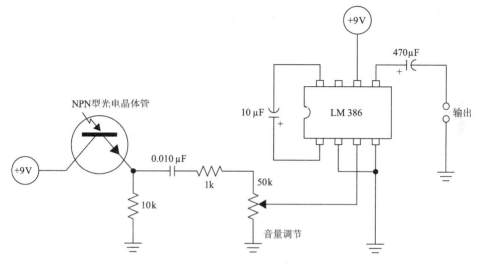

图 5.16 激光侦探系统的接收器部分的原理图

　　在实现任何电路设计之前,先在一块无焊料的电路实验板上测试你的电路是一个很好的主意,这样你可以调试出任何可能存在的错误,并做一些可能很有必要的改进,如图 5.17 所示。我们发现使用全新的光电晶体管的电路系统要比使用旧光电晶体管的电路系统好得多,它的音频放大效果非常好,以至于我们都不敢将音量调到最大,怕伤害到自己的耳朵。信号音量并非越大越好,音量太大是没有意义的,别忘了噪声同时也会被放大,你可能因此需要进行更多音频处理方法。如果确实计划在你的电路中添加某种音频处理滤波器,那么最有用的滤波器应该是一个 $50\sim60\,\mathrm{Hz}$ 的陷波滤波器,它可以有效降低周围环境的交流电灯光引发的噪音。

　　你可以使用音频播放器的各个音阶来测试你的这个系统,甚至可以尝试在你的房间内,通过较远的距离来捕获从反射物体返回的光束。你将会看到,这绝对不是一项很轻易就可以完成的工作。我们可以用胶布将镜子粘在一个灯罩上,然后听房间另一头的音乐声,但是这个工作需要对光束和灯罩进行非常细致的调试。当你埋伏在黑暗中操作这个真正的隐蔽型侦探设备时,你将需要具备前所未有过的认真。

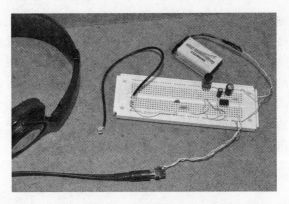

图 5.17 在电路实验板上测试使用光电晶体管的电路系统

当你对你的接收器的性能满意之后,就需要将它安装在某种盒子里,这样你可以将这个盒子固定安装在一个三脚架上,便于实际应用,如图 5.18 所示。最理想的安装方法是,将光电晶体管的镜头放置在盒子的前面,将头戴式耳机的插孔和音量控制器放置在盒子后面。任何方形的金属或塑料盒子都可以,只要有足够的空间来存放电池、控制元件和那块小电路板就可以。我们找到一个大小为 3 英寸×2 英寸的塑料盒,它刚好有足够大的空间来满足我们的需求。

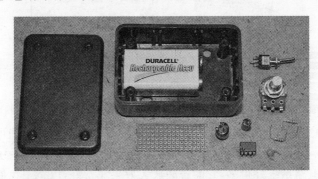

图 5.18 找一个大小合适的盒子制作光束接收器

由于这个包含 LM386 音频放大器的电路非常的简单,因此你只需要在一小块穿孔板上就可以制作出设备的最终电路板,如图 5.19 所示。实际上,由于这个系统的电子组件这么少,如果你愿意的话,你可以将所有引脚直接焊接在一起,直接用手拿着。这个类型的安装被称作"死虫子"电路,因为看起来就像是一只死了的虫子被反转过来一样。我们还是更喜欢使用穿孔板来制作电路板,因为这样便于以后修改电路。由于其他元器件被安装在可变电阻器接线端子上,因此在这块电路板上只有 LM386 音频放大器与两个电容以及和一个电阻器。电路中的所有的接线都是在那块很小的穿孔板下面连接的。

图 5.19 在穿孔板上搭建的电路

与其将光电晶体管和穿孔板用一根接线相连,不如将一些元器件焊接到可变电阻器上。当处理可能包含噪音的信号时,你需要用信号放大器将噪音信号放大,这样就便于以后用一个音频处理软件来修复,如图 5.20 所示。用一个好的音频处理软件处理噪音信号时,你会发现它的处理效果非常的令人惊奇。

图 5.20 将元器件焊接到可变电阻器上

当你的小电路制作完成之后,将所有的硬件设备安装到项目盒子里,例如电源开关、音量控制器、头戴式耳机插孔和光电晶体管。我们希望你的盒子足够大,在安装完以上元器件之后仍然有空间来为你存放一块电池和那块小电路板。为了腾出足够多的空间,我们将盒子里的元器件挤得非常紧,最终成功地将所有元器件都装进了那个小塑料盒里,如图 5.21 所示。

如果你认为手画的原理图太老套,那么可以参看一下图 5.22 所示的更具有权威性的原理图。就我自己而言,我更喜欢参看那些有咖啡痕迹、有油墨污渍或有拼写涂改的纯手工画的原理图,因为看起来更有个性,让人产生亲切感。

图 5.21 将所有硬件设备都装进这个盒子

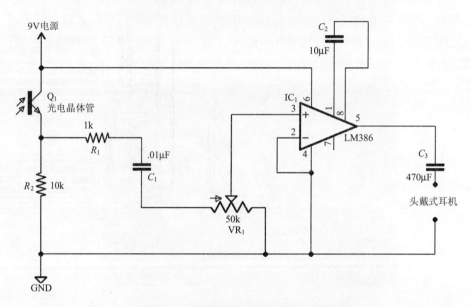

图 5.22 最终的激光侦探接收器的原理图

我们使用的穿孔板的下面有焊盘,因此很容易焊接那些引脚和接线。如果你使用的穿孔板只是有很多小孔的玻璃纤维薄板,那么你将不得不通过在穿孔板下面接线,或弯曲半导体组件的引脚来连接电路。这个项目的电路真的是太简单了,你可以使用任何方法去搭建电路。如图 5.23 所示,9V 蓄电池的接线和那些连接到开关、头戴式耳机插孔和音量控制器的所有接线都已经接好了。

如果你的盒子里没有可以固定蓄电池或电路板的夹槽,那么你可以使用双面胶、维可牢魔术贴或热胶,它们能够固定盒子里的所有组件,以防在盒子里上蹦下跳,如图 5.24 所示。确保那块小电路板下面的蓄电池的接线头没有接触到任何其它电子元器件或金属体,否则可能导致短路。当安装完所有组件时,需要考虑一下以后怎样更换电池的事情,为此你要将电池安装在一个容易卸除和插入的地方。如果在你合上盒盖之前没有测试设备,那可能会是很糟糕的事情,当你不进行测验,而是自认为所有事情都已经处理妥当时,结果往往事与愿违,你的项目很可能因此失败。戴上头戴式耳机,将激光扫过光电晶体管的表面,如果所有连接都准确无误,且放大器电压正常,那么你将听到一声响亮的低频噪音。你也可以"聆听"其他光源的声音,例如白炽灯泡,还有你家的电视遥控器。当使用遥控器时,只要你对准光电晶体管,不论你按哪个按键,你都会听到"哔哔"的声音。

图 5. 23　将接线连接到电路板

图 5. 24　所有电子部件全都已经放进盒子里

这个激光侦探系统的激光器部分和接收器部分都需要配备一个三脚架,这样才便于在实际中使用,如图 5.25 所示。为了让这个塑料盒适合安装在任何三脚架上,需要在塑料盒上打钻一些小孔,孔口的尺寸要比三脚架螺栓略小一些,这样才能拴紧盒子。注意不要让螺栓压入到盒子里的任何电子元器件里,所以在盒子内部空间很有限的情况下需要认真选择好小孔的位置。使用维可牢也可以将设备安装在三脚架上,但是稳固性可能不够,要知道任何细微的角度变化都会影响到光束的调试结果,因此你需要保证所有部件都稳固不动。

图 5.25　可以安装在三脚架上的接收器部分已经制作完成

　　由于调试激光光束是操作这个激光侦探设备侦听遥远的声音信号的真正困难所在,你需要保证在你成功的捕获到反射回来的光束之后,所有设备都不会产生丝毫的位移。大多数相机三脚架的重量都是比较轻的,很容易就会被移动,因此你需要将头戴式耳机的耳机线固定在三脚架的支撑腿上,这样当你戴着耳机调试设备时就不会导致耳机线晃来晃去,从而影响到设备的稳固,如图 5.26 所示。使用一根束线带或胶带就可以将耳机线固定在三脚架的其中一条支撑腿的底部,但是要

图 5.26　架设在三脚架上的接收器部分

注意预留足够长的松弛部分来满足自己的活动需求。你很快就会发现,使用激光侦探设备最主要的一点就是设备的调试,当你学会了怎样捕获反射回来的光束之后,这个设备就很好使唤了。但是不要对这个设备期望太高,当目标窗户高出你的水平视线时,这个设备就很难成功地实现你的侦探目的了。

如果你想在晚上操作这个设备时不被人发现,那么你就不能使用可见光激光器来瞄准目标,否则你很快就会暴露自己的位置。就算你在一英里以外,别人也可以根据窗户上明亮的激光精确的定位你的位置,因此,要想不暴露自己的藏身处,你唯一的办法就是使用我们人眼看不见的激光光束。一个 3～5mW 的红外激光器并不比一个常见的红色可视激光要贵,而且使用红外激光器的效果同样很好,只是有一点,因为你看不见激光,所以你要捕获到反射回来的激光光束就更加困难了。

如果使用完全不可见的激光光束的话,你应该怎样将光束发射到远处的目标,并在 1mm 宽的光电晶体管上准确的接收到反射回来的光束呢?当然,按照原有方法你几乎是做不到的,不过你可以使用两支激光器,一支用于探测目标,另外一支用来执行转换监视工作。这个可能听起来是完全不可能的事情,但是我们保证你能够做到,而且我们已经成功地使用过红外激光器侦探一个窗户。使用红外激光确实困难得多,但是只要所有的条件都对你有利,那结果肯定能够成功。至于接收器部分,若使用红外激光,则实际的运行效果会更好,因为红外激光器的准直透镜更有利于实验,而且大多数光电晶体管都对红外线更加敏感,因此,如果你能够对准目标,那你就能够成功!

使用两支激光器的方法是,将它们准确的瞄准完全相同的方向,这样当你已经将可视激光器锁定目标后,就不用再浪费太多的时间了。为了将两支激光器固定在一起,你可以使用某种夹具,也可以在一块半英寸厚的铝板上钻两个非常精确的小孔,这里我们选择的是后者。两只激光器之间的距离大小没有多大关系,但是它们的角度必须尽可能精准。如果激光光束的往返行程有 500 英尺,那么 1 度的角度误差可能导致光束返回后产生 20 英寸的误差。为了在金属块上打钻两个精准的相同角度的钻孔,你将需要用到钻孔机。如果你愿意花钱,那么你可以找一个机械加工厂为你做这项钻孔工作,不过一定要告诉他们钻孔的精准程度对你有多么重要,如图 5.27 所示。

这两支激光器也是需要安装到一个盒子上的,另外,盒子里要有足够的空间来放置一个电池组和两个开关,这两个开关分别用来打开和关闭每支激光器,如图 5.28 所示。当你找到一个可以固定两支激光器,并且让它们的瞄准方向精准一致的方法之后,你就要将它们安装到一个塑料或金属盒上,和接收器盒子一样,这个盒子也是需要安装到三脚架上的。由于你无法控制目标的位置,因此你只能通过移动激光器和接收器来锁定目标。不要忘记在红外激光器的开关上做个记号,因为在设备运行时你是看不到它的光束的。

图 5.27　制作一块可以固定两支激光器的金属块

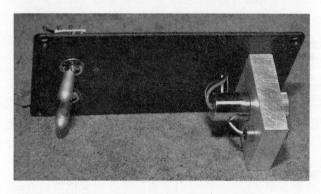

图 5.28　将激光器及其开关安装到盒子上

　　将激光侦探设备的两个盒子制作完成之后,你可以用你的扬声器和镜子做一些简单的测试,从只有几英尺的距离开始,慢慢加长距离直到你整个房间的长度,如图 5.29 所示。如果我们可以同时控制激光器盒子、接收器盒子和目标物的位置,那么我们可以很轻松的让我们的侦探系统瞄准目标,并且在穿过一个房间甚至是一条大街的距离之内正常运转。但是在现实应用中,要想用这个系统探测较远距离的目标却没有那么容易,你必须让激光光束发射出去之后再反射回到接收器上。我们不得不告诉你,就算目标窗户和你自己的窗户的角度和水平位置看起来大致相同,你能够成功从目标窗户那里捕获到返回光束的概率也只有十分之一。记住,设备和目标物距离越大,设备角度偏差导致的探测误差就会越大。因此设备角度和方位的调试真的是一件细活。

　　如果你和住在大街对面的人关系很好,而且他们也对你的这个实验也很感兴趣,那么你可以让他们在他们房间里帮助你调试你的那个装有一面小镜子的扬声器系统,这样你就可以进行较远距离的测试了。你将需要将激光光束穿过窗户照射到扬声器上,然后让光束反射回到你的位置。这个测试也是需要在晚上进行,因为白天的光线很强,你很有可能看不见发射到户外的激光光束。当你在接收器端捕获到返回的光束之后,校验一下你是否可以听到音频系统播放的声音,然后关闭音频系统,这样,你从目标房间那里听到的声音都源于扬声器的震动。这时候扬声器就像是窗户,允许你看到音频来源和震动引发的声音之间的区别。你将会发现,由于物体震动,音调的差异是非常大的。激光物体产生的声音非常低沉,你的计算机的用武之地就在于此,它可以很神奇地处理这种接收到的信号。

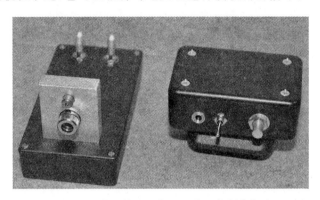

图 5.29 激光侦探系统的两个组件制作完成

当你将激光侦探系统应用于实际中时,你可能锁定了返回的光束,但是却不能够听清楚接收到的音频信号,这是由于震动的效果不理想和目标房间里周围环境比较嘈杂,如图 5.30 所示。在你的音频信号中,如果在目标房间里有火炉或者风扇,将会产生极其低频率的巨大光波,或者是如果有一个明亮的灯光,则可能产生一个响亮的交流电嗡嗡声。一个好的音频均衡器或某种实时的计算机滤波软件可以真正地去改进这些类型的周围背景噪音,因此学会怎样使用陷波滤波、带通滤波或噪音过滤软件是很重要的,用它们处理一些嘈杂的音频信号,常常会带给你想象不到的改善效果。

当你准备布置激光侦探系统开始侦听音频信号时,你可能会考虑是否还需要某种前端滤波装置。我们实际上发现,在大多数情况下都是不需要前端滤波的,尤其是在晚上使用这个系统的时候。使用一个 8 波段的均衡器可以有效降低 60Hz 的交流电嗡嗡声或低沉的隆隆声,但是这些噪音的来源大部分来自你周围的环境,而且很容易控制。如果你正记录你捕获到的音频信号,一个简单的 60Hz 的陷波滤波器将几乎消除大部分由周围的环境光引发的交流电噪音,而且通过使用带通滤波器,声音的频率可以被大大提高,这个带通滤波器用来滤除 80～100Hz 这个范围以外的频率,如图 5.31 所示。我们也发现,当我们实验室外面有汽车通过时,返回的光束会产生跳动,这对音频信号也造成了很严重的影响,但是大部分时候都可以通过在均衡器上滤除低频信号来消除这种影响。你的周边环境可能和我们不一样,你很有可能会遇到完全不一样的噪音来源,因此你必须自己去进行这些干扰测试。

图 5.30　激光侦探系统制作完成并可以使用了

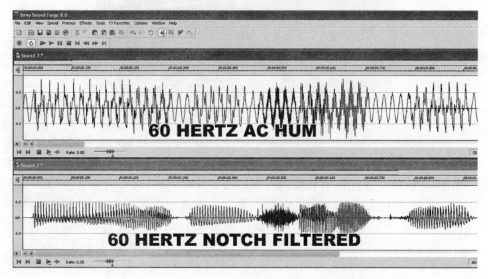

图 5.31　计算机软件可以很神奇地优化嘈杂的音频信号

　　当激光光束的行程很远时,光束会逐渐扩散变大,如图 5.32 所示。激光光束在从街对面的目标窗户那里反射回来之后,其大小可能覆盖你的整面墙壁,然而有些激光器配备了非常便宜的塑料的准直透镜,它可以防止光束扩散得非常宽阔。由于这个原因,当侦探距离较远时,就更适合使用一个配有可变焦镜头的质量更好的激光器。当然,你将只需要捕获到返回光束的边缘就可以,且只要返回光束可以照射到光敏元器件,就会产生声音。有时候,使用被扩散后的阴暗光束要比高度聚集的光斑效果更好。

　　在调试阶段,我们经常在墙上贴一张白纸(在这张白纸前面将要放置接收器),然后我们就可以一边很细致地调节装有激光器的三脚架,一边查看墙上的光斑,这样捕获返回光束就更加方便。一个 5mW 的激光器的光束在横穿一条大街再反射回来之后,其光斑已经不再是高度聚焦的亮点,但是这并不意味着你可以忽视激光对眼睛的刺激。当使用红外激光器时,由于人眼是看不到红外线的,这时候你需要使用一个便携式摄像头来帮你查看激光光斑,并且你只能在墙上设置这个靶子才能捕捉到返回的光束。我们先使用可见的红色激光来调试,当我们在目标位置捕捉到返回光束之后,再更换使用红外激光。此后,你就要使用一个便携式摄像头或安防监视器来捕捉光束了。这个调试过程可能既冗长又乏味,因此你需要有足够的耐性。

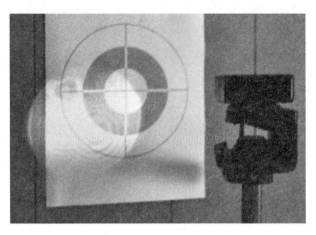

图 5.32　反射回来的激光光束不再是一个小小的高亮光点

当你在目标位置捕捉到返回光束之后,就要开始摆弄接收器了,将接收器放置在激光光斑前面,让光斑的边缘部分照射到光敏元器件的表面上。一般来说,让光斑的边缘部分照射到光敏元器件表面上的效果是最好的,不过具体还是需要做进一步的实验,如图 5.33 所示。如果侦探的目标房间很安静,那么窗户就不会产生震动,因此你将根据你所听到的光束照射到光敏元器件上时产生的滴嗒声来调整系统。当光束没有照射到光敏元器件上时,你将会听到一种仿佛开裂的声音,就好像是调频收音机失去了基站信号一样,当光束照射到整个光敏元器件时,你会听到一个响亮的声音,随后又恢复沉寂。当目标房间内没有声音时,你听到的最理想的声音应该是微弱的嘶嘶声。

如果你所处的位置不是在地面上,或地板的稳定性不够,那么当你在设备周围走动,或者室外有汽车通过时,激光光束将可能产生大范围的跳动。我们发现,这种激光光束的跳动不会对接收到的音频信号产生严重的影响,但是你当然可以做一些事情来减少这种情况的发生。增加三脚架顶部的重量可以减少震动,至少可以减缓震动。将一个5磅重的铁块固定在三脚架顶部的中间位置,可以在一定程度上起到抗震的作用。当然,为了让你的设备达到一个比较理想的效果,你将需要自己不断地通过实验去尝试,并根据实际情况去思考解决办法。

图 5.33 使用光束的边缘部分有利于接收到清晰的音频信号

　　激光侦探系统的最终测试肯定需要测试侦听一个距离设备较远的房间里的谈话声。当然,你可能永远都不会试着窃听一个毫无戒备的喧闹的晚会,因此你将需要找一个帮手,让他在较远的地方帮你测试你的系统。我们最初制作这个设备来推翻关于它操作简便的很多神话,但还是非常惊奇于它的工作效果,只要你可以做到适当布置设备并捕获到返回的光束。在我们的测试中,我们先调试好设备,然后跑去目标房间对着窗户大声说话,这样是为了接收到的音频能够勉强听清,如图5.34所示。好了,如果你看过视频,那么你会发现接收到的信号非常大声和清晰,几乎听起来像一个无线电发射台一样。说实话,我们并不期望设备能达到这么好的效果。

　　当然,当你想要侦探大街对面的声音时,设备的调试不是一件容易的事情,每一个细微的因素都有可能完全影响到这个设备的成功概率。目标窗户必须处以非常精确的角度,这样才能将光束反射回到你的位置,且目标房间里的说话声必须足够响亮才能使窗户上产生的震动容易被探测到。装有高效隔音玻璃的窗户会大大降低你的成功概率,且目标房间里的任何噪声都可能完全覆盖掉谈话声。别忘了,我们测试时是在一个特别安静的房间里,几乎是直接对着窗户大声说话的。更多的测试证明,声音较低的谈话声也有可能探测到,但是可能需要用计算机软件进行滤波处理。在我们的测试中,我们也发现使用红外激光器确实比使用可见的红色激光器好,但是想要调试设备捕获到返回光束就特别困难了。因此我们的结论是,激光侦探设备毫无疑问是一个功能强大的工具,但是如果不满足侦探条件,那么你成功的概率几乎为0。设备的安装和调试工作冗长而乏味,就算你已经非常认真和耐心,但结果常常却不尽人意。失败并不是因为设备硬件的问题,而是与激光光束的方向和行程有关。

图 5.34　测试侦探大街对面的目标窗户

这个制作完成的激光侦探系统是一个非常好的演示用的基础设备,它证明,只要你有足够的耐心,就可以窃听到一英里以外的谈话声,如图 5.35 所示。虽然实际成功的概率比较渺茫,但是并非绝无可能。因此,你下一次看到激光光束的闪烁不定的亮点时,问一下你自己,"这是哪个小孩子在玩激光器,还是有个极具耐性的人刚刚看了这篇论文正在调试侦探设备呢?"是的,激光光束确实可以窃听你的秘密,而你最需要注重的是光束的接收端,而不是发送端。

图 5.35　这个激光侦探系统是一个很适合娱乐和消遣的设备

项目17　简易无线电信号发射器

无线电频率项目要比大多数电子项目都困难,这是因为很多时候你都不能够在无焊料电路实验板上搭建测试电路,而且很可能要使用到一些不容易找到的部件,例如线圈与可调节电容器。这个项目面向的是那些从没有尝试过制作无线电频率项目的电子爱好者,在这里,我们将通过制作一个成功的无线电设备来轻松地发掘无线电频率电路系统的基本原理。

部件清单
电阻器:$R_1 = 2.2\text{k}\Omega, R_2 = 22\text{k}\Omega, R_3 = 22\text{k}\Omega, R_4 = 4.7\text{k}\Omega, R_5 = 1\text{k}\Omega, R_6 = 100\Omega$
电容器:$C_1 = 0.047\mu\text{F}, C_2 = 10\mu\text{F}, C_3 = 0.22\mu\text{F}, C_4 = 0.47\mu\text{F}, C_5 = 10 \sim 50\text{pF}$(可调)$, C_6 = 5\text{pF}, C_7 = 0.022\mu\text{F}$
晶体管:$Q_1 = 2\text{N}3904$ 或 $2\text{N}2222\text{A}, Q_2 = 2\text{N}3904$ 或 $2\text{N}2222\text{A}$
电感器:$L_1 = 5$ 圈 18 号铜丝线圈(直径 0.25 英寸)
麦克风:2 根接线的驻极体麦克风
天线:6~12 英寸长的绝缘铜线
电池:3~9V 的电池或电池组

图 5.36 包含两个晶体管的侦探发射器

这个使用两个晶体管的音频发射器可以获得房间里的声音并向外发送,任何无线电收音机只要将频率调到和发射器频率一致(80~100MHz),就可以接收到音频信号。这里的无线电传输距离可以达到 100 英尺以外,而实质上可以做到更远,这主要取决于使用的部件类型和你的发射器质量。这个电路的参考模板起源于 20 世纪 60 年代,并且已经被官方发布过上千次,因此这个电路是比较可靠和稳定的,只要你按照说明书上去做,保证你能取得成功。电路的运行是没问题的,但由于这只是一个非常基础的发射器电路,因此不要对它的信号质量或可靠程度期望过高。

　　这个设备对部件的要求不高,很多部件只要型号相似、参数相当就可以使用,因此你可能会从任何废旧的收音机、电视机或基于无线电频率的电路板上将所有需要的部件拆卸下来,如图 5.37 所示。甚至那主要的两个晶体管也是通用的,实际上任何小信号的 NPN 型晶体管都可以在这个项目中使用。从废旧电路板上拆卸下来各种各样的晶体管之后,你需要查阅它们的产品说明书,从中你需要了解一些重要的参数,例如 VCEO(集电极电压)、VCBO(集电极-基极击穿电压)、VEBO(发射极-基极击穿电压)和 IC(集电极恒电流)。任何部件,只要它的参数接近部件清单中的规格说明,就可以用来制作这个发射器。我们曾经在这个项目中使用过 10 个或更多的 NPN 型晶体管,其中只有两个不能用于收音机调频波段。

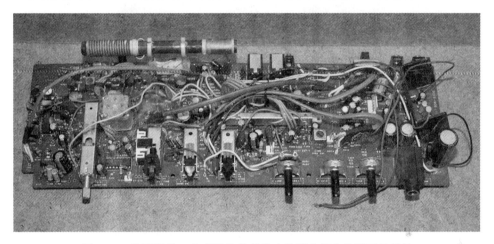

图 5.37　你可以从一个废旧的收音机中找到大部分你需要的部件

　　在一块废旧的电路板上,只要你搜寻到正确型号的部件,都可以将它拆卸下来,其中包括电阻器、电容器,甚至需要缠绕成小线圈的那根接线。唯一你需要从供应商那里购买的部件就是那个小小的 10～50pF 的可调电容器,但是我们想到了一个可解决这个问题的方法,有了这个方法你根本不需要在电路中添加那个微调电容器。在你加热烙铁准备拆卸部件之前,建议你先看完此项目的整个制作过程,这样你就可以知道在这个项目中你可能需要用到什么部件,且应该怎样修改电路才能在你自己的部件储备箱中找到需要的部件。

　　这个发射器可以看作由两个独立的部分组成:产生无线电频率的音频前置放大器部分和振荡器部分。音频前置放大器部分由电路中的大多数半导体组件所组成,其中包括那个小的驻极体麦克风,这种麦克风实际上就是一个微型的包含内置放大电路的罐状麦克风。有了这个内置放大器,驻极体麦克风就能够驱动单个晶体管的前置放大器电路,它的音量足够让我们听到房间里每一个很低沉的声音,如图 5.38 所示。

图 5.38 驻极体麦克风将驱动音频前置放大器部分

音频放大器的输出被发送到无线电频率部分,从而产生所需要的调频。为了更容易制作和测试这个项目,在将任何无线电频率组件连接到电路上之前,我们需要首先搭建和测试音频部分。

驻极体麦克风可以从大多数小型的记录音频的家用电子设备中拆卸得到,例如电话答录机、废旧的磁带播放器,口述记录机,甚至小孩子的玩具里也有。驻极体麦克风是非常容易辨别的,它就像铅笔上的橡皮擦大小的金属罐,其中一面是一层护垫,另外一面是两根接线或两个接线焊盘。有时候麦克风被隐藏在一个很容易去除的橡胶包装里面。

在任何无线电频率电路中,线圈通常是最不容易处理的部件,因为很多设备制作人都找不到测验和调试线圈的器材。一个对我们很有利的消息是在这个电路中只需要使用一个线圈,且线圈的制作方法也很简便,几乎是不可能出错的。如图5.39所示,所有你需要准备的器材就是一些漆包铜线和一个用于缠绕线圈的直径为 0.25 英寸长的螺栓或木钉。这种铜芯线的来源有很多,你可以从一个废弃的变压器、玩具马达、继电器和电磁线圈中去抽取,也可以去电子供应商铺购买。至于线径规格(宽度)则没有很严格的要求,只要线径是 1mm 左右都可以。我们制作过很多版本的这种发射器,尽管都是使用各种不同的零部件制作的,但通常情况下都能正常运行。很多时候,出现异常不是因为电路中使用的零部件,而是由于电路的走线问题导致。

无线电频率线圈的制作相当简单,你只要将漆包铜线在螺栓上缠绕 5 圈,然后在线的两端剪断就可以了,如图 5.40 所示。在线的两端预留 0.5 英寸长的引线,这样你就可以剥去引线的漆皮,然后将线圈焊接到你的电路板中。以上就是制作发射器线圈的全过程。实际上任何直径接近 1mm 的接线都可以在这里使用,只要它有绝缘漆皮就可以。也许你还可以使用没有绝缘漆皮的接线,只不过你要注意让这个线圈的圈与圈之间尽可能的贴近,但又不能相互接触,否则就会以失败告终。通常在制作这种线圈时,使用铜线会容易很多。

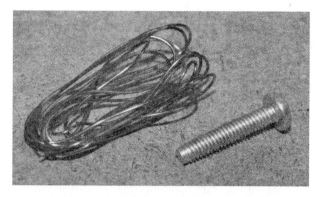

图 5.39　无线电频率线圈的制作原料相当简单

图 5.40　只要将漆包铜线在螺栓上缠绕 5 圈就制作成了无线电频率线圈

　　将线圈缠绕成 5 圈可能最有利于达到调频收音机的中间波段,但我们曾经尝试过让线圈缠绕 4 圈和 6 圈,结果却发现发射器仍然可以发送无线电信号到调频收音机。在将漆包铜线缠绕在螺栓上时,你需要让线圈之间尽可能地相互贴近,这样才能使线圈更加紧凑。缠绕 5 圈后,只要反向旋转螺栓,就可以将螺栓与线圈分开。

　　在你从螺栓上取下线圈之后,将线圈的两头修剪成大约 0.25 英寸长,然后轻轻按压线圈,使每一圈之间都不留下任何空隙。最终完成后,这种只需要 5 分钟就可以制作出来的线圈,将和任何大小相似的厂家生产的线圈一样好用。不是所有无线电线圈都这么简单,有些要比这个复杂得多,它可能包含一个铁氧体磁珠甚至某种内部电路,但是像这种简单的小功率、低频率的线圈,你通常都可以自己制作,只要你知道需要缠绕多少圈就行,如图 5.41 所示。

　　为了能够将线圈连接到你的电路中,你需要在线圈的两端各剥去一小点漆皮,然后才能将线圈焊接到你的电路中。如图 5.42 所示,一把小剃刀或小刀片可以帮你剥去线圈两端的绝缘外皮。你没必要将两端的绝缘外皮去除得干干净净,因为在焊接时,烙铁的热量可以将外皮融化掉。你只要保证在剥去一小块漆皮后能看到里面的铜芯,接下来就可以用烙铁将线圈焊接到电路中。

图 5.41　脱离螺栓后,这个无线电频率线圈就制作完成了

图 5.42　线圈两端的漆皮需要剥去

　　如果你收集了大量的废弃电路板,那么你可能可以从中找到这个发射器项目中需要的所有电子部件,就算找不到那个小的可调电容器,也可以找到所有其他部件,如图5.43所示。你可以参照下面的电路原理图去寻找需要的部件,别忘了部件参数要尽可能接近。几乎任何小信号的NPN型晶体管都可以在这个项目中使

图 5.43　为发射器的制作寻找到的除可调电容器以外的其他元器件

用,但是如果你的晶体管是从一块古老的电路板上拆卸下来的,那么你可能需要从网上查找相关的技术资料。如果你希望你的所有零部件都是最新生产的,那么你可以去附近的电子商铺或互联网购买,前提是他们支持零售经营模式。我们通常都是从一些废旧的电路板上去找寻我们需要的元器件,因为在我们看来,花 20 美元去购买一个实际价值只有 10 美分的零部件是很不划算的事情。

图 5.44 所示是侦探发射器的电路原理图,其中的两个晶体管一个用于音频前置放大器部分,另一个用于无线电频率部分。从图中你可以看到,音频前置放大器部分占用了电路中的大部分接线和零部件。晶体管 Q_1 形成一个简单的音频放大器,驻极体麦克风的输出端直接连接到这个音频放大器。由于驻极体麦克风也包含一个内置的放大器,所以这个系统对附近的任何声音都非常的敏感,可以让我们听到一间大房子里的很低沉的声音。音频前置放大器部分的大多数电容器都可以让电路稳定。因为发射频率依赖于电压和负载,如果没有起缓冲作用的电容器的话,放大器的电流变化可能使无线电频率部分变得不稳定。当你第一次调试这个电路时你将看到这种现象。

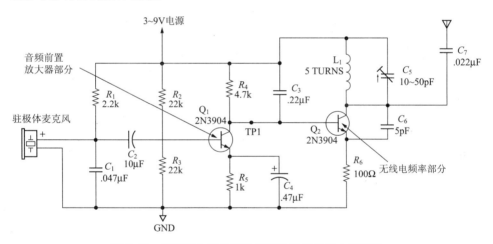

图 5.44　使用两个晶体管的侦探发射器的基本原理图

无线电频率部分包含晶体管 Q_2、由手工缠绕的线圈(L_1)制作的振荡回路和可调电容器(C_5)。线圈和电容器形成一个调谐电路,这个调谐电路将以一个调频收音机波段内的频率振荡,这个频率的大小依赖于那个可调电容器的电容设置。由于这个调谐电路是由晶体管 Q_2 控制的,而晶体管 Q_2 又是由晶体管 Q_1 控制的,因此音频前置放大器的变化会导致无线电频率部分的调制。当你将这个设备制作完成并使用它进行实验时你将发现,如果电压发生变化或有任何东西接近天线或无线电频率部分,那么这个设备就会变得非常不稳定,而那些商业出售的发射器则不一样,为了维护设备的各项功能的稳定性,它们肯定包含了大量的复杂电路和高质量的元器件。在不受任何干扰的情况下,我们这里制作的小小的房间监听设备当然也是可以正常工作的,但是要想做到高质量的话就不会这么简洁了。

在打印出来的电路图上摆放上所有的元器件,这样在寻找某个元器件或替换元器件参数时就更清晰可见,如图 5.45 所示。除非你已经将所有电阻器的颜色编码牢记于心,否则你就要在旁边准备一张电阻器的颜色比对表,通过查看电阻器上的色环可以很快知道它的电阻值,不用你每次都使用欧姆表去测量。由于现今大多数的电阻器和电容器都很小,要查看上面的电阻或电容并不容易,因此你可能还要准备一个放大镜。

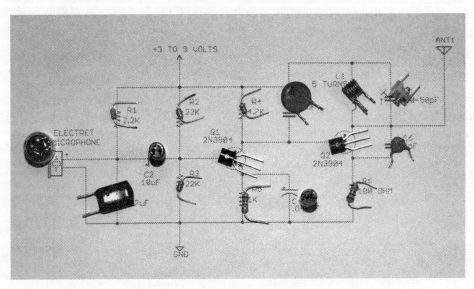

图 5.45 在搭建电路之前将所有部件都摆放到电路图上的对应位置

至于电容器上标识的数字编码,它表示电容器的电容值,但并不是实际的 μF 数值,具体识别方法请参看本书入门指南中介绍电容器的部分。为什么不直接标注实际的 μF 数值呢?嘿,可能是为了使用科学计数法和节省一些油墨吧,具体原因我们就不用去追究了。电路中电容器编码如下:C_1 是 $0.047\mu F$(编码为 473),C_2 是电解质电容器,上面标注为 $10\mu F$,C_3 是 $0.22\mu F$(编码为 224),C_4 也是电解质电容器,上面标注为 $0.47\mu F$,C_6 是 5pF,直接标注 5。C_5 是一个可调电容器,电容范围大概是 $10\sim50pF$,这种电容器可能没有任何标识。可调电容器不是很常见,你可以在一些废旧的无线电频率电路板上寻找,找不到的话就可能不得不从供应商那里订购了。有个对我们有利的消息是大多数可调电容器都是可以在这里使用的,因为它们的电容值同样都非常小。

如果你实在找不到一个合适的可调电容器,那么这里提供了另外一个选择方案,你只要使用一个 6 圈的线圈,在其中插入铁氧体,这个线圈就可以起到调节电容的作用了,同时你将需要使用一个 10pF 的固定电容的电容器来代替可调电容器

C_5。如果能找到可调电容器,那么最好还是使用可调电容器吧,因为这个线圈调节起来要比可调电容器麻烦得多。

在我们展示如何制作完整的电路之前,让我们先来演示一下怎样不能够制作一个无线电频率原型,如图 5.46 所示。当我们第一次开始制作电子设备,我们在大块的无焊料电路实验板上制作出很多成功的和极其复杂的项目,有时候电路中包含好几百个半导体组件,运行速率可以达到 100MHz。成功几乎是由数字电路和电路实验板上的低速率模拟项目来保证的,甚至我们常常会完全省去旁路电容器。当使用无线电频率电路时,实际情况并非如此。

图 5.46 怎样不能制作一个无线电频率电路

在尝试过这么多次失败的无线电频率原型设计之后,我们进行了认真的学习和总结。在多年之后我们再次使用无线电频率做实验,然后不敢相信我们竟然可以在电路实验板上搭建出这么简单的电路。该死,我们竟然在电路实验板上制作出了一个 100MHz 的计算机,并且没有旁路电容。现在我们知道以前的尝试基本上是浪费时间,为了好玩,我们将在这里做个证明。

在我们为证明这种失败而浪费时间之前,让我们解释为什么你在一块无焊料电路实验板上成功搭建无线电频率电路的几率只有百分之一。这个原因其实就是电容。查看一下无焊料电路实验板的底面,你会看到它由很多金属条组成,每个金属条上都有一排小孔。这些金属条实际上就像是电容量很小的电容器,它们带有的电容量常常多于一些你可能在电路中实际上需要的电容量。因此,想象你的电路中遍布着 20 个或更多的 5pF 的电容器时,你的电路会是什么样子。你可以想象得到,这个电路将完全地改变了频率,或者得不到任何的结果。不要怀疑我们,虽然有时候它可能可以工作,但是这通常是不值得你去尝试的!

我们将所有的电子元器件添加到一块微小的无焊料电路实验板上,尽可能小心地不要让无线电频率部分触碰到任何导电物体,然后用调频收音机测试接收无线电信号。这次我们非常幸运,如果我们将手放在电路上方对无线电信号进行干扰,电路就会在调频波段产生了一些细微的劈哩啪啦的声音。也就是说,稳定性非常糟糕,无线电频率电路的振荡七零八落,几乎不能向外发射任何无线电信号,如图 5.47 所示。

图 5.47　这个电路几乎不能使用

即使当我们最终好不容易在调频收音机上听到了微弱的劈哩啪啦的声音,那种声音也是几乎不能记录的,且传送的只是载波,没有音频信号。我们尝试了很多次,甚至远离电路实验板电路,而且用一只手几乎覆盖整个电路,但是这只能添加甚至更多电容到那个已经混淆的振荡器,如图 5.48 所示。这个浪费时间的教训是,不要期望任何无线电频率电路在一块无焊料电路实验板上正常工作,不论你有多么擅长使用电路实验板。当然,不要因为我们的失败经历而放弃尝试,毕竟我们作为硬件黑客,需要学会通过不断的试验从失败中吸取经验。

图 5.48　由于杂散电容的存在,调谐几乎是不可能的

为了尽可能避免产生杂散电容,最终的电路必须建立在一块穿孔板上,如图 5.49 所示。有好几种类型的穿孔板,但是你必须选择没有任何金属焊料的那一种,否则你将遭遇到与使用电路实验板相同的困境,也就是电路板上布满了杂散电容。这个电路非常简单,因此它所需要的穿孔板只要有 1 英寸×2 英寸大小就行。除了使用穿孔板,你还可以找一块硬纸板,然后在上面扎一些小孔用来连接电子元

器件的引脚,这样你就可以将电路搭建在这块硬纸板上。简洁的穿孔板是你的最好选择,如果你正在制作大量的原型电路设计,那么你可以在大多数电子商铺里大量购买这种穿孔板,价格会非常便宜。

图 5.49　最终的电路需要在这种穿孔板上搭建

这个电路所需要的穿孔板将和一个 9V 蓄电池的大小差不多,当然,你也可以试着将电路板制作得更大或更小一些。但是要注意的是,在你的电路板上,电子元器件之间的距离越近,就越容易产生杂散电容。如图 5.50 所示,如果你的电路板大小适中,而且按照后面的几个步骤去做,那么你的电路就保证可以正常工作,除非你的电路有接线错误,或者使用的元器件和规格说明书存在很大的差异。

图 5.50　准备搭建这块小电路板

如果你的驻极体麦克风是从其他电器上拆卸下来的,那么它很可能没有了引脚,这时候你可以从其他废弃的元器件上取下引脚,然后焊接到这个驻极体麦克风底面的焊盘上,如图 5.51 所示。你会注意到,其中有一个引脚连接着麦克风的外壳,这个引脚就是负极。极性的区分对于驻极体麦克风来说是很重要的,因为正负引脚需要为麦克风的内置放大器电路提供合适的电源。在电路图中可以看到,这个驻极体麦克风是通过在正极上串联电阻器 R_1 来获得电源的。如果麦克风的极性接反,那么就算它并不会因此遭到损坏,也不会有任何音频信号传送到前置放大器部分了。一个很好的区分正负极性的方法是,在驻极体麦克风的外壳上用一支记号笔标明引脚的极性,或者在正极引脚边上刻画个记号。

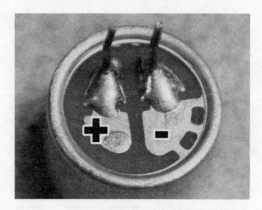

图 5.51 将引脚焊接到驻极体麦克风的焊盘上

在你将引脚焊接到驻极体麦克风的焊盘上之后,你需要首先将其安装到穿孔板上,如图 5.52 所示。将麦克风安装在穿孔板的其中一个末端,这样它就不会因为距离太近从而影响到无线电频率部分,也不会被任何其他电子元器件挡住它的开口处。如果你想让这个麦克风对更高频率的声音更加灵敏,那么你可以将它的顶部的盖子掀掉,这个盖子其实只是起到一个挡风板的作用,它可以在讲话者直接对着麦克风说话时避免唾沫星子进入到麦克风内部。由于在这个侦探发射器中,你肯定是希望讲话者看不到这个装置,因此这个挡风盖实际上起不到任何作用。注意区分麦克风的哪个引脚是正极,这样才可以串联电阻器 R_1 并给内部放大器提供需要的电流。

图 5.52 将驻极体麦克风安装在穿孔板的末端

在穿孔板上制作一个简单电路,其实就是将电子元器件插入到穿孔板中,然后在穿孔板背面弯曲它们的引脚,由此来固定它们的位置,如图 5.53 所示。如果你的元器件像新买的元器件那样有足够长的引脚,那么你可以不用接线,只要直接连接元器件的引脚就行。当你的元器件数量越多时,所需要的接线就会越多,如果穿孔板上的电路比较复杂,就可以用这种方法来搭建,从而减少所需的接线数量。

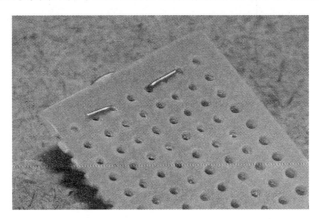

图 5.53 压弯元器件引脚,固定元器件在穿孔板上的位置

成功搭建这个电路的最好方法是,先建立好音频前置放大器部分,然后使用一个头戴式耳机或示波器对这部分进行测试,如图 5.54 所示。当你按照电路图将音频前置放大器部分的电子元器件全都安装到穿孔板上之后,通过在测试连接点 TP_1 和接地之间连接示波器或头戴式耳机,你将看到或听到一个音频输出。在你确定音频前置放大器部分的电路可以正常工作之后,你需要将产生的任何音频信号都传送到无线电频率振荡器部分中。

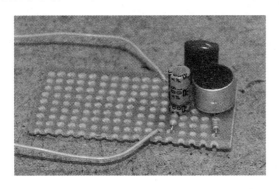

图 5.54 在穿孔板上安装音频前置放大器部分的元器件

在你连接元器件时,尽量少用跳线连接,因为它们也会让你的电路产生杂散电容。通过在穿孔板底面将元器件的引脚压弯,你可以直接连接每个元器件的引脚,如图 5.55 所示。如果穿孔板底面的引脚长度不够,你也可以在上面焊接短小的接

线或从其他元器件上切断的引脚。虽然这个电路板不是很美观,但是如果接线正确的话,它的功能不会亚于任何专业的厂家生产的电路板。

图 5.55 在穿孔板底面焊接元器件的走线

当音频前置放大器部分的所有元器件都连接并测试完成后,在测试连接点 TP_1 焊接一根临时接线,并添加电源线和接地线来连接电压在 $3\sim9V$ 之间的电池组或蓄电池。如果你在测试连接点 TP_1 和接地之间连接头戴式耳机,那么当你对着驻极体麦克风吹气时,你应该可以在耳机里听到隆隆声。你也可以使用一个示波器来显示前置放大器部分输出的模拟波谱,如图 5.56 所示。

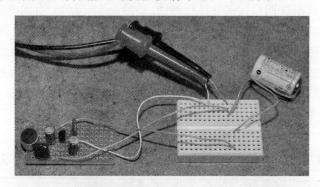

图 5.56 用显波器来显示前置放大器部分输出的模拟波谱

我们喜欢在实验室里配备两台不同的示波器,一台是较新的数字示波器,它有很多附加的修饰功能,另外一台是破旧的经典的示波器,它产于 20 世纪 70 年代,用了这么长时间之后,现在连前面的面板都没有了。这个古老的基于阴极射线管的示波器可以长时间实时跟踪音频变化,因此它非常适合用来查看实时的低频率音频数据,如图 5.57 所示。在一个供应过剩的商店里,你通常可以以非常便宜的价格买到这样的过时的示波器,它在很多项目中都非常适用。与我们的全新的 400MHz 的数字示波器相比,我们实际上更喜欢使用那个过时示波器来显示实时的音频数据。

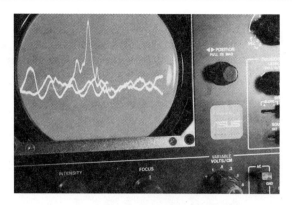

图 5.57 用示波器显示实时的音频数据

在你对着麦克风吹气时,如果你在示波器上看不到任何变化,或在头戴式耳机里听不到任何声音,那么你需要重新检验一下你的接线情况。电路失败的原因中几乎有99%都是因为接线问题,因此在重复检查电路接线之前,不要随便在一个论坛上发表意见说这个电路不能正常运行。当最终发现因为元器件接反导致失败的时候,没有谁会愿意自己显得像个初学者一样犯这种错误,不是吗?如果你想对音频前置放大器做一些实验,那么你可以改变电阻器 R_1 的电阻值,这会对驻极体麦克风的内置放大器的输出产生影响。当电阻值为 1kΩ 时,可以让麦克风内置放大器的电流达到最大安培数,当电阻值超过 5kΩ 时,麦克风内置放大器的输出就会稍微减弱。

当你检验完音频前置放大器部分的电路并确定它可以输出音频信号时,接下来需要完成剩下的电路,也就是无线电频率输出部分的电路,如图 5.58 所示。如果你的穿孔板上有足够的空间,你要试着让那个线圈和调谐电容器远离其他元器件。虽然这不是绝对重要的,但是记住,任何接近线圈和调谐电容器的东西都有可能导致产生杂散电容和偏置频率。如果频率的偏置量太大,那你的发射器发射的频率可能不会在调频收音机的波段范围之内,或根本不能发射无线电信号。

那个天线只是一根接线而已,一般来说它是不会有问题的,而且不会对发射频率产生任何影响。如果是 2 英寸长的接线,那么发射器的发射范围可能是你的整个房屋,如果是 6 英寸长的天线,那么范围可能覆盖你家整个庭院。再次告诫你,不要把这个设备当作高科技的合法的侦探发射器从而尝试在网上出售这种设备,也不要在网上随意夸大这个设备的功能。如果你的接收器可以在一个房间内接收到另外一个房间里的这种音频信号,那么你的发射器就制作的很好,但是当房间里有人走动时设备的频率会发生变化。如果没有使用一个更复杂的稳定电路,例如声表面波振荡器或晶体振荡器,那么当电容或电池电压等产生变化时,输出也将改变。

图 5.58 在穿孔板上搭建无线电频率输出部分的电路

　　完成后的电路板看起来很不美观,但是它的功能是完美的,如果接线正确的话,它可以和任何专业的厂家生产的电路板一样正常工作,如图 5.59 所示。晶体管 Q_2 是这个电路中唯一的可能因极性接反而遭到损坏的元器件,因此,在给这个电路接上电源之前,你需要检查一下晶体管 Q_2 的极性是否连接正确。无线电频率部分的电路中的元器件不多,因此检查晶体管 Q_2 的极性连接是很容易的事情。

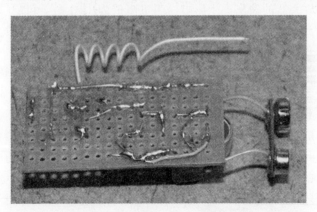

图 5.59 制作完成后的电路板的底面

　　发射器的调谐方法是很简单的,你将需要某种非金属工具来调整那个微调电容器,之所以要使用非金属工具,是因为任何金属物体靠近电容器时都会对发射器的调谐造成影响,这是非常令人恼怒的事情,如图 5.60 所示。如果你在调试过程中使用到金属工具,那么在将发射器调整到你想要的频率,然后移走工具之后,发射器的频率就会发生变化。实际上,甚至在你的双手靠近电路板时也会产生微弱的变化。当你改变电池电压之后,就很有必要重新调整发射器,除非你相当走运,改变后的频率刚好是调频收音波段中一个完全不同的"哑点"(无声波段)。

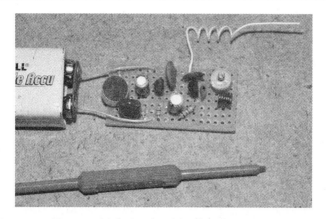

图 5.60　调谐过程中必须要使用非金属工具

开始调谐发射器时,要找一个接近 100MHz 的调频收音机波段的哑点。将你的发射器放在靠近收音机的地方,然后用那把塑料螺丝刀从头到尾慢慢地调节调谐电容器。如果你幸运的话,在你调节到接收机的频率时,你的收音机会由平稳的嘶嘶声变为一种响亮的砰砰声。由于可以调谐的频带宽度不能覆盖调频收音机的整个波段(88~108MHz),因此你将很可能必须以 10MHz 的间隔重复这个调节步骤,直到你幸运地捕获到正确的频率,如图 5.61 所示。使用一个自动扫描的无线电调谐器也可以接收到发射器的信号,但是调谐发射器端的频率也可能是很容易的事情。

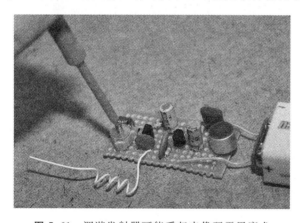

图 5.61　调谐发射器可能看起来像玩弄黑魔术

当我们说这可能看起来像黑魔术(邪恶的巫术)时,我们没有骗你。如果你的发射器正在工作,它的发射频率将很可能在 80~100MHz,但是没有谁能够准确知道它的频率,因为这取决于你使用的元器件型号、电路板的布局和杂散电容等很多因素。为了详细介绍这个项目,我们建立了两个版本的设备,其中包括当前讲述的这个版本,还有后面我们将会提到的另外一个较小的版本。虽然我们在这两个版本中使用的元器件完全相同,但是它们的输出频率却相差很大。大版本的设备发射频率大约是 100MHz,而小版本的只有大概 88MHz。噢,别忘了,当你从发射器上将手移开时,你将会发现它的发射频率发生了某种变化。嘿,这就是为什么收音机需要刻度盘的原因。

尽管我们已经告诉过你这个超级简单的发射器存在着很多的缺陷,但是我们将要说的是,当你安装好这个设备并使用一块新电池给它供电时,它的工作效果还是相当理想的。你必须要让设备去适应所有那些可以影响到输出频率的外界因素,例如在设备旁边的大型物体、电池电压变化,甚至有人在房间内接近设备的地方走动也会产生影响,如图 5.62 所示。让发射器开始工作,然后抓住天线的末端,你会发现输出频率会降至调频波段中一个较低的范围。当我们安装好我们的发射器并将其放置的一个房间里的桌子上时,我们可以隔着两个房间的距离清楚的听到那个房间里的谈话声,所以这个设备确实是可以使用的,只要它在安装好后不会受到干扰就行。

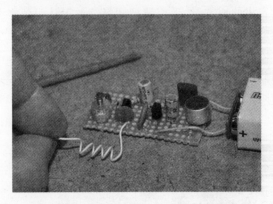

图 5.62　很多因素都可能导致频率偏置

为了使的这个项目看起来更像是侦探设备,我们使用了一片双面胶将电路板的底面和蓄电池外壳粘贴在一起,并在蓄电池的另一面也贴上一片双面胶,这样我们就可以像电影中的侦探情景一样,在目标区域随手将这个侦探设备粘贴到某个角落,如图 5.63 所示。当然,真正的侦探设备应该是有频率滤波、数字加密的,其运行频率在千兆赫以上,但是我们这里的设备非常简单,因为它是我们只用一下午的时间,用一台废旧收音机上的元器件组装出来的。

在将电路板粘贴到蓄电池外壳上之后,我们必须重新调整设备,以便使它的发射频率回到调频收音机的无声波段,如图 5.64 所示。使用更高的频率会更好,因为这样在接收机端的噼里啪啦的杂音就会少一些,从而接收到更纯净的音频信号。那根细小天线的位置也是很重要的,因为任何位置的变化都将改变发射频率。为此你可能会找到一个更好的方法,那就是使用一根更短和更刚硬的天线,这样它就不容易弯曲了。

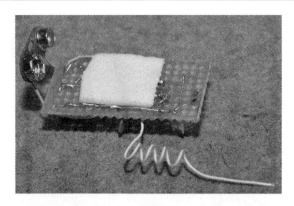

图 5.63　让这个发射器更像一个侦探设备

图 5.64　制作完成的侦探型发射器

　　这个简单的发射器使用的元器件非常少,它的运行效果还是相当不错的,且使用一个充满电的 9V 特蓄电池可以让设备运行很长时间。实际上,在我们之前的所有测试中,包括我们忘记切断电池电源的那一次,我们从来没有耗尽过一块蓄电池,如图 5.65 所示。这个发射器使用的电流很小,甚至使用一个 3V 的纽扣电池就可以运行很长时间,这促使我们想要为这个侦探设备制作一个体积更小的版本。

　　这个设备所使用的元器件这么少,我们当然可以将它微小化,如图 5.66 所示。当然,你的电路中的元器件之间挨的越紧,就越容易产生杂散电容,因此注意设备体积的减小有可能意味着运行功效的降低,甚至是完全丧失功效。我们成功地将所有元器件搭建在一小块大小不超过 3V 纽扣电池的穿孔板上,而且这个电路的运行效果和那个较大版本的电路一样好,只是产生了微弱的频率偏置。实际上,这是微型发射器的第二个版本,第一版本中的设备似乎极其不稳定。我们只是稍微对这个设备进行方位调整,结果它的不稳定性问题就神奇般地解决了。由此可见,无线电频率电路的设计就像是一门黑色艺术。

图 5.65　在我们的储藏室安装侦探设备以防室内失窃

图 5.66　你能将这个设备制作得有多小？

　　如果你有精湛的焊接技术和灵巧的双手,那么你可以通过使用表面安装元件,制作出比这个设备小巧很多的侦探发射器,其电源可以选用一对手表电池,设备最终大小可能和一个铅笔的橡皮擦差不多大,如图 5.67 所示。当然,因为表面安装元件不适合安装在穿孔板上,因此在这种微小化处理方法中需要使用电磨工具制作出某种覆铜板。你制作出的发射器可以比我们这个直径一英寸的设备还要小吗？如果可以,别忘了给我们发送一张项目的照片。

　　感谢你看完本章项目,我们希望这里制作的项目可以起到抛砖引玉的作用,以便让你制作出更有趣、更复杂的无线电频率小设备。在将来我们也将制作更多发射器项目,其功能包括视频发射和信号加密。当然,所有这些设备都只是用来娱乐和学习,不要将其用来侵犯任何人的隐私,也不要在被明文禁止的地方使用。现在,我们必须立即躲起来,因为那辆没有车牌号的货车再一次停在了我们这个秘密实验室的前面,而且黑暗中的那些人正走向那扇门……开始侦探！

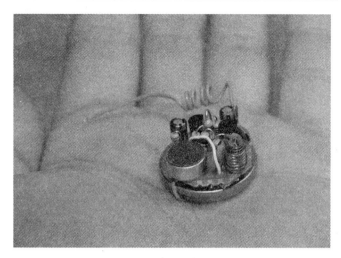

图 5.67 制作完成的微型发射器

项目18 遥控器信号劫持装置

这个项目制作的设备很有意思,它可以截取电视机或录像机的遥控器的不可见光信号,并发射回到电视机或录像机,这样你就可以用它来控制别人手里的遥控器了。你也可以将这个遥控器劫持设备直接记录遥控器的某些按键信号,这样你就可以完全控制目标电器了。因为这个项目是直接记录遥控器的脉冲流,因此它可以作用于任何红外线遥控器,并获得它们的一些按键信号。

部件清单
IRMOD:RC5 红外遥控器的解码模块
IC$_1$:爱特梅尔公司的 ATMEGA88P 或其他类似的微控制器
Q$_1$:型号为 2N3904 或 2N222A 的 NPN 型晶体管
LED$_1$:光线波长为 940nm 的红外线发光二极管
LED$_2$:红色或绿色的可见光发光二极管
S$_1$,S$_2$,S$_3$:常开型按钮开光
电阻器:$R_1=100\Omega$,$R_2=10k\Omega$,$R_3=1k\Omega$,
电源:3V 的 AA 或 AAA 电池组

图 5.68　这个隐蔽的设备可以劫持并回放遥控器信号

这个项目中的微控制器代码非常简单,它只是监测进入红外线解码器的脉冲信号,然后将脉冲信号存入内置静态随机存储器中用于之后的回放。源代码的编写非常简洁,为你后续计划留有大量功能扩展和改进的空间。因为代码中没有使用中断,因此这个 C 语言开发的程序几乎可以植入到任何类型的微控制器,至少目前可以在所有爱特梅尔公司的微控制器上运行。如果有更大的存储空间那就可以存储更多的按键信号,ATMega88 的静态随机存储器是 1KB,大约允许存储 3 个按键的信号。

几乎每个包含红外线遥控器的电器都是使用一个标准的红外线通信协议,这个协议就是"RC5 协议",如图 5.69 所示。这是一个并不复杂的协议,它通过发送一串波长为 1.5～2.5nm 的脉冲来工作,这个脉冲是由一个 36～45kHz 的载波频率调制的。脉冲组成一帧数据,这种数据的长度通常是 12 位,是使用一种叫做曼彻斯特编码的反向系统进行编码的。当然,我们没必要对此深入研究,因为这个项目只是记录脉冲的波长,并将其以二进制数值的形式保存在微控制器的内置存储器中,用于后期的回放。

当然,你实际上可以解析数据并存储更多信息,但是这可能需要巧妙的编程来获得准确的脉冲频率,并且理解在输入端看到的数据流。我们只是想制作一个迅速而又随意的设备,能够让我们戏弄遥控器的使用者就行,因此我们选择只获得脉冲之间的时间并保存这个数值。因为频率大小和发送什么样的命令不会影响到程序的运行,因此我们可以记录和回放任何远程遥控。

为了处理非常快的 40kHz 的调制,可以使用一个现成的方案,这个方案将删掉调制,只留下毫秒级的脉冲序列。这些遥控器的解码模块是非常常见的,因为它们在大多数我们可以截取信号的电器中都会使用。这些微小模块的 3 只引脚分别是连接电源、接地和输出,它唯一的工作就是寻找遵循 RC5 协议的脉冲并去除脉冲调制。我们已经从各种废旧电器和电子供应商那里收集了很多这样的遥控器模块,且所有这些模块的工作原理都基本上相同。有些包含在一个金属罐中,有些看起来更像是一个晶体管。所有你要做的事情是区分出模块的电源引脚、接地引脚和输出引脚。

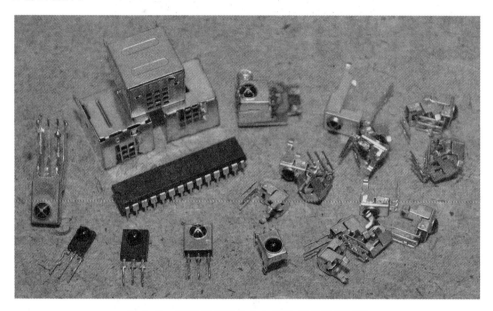

图 5.69 遥控器信号首先由 RC5 模块进行解码

在我们这个遥控器信号劫持设备中,我们使用的解码模块型号是 Sharp GP1UM26X,我们有很多这样的模块,都是从一些废旧的 DVD 播放机和录像机中拆卸下来的,如图 5.70 所示。如果你准备从废旧电器中拆卸解码模块,那么在将它们脱焊之前一定要仔细查看电路板,这样你才可以区分出电源和接地的连接引脚,这是因为在大部分原始制造模块上是没有标记的。接地引脚是很容易确定的,但你可能要花些工夫去辨别出信号引脚。如果你需要通过猜测来确定,那么可以将模块连接到一个 3V 的纽扣电池和一个压电式蜂鸣器,试着随意用一只引脚去连接,直到当你将一个遥控器对准这个模块并按下某个按键时,你听到蜂鸣器发出"噗-噗-噗"的声音为止。一个纽扣电池的电流强度是非常微弱的,因此,在你强行连接试图辨别出引脚极性时,就算你将极性完全接反,模块也不会遭受损坏。

至于这个项目的回放部分,我们将利用到在遥控器中找到的模块,然后使用一只红外线发光二极管来向外发送调制脉冲流,这和遥控器功能是完全相同的,如图 5.71 所示。你实际上可以使用任何种类或型号的红外发光二极管,因为解码模块对调制脉冲流是高度灵敏的。在我们的测试中,我们甚至发现可见光发光二极管也可以在这里使用。一般来讲你只需要一只红外发光二极管就行,如果你计划戏弄你家前后左右所有的邻居,或者是同时破坏大范围内的多台电视机,那么你可以尝试使用多只发光二极管,这也是我们为你留下的改进空间。单只红外发光二极

■ 电光特性

(T_a=25°C, V_{CC}=5V)

参　数	符　号	条　件	最小值	典型值	最大值	单位
损耗电流	I_{CC}	无输入光线 [3]		0.95	1.5	mA
高电平输出电压	V_{OH}	[3]	$V_{CC}-0.5$			V
低电平输出电压	V_{OL}	[3] I_{OL}=1.6mA			0.45	V
高电平脉冲宽度	T_1	[3]	600		1 200	μs
低电平脉冲宽度	T_2	[3]	400		1 000	μs
B.P.F.中心频率	f_0	[4]	70	[4]	130	kHz
输出上拉电阻	R_L			100		kΩ

[3] 下图中显示的瞬时脉波是从图1中显示的发射器中发射出来的。但是，发射器的载波频率应该和[4]一样，其测量方法应该是从开始发射到发射出50个脉冲为止。

[4] 从图1中可以看到各种不同的模块，B.P.F. 中心频率 f_0 会随着所使用的模块的不同而发生变化。

瞬时脉波

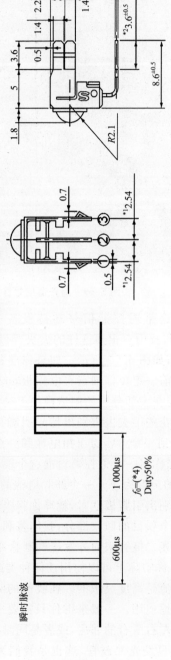

图5.70　一个典型的RC5遥控解码模块的数据手册

管将足够用来控制房间里的任何电视机或其他视频机器,且由于这个设备的操作要求具有隐蔽性,因此要考虑设备大小问题,如果使用多只发光二极管,那么设备就可能显得比较大。

图 5.71　使用一只红外发光二极管向电器发送脉冲信号

从图 5.72 所示的光谱图中可以看到,红外线的波长比任何可见光都要长,它波长范围大概是 $800\sim1000nm$。大部分遥控器都是使用波长为 $940nm$ 的红外线发光二极管,因此这个类型的遥控器是最常见和最便宜的。当然,你可以使用任何红外线发光二极管,甚至可以使用波长为 $800\sim880nm$ 的用于夜视照明的类型。不论哪种方式,将要被你戏弄的朋友是不可能看到不可见光的,因此你可以在完全漆黑的晚上,毫无忌惮地劫持电视机或视频播放机的遥控机。

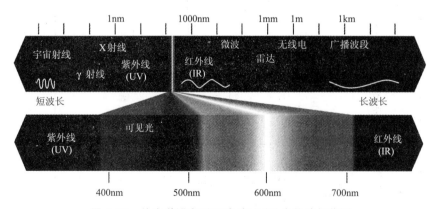

图 5.72　从光谱图中可以看到不可见光的波长范围

如果你喜欢仔细研读数据手册,那么你会发现任何红外线发光二极管的重要参数是中间波长和恒向电流,这两个参数将决定你所期望的光线种类和强弱,如图 5.73 所示。当然,在这个项目中,我们对红外线发光二极管的参数要求不高,由于使用的电源是纽扣电池,因此电流非常弱,它只能发射短距离的脉冲。如果你真的

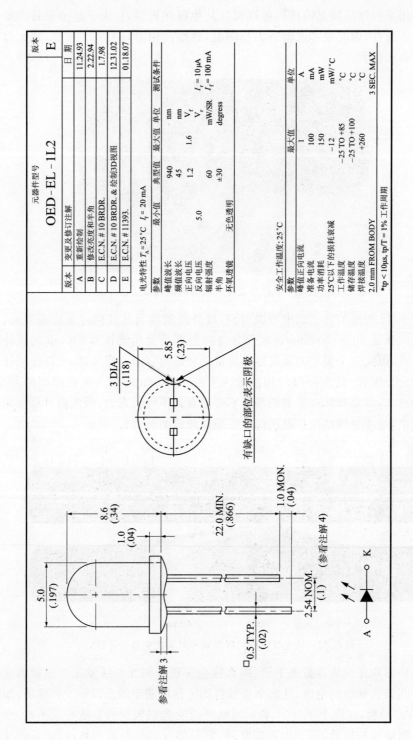

图5.73 从红外线发光二极管的数据手册上可以看到最佳波长

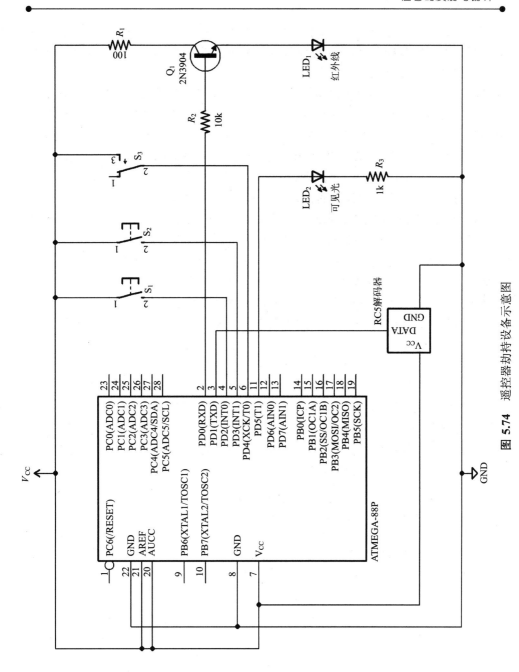

图 5.74 遥控器劫持设备示意图

想制作出长距离的遥控器劫持设备,那么你需要仔细查看数据手册,在上面找到发光二极管的额定脉冲电流,这个电流值要比恒向直流大很多,它可以让发光二极管在极其强烈的脉冲电流下工作。

图 5.74 所示是基本的电路原理图,这个项目的微控制器代码是使用 C 语言编写的,只要微控制器具备内置随机存储器和一些必要的输入/输出端口,这段代码就可以在几乎任何的微控制器上运行。这个基本的电路只需要使用 5 根输入输出接线,其中一个数字输入端口连接 RC5 解码器,一个输出端口连接红外线发光二极管,另一个输出端口连接可见光发光二级管指示灯,还有两个用于连接按钮开关。通过将红外线发光二极管的输出端口连接一个 NPN 型晶体管来放大信号输出,从而可以发射较远距离的脉冲。如果你不想使用晶体管,那么你可以通过串联一个 $500\sim1000\Omega$ 的电阻器,将发光二极管直接连接到微控制器输出端口。我们使用 8MHz 的时钟脉冲源来计算时间,这样我们的微控制器 ATMega88 就可以在其内置振荡器下运行,从而大大减少了电子元器件的数量。按钮开关用于控制微控制器的记录模式和回放模式,据此我们可以窃取遥控器的几个按键信号,并保存到微控制器的内置随机存储器中,用于以后的回放。当处于记录模式时,那个可见光发光二极管会不断闪烁,它指示着系统正在接收脉冲信号。如果你想让这个设备更加小巧和更加隐蔽,那么你可以将可见光发光二极管移除。

项目源代码是在 CodeVision 编译环境下用 C 语言编写的,代码编写非常简洁,你可以将其移植到几乎任何的微控制器中,只要微控制器有一定的内置存储空间来存储接收到的信号就行。1KB 的内存空间大约可以存储 3 个按键信号,4KB 则可以存储大约 16 个按键信号。在你最喜欢的集成开发环境下打开以下源代码,后面我们将会详细解释每段代码的意思。

```
// * * * * * * * * * * * * * * * * * * * * * * * * * * * * * * * * *
// * * * * 程序作用:遥控器劫持设备
// * * * * 微控制器:ATMEGA88P
// * * * * 时钟速率:内置 8 MHz
// * * * * * * * * * * * * * * * * * * * * * * * * * * * * * * * * *
# include <mega88p.h>
# include <delay.h>


// * * * * * * * * * * * * * * * * * * * * * * * * * * * * * * * * *
// * * * * 定义程序变量
// * * * * * * * * * * * * * * * * * * * * * * * * * * * * * * * * *
unsigned char RC5[750];


// * * * * * * * * * * * * * * * * * * * * * * * * * * * * * * * * *
```

```
// * * * * 信号记录函数
// * * * * * * * * * * * * * * * * * * * * * * * * * * * * * * * * * *
void RECORD(){
unsigned int CTR;
unsigned char TMR;
unsigned char REC;
unsigned char DIV;

//点亮发光二极管指示灯
PORTD.5 = 1;
REC = 0;

//清零数组
for(CTR = 0; CTR<750; CTR ++ ) RC5[CTR] = 0;

//等待开始信号
while (PIND.1 == 1) {}

//记录 RC5 脉冲流
for (CTR = 0; CTR<375; CTR ++ ) {

//记录调制脉冲
TMR = 0;
while (PIND.1 == 0) {

//DIVIDE TIME BY 10
for (DIV = 0; DIV<10; DIV ++ ) { // $$$

// 40kHz 延迟
#asm
ldi r23,66 ;1
DL4:
dec r23 ;1
brne dl 4 ;1/2
nop ;1
nop ;1
#endasm
}
```

```
TMR ++ ;
}
// 保存时间值
RC5[CTR] = TMR;

// 累加计数变量
CTR ++ ;

// 记录无调制的脉冲
TMR = 0;
while (PIND. 1 == 1) {

// divide time by 10
for (DIV = 0; DIV<10; DIV ++ ) { // $$$

// 40kHz 延迟
#asm
ldi r23,66 ;1
DL5:
dec r23 ;1
brne dl5 ;1/2
nop ;1
nop ;1
#endasm
}
TMR ++ ;
}
// 保存时间值
RC5[CTR] = TMR;

// 指示灯闪烁
REC ++ ;
if (REC == 40) REC = 0;
if (REC == 0) PORTD. 5 = 1;
if (REC == 20) PORTD. 5 = 0;
}

// 关闭状态指示灯
```

```
PORTD.5 = 0;


// 等待按钮的释放
while (PIND.2 == 0) {}
delay __ms(500);
}


// * * * * * * * * * * * * * * * * * * * * * * * * * * * * * * * *
// * * * * 回放函数
// * * * * * * * * * * * * * * * * * * * * * * * * * * * * * * * *
void PLAYBACK() {
unsigned int CTR;
unsigned char TMR;
unsigned char DIV;


// 点亮状态指示灯
PORTD.5 = 1;


//回放 RC5 脉冲流
for (CTR = 0; CTR<375; CTR ++ ) {


//发送 40kHz 调制信号
TNR = RC5[CTR];
while (TMR>0) {


//循环 10 次
for (DIV = 0; DIV<10; DIV ++ ) {


//40kHz 调制周期
PORTD.0 = 1;
#asm
ldi r23,33 ;1
DL1:
dec r23 ;1
brne dl1 ;1/2
nop ;1
#endasm
PORTD.0 = 0;
```

```
#asm
ldi r23,33;1
DL2:
dec r23;1
brne dl2;1/2
nop;1
#endasm
}
TMR -- ;
}
```

//计数变量累计加一
```
CTR ++ ;
```

//发送无调制脉冲
```
TMR = RC5[CTR];
while (TMR>0) {
```

//循环 10 次
```
for (DIV = 0; DIV<10; DIV ++ ) { //$$$
```

//无调制周期
```
#asm
ldi r23,66 ;1
DL3:
dec r23 ;1
brne dl3 ;1/2
nop ;1
nop ;1
#endasm
}
TMR - - ;
}
}
```

//状态指示灯熄灭
```
PORTD.5 = 0;
```

```
//重复延迟
delay __ms(100);
}


// * * * * * * * * * * * * * * * * * * * * * * * * * * * * * * * * * * * * *
// * * * * 输入输出端口设置
// * * * * * * * * * * * * * * * * * * * * * * * * * * * * * * * * * * * * *
void main(void)
{
DDRD.0 = 1；// 红外发光二极管输出
DDRD.1 = 0；// 红外传感器输入
DDRD.2 = 0；// 记录按钮输入
DDRD.3 = 0；// 回放按钮输入
DDRD.4 = 0；// 模式切换输入(没有使用)
DDRD.5 = 1；// 状态指示灯输出


// 启用输入
PORTD.1 = 1;
PORTD.2 = 1;
PORTD.3 = 1;
PORTD.4 = 1;


// * * * * * * * * * * * * * * * * * * * * * * * * * * * * * * * * * * * * *
// * * * * 程序主循环
// * * * * * * * * * * * * * * * * * * * * * * * * * * * * * * * * * * * * *
while (1)
{


// 检验记录按钮和回放按钮
if (PIND.2 == 0) RECORD();

if (PIND.3 == 0) PLAYBACK();


//主循环结束
   }
}
```

在"定义程序变量"下面代码中定义了一个字节数组,在这个数组里将存放内置存储器里的所有脉冲时间间隔。代码行"unsigned char RC5[750]；"为微控制器设置了数组可能的最大长度,这个长度依赖于微控制器的内置随机存储器的大小、编译器的需要和代码中堆栈的大小。在我们使用的存储空间为 1024 字节的 ATMega88微控制器中,实际可供使用的空间为 750 字节。如果你使用的微控制器和我们的不一样,那你需要花些时间查找实际存储空间的大小,这样才能充分利用微控制器的内置存储空间。

当你按下记录按钮时,程序就会调用"信号记录函数",这个函数将记录每次从红外线解码模块接收到的脉冲之间的时间间隔。进入这个函数之后,发光二极管指示灯会被点亮,它提示使用者记录函数正在运行,之后清零整个数组。为了避免错误的记录,程序先在一个循环中等待遥控器发送出来的开始脉冲,在接收到第一个脉冲之后,程序就会跳出这个循环并往后执行。别忘了,从解码模块发送出的脉冲已经被消除了所有 40kHz 的调制信号,只留下倒转脉冲,因此存入数组的是脉冲之间的时间间隔。

当开始发送脉冲流时,信号记录函数会重新设置计数变量,并将在一个时间控制循环中持续运行,每运行一次就会累加一次计数变量,直到脉冲的极性改变。最终的时间就是第一个负向脉冲(调制脉冲)的长度,然后这个数值将被保存到数组中。随后在那个计时循环中几乎都是在做同样的工作,只不过它是记录强脉冲(未调制脉冲)的间隔。我们使用了一段内嵌汇编程序来模拟 40kHz 周期的精准的时序,这在后面的回放模式中需要用到。

程序不断地记录低电平和高电平脉冲时间,直到填满整个数组为止,发光二极管指示灯在此期间会一直闪烁,这样使用者就可以看到有效脉冲的接收和存储情况。在使用者释放记录按钮之前,记录函数不会退出,这样可以避免清除了缓存中的数据。程序返回到主循环中,然后一直等待某个按钮被按下。

回放函数的运行流程看起来和记录函数很像,只不过它不再是将脉冲时间保存到数组里,而是从数组里读取脉冲信息,然后在低电平脉冲期间向外发送 40kHz 的调制信号,这个脉冲信号和前面进入到遥控器解码模块中的脉冲信号是一样的。在回放期间,发光二极管指示灯会一直被点亮,这样使用者就可以知道设备正在发射,它会不断读取数组内容并向外发送脉冲信号,直到到达数组末尾。为了创造一个稳定的 40kHz 调制周期,我们在程序的低电平脉冲部分再次使用了一段内嵌汇编程序。在回放函数结束的时候,发光二极管指示灯会被熄灭,然后程序将返回到主循环中,并继续等待其他某个按钮被按下。

如果你使用的微控制器和我们的不一样,那么为了让"输入输出端口设置"部分的代码适用于你的微控制器或者电路板,你可能需要对它进行调整和修改,不过这是很简单的事情。在"程序主循环"中,程序只是在不断地等待记录按钮或回放按钮被按下,然后它就会根据按下的按钮去调用相应的函数。

这段代码非常简洁并很容易读懂,因此它会有很大的改造和扩展空间。如果在存储器中不再存储时间值,而是每次存储单个字节(0 和 1 的序列),那么就可以在存储器甚至是小容量的微控制器中保存更多的按键信息。这种高效的脉冲解码器或许可以利用中断技术或组合使用,从而达到最高的精确度。我们这里要制作的是一个尽可能简洁的项目,因此更多的改进空间就留给你去挖掘了。

　　制作最终设备之前,先在一块无焊料的电路实验板上搭建实验电路是很有必要的,这是因为在电路实验板上进行电路的修改和调试会很容易,如图 5.75 所示。这个项目由于只使用了很小一部分的存储空间和输入输出端口,因此它提供了很大的改进空间。你将需要测试有效距离,如果想要让设备的有效距离更远,那么可以考虑增加发光二极管的脉冲电流,另外完全移除驱动晶体管可以拥有更多操作空间。在电路实验板上还连接了 7805 调节器,它可以让电路运行在 9V 电压下,这个调节器看起来很大,它是我们从电子废料箱中找到的。如果你的微控制器支持的话,这个电路很可能只需要 3V 电压就可以运行,那么你只要使用一块微小的3V 纽扣电池作为电源,这样就大大的缩减了设备体积。

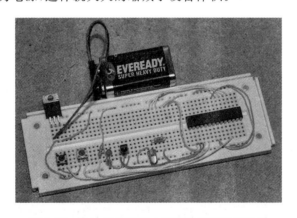

图 5.75　在电路实验板上搭建遥控器劫持设备

　　注意红外线输入模块和发光二极管要面向相同的方向,如图 5.76 所示。这样当你试图用这个设备遥控电视机时,你就可以知道应该用设备哪一面来面向电视机了。由于红外线模块对 RC 脉冲是极其敏感的,因此实际上它不需要正对遥控器就可以做出反应。遥控器的红外线脉冲从墙壁上或其他物体上反射回来的光线的强度足够让设备将脉冲记录下来,但是为了让设备探测到红外线,遥控器至少需要指向电器所在的一个大致的方向。当你正在测试电路实验板上的电路时,注意观察一下红外线输入模块有多么灵敏,就算你将一根手指覆盖在它上面,它也可以照常工作。

　　当你将电路实验板上的电路运行起来之后,将红外线部分放置在接近电视机的地方,这样红外线发光二极管的输出就几乎是直接进入到电视机或其它电器的感应器中了。远红外输入装置通常是靠近电视机底部的位置,它隐藏在一个黑色的圆形或方形镜头后面。打开电视机,按下设备上的记录按钮,然后使用遥控器来对电视机操作一些很明显的功能,例如音量的调节或电源的开闭功能。当电视机做出相应的反应时,设备上的可见发光二极管应该会开始闪烁,这表示脉冲正在被识别、解码并保存到内置存储器中。

图 5.76 红外线输入模块和发光二极管指向相同的方向

如图 5.77 所示,当按下记录按钮时,发光二极管会处于持续点亮状态,但是当接收到脉冲时就会开始闪烁,这样你就可以知道它正在工作。一旦微控制器的静态随机存储器被装满之后,发光二极管就会停止闪烁,这就表示记录工作已经完成。如果发光二极管一直没有闪烁,那么可能是电路的接线有问题,或者是你的红外线模块没有正确地向外发射出脉冲。你可以将输出引脚连接到一个示波器,以此检验是否有脉冲发射出来,或者在输出端连接一个压电式蜂鸣器,聆听从感应器的输出端所发出的"哔哔哔"的声音。

图 5.77 对原型设备进行初始的记录测试

当你记录下一个遥控器按键信息后,将红外线发光二极管对准你的电视机,然后按下回放按钮,如图 5.78 所示。之后在 RC5 脉冲流发送回到电视机时,那个可见光发光二极管将被点亮,电视机收到脉冲信号后也会做出相应的反应,这和你使用遥控器时是一样的。如果你的电视机没有发生任何反应,那么可以使用一个示波器或压电式蜂鸣器检验一下脉冲是否发出。如果你能听到脉冲声音,但是电视机还是没有反应,那么比对一下输入和输出时的脉冲的时基或声音,以此确保不是计时或时序的问题。如果你想修改这段代码使其可以在其他频率下运行,那么你将必须调整记录循环中的定时时间。

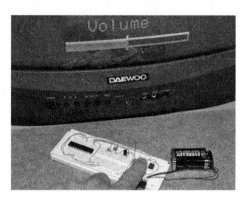

图 5.78　初步测试原型电路

如果你一直按住回放按钮,那么电路会持续向外发送脉冲信号,这非常有利于音量的调节,因为你只需要长时间按住回放按钮,就可以轻松的调高或调低音量。如果你想要让正在使用遥控器的人抓狂,那么调节音量会是一个很好的办法,因为有了这个隐秘的遥控器劫持设备,你可以让他们永远都别想通过遥控器将音量调节到想要的大小。提前预录好电源打开和关闭的命令也是很好的选择,因为有了这两个命令,你可以随时打开或关闭电视机,这类似于那种"TV-B-Gone"设备(一种和钥匙扣差不多大小的设备,外形类似大多数汽车遥控产品,但却具有一键关闭世界大多电视机的独特功能)。

当你在无焊料的电路实验板上测验和调试完电路之后,你需要将电路转移到一块可以永久使用的电路板或穿孔板上,如图 5.79 所示。这个设备要求小巧,就算放在显眼的地方也不会引人注意,有很多方法可以让你将这个设备装配得如此隐秘。如果你擅长使用烙铁,那么你可以试着使用一块更小的微控制器,并用一块纽扣电池作为电源,最终制作出来的电路板可能只有一个汽水瓶盖子那么大。我们选择使用一个易拉罐来包装电路,因为拿着一个易拉罐饮料坐在电视机前面是很平常的事情,没有人会对你起疑心。

电路实验板上的电子元器件数量很少,使用一小块穿孔板就可以承载这些电子元器件,如图 5.80 所示。最简单的穿孔板就是那种钻了很多小孔的薄板,另外有些穿孔板会嵌有铜圈,甚至会有互相连接的金属条,其构造就跟电路实验板一样。由于我们这个电路中只有 9 个部件,电路板的装配过程会很容易,因此我们选择了一小块最简单的穿孔板。另外从图上可以看到,我们将两个较小的插槽连接在一起,这样才有足够大的位置来安装 28 只引脚的微控制器。如果从网上订购全新的插槽,那还需要很长的时间去等待收货,我们不想如此。之所以使用插槽安装微控制器是因为我们经常会在以后对微控制器重新编程，或将微控制器使用到其他项目中。

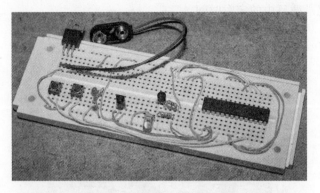

图 5.79　原型电路测验完成，准备制作永久性设备

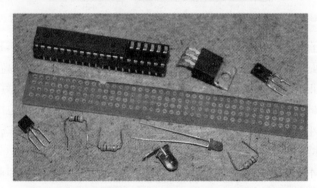

图 5.80　穿孔板很适合用来搭建元器件少的电路项目

　　你的装配方法将决定穿孔板的形状，它可以是方形也可以是长条形，只要能够和电池一起装进某个容器里就行。如图 5.81 所示，我们决定将穿孔板制作得和微控制器一样宽，然后它的长度能够安装所有其他的电子元器件就行。如果我们购

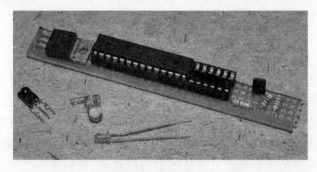

图 5.81　将所有元器件紧密排列在一起制作出最小尺寸的电路板

买一个体积较小的调节器,那么电路板可能只有大约半寸长,但是我们已经习惯了使用那些从其他废旧电器中拆卸下来的电子元器件。

　　如果你的电子元器件都是全新的,那么它们的引脚肯定都足够长,这样你可以很容易地将引脚压弯,然后在穿孔板的背面直接连接引脚。如图 5.82 所示,我们压弯了电子元器件的引脚,使元器件可以紧紧地固定在电路板上。如果你预先考虑好电子元器件的排列方法,那么你将可以直接连接元器件引脚,从而搭建出使用最少接线数的电路板。

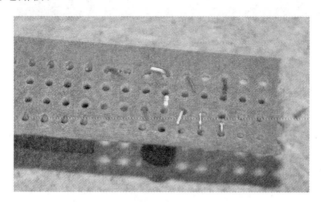

图 5.82　在电路板背面压弯引脚使元器件固定

　　由于所有接线中大部分都是接地线和电源线,因此首先应该为它们准备好不同颜色的接线,例如红色接线连接电源,绿色接线接地。如果电路中存在任何故障,那很有可能就是这些接线出了问题,因此首先将这些接线接好是很重要的,你可以在接通电源之前重复检测接线状况,如图 5.83 所示。另外别忘了将微控制器的复位引脚固定好,不然你的电路系统可能会出现不稳定的现象。

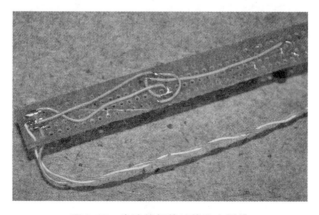

图 5.83　先连接好接地线和电源线

从电路板上要连接出很多的接线，它们用来连接红外线模块、红外线发光二极管、两个开关、可见光发光二极管和电池，因此最终这块小电路板上会连接大量的接线，如图 5.84 所示。如果你已经知道你准备使用什么样的容器，那么大部分电路板以外的元器件都可以直接安装到穿孔板上，但是我们希望最终设备的操作具有一定的灵活性，因此我们选择将外部元器件和电路板分开，然后用接线来将它们相连。

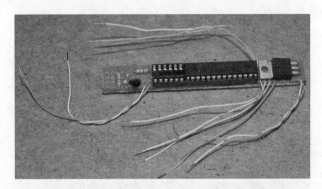

图 5.84　从最终完成的小电路板上引出大量的接线

我们为所有的外部元器件都准备了 10 英寸长的接线，这样我们可以在所选择的容器（易拉罐）上先把外部元器件安装好，然后在电路板放入容器之前，将它们连接到电路板上，如图 5.85 所示。使用各种不同颜色的接线经常是很有帮助的，因为这样我们可以很容易区分每个外部元器件的引脚哪些接地，哪些连接电源，又有哪些是信号输出引脚。

图 5.85　连接所有外部元器件和开关

有什么比拿着一瓶饮料坐在电视前看电视更平常的事情呢？我们可以想象到这个装置的隐蔽效果肯定很好，因为电路板和电池都是放在易拉罐的里面，且在我们握住易拉罐时，只要策略性地掩藏所有外部开关，被我们戏弄的好友就不会发现这原来是个电子设备。同时,由于红外线信号可以通过墙壁反射,因此设备的红外感应器和红外发光二极管可以隐蔽起来,不需要将易拉罐很明显地对准电视机。我们使用一把剪刀在易拉罐上钻出一些合适的小孔,然后旋转剪刀,直到孔径大小适合安装每个外部电子元器件,如图 5.86 所示。

图 5.86 在易拉罐上钻孔来安装外部元器件

易拉罐的底面也需要打开一个口子,这样我们可以在安装完开关和红外线组件之后,将电路板和电池放进易拉罐内部,如图 5.87 所示。为了将开关固定在小孔中,我们可以通过紧紧抓住接线来引导开关的安装。

图 5.87 在易拉罐底部打开一个口子来放入电池和电路板

当我们安装好开关之后,我们需要在易拉罐上确定一个最好的位置来安装红外线组件,这样当我们握住易拉罐时可以隐蔽性操作开关,不让旁边的好友看见,并且红外线组件有一个清晰的线路来对准前方电视机所在的位置,如图 5.88 所示。

如图 5.89 所示,外部电子元器件在安装在易拉罐上之后,都已经连接到电路板。为了方便电路的测验和排错,我们将电路板的一半悬挂在易拉罐的外面,这就是为什么外部元器件的接线需要足够长的原因。足够长的接线也使得将来更新微控制器硬件的工作更加简便。

图 5.88　红外线组件的安装

图 5.89　接线布置完成后再安装电路板

　　为了保证不给电路造成短路的情况,我们将所有组件都使用了一小块的双面胶固定在易拉罐中,如图 5.90 所示。双面胶也可以避免电子部件在易拉罐内乱蹦乱跳,如果不需要更换电池的话,电池的位置也可以固定起来。其实在全新的 9V 碱性蓄电池耗尽之前,这个设备带给人的新鲜感也差不多耗尽了。

　　图 5.91 所示是已经制作完成并可以使用的遥控器劫持设备,这个装置既隐秘又鬼祟,就算将它放在显眼的地方也不会被察觉。当然,如果你的好友经常被你的一些鬼把戏戏弄的话,那你迟早还是会被他发现的,但是在任何人怀疑你之前,你将从中获得很多乐趣,他们怎么也想不到你的这种新玩意可以在空气中窃取遥控器的红外线信号。如果你想更不容易让人起疑心,那么你可以在你的好友面前打开一瓶真正的易拉罐,然后在他们不注意的时候趁机调换,这样他们肯定不会对你手上的易拉罐起疑心了。

图 5.90 将所有的内部组件都固定在易拉罐内

图 5.91 遥控器劫持设备制作完成

在你真正使用这个设备偷偷干扰别人的遥控器时，要先对这个新玩具做一些测试，这样你可以知道怎样以不被察觉的方式操控这个设备，如图 5.92 所示。在你进入好友的房屋之后，如果你预先拿到电视机遥控器，并偷偷记录下了电源按键或静音按键信号，那么你可以毫无忌惮地开始控制电视机，让你的好友丈二和尚摸不着头脑。当你的好友很郁闷地开始操作遥控器时，你又可以窃取遥控器上的新按键信号，之后再用它们继续添乱。

你可能已经发现，在我们的电路中有一个额外的输入输出端口连接到一个开关，而这个开关在源代码中没有相应的代码控制。其实我们的初衷是想添加一个计时器模块，让计时器在一分钟或两分钟之内倒计时，然后自动发送最近记录的按键命令。有了这个功能，你可以不用手动操作设备，在你离开房屋之后它仍然可以扰乱电视机的控制，这样你的好友更加难以对你或者这个设备起疑心了，如图5.93所示。另外一个改进的主意是，在按下一个按键之后发送随机的脉冲信号，从而有效堵塞遥控器,这样在你扰乱电视机或录像机之后,掌握遥控器的好友几乎不能用遥控器来做任何事情了。再次阐述一遍,这个遥控器信号劫持设备留有大量技术改进和功能扩展的空间,所以你可以尽情发挥你的想象,随意对它进行改造,在你完成你的创意之后,可以给我们发送一些相关照片,以便我们创办一个画廊。

图 5.92 测试怎样才能方便又隐蔽地控制这个设备

图 5.93 成功劫持遥控器脉冲信号后向电视节回放遥控命令

个人防身装备 6

项目19 用闪光灯制作电击枪

　　这个项目将向你演示如何将 1.5V 的电压瞬间放大到接近 400V,并将制作出一个手持设备,它能够给高电压电容器充电,或产生一个弱电流高电压的电击反应。你只要从一个便宜的傻瓜相机中取下一小块电路板,就可以将一节 AA 电池的电压放大很多倍,放大后的电压可以达到你家电源插座的电压的 3 倍大小! 没错,虽然这个手持式电击枪输出电流是极其微弱的,但是从中输出的高电压却会让人产生足够强烈的疼痛感,任何人触碰到它都会立即惊跳起来。

部件清单
相机:任何拥有内置闪光灯的傻瓜相机
电池:单节 1.5V 的 AA 电池或双节 3V 的 AA 电池组
探头端子:长度为 1~4 英寸,直径为 1/8 英寸的螺钉
外壳:可以装下电池、印制电路板和开关的足够大的外壳

图 6.1 用废弃照相机的闪光灯制作的电击枪

　　这个电路也可以用来制作一个很小的荧光灯镇流器、马克思发生器(一种利用电容并联充电再串联放电的高压装置)的前端充电器,或任何其他需要好几百伏高频电源电压的设备。通过加大直流电源的电压,或者是使用一个可承载更高电流的晶体管,就可以使这个电路产生超过 1000V 的电压。当然,这里演示的电路所产生的电压不会有那么高,但还是足够让人害怕的,保证你在自己身上试验一遍之后再也不敢尝试第二遍!

　　任何一个有着内置闪光灯的傻瓜照相机都可以用在这个项目中,因为它们都有着相同类型的充电电容器装置,如图 6.2 所示。一个高质量的数码照相机或闪光灯可能并不是最好的选择,这是因为它们往往会有更加复杂的电路系统。而傻瓜照相机则不一样,因为生产成本低的缘故,它们的内部构造也是相当简单。你也可以使用一个全新的或使用过的数码相机,但是如果这个数码照相机已经进行过很多次的闪光,那么你将很可能需要使用全新的碱性 AA 电池,才能使它的高电压电路发挥出全部的潜能。

图 6.2　你将需要用到一个有内置闪光灯的经典的傻瓜相机

　　如果你正好照了一些照片需要拿去冲洗,那么你可以让冲洗照片的人取出胶卷盒,然后把相机取回来。在将底片取出相机之前打开相机是会破坏底片的。如果你不想为了这个项目而去破坏一个全新的傻瓜相机,那么你可以去附近的一些相机商店,询问他们店里是否存有一些准备扔掉的使用过的傻瓜相机。有时候他们会很乐意的交给你一大袋废弃的傻瓜相机,但也有时候他们会怔怔地看着你,就好像你是个精神病人一样。这时候你可以说:嘿,让垃圾装卸车拉走和送给捡破烂的人不都一样吗。

　　大多数傻瓜相机都是由一层纸或者塑料外皮包装起来的,褪去这层包装之后都大同小异。如图 6.3 所示,你可以剥去这层包装,将傻瓜相机的塑料外壳露出来。这个时候你仍然是安全的,不会遭受到你永远不会忘记的意外电击,所以完全不用担心在你剥去包装时,潜藏在相机里的高压电容器会伤害到你。在接下来的几个步骤中,如果不想遭受 400 伏电压的电击或害怕遭到任何电击的话,你可能需要考虑是否佩戴绝缘手套。

图 6.3　剥去傻瓜相机的外部包装

傻瓜相机在一次闪光之后,其中的一个 360V 的电容器可以将电量维持数个星期甚至好几个月的时间,因此在你动手之前,我要提醒你的是,这个傻瓜相机看起来很简单,但是在它的塑料外壳里面确实存在着险恶的"惊喜"。如果电容器已经被充满了电,而这时候你一不小心正好将手指触碰到它的两个很小的接线端子,那么它所释放出的电压和电流强度对你确实存在着危险,因此操作时务必小心,最好是戴上绝缘手套,等到电容器被移除并被放电之后就没事了。在这个项目中我们不会使用到这个电容器,所以在接下来的几个步骤中就不存在这个危险了。

在拆开傻瓜相机的塑料外壳时,需要用到一把扁口的小螺丝刀,如图 6.4 所示。向相机内插入螺丝刀时要小心,不要让螺丝刀破坏了内部电路,也不要触碰到

图 6.4　该相机的塑料外壳被一分为二

已经被充电的电容器,否则你会吓得从椅子上跳起来。如果这把小螺丝刀迫不得已承受了电容器的放电过程,那它也可能遭到损坏,因此不要使用你喜爱的好工具来给电容器的放电。将傻瓜相机上半部分的外壳移除,并将余下的下半部分平放在你的工作台上,然后仔细观察显露出来的电路板。现在是真正乐趣的开始!在你能看到相机中微小的电路板和相机内部构造之后,你要找到相机的闪光灯电容器以及它的两个输出端子。闪光灯电容器的长度和宽度都大约和一节 AA 电池差不多,且通常会有一块黑色的遮盖物,如图 6.5 所示。闪光灯电容器有 2 根引线,它通过这两根引线来连接电路板。这也是用于闪光灯充电电路的高电压输入和输出端子,我们准备以后将它们连接我们的高电压引线。

图 6.5　辨别电容器和它的两个输出端子

　　没错,闪光灯电容器可以在一次使用之后,持续好几个月都负载 350～400V 的电压,如果你不小心将手指同时触碰到电容器的两个接线端子,那么电容器中存储的电量对你来说会是一个危险隐患。在你因为手指受到电击而跳起来之后,你的肘部很有可能因为碰到其他物体而导致青肿。记住,不要草率地处理任何充满电的电容器,这是很危险事情。来自带电电路的电击只是会给人疼痛感,但那是因为它的电流强度非常微弱,因此不会像电容器那么危险,而电容器却不一样,电容器长时间充电之后,能够储存大量的电能。

　　现在我要提醒你,你需要用一把螺丝刀或某些金属物品,通过那个高电压端子来移除任何可能潜藏在闪光灯电容器中的剩余电荷。如果你希望它产生带响声的火花,那么可以先给闪光灯充电,但是不要使用一个好的螺丝刀来释放电荷!当处理高电压时,可以遵循一个很不错的规则,那就是仅用一只手操作,另一只手远离危险区域,这样任何你可能意外遭受的电击将通过你的手,而不是你的整个身体。由于充电后的闪光灯电容器所带的电是纯粹的直流电,因此它对你的手指的电击,会给你一种好像被热源灼烫的感觉,就像是来自充电器电路的能量爆炸一般。因此你可能也需要戴上耳塞。

　　在你将需要的电路板从傻瓜相机中取出来之前,我建议你先给闪光灯电容器放电。我们在打开相机时已经将完全充电的电容器短路,这样可以清楚地找到高电压接线端子的位置,且能够观察到小螺丝刀的尖端所发生的现象,如图 6.6 所示。好吧,我承认自己喜欢制造出这种带响的火光四溅的现象,甚至曾经用了大半天的时间先给电容器充电,然后用各种可导电的东西来给它放电。在一次充电之后,电容器可以让一块锡纸破好几个洞,甚至可以在硬币上留下两个小坑。当我们感觉这种爆炸声快要将耳朵震聋时,我们才原归正传,因此在试验时戴上耳塞会是个好主意。

图 6.6　又一把螺丝刀的尖端要报废了

　　当闪光灯电容器被放电之后,就可以从傻瓜相机中取出那块电路板了。电路板或许可以直接卸下来,也可能会被里面的一些塑料夹子夹住,这时候你需要掰断夹子然后才可以取出电路板。傻瓜相机的闪光灯电路板和它的作用一样都是出奇的简单,且整个高电压电路还可以进一步压缩直到最后只有 4 个电子元器件。如果你深入研究并还原这个电路的话,你会发现这个充电电路就是一个简单的电压反相器。

　　这个高电压发生电路的重要组成部分如下:一个高增益 NPN 型的功率晶体管(参见图 6.7 中的 Q_1)。这个晶体管的一些典型产品型号是:2SD965、2SD1960、2SD601A、2SD879、FXT617 或 XN4601。T_1 是一个微小的升压变压器,它有一个主要构件,那就是 5～6 圈的线圈,还有一个次要的 1500～1800 圈的线圈,后者有一个 15～20 圈的反激转换器。这个变压器的可能的产品型号是 T-14-013(日本东京线圈)。R_1 是一个具有一些不同电阻值的电阻器,它的作用是控制来自变压器上反激转换器的反馈电流的大小,从而产生一个高频振荡器电路。这个电阻值也是可以改变的,改变后将产生不同的频率。D_1 是一个功率二极管,它通过将高电压的交流电转换成低电压的直流电来给电容器充电。任何可以负载 400V 或更高电压的二极管都可以在这里使用。

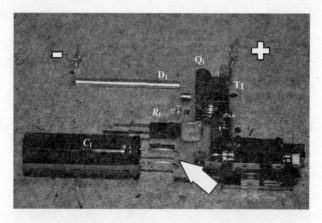

图 6.7　识别照相机电路板的重要部件

　　你可能会想移除高电压电容器,然后保留现有的照相机闪光灯电路。为了在你的电击枪中使用这块电路板,你可以很容易地用你的高电压输出线来替换电容器,然后将其焊接到充电开关上。如果你想要逆向还原,那么你实际上可以精简电路,使其只有一块小小的鹅卵石一般大,这个在后文中会演示。一个设备可以产生400V的电击并不稀奇,但是这个设备的大小就通常是黑客技术是否高超的最好证明,设备越小越不会让人起疑心。

　　为了使用这个高电压电路,在相机电路板的前面会有一个"充电"或"闪光"按钮,如图 6.8 所示。因为在电路板的底部有两个小的焊锡盘或镀铜铜盘,所以你会很容易找到它们。因为这里将连接到高电压反相器,所以你将要在这里焊接引线连接到你的触发开关。其他需要注意的是电容器的两个高电压点和电池连接点。

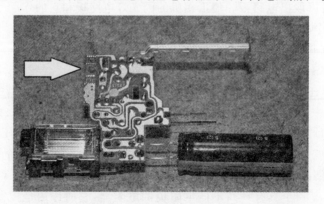

图 6.8　识别闪光灯的充电开关

　　为了从电路板上移除闪光灯电容器,你需要将那两个焊盘脱焊,然后拉出两根高电压引线,如图 6.9 所示。但是,在你做这个之前,请先辨别一下它们的极性,这样可以方便你以后使用这个项目为高电压电容器进行充电。一般来说,电容器的负极会用白色和黑色的虚线标记得很清楚。你也可以使用一个记号笔在小电路板上标记正负性,这样你以后就能够很快地识别出极性了。如果你企图给电容器反向充电,则很可能会损坏驱动晶体管,或烧坏反相器线圈。

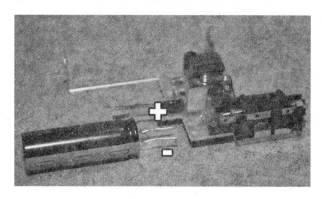

图 6.9　拆除闪光灯电容器

　　在开始动手制作真正的电击枪之前,我们必须要多花些时间来玩弄一下完全充电的 360V 的闪光灯电容器,如图 6.10 所示,在它击穿某样东西时实在是太有意思了! 给电容器充电时间很容易的事情,只要找一根临时的接线焊接到"充电"开关焊盘,然后固定电容器以便给它充电。微弱的嗖嗖声的发出频率会慢慢上升,直到充电指示灯被点亮以后,就意味着在闪光灯电容器中至少储存了 250V 的电压。为验证一下它的电压值,我们将万用表的电压范围调拨到 1000V 对它进行测验,结果万用表上显示的电压值在 250～350V 之间,具体的电压值大小需要取决于充电时间和电池性能。

图 6.10　如此小的电容器的电压竟然强过你家墙壁上的电源插座

当你拿着这个完全充电的电容器时,你会感觉自己正手握一个随时都可能爆炸的小炸弹!我们被这个东西电击过很多次了,它对手指会造成一定程度的灼伤。如果你同时用两只手去接触它,那你全身都会感觉到疼痛,此后你就再也不敢尝试第二次了。所以当你需要使用高电压电子器件时,务必不要同时用两只手去接触它。虽然在爆炸时不会产生金属弹片,但是爆炸声确实是很大很刺耳的,足够让你的耳朵嗡嗡作响。同时注意避免产生电感负荷,否则你将最终制造出一个高能量的无线电频率武器(这倒是发展将来某个项目的好主意)。

当完全充电之后,闪光灯电容器将可以很轻易的击穿锡纸,同时会产生很大的爆裂声和怒放的火花,如图 6.11 所示。我们做过试验,电容器在充一次电之后,可以击穿锡纸三次。这个试验可以给你一个很好的提醒,在你的电容器进行了一次放电之后,不要以为它已经不带电了,你应该再给它放电两次或三次,这样才可以保证在你以后触碰到它时不会被电击。将一根细小的金属丝线搭在充满电的电容器接线端子上,这根丝线会在瞬间熔断并成为烟雾。将电容器的接线端子插入盐水中会发出嘶嘶的声音,连接到钢丝绒会发出巨大的火花,各种半导体组件在连接到电容器之后都会爆裂甚至发生强烈的爆炸,并向四面八方散射硅钢弹片。如果有人声称在实验室里玩电容器的充放电是一种很无趣的浪费时间的事情,那他一定是在说谎。

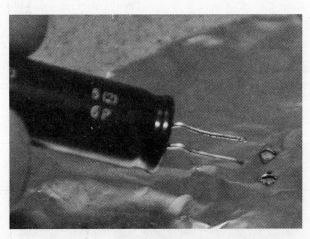

图 6.11　锡纸被闪光灯电容器击穿

充满电的相机闪光灯电容器不仅可以将小块金属焊接到一块,还可以在很多金属物品表面上产生比较明显的小坑,图 6.12 所示是电容器在一块硬币上进行点焊的效果。毋庸置疑,这个充满电的电容器的致命短接可能会让电容器的使用寿命大打折扣,但是当你可以免费获取这种电容器时就不是什么问题了。在询问了好几个照片冲洗店之后,我们获得了一大袋这样的傻瓜相机。如果想要更强烈的火花,可以将 10 个充满电的电容器并联起来,这时候就像是一个马克思发电器,它能够输出一个高达 3600V 的电压,但是达到那个能量等级是很危险的事情,你需要非常清楚你在做什么! 好了,东西都被我们毁灭得差不多了,是时候重新回到正轨了。

图 6.12　在一块硬币表面用电容器进行点焊的效果

在从电路板上移除掉电容器之后,你可以收集相机中的所有其他能用的配件,便于在以后的项目中使用,如图 6.13 所示。有一些相机镜头、弹簧和各种小零件,这些都可能会有用途,记住一个真正的发明家永远不可能凭空想象就可以创造发明,他需要储备足够多的工具才能有所成就。同样,测试一下相机电池,看它在使用过后是否仍然具有 1.5V 以上的电压。一节全新的碱性电池可以在你的电击枪中使用很长时间。

图 6.13　收集傻瓜相机中所有的有用部件

在这块小小的相机电路板上至少有 12 个半导体组件,而你只需要其中的 5 个组件就可以制作出图 6.14 所示的高电压反相器。这种电路的种类很多,但是它们都同样需要具备回转变压器的振荡器电路。你可以在实验中调整图中电阻器 R_1

的电阻值,从而降低输出频率直到 $100\sim200\,Hz$ 的范围,这样就可以产生一个更加强烈的电击。在没进行过改装的电路中,它的充电频率要高得多,这是为了更快地给电容器充电。

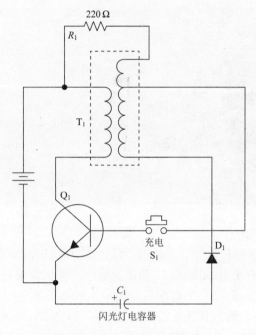

图 6.14　高电压反相器电路图

如果你只是计划将电路板安装到在一个小盒子里,那么这个电路图就没那么重要了,因为只需要简单地焊接一对接线到充电开关上,然后将闪光灯电容器连接到高电压输出端的一对接线上,这个系统就可以正常地工作。为了充分了解反相器电路的特性,我们决定细致剖析我们的电路板,并将它精简到只剩下必需的元器件。

这个小小的电路板非常简单,它只有区区几个半导体组件,因此它是非常容易反向还原的,你将不需要任何包含一个小的变压器、一些电阻器和一个电容器的闪光电子管电路,也不需要用到发光二极管以及给发光二极管降低电压的电阻器。通过在明亮的光线下查看,你可以很容易地看到每个电子元器件下面的走线,顺着线路可以找到它的反相器部分,如图 6.15 所示。在你移除不必要的组件时,你需要在每次改变之后都检验一下高电压输出,这是因为你很可能会从反相器电路中揪下一个必不可少的部件,我们管这个方法叫硬件防备强迫症。

这个绝对精简的原型电路只有 5 个半导体组件,如图 6.16 所示,它们分别是晶体管、变压器、电阻器、二极管和电容器,而且电容器在我们这个电击枪项目中并没有使用。高电压闪光灯电容器被移除了,且输出端被连接到电击枪盒子外面的那两个"探针"上。如果你想制作出一个进一步简化的设备,那么还可以将二极管也移除,最后只留下组成高电压反相器的三个组件。如果有一个非常小的电池,那么这个电击枪实际上可以装入一个火柴盒中。我们最终没有移除二极管,这样当我们想要制作出更多火花时,就可以给电容器充电了。

图 6.15　在明亮的灯光下查看电路板的走线

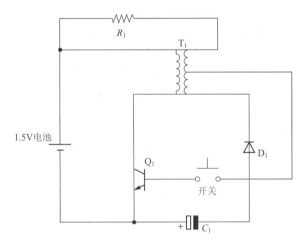

图 6.16　绝对精简的高电压电路图

　　当你已经搞明白哪些组件能够组成高电压反相器电路时,你可以将其他的半导体组件脱焊,然后用在其他一些项目中。如图 6.17 所示,最终将会有一些电阻器、其他变压器、一个闪光灯灯管和一个发光二极管指示灯或氖灯剩余。

　　为了在你的电击枪项目中使用微小的高电压电路板,你将需要接入一个电池组、触发开关和高电压输出探针,如图 6.18 所示。如果你已经对你的电路胸有成竹,那么你只需要一根共用的接地线和正极电池、高电压和开关的接线来连接电路就行,这同样是非常简单的事情。如果你计划以后使用输出探针给电容器充电的话,那么就一定要记得标记好电池和高电压输出端子的正负极。

图 6.17　移除任何不需要的组件

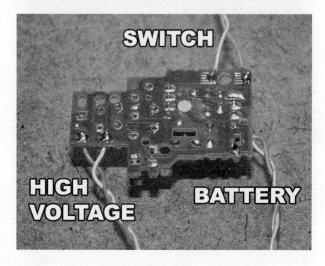

图 6.18　在电路板中添加必要的接线

　　在从高电压部件中移除不需要的组件之后,照相机电路板上的东西就所剩无几了。将开关、电池和探针接线安装到电路板上之后,你现在可以测试电路了,看看它是否可以正常工作,是否可以从一节 1.5V 的电池那里输出 250~400V 的电压,如图 6.19 所示。

　　使用一个万用表,将其调拨到 1000VDC 对这个电路进行电压测试时,测出的电压应该会在 250~350V 之间浮动,这取决于变压器和电池的性能质量,如图 6.20 所示。这里可以使用碱性电池,但不能使用干电池,当高电压探针连接到一个半导体表面例如你的亲密好友的手时,一节干电池可能没有足够多可用电流来驱使反相器。如果你希望你的电路可以释放出更高的电压,那么你可以尝试使用一对电池作为电源,一对电池串联后的电压是 3V 而不再是 1.5V 了。当电源电压是 3V 时,我们的万用表上显示的电压值已经超过了 600V,且频率也高得多。

　　当你将电源电压由 1.5V 增加到更高电压时一定要小心,因为你可能实际上击穿了晶体管或那个小的回转变压器。虽然我们在使用3V电源时并没有损坏任何元器件,但是我们在测试中发现一些电路不能用在一个9V蓄电池上。毫无疑问,这种设备确实可以让电路释放出高达1500V的电压,这个数值达到了墙壁插座电源电压的10倍以上! 显然这种设备的伤害性是很疯狂的,它可以燃烧湿润的纸,可以在你手指上产生小面积的燃烧。不要说我们没有警告过你!

图 6.19 精简后的高电压发生器已经可以使用了

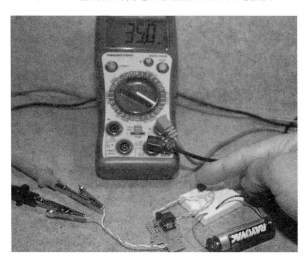

图 6.20 使用一节电池时电路的电压会在350V左右

当你制作一个电击设备时,请记住一句古老的谚语:"己所不欲勿施于人!"严肃地告诉你,你自己需要先亲自体验一下被电击的感觉才可以用它来对付别人,这样不仅是为了测试电路,也可以让你体会一下那些亲密好友在被你电击后为什么会暴怒。图6.21所示是我在亲自体验电击。试着将你的手指去抓住那两根高电压接线,然后闭合开关。没事,大胆去做吧,我们会等待你的归来。

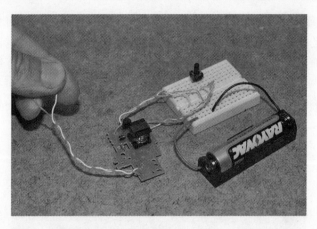

图 6.21 如果你自己都不敢去尝试,就不要拿它去对付你的好朋友

　　怎么样? 当350V的电压穿过你的指关节时是什么感觉呢? 是的,那感觉太恐怖了,而且现在你的手指要在当天痛上一阵子了。如果你是真正的勇敢,或有异常的忍痛能耐,可以用两只手各抓住一根接线端子,然后让另外一个人替你按下开关,这样你就可以感受到350V电压穿过你全身时的豪迈了。我们保证你在握住接线后将不能坚持住1秒的时间。现在,你还会真的想要增加电压,然后尝试体验1500V的电压吗? 我们可不认为你有那个胆量。

　　我们用傻瓜相机制作过很多版本的这种电击枪,它们有不同的电压和包装盒。你可以充分发挥创意,将它制作成一个看起来很有趣的设备,然后诱骗你的好友自己上钩,如图6.22所示。你可以在看着让人好奇的包装盒下面安装一个移动开关或感应开关,这样就可以很好地戏弄别人了。由于这个项目需要设计成一个看起来有危险的设备,因此我们设计出一个手持型的手枪形状,让那一对看着让人恐惧的探针突出向前。一个简单的手枪形状的包装盒将在后文中展示,它是用一个标准的聚氯乙烯盒子和一些自行车握柄制作而成的。

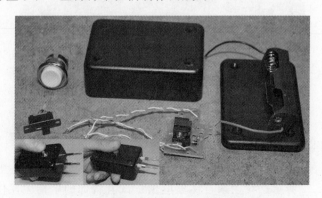

图 6.22 用各种塑料盒包装的不同版本的电击枪

如果你是一个时常搞怪的人,那么你可能很难再找到一个容易受骗的朋友来让你将探针对准他或她的身体,然后闭合开关了,嘿,因为他们可能已经知道你又想搞恶作剧了! 当然,如果这个设备的大小不超过一个火柴盒,那么大多数人就不会起疑心了,他们肯定意料不到这么小的东西竟然可以产生这么高的电压,所以充分精简电路系统可能增加成功诱骗好友上当的概率,图 6.23 所示是简化后的电路设备。

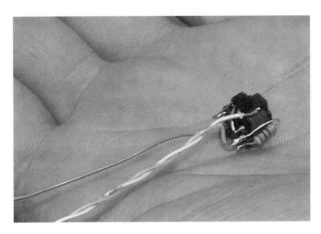

图 6.23　赤裸的极度精简的诡异电击枪

将变压器作为装备底座,在上面直接焊接晶体管、电阻器和二极管的接线引脚,最终制作出的高电压电路的大小不会超过一个玻璃弹子。这种类型的装置被称作"死亡昆虫",这是由于这种电路板是直接使用每个组件的引脚来连接的,因此最后通常看起来就像是一只已经死亡的、被翻过来的昆虫一样。将电路设计成这个形状之后,现在还会有多少大神经的人惧怕这种小东西呢? 他们根本不知道,这么细小的东西可以让一个微不足道的 3V 相机电池输出 600V 或更高的电压。

这个小型电击枪电路或许可以安装到一个单节 AA 电池的手电筒里,用你的高电压探针代替手电筒中的灯管,如图 6.24 所示。两个探针互相之间需要绝缘,且不要触碰到手电筒的任何可导电的外表部位,探针之间的距离应尽可能远一些,以便给人以最大的电击疼痛感。如果两个探针挨的太近,那么电击就不能够触动到更多的神经,从而不能产生更大的电击效果。获得最大的疼痛感的方法是,用一只手的两根手指捏住其中一根探针,另一只手的两根手指捏住另外一根探针,但是别忘了己所不欲勿施于人,要想知道这个测验效果,就从你自己开始吧。

如图 6.25 所示,这个微小的手电筒型的电击枪看起来很不起眼,似乎没有任何危险,因此我们可以经常拿它来戏要我们的好朋友,只要声称这是一个全能的按摩器,然后他们就会拿起来电击自己。这个细小的东西看起来还挺好玩的,因此大多数对电子知识有所了解的人都会迅速地抓起它然后自己电自己。不过在通常情况下,他们都会在按下开关之后立即将其扔掉。由于很容易会被扔掉,因此你需要考虑他们尝试使用这个设备的地方应该是个有地毯的地方,否则就会摔坏电击枪。

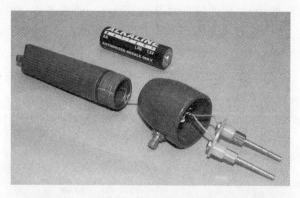

图 6.24 简化后的电路可以很容易地安装到一把小型手电筒中

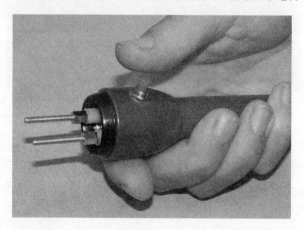

图 6.25 来试试这个小东西会给你带来多大伤痛吧

聚氯乙烯盒子五金商店的电子类产品,用一个标准的聚氯乙烯盒子可以制作成一个漂亮的手枪式的电子枪外壳,如图 6.26 所示。这些盒子结实耐用,适合制作握柄,而且还有用于安装高压探针的地方。这种盒子按照尺寸大小分类有很多种,所以如果你想让电击枪输出更高电压,那么你可以选用电池组作为电源,然后选择一个尺寸更大的盒子就行了。你还将需要用到某些种类的触发开关,这些开关可以选用一个通常状态下是断开状态的按钮开关,即常开型开关。

聚氯乙烯盒子的圆形开口部位的大小正好适合插入一段自行车握柄管子或聚氯乙烯塑料管。通过添加一个橡胶手柄和一个按钮开关,你就可以将这段管子制作成一个手枪把柄,如图 6.27 所示。除自行车握柄外,你也可以使用一个滑雪杆握柄。我们最终选择了使用自行车握柄管,这是我们从一辆废旧的登山自行车上使用切管机切下来的。

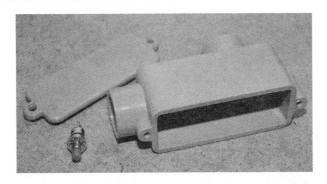

图 6.26 用聚氯乙烯接线盒制作成结实耐用的电击枪外壳

图 6.27 用自行车把手制作一个手枪握柄

图 6.28 所示是将一个小的常开型按钮开关插入到握柄管内。在用锉刀对这个握柄管子打磨了一圈之后,它可以非常合适的插入到聚氯乙烯盒子的圆形开口上,之后再用环氧树脂胶将握柄管子和聚氯乙烯盒子粘合就可以了。

图 6.28 将按钮开关安装到自行车握柄管内

将一对接线的其中一端焊接到握柄上的触发开关,另一端连接相机电路板的两个接线端子,这样就可以通过这个开关来控制高压电路放电了。如图6.29所示,接线连接到开关后需要进入握柄管内,然后穿过管道进入聚氯乙烯盒子的圆形开口与电路板相连,要想实现这种设计方案是有一定难度的,你需要在将握柄管和聚氯乙烯盒子粘合之前,事先将接线焊接到开关上,然后通过接线将开关牵引连接到聚氯乙烯盒子里的电路板。

图6.29 触发开关的安装

将一个橡胶握柄套在金属管和按钮开关上,最终完成的触发握柄如图6.30所示。在橡胶套上抠一个洞,让开关从洞中钻出来,这个洞的大小应该是按钮开关的3倍大小,这样就可以很容易地将开关附近的橡胶套伸展到正确的位置。另外,金属握柄在进行适当打磨之后,就可以很舒适地黏合到聚氯乙烯盒子的圆形开口中了。

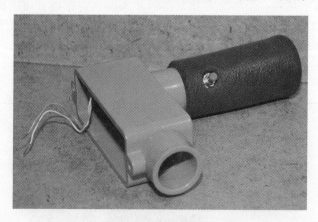

图6.30 将橡胶握柄套在金属管上

尽管这个手持型的电击枪与其说是一个防身设备,不如说是一个新颖而廉价的发明,但是体现人体工程学原理常常是很重要的。触发开关的安装位置要求合适,当你的手握住这个电击枪时,应该很容易就可以操控开关,如图6.31所示。你可能也想考虑在盒子上安装一个"安全开关",其作用是,当你将这个电击枪放进一个背包或口袋里时,不会产生意外的放电现象。我们有过这种惨痛的个人经历,因此可以很负责任地告诉你,千万不要在你的口袋中随身携带一个只有一个触发开关而没有安全开关的高电压设备!提醒你注意的是,随身携带这种设备到公共场所中时,可能会被认为是携带隐蔽武器的恐怖分子。

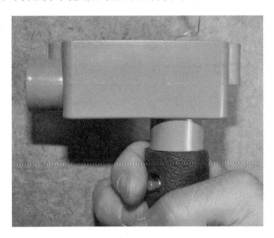

图 6.31 将触发开关安装在容易操作的位置

一把真正的电击枪是靠发射带电的"飞镖"来制服目标的,受害者被击中后,高电压将不会产生"集肤效应",而是直接攻击人体的中枢神经系统。我们研制的这个项目只是简单地使用高电压、低电流,通过一对并不锋利的探针来电击人体皮肤。这对探针的制作很简单,方法是取一对 2 英寸或 3 英寸的螺栓,将其扣紧在设备的前端,然后就用它们来接触你的目标,如图 6.32 所示。这对探针也可以用来连接电容器给电容器充电,只要你清楚地标识了每个探针的正负极性就可以。为了输出最大的电压,在安装探针时,只要设备外壳允许,就应该让探针之间的距离尽可能的远一些。

图 6.32 高电压探针只是一对长螺栓

　　为了将螺栓或探针连接到高电压电路,需要使用到两根接线,将接线的一端剥去外皮,然后绕着探针的末端缠绕数圈,这样就不会松弛,如图 6.33 所示。如果你愿意,你还可以将接线直接焊接到探针上。另外,你也可以使用一个螺母和垫圈将接线压紧在螺栓的末端。

图 6.33 用两根接线连接高电压电路和输出探针

　　当你在盒子里安装电路板和电池时,确保在盒子里没有留下任何来回晃动的东西,否则很可能会造成你的电路短接。如图 6.34 所示,使用一些双面胶,就可以很容易地将电路板固定在盒子里,电池包也可以用双面胶来固定。以同样的方法安装你的电池组件,这样就很容易更换电池,不需要事先移除电路板。如果你担心设备会被扔到地板上摔坏,那么你可以在各个部件周围加入一些棉花球,这样就可以保护它们不受到损坏。

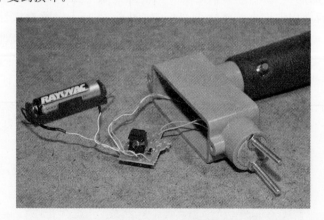

图 6.34 将所有部件安放到盒子里

　　如图 6.35 所示,硬件设备基本安装完成,现在就剩盖上盒盖了。在你合上盖子之前,一定要测试一下输出电压。如果你事先没有做测试,而是自认为没有任何错误,然后就那样合上盖子并紧上螺丝,那么结果往往不会那么走运,你会因此自找麻烦,就像墨菲定律(美国的一名工程师爱德华·墨菲作出的著名论断,其主要内容是:事情如果有变坏的可能,不管这种可能性有多小,它总会发生)一样。因此还是老老实实地接上你的万用表,检验一下电路输出,或者是直接用你的手指抓住两根探针,做一次亲身体验测试,当然这需要你有足够的勇气。

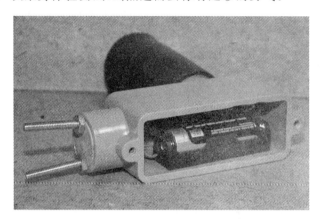

图 6.35　电路和电池都安装完备

　　图 6.36 所示是最终完成的电击枪设备,这个用一个废弃的照相机电路板和一个 2 美元的聚氯乙烯盒子搭建起来的设备看起来还不错,且能够正常运转。你可能并不准备在紧急状况时用这个设备来保护自己,但是这个能够令人尖叫的电子设备可以让你有足够的资本去炫耀一下你的硬件黑客技术!在一般人看来,给相机的闪光灯电容器充电,将电路焊接得和硬币一样大,而且将单节电池的 1.5V 电压放大到一个可以预测到的高电压,这是一件多么令人钦佩的事情。

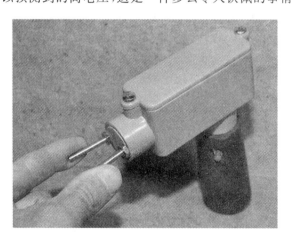

图 6.36　这就是我们最终完成的手枪型电击枪

现在你的电击枪已经完成了,在你拿它来电击你的亲密好友之前,你一定要先让自己亲身体验几次被电击的感觉,如图 6.37 所示。勇敢些,不要让自己瞧不起自己,先紧紧抓住那两根探针,然后按下触发开关。在你抓住探针被电击的那一瞬间,要么就是你生不如死,要么就是你的电池没电了。如果你觉得只是被电击了一下手指而已,没什么大不了的,那么你可以挑战一下每只手各抓住一根探针,体验那种全身的颤栗。

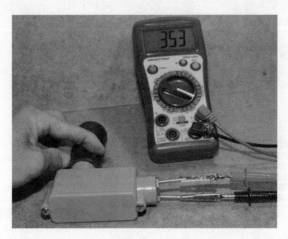

图 6.37   在电击好友之前先拿自己做实验

在你玩弄这个玩具时,我们需要给你一些忠告和建议。首先不要用它来侵犯毫无戒备心的老实人,也不要将它指向任何一个你并不是很了解的陌生人。这个设备可能会被认为是一种武器,你可能会因此遭受法制上的麻烦或更糟糕的事情。其次不要在任何公共场所随身携带这种设备,尤其是飞机场、学校或你的办公室。还有,不要尝试使用这个设备去对付坏人,因为这可能只会让坏人更加恼怒,它与警务人员使用的真正的电击枪是没法比的。如果你因为这个设备而被勒令退学或者是和其他人大动干戈,请不要怪罪于我们。这个项目只是为了帮助你学习电子知识,而不是教你犯罪。

好了,我们希望你在制作这个项目的过程中能够获得乐趣,被电击后不用担心,第二天你指关节上麻酥酥的刺痛感就烟消云散了。通过制作这个手持型电击枪设备,我们可以从中学习到很多东西,它向我们演示了如何将单节电池的 1.5V电压瞬间放大到接近 400V,如图 6.38 所示。这个电击枪设备也可以用来给高电压电容器充电,或者是当作一个手持型的电源,将它用作各种高电压实验的驱动设备。如果再添加一节电池,那么你可以让设备输出超过 600V 的电压。另外,通过改变反激电阻器的电阻值,你可以调整高电压振荡器的输出频率。由此可见,这个设备能做的改进很多,最后祝你玩得开心,记得向那些被你电击过的好友说声对不起。

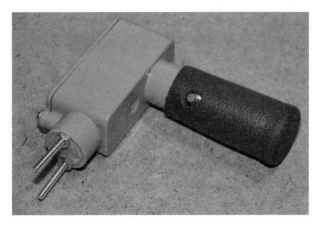

图 6.38　看,这就是高电压电击枪,它释放的电压是你家插座的 3 倍

项目20　便携式报警系统

在这个项目里,我们要制作一个简便而有效的安全系统,它可以作为一个区域或一幢大楼的临时性防护设施。这个便携式报警系统的功能和一个典型的采用固定接线方式的家庭安全系统很相似,它具有延时报警功能,并且可以通过在数字键盘上输入验证从而解除报警。这个报警系统实际上可以对任何传感器信号做出反应,包括运动感应开关、电磁门开关、窗户开启感应开关、红外运动传感器以及任何其他起到简单开关作用的传感器。其主要部件包含所有必备的电子元器件、警报器、数字键盘和蓄电池,因为报警传感器是远距离触发的,所以报警系统一旦被启动之后,入侵者便很难将其解除。

部件清单
IC1:美国爱特梅尔公司生产的 ATMega88p 或其他类似的微控制器
键盘:从 SparkFun 网站购买的包含 12 个按键的键盘或其他类似键盘
电阻器:$R_1 = 10\text{k}\Omega$,$R_2 = 1\text{k}\Omega$,$R_3 = 1\text{k}\Omega$
晶体管:Q_1 = 型号为 2N3904 或 2N2222A 的 NPN 型晶体管
发光二极管:LED_1 = 红色发光二极管,LED_2 = 绿色发光二极管
二极管:D_1 = 型号为 1N4001 或其他与之类似的二极管
继电器:任何小型的 3~5V 的继电器
蜂鸣器:只有 2 根接线的小型压电式蜂鸣器
警报器:由蓄电池供电的袖珍警报器
电池:3~9V 的蓄电池或电池组

图 6.39　这个安全报警系统既可以固定安装又可以随身携带

　　这个项目的目的是要演示如何将一个矩阵键盘连接到一个微控制器,然后让微控制器识别并完成按键功能,以此制作出一个简易的安全系统。在这个项目中预留了大量功能扩展和技术改进的空间,你可以在这个系统的基础上制作出真正属于你自己的安全系统。实际上在这个项目中可以使用任何类型的矩阵键盘,我们这里使用的警报器也只是一个常见的、廉价的袖珍警报器,只要将其略微改装一下,使它可以连接一个继电器就行。这里使用的微控制器是 8 位的 ATMega88,实际上除此之外,几乎任何的微控制器都可以使用,因为此项目中用到的输入输出引脚很有限,也就区区几只而已。这个项目的源代码是用 C 语言编写的,因此具有更强的可移植性和高度透明性。

　　在这个警报系统上有一个 12 个按键的键盘,在上面输入密码之后,警报系统就可以启动报警或解除报警。图 6.40 所示是该项目中需要用到的键盘,它是从网站SparkFun.com上购买的,产品型号是COM-08653。其实你可以使用其他任何

图 6.40　通过在键盘上输入密码来启动报警或解除报警

型号的键盘,只要你清楚它输出引脚的连接方式就可以。你也可以不使用键盘和密码,然后让微控制器通过简单的时间延迟来启动报警或解除报警,并直接使用一个电源按钮来打开或关闭系统。

固定安装的家庭安全系统一般都是将键盘安装在门上,警报器则是隐蔽的,而这个系统是将键盘和警报器都安装在同一个盒子里,因此,若选择固定安装模式,则需要将它安装到一幢大楼的隐蔽处,然后用一根接线连接到触发传感器。如果选择便携模式,则可以直接将传感器安装到警报器盒子上,让其正对一扇门,或者是放进一个抽屉里,也可以是手提箱内。将警报器、电池和主要的电路都放到同一个盒子里,就意味着这个特别的报警系统如果选择固定安装,那就不会是一个最好的报警解决方案,但将其作为便携式警报设备却是非常合适的,此外也可以作为一幢大楼里的临时安全系统。

图 6.41 所示是接线示意图,可能刚开始看着让人有些迷惑,因为所有按键都处于各行各列的连接点上,所以这难免让人联想到数字矩阵。在这种独特的连接方式下,将矩阵键盘上的每个按键都解析到微控制器的编码中时确实比较花费时间,但是如果每个按键都有它自己的接线,那么这 12 个按键的键盘要连接到微控制器的话就可能需要 12 对输入输出接线了。然而在使用这种矩阵连接法之后,只需要 7 根接线就可以了,因此这种设计显然是很有必要的。

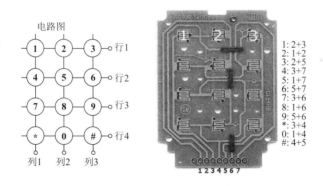

图 6.41 大多数键盘都使用矩阵接线连接法

在矩阵键盘上的所有按键都是按行或列来进行排列的,因此它们没有公共的连接点。为了解析矩阵键盘,你必须在编码过程中依次查找每一列,然后在每一列上扫描每一行,以此来确定键盘上哪个按键被按下。这看起来好像需要做大量的工作,但是别忘了微控制器的运算速度是非常快的,整个计算过程只需要几微秒的时间。这个项目的程序代码行数不多,很快在后文中你就能看到了。

因为 SparkFun 键盘的形状是一个圆角矩形,所以要将它很舒适地安装到一个盒子里,就需要对盒子进行一些富有想象力的裁剪。有好几个方法可以将这个键盘安装进盒子,你可以在盒子上修剪一个精准的圆角矩形(我们将要使用的方法),

或者是修剪成一个比键盘小点的 90°直角矩形(只要能看到所有按键就行),你也可以将键盘安装在盒子外部,但是这样可能会显露出盒子里的部分印制电路板,显得不够美观。当然,如果可以做到足够精准的话,在盒子上修剪一个圆角矩形开口看起来最具有专业性,因此这个方法也是我们决定要采用的方法。图 6.42 所示是使用直尺测量键盘面的长度和宽度。如果你使用的键盘和我们的型号一样,那么我可以直接将它的尺寸告诉你,宽是 46mm,长是 57mm,转角处的半径为 4mm。

图 6.42 测量键盘的尺寸

当为这个数字键盘选择一种安装盒时,需要考虑键盘的主电路板的宽度和盒子的大小是否相符,这是因为键盘主电路板也是要装进盒子里的。如果你使用的是 SparkFun 键盘,那么你可以在他们的网站上查看非常详尽的图解信息,另外还有模板可以打印。由于我们的手工剪切可能不够精确,因此我们决定使用轨迹线来画出矩形尺寸,然后徒手画出矩形的圆角,如图 6.43 所示。使用一个切口工具和一把圆形小锉刀可以切出一个很不错的圆角矩形,但是要想做到非常完美的精确度还是很比较困难的。

图 6.43 根据键盘的尺寸刻画出将要剪切的轨迹线

当你需要在一个薄薄的塑料盒和金属盒上切一个方形或矩形的切口时,图6.44所示的切口工具将让你的切割工作事半功倍。这个工具可以帮你在盒子表面上很切割出一个很细致的微小方形,这样你可以顺着直线慢慢切割,在直尺辅助下切割任何尺寸的开口都没问题。这个工具虽然不能与一个计算机数控车床的磨机相比,但是它确实非常适合于原型设计工作。在切割之前,你必须在每个角落上先打钻出一些开始切割的孔口,然后使用切口工具沿着边缘进行切割,直到矩形的所有四个圆角都相连为止。之后如果有需要的话,可以用一把扁平锉刀来打磨掉边缘的毛刺。

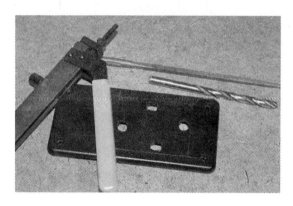

图 6.44　切口工具在你的工具箱中是必不可少的

顺着轨迹线切割,使用切口工具每次切割出一小点,最终在塑料盒子上切割出了一条直线,如图 6.45 所示。制作出一个光滑切口的要诀是将工具与轨迹线对齐,这样在边缘上就不会呈现锯齿状。这个切口工具的切割效果还是比较准确的,但是它毕竟只适用于原型设计,不要期望用它做到完美。

图 6.45　使用切口工具每次切割出一小块

图 6.46 所示是使用切口工具切割出开口的最终效果,在刚切割下开口后,我还使用了一把扁平锉刀来打磨边缘的毛刺,从而让切口拐角处足够的圆滑。开口

当然并不完美,但是当我在切口中装入键盘之后,发现效果还是很不错的,就好像工厂机器加工的一样。我们不可能会使用这种方法成批的制作,但用于原型实验还是很合适的。

图 6.46 将键盘安装在切口中非常合适

当在切口装入键盘时,键盘电路板边缘和盒盖边缘仍然有足够多的间隙,如图 6.47 所示。这就是为什么盒子的内部直径需要比键盘电路板略大的原因。如果将键盘安装在盒子外面就不会存在这个问题,但是那样做既不够美观又不够专业。

图 6.47 键盘电路板与盒子边缘之间有足够大的空隙

你将需要在键盘的每一行和每一列都焊接一根接线,如图 6.48 所示。键盘按键总共有 4 行 3 列,因此我们的键盘总共需要 7 根接线。如果在你的键盘上有些按钮是你用不上的,那么你有可能某一整行或某一整列都不用连接,但是你如果真要这么做的话,建议你最好先阅读一下键盘的产品说明书,看看这样做之后会有多少按键失效。根据图 6.41 上的按键分布可以知道,如果我们放弃连接键盘的第四行按键,那么我们将丢失"＊","0"和"♯"这三个按键。我们不在乎丢失"＊"和"♯"字符,但是需要使用到数字"0",因此我们最终还是连接了键盘的每一行和每一列。

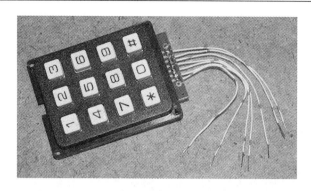

图 6.48　焊接键盘电路板

　　为了吓跑入侵者,就需要一个声音洪亮又刺耳的警报汽笛。尖锐的警报声的传播范围很广,入侵者是几乎不可能确定报警装置的具体位置的,最终只能匆忙逃窜。关于警报器的选择有很多种,唯一要考虑的参数是警报器的电源电压问题。图 6.49 所示是袖珍型的警报器,它非常适合在这个项目中使用,这是因为它的额定电压很小,可以是 3～5V 之间的任何电压,且只需要使用一个很小的继电器或晶体管就可以控制它的开关。袖珍型警报器的价格很便宜(通常零售价在 10 美元以下),甚至比一个普通的直流电源的压电式蜂鸣器还便宜,因此在制作这个项目时可以考虑使用它。

图 6.49　这个袖珍型警报器尺寸虽小,发出的声音却很大

　　如图 6.50 所示,打开袖珍型警报器之后,你将在其中找到一些纽扣电池和一块小电路板,在这块电路板上面有一个振荡器和感应器,另外还有那个可以发出尖锐刺耳声的蜂鸣产生器。虽然这个警报器的尺寸很小,且它的电源也只是 4.5V 的纽扣电池,但是它发出的声音却特别大,在它尖叫时我们的耳朵会都被震得嗡嗡直响,真是不可思议。只要电源电压为 3～5V,这个警报器就可以正常工作,因此可以很方便地将其用在一个使用微控制器的项目中。袖珍型警报器的操作很简单,你只要简单地拉起绳销,就可以闭合开关并启动警报器。为了将这个警报器的开关转换成通过一个继电器来触发,就需要移除它的绳销,并且用一个继电器来代

替警报器的电池组。

图 6.50 将袖珍型警报器改为由继电器启动

在移除警报器的绳销之后,警报器电路就将一直处于闭合状态,一旦接上电源它就会响。为了控制警报器的启动,需要在警报器接线端子上焊接一对连接外部电源的接线,如图 6.51 所示,这样,只要将接线连接到一个电压为 3~5V 的电源,警报器就会开始尖叫。使用一对有色彩标记的接线可以让你很容易地区分正负极性,从而避免意外地接反电源线。

图 6.51 从警报器中引出一对接线来连接外部电源

当你在警报器的电源接线端子上焊接了两根接线之后,你可以将其连接到电源,以此验证一下警报器是否可以正常工作。如图 6.52 所示,在警报器盒子的背面或侧面钻一个小孔,这样你就可以连接到将要安装在报警系统电路板上的继电器了。

这个报警系统将会有两种工作模式:"独立模式"和"远程模式"。独立模式是将感应器和警报盒安装在一起,从而形成一个独立的报警装置,而远程模式则是将感应器和警报盒用接线相连远距离单独安装。在独立模式下,这个报警系统可以很好地用于保护抽屉、行李箱和门廊,它的安装很简单,只要将它安放在一个可能被入侵者触及的区域就可以了。在独立模式下,警报器的目的是在入侵者进入你的监控区域时立即报警通知你。在远程模式下,通过在报警装置上连接一系列磁力开关或断路开关,这个警报系统可以在同一时间保护数个窗户或门廊。远程模式下的报警系统更适合用作一个大楼里的非永久性的报警系统,它可以进行快速安装,在几分钟之内就可以完成部署。

图 6.52 使用外部电源的袖珍型警报器已经制作完成

此项目将在独立模式下测试这个报警系统,使用的触发开关是一个运动感应开关,这个运动感应开关类似于滚珠开关、水银开关或电子运动探测的集成电路。我们碰巧有一些 20 世纪 80 年代的老式恒温器,里面包含一些老式的水银开关,因此我们从中取出了一个水银开关作为运动感应开关。如今水银开关已经非常少见了,但是滚珠开关却很常见。因为水银开关包含有毒的液态金属,所以滚珠开关已经成为水银开关的替代产品。这里需要特别警告你的是,水银是有剧毒的化学物质。图 6.53 所示是一些不同类型的运动感应开关,只要在探测到运动时能够正常打开或闭合,它们就可以用来制作独立模式下的报警设备。

图 6.53 几种不同类型的可用于独立模式报警器中的运动感应开关

一个被动的运动感应器是不需要电源供应的,因为它实际上是在做机械运动,它会自动对运动做出反应,以此打开或关闭开关。从图 6.54 中你可以看到,水银开关实际上就是一个装有一滴可以自由流动的液态金属的密封管,密封管的其中一端连接着两根引脚线。与此相比,滚珠开关和磁力开关的工作原理也是大同小异。由于这个项目在设备启动时会将微控制器设置为深度节能模式,因此在报警器中使用一个被动开关,就可以在电池组的带动下运行很长时间。若使用一个电子感应开关,就算它的用电量再小,它也可能会慢慢将电源消耗殆尽,因此在这里使用一个被动的机械式开关是最好的选择。

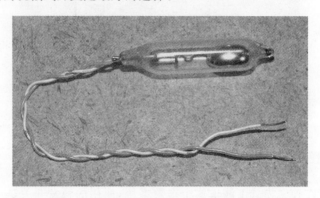

图 6.54 水银开关是这个项目的最佳选择

图 6.55 所示是便携式报警系统的电路原理图,此原理图相当简单明了。键盘的每一行和每一列都被直接连接到微控制器的输入输出引脚,这样程序就可以在某一时间切换到某一列,然后扫描该列的每一行,以此确定按键状态和位置。报警系统的感应器(即运动感应开关)将直接连接到一个微控制器的输入引脚,而继电器则连接到驱动晶体管的基极。电路中会接入两个发光二极管和一个压电式蜂鸣器,以便让我们通过视觉和听觉来判断报警系统的各个功能和状态。

需要提醒你的是,这个电路图中矩阵键盘的线路连接方法可能和你的键盘并不相同,所以你将需要决定微控制器上的哪些引脚连接键盘各行,哪些引脚连接键盘各列。微控制器的"PORT-D"处的引脚都是连接键盘各行和各列的,你需要在处理这些引脚的程序代码中做相应的修改。至于微控制器 ATMega88 的电源电压,5V 或 3V 的电源都可以,但是当使用 3V 电源时,你将需要保证所选择的继电器可以在这个较低电压下正常工作。对于大多数继电器来说,虽然它的额定电压是 5V,但在 3V 电压下也凑合能用。

通常来说,在制作任何永久性的电路板之前,都需要先在无焊料电路实验板上搭建测试电路(如图 6.56 所示),这样你就可以很随意地为微控制器编写程序,并根据你自己的需求修改源代码和改装电路。你可能需要在源代码中修改一些内容,例如密码设置(在程序初始化的代码中可以找到,默认设置为"1234"),还有激

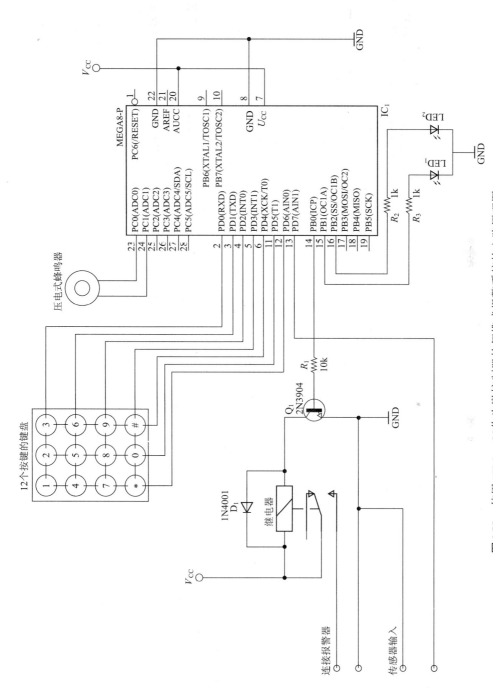

图6.55 使用ATMega88作为微控制器的便携式报警系统的电路原理图

活和触发之间的时间间隔。一些代码是特别针对 ATMega88 微控制器的,当报警系统处于警备状态时,这些代码可以让微控制器进入深度节能模式。深度节能模式可以让整个系统在启动之后运作非常长久的时间,当报警感应器的引脚状态发生改变时,这种模式就会被解除并开始报警。

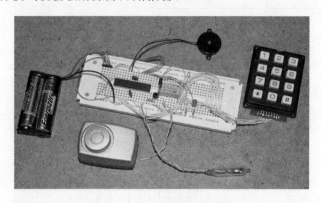

图 6.56 在电路实验板上搭建便携式报警系统的测试电路

```
// * * * * * * * * * * * * * * * * * * * * * * * * * * * * * * * * * * * *
// * * * 程序功能:家用型报警系统
// * * * 目标设备:ATMEGA88P 为控制与 12 个按键的数字键盘
// * * * 时钟频率:8MHz
// * * * * * * * * * * * * * * * * * * * * * * * * * * * * * * * * * * * *
#include <mega88p.h>
#include <delay.h>
#include <sleep.h>


// * * * * * * * * * * * * * * * * * * * * * * * * * * * * * * * * * * * *
// * * * * 让压电式蜂鸣器发出短促的嘟嘟声
// * * * * * * * * * * * * * * * * * * * * * * * * * * * * * * * * * * * *
void BEEP1() {
unsigned char ctr1;

// 单个短促的嘟嘟声
for (ctr1 = 0; ctr1<50; ctr1 ++ ) {
PORTC.0 = 0;
PORTC.1 = 1;
delay__us(400);
PORTC.0 = 1;
PORTC.1 = 0;
```

```
delay_us(400);
}
}


// * * * * * * * * * * * * * * * * * * * * * * * * * * * * * * * *
// * * * * 命令确认嘟嘟声
// * * * * * * * * * * * * * * * * * * * * * * * * * * * * * * * *
void BEEP2() {
unsigned char ctr1;

// LEDS ON
PORTB.1 = 1;
PORTB.2 = 1;

// 嘟嘟声的频率 1
delay__ms(250);
for (ctr1 = 0; ctr1<100; ctr1 ++ ) {
PORTC.0 = 0;
PORTC.1 = 1;
delay__us(500);
PORTC.0 = 1;
PORTC.1 = 0;
delay__us(500);
}
delay__ms(100);

//嘟嘟声的频率 2
for (ctr1 = 0; ctr1<200; ctr1 ++ ) {
PORTC.0 = 0;
PORTC.1 = 1;
delay__us(200);
PORTC.0 = 1;
PORTC.1 = 0;
delay__us(200);
}
delay__ms(100);

// 嘟嘟声的频率 3
```

```
for (ctr1 = 0；ctr1＜150；ctr1 ++ ) {
PORTC. 0 = 0；
PORTC. 1 = 1；
delay＿us(300)；
PORTC. 0 = 1；
PORTC. 1 = 0；
delay＿us(300)；
}
delay＿ms(250)；

// 熄灭发光二极管
PORTB. 1 = 0；
PORTB. 2 = 0；
}


// * * * * * * * * * * * * * * * * * * * * * * * * * * * * * * * * * * * *
// * * * * 让系统进入节能模式
// * * * * * * * * * * * * * * * * * * * * * * * * * * * * * * * * * * * *
void SLEEP() {

// 熄灭发光二极管和嘟嘟声
PORTB. 1 = 0；
PORTB. 2 = 0；
BEEP2()；

// 进入节能模式
#asm("sei")
sleep＿enable()；
powerdown()；
}


// * * * * * * * * * * * * * * * * * * * * * * * * * * * * * * * * * * * *
// * * * *报警系统从休眠中被激活
// * * * * * * * * * * * * * * * * * * * * * * * * * * * * * * * * * * * *
interrupt [PCINT2] void pin＿change＿isr2(void) {
sleep＿disable()；
#asm("cli")
}
```

```
// * * * * * * * * * * * * * * * * * * * * * * * * * * * * * * * *
// * * * *读取键盘输入并返回 ASCII 码
// * * * * * * * * * * * * * * * * * * * * * * * * * * * * * * * *
unsigned char KEYPAD() {
unsigned char key;
unsigned char scn;
key = 0;

// 扫描按键列 1
PORTD.4 = 0;
delay_ms(1);
scn = (PIND & 15);
PORTD.4 = 1;
//将按键转换为 ASCII 码
if (scn == 14) key = ′1′;
if (scn == 13) key = ′4′;
if (scn == 11) key = ′7′;
if (scn == 7) key = ′*′;

//扫描按键列 2
PORTD.5 = 0;
delay_ms(1);
scn = (PIND & 15);
PORTD.5 = 1;
//将按键转换为 ASCII 码
if (scn == 14) key = ′2′;
if (scn == 13) key = ′5′;
if (scn == 11) key = ′8′;
if (scn == 7) key = ′0′;

//扫描按键列 3
PORTD.6 = 0;
delay_ms(1);
scn = (PIND & 15);
PORTD.6 = 1;
//将按键转换为 ASCII 码
if (scn == 14) key = ′3′;
if (scn == 13) key = ′6′;
```

```
if (scn == 11) key = ´9´;
if (scn == 7) key = ´#´;

// 发送按键嘟嘟声
if (key ! = 0) {
for (scn = 0; scn<50; scn ++ ) {
PORTC. 0 = 0;
PORTC. 1 = 1;
delay __us(200);
PORTC. 0 = 1;
PORTC. 1 = 0;
delay __us(200);
}
}

// 长按键盘
scn = 0;
while (scn!  = 45) {
scn = 0;
PORTD. 4 = 0;
delay __ms(1);
scn = scn + (PIND & 15);
PORTD. 4 = 1;
PORTD. 5 = 0;
delay __ms(1);
scn = scn + (PIND & 15);
PORTD. 5 = 1;
PORTD. 6 = 0;
delay __ms(1);
scn = scn + (PIND & 15);
PORTD. 6 = 1;
}

//RETURN KEY VALUE
delay_ms(100);
return(key);
}
```

```
// * * * * * * * * * * * * * * * * * * * * * * * * * * * * * * * *
// * * * * 定义程序变量和端口设置
// * * * * * * * * * * * * * * * * * * * * * * * * * * * * * * * *
void main(void) {

// 定义主函数变量
unsigned char ctr1;
unsigned char ctr2;
unsigned int ctr3;
unsigned char mode;
unsigned char code[4];

// 3×4 键盘的行输入
DDRD.0 = 0;
DDRD.1 = 0;
DDRD.2 = 0;
DDRD.3 = 0;
PORTD.0 = 1;
PORTD.1 = 1;
PORTD.2 = 1;
PORTD.3 = 1;

// 3×4 键盘的列输出
DDRD.4 = 1;
DDRD.5 = 1;
DDRD.6 = 1;
PORTD.4 = 1;
PORTD.5 = 1;
PORTD.6 = 1;

//点亮绿色发光二极管
DDRB.1 = 1;

// 点亮红色发光二极管
DDRB.2 = 1;

// 压电式蜂鸣器输出
DDRC.1 = 0;
```

```
DDRC.1 = 1;

// 报警器触发输入
DDRD.7 = 0;
PORTD.7 = 1;

//报警器汽笛输出
DDRB.0 = 1;

// * * * * * * * * * * * * * * * * * * * * * * * * * * * * * * * * * *
// * * * * 定义程序变量和端口设置
// * * * * * * * * * * * * * * * * * * * * * * * * * * * * * * * * * *

//开启引脚改变中断
EICRA = 0x00;
EIMSK = 0x00;
PCICR = 0x04;
PCMSK2 = 0x80;
PCIFR = 0x04;

// 启动警笛声
delay__ms(1000);
for (ctr1 = 0; ctr1<4; ctr1 ++ ) {
BEEP1();
PORTB.1 = 1;
PORTB.2 = 1;
delay__ms(100);
PORTB.1 = 0;
PORTB.2 = 0;
delay__ms(100);
}

// 将系统设置为空闲模式
mode = 0;
ctr1 = 0;
ctr2 = 0;
ctr3 = 0;
```

```
// 设置权限密码
code[0] = ´1´;
code[1] = ´2´;
code[2] = ´3´;
code[3] = ´4´;


// * * * * * * * * * * * * * * * * * * * * * * * * * * * * * * * *
// * * * * 程序主循环
// * * * * * * * * * * * * * * * * * * * * * * * * * * * * * * * *
while(1) {


// * * * * * * * * * * * * * * * * * * * * * * * * * * * * * * * *
// * * * * 模式 0:空闲和解除报警
// * * * * * * * * * * * * * * * * * * * * * * * * * * * * * * * *
while (mode = = 0) {

// 关闭外部报警器
PORTB.0 = 0;

//点亮绿色发光二极管
PORTB.1 = 1;
PORTB.2 = 0;

// 搜寻解除密码
if ( ctr1 == 0 && KEYPAD() == code[0]) ctr1 = 1;
if ( ctr1 == 1 && KEYPAD() == code[1]) ctr1 = 2;
if ( ctr1 == 2 && KEYPAD() == code[2]) ctr1 = 3;
if ( ctr1 == 3 && KEYPAD() == code[3]) ctr1 = 4;

// 报警系统密码正确
if (ctr1 == 4) {
ctr1 = 0;
ctr2 = 0;
ctr3 = 0;
mode = 1;
}
}
```

```
// * * * * * * * * * * * * * * * * * * * * * * * * * * * * * * * * * *
// * * * * 模式 1：报警系统进入 60 秒倒计时
// * * * * * * * * * * * * * * * * * * * * * * * * * * * * * * * * * *
while (mode == 1) {

// 嘟嘟声持续 60 秒
for (ctr1 = 0；ctr1＜60；ctr1 ++ ) {
BEEP1();
PORTB. 2 = 1;
delay __ms(500);
PORTB. 2 = 0;
delay __ms(500);
}

// 报警系统进入休眠
SLEEP();
ctr1 = 0;
ctr2 = 0;
ctr3 = 0;
mode = 2;
}


// * * * * * * * * * * * * * * * * * * * * * * * * * * * * * * * * * *
// * * * * 模式 2：警报触发 60 秒倒计时
// * * * * * * * * * * * * * * * * * * * * * * * * * * * * * * * * * *
while (mode == 2) {

//报警系统发出警告
for (ctr1 = 0；ctr1＜50；ctr1 ++ ) {
PORTC. 0 = 0;
PORTC. 1 = 1;
PORTB. 2 = 1;
delay __us(150);
PORTC. 0 = 1;
PORTC. 1 = 0;
PORTB. 2 = 0;
delay __us(150);
}
```

```
// 在 60 秒内启动汽笛
ctr3 ++ ;
if ( ctr3 == 400) mode = 3 ;

// 搜寻解除密码
if (ctr2 == 0 && KEYPAD() == code[0]) ctr2 = 1;
if (ctr2 == 1 && KEYPAD() == code[1]) ctr2 = 2;
if (ctr2 == 2 && KEYPAD() == code[2]) ctr2 = 3;
if (ctr2 == 3 && KEYPAD() == code[3]) ctr2 = 4;

//密码正确后进入空闲模式
if (ctr2 == 4) {
PORTB. 1 = 0;
PORTB. 2 = 0;
ctr1 = 0;
ctr2 = 0;
ctr3 = 0;
mode = 0;
BEEP2();
}
}


// * * * * * * * * * * * * * * * * * * * * * * * * * * * * * * * * * * * *
// * * * * 模式 3:开启警报汽笛
// * * * * * * * * * * * * * * * * * * * * * * * * * * * * * * * * * * * *
while (mode == 3) {

//打开外部报警器
PORTB. 0 = 1;

// 电源休眠并等待输入密码
SLEEP();
ctr1 = 0;
ctr2 = 0;
ctr3 = 0;
mode = 2;
}
```

```
// 主循环结束
}
}
```

　　如果你想将这个报警系统用作个人防护设备,并且在出现任何入侵者时被立即警告,那么你可以在"模式 2:警报触发 60 秒倒计时"部分的代码行中改变计数器校验值,并在代码行"if(ctr3 == 400)mode = 3;"中将 400 改为较小的值,例如 50。当然,你需要在修改代码之后进行测试,但是一般情况下都不会出现太大的问题,因此你可以很容易地对其进行修改和改进。

　　如果没有修改源代码,那么这个便携式警报系统的运行情况如下:在接通电源后,发光二极管将开始闪烁,这表明系统一切正常,其中绿色的发光二极管如果一直亮着,就意味着系统处于空闲状态,正等待着输入密码。当你输入密码"1234"之后,红色发光二极管将开始闪烁 60s 的时间,在这个时间内,你需要将警报触发开关固定安装到监测地点,然后离开大楼。60s 过后,报警系统将进入深度节能模式,且两个发光二极管都会熄灭。在警报触发开关或感应器上的任何改变都将唤醒报警系统,并开始进入 60s 的倒数计秒。如果你没有在这 60s 之内输入密码,那么继电器就会关闭,然后警报器开始报警,直到整个系统电源耗尽。如果你在 60s 之内输入了密码,那么系统将再次进入空闲状态。这个运行流程很像一个典型的家庭报警系统。

　　如果你修改了报警系统的运行流程,且对源代码进行了任何可能需要的修改,那么你可以收集所有你需要的部件,并找一个合适的穿孔电路板来安装其中的 6 个或 7 个半导体组件,当然,其中肯定还包含微控制器。如图 6.57 所示,此项目的大部分构件都是硬件设施,实际的电路板将需要有足够多的空间来安装微控制器、继电器和一些电阻器。当你的项目中需要使用到微控制器时,你可以在电路板上使用一个接口,这通常会是一个很好的主意,因为这样的话,当你需要重新编写代码时就可以直接移除微控制器了。

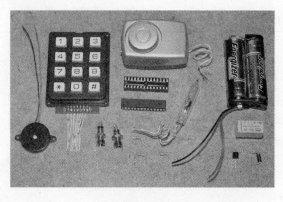

图 6.57　准备制作最终版本的电路板

穿孔板按有无焊盘分类可分为有焊盘和无焊盘两种,图 6.58 中使用的是有焊盘的穿孔板。而实际上由于需要接线的组件不多,因此这两种穿孔板都可以在这个项目中使用。将电子元器件摆放在穿孔板上,然后在穿孔板的底面用一些细小的接线将这些电子元器件的引脚相连,这样就可以看清楚电路的走线情况。由于微控制器和继电器将在穿孔板上占用大部分空间,因此电路板的大小只需要比这两个部件加起来大一点点就行。连接到键盘的接线都是经过修剪的,显得比较整齐,这样电路板就可以很舒适地折叠到键盘的后面,便于制作出一个紧凑型的最终作品。

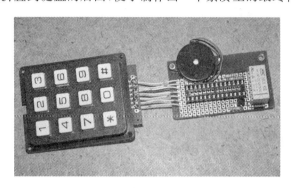

图 6.58   在一小块穿孔板上安装所有电子元器件

为了使得穿孔板设计更加简单,开始时可以将 V_{cc}(虚信道连接)和接地使用红色和黑色或者红色和绿色接线来标识,这样就不会犯下接反极性的错误。剩下的连接就很简单了,只要使用 7 根接线连接到键盘就可以,除此之外再没有其他接线了。图 6.59 所示是我们最终完成的电路板,其中的接线有好几种不同的颜色,这样方便我们调试设备。

图 6.59   通过细小的接线可以看清电路板的走线情况

当你的电路板已经搭建完成并测试通过之后,将电路板折叠到键盘的背面,并用一小块双面胶将它们粘在一起,这样就节省了一些空间,如图 6.60 所示。我们还在电路板上增加了一个压电式蜂鸣器,就算如此,整个电路板都不会比键盘大。

在图 6.60 中有一个 1/8 英寸的插座,你可以移除外部警报触发开关,然后通过这个插座连接到其他各种不同的触发装置,这样可以体现出功能的多样性。

图 6.60 将电路板粘贴到键盘的背面

为了让警报器发出尽可能大的声音,你应该将警报器安装在盒子外面,或者至少是将扬声器部分露在盒子外面。图 6.61 所示是用几颗细小的螺丝将警报器安装在盒子的外部侧面,3V 的电池组则是用一小块双面胶固定在盒子底部。让所有的接线都保持足够的长度,这样的话当你需要移除盒盖检测电路板时,你就可以轻松地查看到电路板的底面。

图 6.61 安装警报器和电池组

图 6.62 所示是完成所有硬件连接工作,准备将所有部件整合到一起之前的情景。图中组件之间保留了足够长的接线,这样在调试电路时就会非常方便。就算以后需要进行硬件升级,盒子里也会有足够多的空间。

电源总开关将控制电池组和电路之间的电源供应,在警报器被入侵者触发并报警之后,它是唯一可以关闭警报器的开关。图 6.63 所示是一个翘板开关,我们将用它作为电源总开关。为了安装这个开关,我们需要再次用到切割工具来在盒子上切割出一个精准的方形孔。之所以选择这种开关是因为我们有很多这样的开关都是从废旧的电脑电源上拆卸下来的。

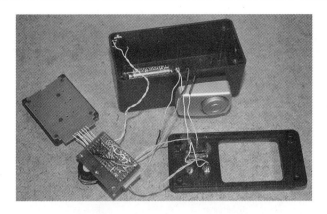

图 6.62 已经完成所有的硬件连接

图 6.63 为报警系统安装电源总开关

为了将键盘固定在盒盖上,我们在键盘边缘涂上了一圈热胶,如图 6.64 所示。虽然键盘上也有 4 个用来固定键盘的小螺丝孔,但是使用热胶的效果会更好,它可以将键盘牢牢地固定在塑料盒盖上。我们也在总开关上也涂上了一圈热胶,保证总开关不会从方形孔中脱落。如果在旅行中带上这个报警系统,你将要使你的硬件尽可能持久耐用,尤其是将它放在一个行李箱中的时候。值得提醒你的是,在机场安检时可能不允许你在身上或行李箱中携带这个设备,至于原因你肯定知道,不用多说了。

在便携模式下,警报触发开关是和警报器盒子连接在一起的,这样整套系统就是一个独立的设备。这个报警系统保护行李箱、梳妆台抽屉、文件柜、门廊等,任何当入侵者进入或触碰时会产生位移的物体,都可以交由报警系统保护。如图 6.65 所示,我们使用了一段很短的接线,将水银开关或滚珠开关连接到一个插头上。由于接线是硬质的,因此感应开关可以安装在任何位置,警报盒也可以以任何角度安装。其他类型的感应器还有微型开关、磁力开关或拉发线等,这些都可以用在便携模式下,有了这些感应开关,报警器就可以保护几乎任何入侵者进入的区域或触碰到的物体。既然如此,你可能会想将报警系统的激活倒数计秒时间设置得非常短暂,或根本没有倒数计秒的时间,这样警报器就会立即被激活并开始尖叫。

图 6.64　使用热胶固定硬件设备

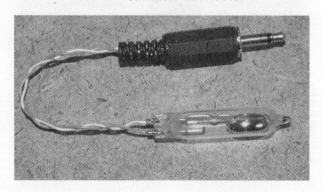

图 6.65　制作便携模式下的运动感应开关

使用一卷双面胶,便携式报警系统就可以很轻松地安装在门廊、抽屉或甚至汽车内,它可以提醒你注意安全并吓跑入侵者。如图 6.66 所示,运动感应开关被安装在警报盒的顶部,它正监测着警报盒的任何震动,一旦发生震动就会引发非常响亮的警报声。通过调整硬质接线上的运动感应器的角度,你可以对警报系统的敏感程度进行微调,使其达到你想要的效果。

从图 6.67 中可以看到,不论警报盒以怎样的角度和位置安装,都不会影响到运动感应器,我们可以很容易地通过硬质接线对它的位置进行调整。图中的警报盒放在我们藏有高度机密的原型电路的抽屉里,以此防止同行间谍偷盗我们的技术。有了滚珠开关或水银开关,在打开抽屉时就几乎不可能不会触发警报系统,就算你事先知道里面有警报盒也避免不了。

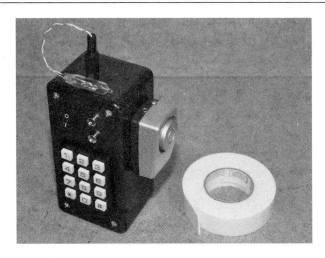

图 6.66 使用双面胶安装报警盒

图 6.67 这个警报盒用来保护我们藏有最高机密原型电路的抽屉

有了这个报警系统,我们可以在外出旅行时将它随身携带,也可以让它保护我们的租赁房或行李箱以防失盗。当盗贼在深夜里闯入你的房间并偷走你的笔记本电脑时就悲剧了,因此这个简单的警报器还是很有用的,它可以在盗贼偷走你的财物之前吓跑他们。当然,这可能并不是当今最高科技的安全系统,但是在吃一堑长一智之后你会发现,你的安全系统根本不需要是全世界最好的,只要比你的左邻右舍好就足够了。盗贼们的行窃目标通常都是那些最容易下手的对象,也就是根本没有任何安全系统的房间。图 6.68 所示是将这个报警系统斜靠在一个没有上锁的房门内侧,它正处于运行状态,一旦监测到有人推门它便会开始报警。

我们还使用这个报警系统保护好几个财产储藏室,通过在电磁门和窗户上安装报警系统的感应开关,就可以起到保护作用。这个设备就像是一个典型的家庭安全系统,在进入和退出时,系统会给你一个特定的时间间隔,让你在这段时间内输入密码以便解除报警。在这种工作模式下,报警系统需要安装在一个不容易找寻到的地方,这是因为万一入侵者胆大包天,竟然在听到报警声后没有立即离开,而是找寻报警器那就不好办了。不过一般来说入侵者极有可能立即逃跑,即使他(她)当真想要找到警报盒,那也是很困难的,因为报警器的声音很大,要想根据声音追踪目标并不容易。图 6.69 所示是将警报盒安装在一扇门上,而它的磁力开关感应器却安装在另外一个房间内。按照这个方法,一个报警系统可以并联多个感应器,只要它们是全部常开或全部常闭电路就行。

图 6.68 这是一个很简单的吓跑盗贼的方法

图 6.69 使用一个磁力开关的半固定式报警系统

这个项目预留了很大的功能扩展和改进的空间,并且你可以使用几乎任何可以想象到感应装置来触发报警系统。红外运动感应器、气体感应器、光线感应器、声音感应器甚至放射感应器,都可以在这个项目中使用,不论使用什么感应装置,只要你能够将它们连接到你的警报盒就行。如果你可以将这个设备制作得非常小巧,那么它就可以很容易地隐蔽起来,成为一个很鬼祟的设备。在学会了这个简单的项目之后,你将再也不用愁没有某种类型的安全系统了。

侦探型数码相机项目

项目21 改装数码相机的触发开关

　　你是不是曾经想过拥有这样一部相机:它不仅能够拍摄出更高清晰度的相片,还能够通过一些外围部件来触发拍摄,而且你的这款相机还具有定时拍摄的功能,并且可以通过电脑来控制。视频摄像头拍摄出来的照片的清晰度都非常有限,其像素一般都达不到 640×480,而最普通的数码相机的像素至少也有一百万,由此可见,视频摄像头的像素甚至连数码相机的一半都达不到。而今天,随着科技的发展,数码相机的像素越来越高,我们在市场上随意购买一台数码相机,即使是价格

部件清单
电阻器:$R_1 = 1\text{k}\Omega$
二极管:$D_1 = 1\text{N}4001$ 型或与之类似的二极管
晶体管:$Q_1 =$ 型号为 2N3904 或 2N2222A,或与之类似的 NPN 型晶体管
继电器:额定电压为 5~12V 的单极继电器
电池:电压为 6~12V 的蓄电池或者电池组

图 7.1 这个外部控制器允许通过任何一种设备来控制相机的快门

十分便宜的小数码相机也能获得像素高达 4000×3000 的照片,就算你用它来拍摄一个远景,拍下来的照片在电脑显示屏幕里也一样能显示得很清晰。在我们这个项目中,我们要对数码相机的快门按键进行一些改装。在项目制作过程中,我会详细地说明如何识别和连接数码相机的快门释放按钮,我们要为它增加一些外部控制,从而实现让它自动拍摄的功能。

由于这个项目主要是进行一些硬件改装,所以你最好选择一部旧相机,不要将你的高档相机拿来做试验品,因为在项目操作过程中,很有可能会出现操作失误而造成损坏。因为在这类小型电子设备中,满是精细的小零件,在拆开相机外壳的过程中,一不小心就有可能将其中某一个零件损坏。当然,如果你对这些拆装工具和焊铁的使用非常熟练,并知道如何准确而快速地将数码相机的外壳打开,那么这个改装工作就再简单不过了。等到改装工作完成之后,我们的数码相机就可以通过某种外部电子设备来实现聚焦和拍摄功能,因此你就为数码相机复制了一个快门释放按钮。当然,当你将相机原始的快门释放按钮进行改装之后,你的相机可能无法正常使用定时拍摄功能。

如图 7.2 所示,这是我拿来做实验的 HP Photosmart M547 数码相机,这款相机拥有 800 万像素。目前这款相机已经遍布全球,但是它在庞大的数码相机种类中只是沧海一粟。这款相机非常结实和实用,即使是遭遇一些磕碰和刮蹭,它的功能也一点不受影响,正因为如此我们才将它作为实验相机,只要将它进行一些改装使其成为一台隐秘拍摄相机,就可以实现全新的拍摄价值。想要完成这个小型数码相机的拆卸工作,就必须要准备一套小型的螺丝刀以及一把小刀,此外你还需要有足够的耐心。因为我们要尽量减少开支,所以我们在这里选择的数码相机的价格都比较便宜,它们有着扣合式的外壳,而在拆卸这类相机时,我们更加需要小心一点。

图 7.2 对相机进行改装,使它能够通过外部设备来控制快门

图 7.3 所示是照相机上的小螺丝钉,相机上使用的螺丝钉基本都是这个型号的。从图中我们可以看到,这些钉子的尺寸都非常小,一旦不小心将它掉到地板

上,就很难再找到它。正是由于这个原因,在操作这些小螺丝钉的过程中,最好使用一个带有磁性的螺丝刀,这会让你避免满地找螺丝钉的麻烦。如果你家里没有这种带磁性的螺丝刀的话,你可以在普通螺丝刀的顶端吸上一小块磁铁,这也不失为一个好办法,当你不小心将这些钉子掉到地板上时,你就可以用这种带磁性的螺丝刀帮助你快速找到丢失的螺丝钉。另外,由于数码相机各个品牌厂商之间存在着巨大的竞争,所以每个厂家在自己产品的技术保密上也都有自己的方法。数码相机的制作越来越精密,一个简单的数码相机中要使用各种型号、各种尺寸的螺丝钉,这就使得拆装之后的还原工作十分麻烦,同时也为我们的拆装带来很大的不便。所以,在你对这些螺丝钉进行拆卸之前,最好对这些形状和大小各异的螺丝钉的具体位置做一个图解标注,这样可以为后面的复原工作提供方便。比较幸运的是,我使用的这个数码相机中只有两种不同型号的螺丝钉,银色的那种用在相机的外部,黑色的那种用在相机的内部。我曾经就拆装过比这更复杂的,那个拆装过程简直令人崩溃。

图 7.3 对相机进行改装之前,必须先将螺丝钉全都拆下来

在拆装的过程中我们会发现,并不是所有的螺丝钉都能被我们轻而易举地找到,有一些螺丝钉会隐藏在我们不注意的地方,例如在相机电池盒的活动门后面(如图 7.4 所示),甚至有些隐藏在商标贴下面。因此,在你的拆装过程中,你有时候觉得似乎已经将所有的螺丝钉都拆下,却仍然无法将相机外壳拆开。这时,你可以在相机上一些比较隐秘的地方找找,看是否还有螺丝钉没拆下来。不用担心将它们拆坏,这些小型的消费性电子产品就是提供给你这样的电子爱好者研究和改装的。所以,大胆地去试验吧,将所有能找到的螺丝钉都从数码相机上拆卸下来。

最后我们将相机外壳上所有的螺丝钉都拆卸下来,这个步骤显得十分简单。在我们将数码相机的外壳打开之后,数码相机神秘的内部构造就显露在我们眼前。一般来说,数码相机的外壳都由两块或者多块塑料板扣合而成,在拆外壳的过程中,如果我们强拉硬拽,则可能会摩擦到内部的电路板,从而损坏电路,所以在拆装外壳部分的时候,我们需要格外小心。其实也不用太紧张,相机外壳的拆卸工作十分简单,我们可以找一把小刀,用刀尖将扣合在一起的塑料板撬开,如果没有小刀,用扁平口的螺丝刀也可以。如果你还是一直不放心,担心会损坏你心爱的数码相机的话,建议你还是停止试验,然后将取出来的螺丝钉装回去吧。如果你仍然抗拒不了自动拍摄功能的相机给你的巨大吸引力,并且你的内心充满了挑战,那么继续前行吧。但是,也请你做好心理准备,在你使用螺丝刀将相机塑料外壳撬开的过程中,相机塑料外壳的边缘肯定或多或少会有一些小的刮蹭,这是不可避免的。

图 7.4 有些螺丝钉隐藏在电池仓门和标签后面

　　好了,接下来就让我们将数码相机的塑料外壳打开,揭开相机内部的神秘面纱吧。如图 7.5 所示,我们小心地将扁平口螺丝刀的刀口楔入两块塑料板的接缝中,然后慢慢地将它们撬开。在操作的过程中,记住不要把螺丝刀的刀口楔入太深,否则你就有可能将相机的塑料外壳撬破,或者破坏相机的内部电路。数码相机的内部布满了小小的电子元器件,在外壳和线路板之间几乎没有一点多余的空间,所以如果你将刀口楔入太深,就极有可能将线路破坏。只要将刀口楔入到合适的位置,

图 7.5 将相机的塑料外壳撬开

然后轻轻地撬动,你就会听到"砰"一声,两块扣合在一起的外壳板便分开了。只要你在相机两块外壳板的接缝处找到适合撬动的位置,这个拆卸工作将会十分简单。慢慢来,在撬动的过程中,一定不要将螺丝刀插入得太深。

在进行接下来的操作之前,我先要给你一些提醒。在任何一台相机中,都包含有一个闪光灯。这个闪光灯是一个带有350V电压的电容器,而且这个电容器一次充电后能存留好几个月。所以,一定要记住,不能用手指直接触碰闪光灯上带电的接头,否则那感觉会让你终生难忘,更有可能让你留下终生遗憾。你可能要问了,为什么这么小的东西,会有这么危险?这是因为闪光灯虽然小,但是电容器中的电压非常大,这个电压比你家的交流电插座里所带的电的3倍还要多,而只有这么强的电压才能使得照相机里的闪光管发光,由此可见它的威力是多么地大。尽管它的电流不是很高,但是电容器所带的电压给你造成的危害绝对不容忽视。在操作的过程中,一定要小心翼翼,因为我们随时都有触电的危险。

如图7.6所示,这就是我们一定不能用手指直接触碰的致命接头。这是一个只有半英寸的黑色圆柱体,从它的末端引出两根导线。如果你想要测试一下电容器中的电压,你可以用一个测电笔的尖端快速地接触导线,测电笔会发出光亮,就说明电容器带电,这种情况下,千万不要用手指直接去触碰。如果测电笔没有发出光亮,就说明电容器里的电已经消耗殆尽了,这个时候这个接头就是安全的,但是在操作过程中仍然不能掉以轻心,谨慎为妙。

图7.6 每个相机里都有一个高电压的闪光灯,这是高危接点

如图7.7所示,我在这个项目中试验用的这个照相机已经超过一个月没有使用,但是当我把闪光灯电容器拆取下来后,我们用电压表来测量它所带的电压值时,我们仍然能看到这个电容器所带的电压将近300V。如果让这个直流电压通过你的手指,那感觉就像是用手指触摸一个烧得红热滚烫的火炉。如果将这个直流

电压连接你的两只手的话,那感觉就像是在一个通上交流电的烤箱里的水池里游泳,简直生不如死。所以,在操作的过程中,一定要避免这种情况的发生。

图 7.7　放置长达 30 天之后,电容器仍然带有近 300V 的电压

　　当我们将照相机的外壳打开之后,我们就能找到相机中的这个小小的快门释放按钮。如图 7.8 所示,这个按钮是一个小正方形块,在正方形块的中心部位有一个圆形的小按钮。这个小小的开关实际是一个双功能按钮。首先,它在拍摄时能对图像进行聚焦,其次还能实现快门释放拍摄命令。如果你有过照相机拍摄照片的经验的话,你一定知道,当我们将开关按到一半位置,并保持在这个位置时,我们可以对图像进行聚焦,而当我们决定进行拍摄时,我们将这个按钮完全按下去就可以拍摄图片。正是由于这个原因,这个按钮处应该有 3 到 4 个接入点。所以如果我们想用外部的一些设备来对相机进行控制的话,那么我们同样将要用到 3 个或者 4 个接入点。要想对开关进行改装,我们有两种方案可以进行选择,要么将开关

图 7.8　将相机快门释放开关连接到这个小小的电路板上

拆除,接入一根外部接线,要么不拆除开关,而将外部接线直接连接到相机内部的电路板上。当然,如果你没有把握保证能够正确地将外线接入相机内部电路板的话,最简单的方法还是将开关进行拆焊处理。如图7.8所示,在我的这个实验照相机中,你可以清楚地看见3个接入点,由于这个相机的开关已经损坏,已经不能进行正常拍摄了,所以我决定采取第一种方案,将它的开关拆除,直接将线接入内部的电路板。

这个小小的快门释放按钮就在这个小电路板的最顶端,要将它拆除有两个方法。你可以用电焊将接入点加热,然后用小刀及时撬开引线。另一种方法就是利用焊料吸管将接入点处的焊吸除,这样也可以将按钮拆除。千万要注意不能直接用刀具将按钮撬出,即使你打算抛弃不再使用这个开关按钮也不能这样做,因为你这样会把与按钮连接处的细细的铜线撕裂,使得它无法再接入新的接线。如图7.9所示,从图中我们可以看到,电路板上有4个小小的焊料隆起焊盘,这些就是我从数码相机上拆除按钮开关后留下的。当然,我又及时往焊盘中滴入了一些焊料,这样后面接入新的接线时就会更加容易一些。

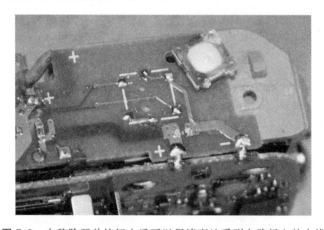

图 7.9　在移除开关按钮之后可以很清晰地看到电路板上的走线

原来有一种老式的数码相机,这种数码相机使用的是那种大型的按钮开关,这种大型按钮开关是一种通孔零部件,要想获得接点,就需要将它所连接的小电路板一起摘除。现在技术更新越来越快,那种带有大型按钮开关的老式数码相机我们已经很难一见了。如图7.10所示,这是一部2008年生产的数码相机,它有一个通孔式按钮开关。就是这样的一个老式数码相机,它所拍出的照片仍然比胶片式照相机拍出的照片要清晰许多倍,所以不要轻易将你家里的旧数码相机丢弃,我们只要稍微对它进行改装,它就能产生新的使用价值。

根据数码相机的设计和功能的不同,在相机的开关按钮上会有3个或者4个接点。一般来说,我们只需要连接3根线到按钮开关,就能利用开关来控制聚焦和拍摄这样两个功能,而且聚焦和拍摄共用一个接点。如果你的数码相机在塑料外壳被拆开的情况下,还能正常通电的话,那么你可以通过测试知道哪一个接点控制哪一种功能。测试方法很简单,我们只要将接线连接到每个接点上,然后通过数码相机的不同反应的来判断每根线的功能。在我们的数码相机中,这个小小的开关按钮下面有 4 个接点,其中有两个接点的作用是一样的,所以我们只需要连接 3 根线到电路板上就可以,如图 7.11 所示。在选择接线的时候一定要注意,使用你能找到的质量最好的接线,而且接线一定要足够的长,这样你才能将它接入到任何一个接点,或者将它接入数码相机的控制盒。

图 7.10　在改装这个老式的数码相机时需要移除一块小电路板

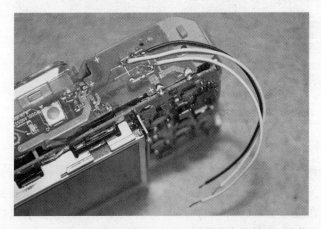

图 7.11　通过在数码相机上接入 3 根接线来控制按钮功能

　　在你接好线,并打算将数码相机的外壳装配回去之前,你需要先装上电池,测试一下你的新开关的线路连接情况。我们可以将线连接到一块电路实验板上进行测试,如图 7.12 所示。我们需要对改装的电路进行一个测试,这个测试需要在相机的所有零配件组装回去之前完成,所以从数码相机上拆卸下来的所有螺丝钉暂时不能安装回去,这样才不会影响到测试的正常进行。我要在相机上安装一对小型按钮开关,其中一个具有聚焦功能,另一个用来拍摄照片。虽然是两个开关,但是它们都共用同一个接地点。

图 7.12 使用一对按钮开关来测试连接状况

如图 7.13 所示,当我们把电池装好之后,数码相机的镜头会自动伸出,相机上的液晶显示屏开始捕捉画面,你可以按动这两个按钮进行测试。现在我们很快就能辨认出哪一个按钮是用来执行聚焦命令,哪一个按钮是用来拍摄。好了,现在你就能利用两个不同功能的按键来实现拍照了。然而市场上大多数的数码相机都只用一个单独的按钮实现这两个功能,当你想要用这个相机进行聚焦和拍摄时,你就需要同时操作两个按钮。当你的拍摄对象是快速运动的或是在光线不强的地方进行拍摄时,这样的按钮设计显然不大方便。我们需要制作出那种能同时进行聚焦和拍摄的按钮,其实只要对快门按钮进行一些简单的改装就可以实现这个目的。

图 7.13 在接通电源后可以通过按钮来控制相机拍照

在将所有的小螺丝钉安装回去之前,还有一个令人头疼的问题,那就是如何将新安装的接线从数码相机的外壳里连接出来。我们现在常用的一个比较简单的方法就是在数码相机的半边外壳上抠出一条通道,然后只要用一对剪线钳,就可以让新装的接线从外壳中接出来了,如图7.14所示。由于数码相机的塑料外壳里满是机械零件,几乎不可能找到多余的空隙来容纳这些接线,所以你只能通过在外壳上切出一个小口来将接线从相机中引出来。在接线的时候有一点非常重要,要特别注意,那就是不要将焊点处的接线挤压折曲了,否则接线与按钮连接处的铜丝会跳起,使得连接中断,影响实验后果。

图 7.14 接线将从外壳的狭槽中穿出来

如图7.15所示,这是一台已经经过改装并装配好的数码相机。我们将这台数码相机连接到电路实验板上进行测试,测试结果显示,改装后的数码相机在改装过程中没有受到任何的损坏。给数码相机装上电量充足的电池之后,经测试发现各项功能都正常。好了,现在可以把照相机外壳都安装回去了,但是很奇怪的是,这次我们最后只有一个螺丝钉没用上,通常情况下我们都会剩下好几个的。你装配之后还剩下几个呢?

图 7.15 将相机组装回去之后在电路实验板上进行测试

　　为了连接到数码相机内部的触发设备,我们需要特定的连接器。如果你的相机开关按钮使用的是 3 根接线,那么一对如图 7.16 所示的 1/8 英寸的立体声插头就是很不错的选择。如果你采用的是 4 根接线,那么你可以使用一个电话或计算机网络使用的连接插头。如果你打算搭建一个电路,并将它直接连接到数码相机上,那么你其实不需要使用任何的连接插头。但是如果这样去做的话,你将很难在这个系统上使用多个触发设备。由于我们打算制作出好几个触发设备,因此我们还是选择使用可移除的插孔来连接。

图 7.16 使用一对三芯的 1/8 英寸的立体声插头来连接照相机

　　由于在数码相机塑料外壳里,已经再没有多余的空间能容纳下新装的接线,所以要想将连接装置安装进数码相机那几乎是没有可能的。如图 7.17 所示,我使用了一小块双面胶将一个 1/8 英寸的插孔粘贴到数码相机的壳体上。将连接器安装在这个位置是最佳的,因为在这个位置既方便安装,又不会对数码相机的其他控制或者传感器的使用造成不便,如果我们在这个插头上焊接一对小型开关,那么这个数码相机就可以和原来一样正常工作了。

图 7.17 将插座连接头安装在相机的外壳上

图 7.18 所示是一个有 3 个传导圈的 1/8 英寸的立体声插头。大一些的那个传导圈是一个公共的接地极,而末端的两个传导圈对应的是数码相机的两个不同的功能。由于在我们这个项目中没有高频率的信号,所以你不需要使用那种具有防护性的多芯导线,另外,当你清楚地知道哪一个传导圈对应的是相机的哪一个功能的时候,你也就不再需要担心如何连接的问题了。

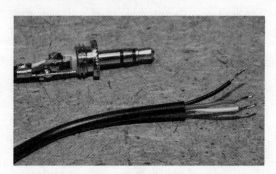

图 7.18 制作外部控制器的连接插头

好了,到现在为止,数码相机的触发器改装步骤已经完成,现在你可以将这几根按钮接线连接到任何一种兼容的电电源或者数码开关上,以此实现你想要的相机控制方式。现在你可能会遇到了一个新的问题,那就是不知道怎么确定公共接地线和那一根(或两根)控制线的极性,以及无法确定数码相机能兼容的电压到底是多大。按照常理来说,在 3~5V 之间的电压都可以使得控制接线触发事件,但是我们并不能保证一定可以。在接下来的步骤中,我们会详细地告诉你如何通过一个继电器来为你的数码相机制作一个到处可用的安全插头。

微控制器输出的电压过高可能会损坏我们数码相机里的电子元器件,因此我们可以模仿相机的原始开关的功能,这应该会比使用电压输出触发相机功能会更加安全。为了达到这个目的,所有你需要做的就是在信号线的终端安装一个继电器,当这个继电器关闭时,它就像原装开关一样将电路关闭。好了,现在你的外部控制器可以在任何输出电压下随意的启动一个驱动晶体管了,这样它就能很轻易地与你改装后的数码相机进行连接,而且不会对你的数码相机的内部电子元器件造成任何的损坏。

任何一个小电压的继电器都可以在我们这个项目中使用,在你的家中,你到处可以找到图 7.19 所示的继电器,这些继电器都是从一些废旧的调制解调器、电话以及答录机器上收集得到的。在我们这个项目中,选择那些电压在 5~12V 之间的继电器会更加合适,而且由于电路中不需要开关来切断电流,所以电压越小的继电器越好。在图 7.19 中我们可以看到有一个圆柱型的继电器(舌簧继电器),它只需要很低的电流就可以激活,而且它们能够直接被大多数的微控制器驱动,所以你在电路中甚至根本不需要添加驱动晶体管。

图 7.19 低电压的继电器可以用来制作通用型接口

　　为了让电路中任何型号的微控制器或者任何小电压信号能够驱动这个继电器,你需要找到一个小型的 NPN 型晶体管、一个二极管和一个电阻器。如图 7.20 所示,这是一个简单的电路图,从电路图上我们可以看到,我们只要给电路输出区区几伏的电压,就可以驱动电压为 $5\sim12V$ 的继电器。这里使用的晶体管是很容易获得的,任意一个普通的小信号的 NPN 型号的就行,常见的晶体管如 2N2222 或者 2N3904 都可以这个实验中使用。二极管的选择也很多,任意一种小电流的二极管都行,如 1N4001 型号的二极管就可以。至于电路中的电阻器 R_1,我们可以选择电阻值在 $1\sim10k$ 的电阻器。这个实验电路十分简单,在将电阻器 R_1 连接到晶体管的基极之后,通过继电器线圈转换从电源到接地的电流,这样就使得电路中的连接断开。电路中的二极管的作用是,继电器线圈关闭时的电感会产生逆向

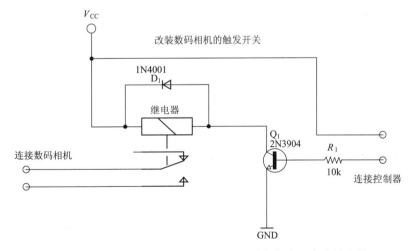

图 7.20 这个简单的晶体管电路可以驱动任何小型直流继电器

电压,这可能会损坏晶体管,而二极管的作用就是为了避免这种情况的发生。由于你的数码相机的触发器仅仅只与继电器有连接,所以你的数码相机的电路几乎是独立的,这样也就使得相机内部的电子元器件根本不受外部控制器部件的影响。因此,现在你甚至可以用一个 120V 的继电器来触发你的数码相机了。

在实际操作之前,先在无焊料的电路实验板上搭建一个实验电路不失为一个好主意,这样我们就可以根据实验结果对电路进行测试和改装,以避免不必要的损坏。如图 7.21 所示,这是一个搭建在无焊料电路实验板上的继电器控制器。我们使用了 2N3904 型的晶体管、1N4001 型的二极管、1kΩ 的电阻器和两个电压为 5V 的继电器,这两个继电器是从废旧的电脑调制解调器上拆下来的。这个控制器在 5~12V 的电压下能很好地工作,甚至当电路中的输入电压小到 1.5V,继电器仍然能正常运行。

图 7. 21 在一块无焊料电路实验板上搭建继电器控制器

如图 7.22 所示,为了使用各种不同的电压来测试继电器的功能,我们需要将经过改装的数码相机连接到一个无焊料的电路实验板上,然后按下按钮开关,这样就可以转换电阻器的正电源输入,从而驱动晶体管的基极。这个电路之所以能够承受多种电压,主要归功于电路中通用型的 2N3904 和 2N2222 型晶体三极管。好了,这个电路已经可以转移到一块永久性的电路板上了。

现在电路已经测试完毕,我们可以将它制作成合适的电路板了。每当我们需要为如此简单的电路制作电路板时,我们都会选择使用穿孔板来制作,这是因为这种电路使用的接线都比较细,在穿孔板上进行接线会非常方便。这个继电器驱动电路十分简单,你甚至可以将零部件的引线直接连接到继电器的引脚上,根本不需要电路板。如图 7.23 所示,这就是一块尺寸为 2 英寸大小的方形穿孔板,另外还有 8 个零部件,它们都将被安装在这一小块穿孔板上。

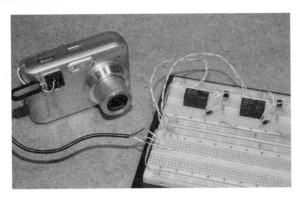

图 7.22 将改装后的数码相机连接到继电器控制器

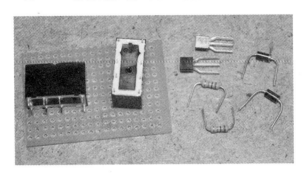

图 7.23 穿孔板非常适合制作简单的原型电路

要想在这么一小块穿孔板上搭建这样一个简单的电路,我们需要将所有的零部件都合理地安放在适当的位置,然后再将接线焊接在电路板的底面,这样电路的制作就算大功告成了。如图 7.24 所示,当我们的电路安装完成之后,电路板下面布满了接线。这种原型设计方法可以制作出一个可靠的电路,如果我们以后想要修改电路也是十分方便的。当然,这样做肯定不如将电路搭建在一个专业的电路

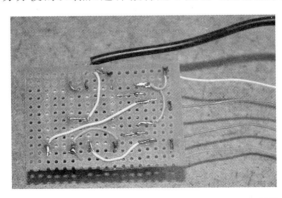

图 7.24 在穿孔板底面接线之后完成了电路板的制作

板上更完美。但是，为了得到一块专业的电路板，我们需要花费 150 美元，并且还要等待两个星期的时间，对于一个这么简单的实验项目，花费这么大的代价，是根本没有必要的。不使用专业的电路板，我们制作这个穿孔板电路所花的时间才只是几分钟而已。

好了，我们再一次将制作完成的继电器控制电路板与数码相机连接，并且使用一个 6V 的蓄电池来提供电源。如图 7.25 所示，在这块小小的无焊料电路实验板上有两个按钮开关，它们连接在继电器驱动输入电路和电源电压的阳极之间，这样电路中的两个继电器都能通过数码相机来进行测试。在第一次接通电源之后，这个电路工作非常正常，而且令人惊喜的是，当我们按下拍摄按钮之前并没有使用聚焦功能时，相机竟然会自动聚焦。这就是说，在我们的电路中，我们只要安装一个单独的继电器和一个单独的开关即可，但是，事情都有利有弊，这样一来我们在拍摄时就不能根据需要和实际情况对拍摄对象进行聚焦操作。

图 7.25 使用手动按钮开关来测试继电器控制器

这个通用型的数码相机触发装置能够通过使用任何的微控制器或者集成电路来进行控制，而且不管多低的电流或多弱的电压信号都一样能够达到这个目的。因为继电器的功能就是模拟数码相机电路中的双功能拍照按钮的运行，所以这个电路系统能连接到任何一个外部设备上，而且不会使数码相机的内部电子元器件受到损坏。这个简单的改装可以让我们创造出许多的侦查小设备，我们可以在数码相机中使用高分辨率的成像系统，让它自动为你拍摄目标，也可以通过一些外部设备来触发拍摄，等等。

项目22 数码相机的定时连拍装置

在这个项目里，我们要继续对数码相机的触发器进行改装，使他的功能更加强大。我们将要在触发器上连接一个定时器，并且用这个定时器来控制数码相机的聚焦和拍摄的功能。这个改装要实现照片的延时拍摄技术,也就是我们常听到的延时摄影。利用延时控制器,照相机每隔一定的时间间隔之后拍摄一次,在若干小时甚至好几天的拍摄之后可以拍摄到好几百张照片,然后在短时间内连续播放这些照片形成动画效果。经常在电视上看到的花朵开放、天亮过程以及风起云涌的现象就是延时拍摄的效果。每一次拍摄之前先对拍摄对象进行聚焦处理,这样我们可以拍摄一些运动着的对象,并且避免了图像模糊的情况发生。在这个项目中,我们需要用到一个具有 10 只输出引脚的计数器,这样就可以控制多达 10 个独立的数字设备。在这个项目中,我们将只使用其中两只引脚来控制数码相机的继电器接口。

部件清单
IC1:LM555 模拟计时器
IC2:74HC4017B 十进制计数器
C_1:1～470μF 的电容器
电阻器:$R_1=1\text{k}\Omega$,$R_2=1\text{k}\Omega$,$R_3=1\text{k}\Omega$,$R_4=1\text{k}\Omega$,$R_5=1\text{k}\Omega$
VR$_1$:50kΩ 的可变电阻器
二极管:D_1=1N40001 型或与之类似的二极管
晶体管:型号为 2N3904 或 2N2222A 或与之类似的 NPN 型晶体管
继电器:额定电压为 5～12V 的单极继电器
电源:3～6V 的蓄电池或电池组

图 7.26　这个系统可以按照设定的额时间间隔重复地进行聚焦和拍摄

　　如果我们将十进制计数器的其他 8 个数字输出引脚全部使用上,那么我们就能控制更多的数码相机,或者添加更多的继电器,我们就能实现对其他各种不同的电子设备的控制,如螺线管、报警器、照明灯,甚至是某些交流电设备。对于相机拍摄照片的频率,我们可以根据实际的需要进行设置,这个间隔时间可以是几微秒,也可以是几小时,这样你可以在一秒内拍摄好几张照片,也可以在几小时内就只拍摄一张照片。要想实现这个控制目的,我们需要在电路中安装一个可变电阻器,并且改变定时电容器的电容值。在这个项目中,我们要假设你之前已经制作过数码相机触发器的改装项目,当然,除了数码相机,你也可以将这个装置连接到其他硬件设备。

　　如图 7.27 所示,这是前面一个叫做数码相机触发器改装的项目中制作的电路,其中有一个小小的电路板,通过这个电路板你可以利用任何一个电子设备来对数码相机发送聚焦和拍摄的命令。我把这个项目称作触发器改装项目,是因为我们要将数码相机的原装开关按钮拆除,并对数码相机触发器开关的电路板进行改装,以实现对聚焦和拍摄功能的控制。在这个项目中,或许你可以不使用前一个项目中设计的电路,只要你的数码相机的电路板能够接收一个 4017 十进制计数器的 5V 的电压信号就可以。但是为了安全起见,你需要在前一个项目的电路中增加了一些安全设置,以此确保数码相机不会遭受到任何外部设备或电压的损坏。

图 7.27　这个就是用来控制数码相机快门开关的继电器连接装置

　　从图 7.28 所示的电路图中我们可以看到,和前一个数码相机触发器改装项目一样,这个电路中也包含有两个继电器和两个驱动晶体管。电路中新增加的组件包括一个 555 定时振荡器和一个 4017 十进制数字计数器,有了这个十进制数字计数器,我们就可以依次操纵多达 10 个数字设备。这个电路的运行原理十分简单,其实就是用变化频率的脉冲定时器来驱动十进制计数器的时钟输入。如果你想在数码相机拍摄之前,给它留有一定的聚焦时间的话,那么你可以将聚焦功能电路上的继电器连接引脚 0,而拍摄继电器连接引脚 5。注意,计数器通常都是从 0 开始计数,到 9 结束,然后又重新开始计数的,在这个时间间隔内有大部分时间用来完成设备功能。

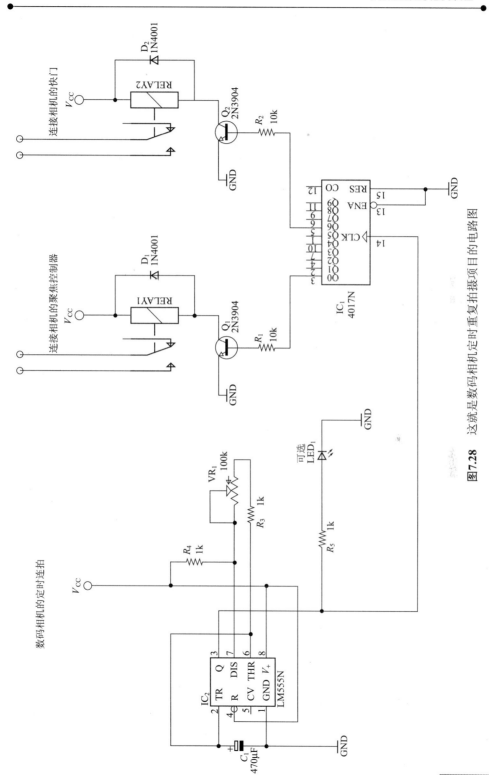

图7.28 这就是数码相机定时重复拍摄项目的电路图

电路中的晶体管 Q_1 和 Q_2 是继电器驱动器,这两个晶体管是通过电路中的 4017 十进制计数器的活动引脚发送数字信号来驱动的。电位计 VR_1 使得计数器的脉冲频率可以在一个很大的范围内变化,而电容器 C_1 用来设置全部的时间范围,它可以快到每秒多个脉冲,也可以慢到每小时只有区区几个脉冲。当电容器 C_1 的电容值设置为 $1\mu F$ 时,电路中的电位计 VF_1 可以将拍摄频率设置为每秒好几次;当电容器 C_1 的电容值设置为 $1000\mu F$ 时,那么电路中的电位计 VR_1 可以将拍摄频率设置为 10 分钟一次,或者间隔时间更长。如果你想要拍摄频率更长得话,那么你需要将电容器的电容值调的更大。一开始,我们可以先将电容器的电容值设置为 $10\mu F$。

电路中的电阻器 R_5 和 LED(发光二极管)都是可选组件,并不是必需的。我在电路中安装它们,只是想它们起到计时器频率的心跳指示作用。因为当定时器发送出脉冲时,发光二极管就会发光显示。在电路的测试阶段,在电路中适当安装发光二极管是一个很好的主意,因为它能很好地告示你电路的运行是否正常。在我们搭建电路的过程中,我们一共需要在控制电路上安装 3 个发光二极管。

如图 7.29 所示,我在电路实验板上使用的第一个电容器的电容值只有 $1\mu F$,所以它发出的脉冲频率非常快,数码相机的拍摄频率大约是每秒一张照片,这个频率对于数码相机来说太快了。频率太快就可能不太实用了,但是这样将很容易录制视频信息。由于我们这个项目的主要目的是利用这个电路系统来实现延时拍摄技术,所以在进行完测试之后,我最后选了一个电容值为 $470\mu F$ 的电容器安装在电路中。在实验过程中,为了寻找到一个电容值合适的电容器 C_1,你可能需要对多个不同电容值的电容器进行多次测试。

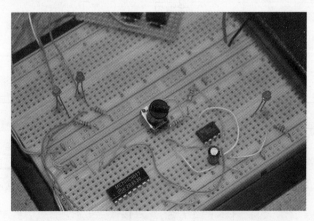

图 7.29　在电路实验板上测试各种电容值的电容器

在图 7.30 中的左下部分是一个电容值只有 $1\mu F$ 的小电容器。它可以提供的拍摄频率是每秒 1~100 帧照片。我们常用的数码相机能接受的拍摄频率是大概每秒 2 张照片,所以这个电容器只对于需要快速延时拍摄,或者对于一个能够快速拍照的数码相机而言才有使用价值。当我们按下快门之后,数码相机开始快速拍摄照片,结果在几分钟过后,我们的数码相机的存储卡就已经储满了照片。在图 7.30 中的右下部分是一个大型电容器,它的电容值是 $1000\mu\mathrm{F}$,它能够提供的拍摄频率大概是 1 小时一张照片。由于这个拍摄频率比较低,我们可以将电路中的 4017 计数器的连接引脚由 0 和 5 改为 0 和 1,这样可以使聚焦和拍摄之间的时间间隔更短。

图 7.30   这些是用来控制拍摄频率的具有不同电容值的电容器

如图 7.31 所示,我们已经将这个改装完毕的继电器触发电路连接到一块无焊料电路实验板上,在电路实验板上已经安装上了定时器和计数器。在你制作这个项目的原型电路的过程中,为了给这个实验增加一点乐趣,你可以在计数器空出的引脚上连接一个传呼机,这样在数码相机拍照之前或者之后,传呼机会发出声响。或者你也可以在电路中连接多个继电器,或者连接多个数码相机。由于电路中计数器的 10 个输出引脚我们只使用了其中的 2 个,还剩下 8 个引脚可以使用,因此你可以大胆地进行创意改装。

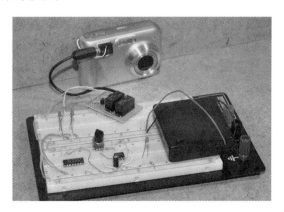

图 7.31   在电路实验板上测试制作完成的系统

图7.32所示是一个继电器驱动电路板,这是我们在前面的数码相机触发器改装项目中制作的电路板。制作这个继电器驱动电路是因为我们将数码相机的快门按钮拆卸下来了,并希望通过这个继电器驱动电路来模拟数码相机原本的快门释放开关的功能。由于市场上销售的大部分数码相机都具有一个双功能快门释放按钮(具有聚焦和拍摄功能),所以我们在电路中安装两个继电器以实现这两个操作。你可能很庆幸自己可以不再只是一个按键来实现拍摄,但是这样改装也有一个坏处,那就是当我们要对快速运动的对象进行拍摄时,我们可能无法实现聚焦。

图7.32 这是一个可以安全控制数码相机的继电器驱动电路板

好了,当电路中的定时器的速率达到我们理想的速度时,我们就可以将这六个零部件安装到一小块穿孔板上,然后我们再在电路板的底部用一些小接线将这些零部件连接起来。这么微型的一个电路没必要使用一个专业的电路板来安装,我们只要将它从无焊料电路实验板上拆下来并安装到穿孔板上,然后在穿孔板的底面焊接所有接线就可以了,这前后总共才几分钟的时间而已(如图7.33所示)。在实验中,我将继电器电路板与定时器电路板分开安装,这是因为将来我们可能要在

图7.33 定时器电路安装在另外一块小穿孔板上

某个项目中让继电器电路与其他的驱动电路连接。

　　好了,这个电路到现在为止基本已经完成了。由于 $5\sim12V$ 之间的任何一个电压都能让它很好地运行,所以我决定用 4 个 1.5V 的 5 号电池来为这个电路提供电源。如图 7.34 所示,这是一个改装之后的完整的装配,在对线路进行测试之后我们就可以将它们连接到改装后的数码相机上。这个电路系统可以很好地实现延时拍摄操作,你也可以将它用作高分辨率的安防监控系统。

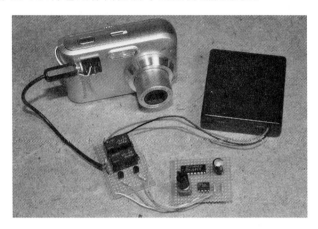

图 7.34　装配完成的定时拍摄的数码相机设备

　　让我们给数码相机提供一个外部电源,并且装上一张大容量的存储卡,然后花上一整天的时间,我们就能获得理想的高清图片。当相机的像素达到 800 万时,就意味着它能清晰地拍出人脸特征和汽车牌照这种小细节,就算拍摄对象离数码相机很远,照片的清晰度也一样不受影响。与一般的视频安防摄像头相比,这个经过改装的数码相机的清晰度要超出 10 倍以上,但是这个系统每秒钟拍摄的帧数是非常有限的。如果你的目的是要进行高清晰的长时间的监控拍摄的话,那么这个装置还是很适用的。

项目23　声音感应数码相机

　　在这个项目中,我们将要在数码相机上安装一个声音感应控制器。在前面,我们已经将一个继电器电路板连接到数码相机的双功能快门开关,现在,我们要在这个继电器电路板上添加一个定时脉冲控制器。电路中安装了一个敏感的麦克风,这个麦克风可以接收到外界传来的声音,然后将它发送给电路中的一个放大器,在这里放大器充当了一个可调节的比较器,它能够控制电路对声音的灵敏度。这种对声音的灵敏度是可以进行调节的,它既可以对许多微弱的声音(如低沉的说话声和脚步声)作出反应,也可以只对音量很大的声音(如洪亮的音乐声和掌声)作出反应。如果将此设备作为一个监视设备,那么它将被附近的某种声音激活,然后拍摄出高分辨率的图像。

部件清单
IC1:74HC121 单稳态集成电路
IC2:LM358 双重运算放大器
电阻器:$R_1=1\mathrm{k}\Omega$,$R_2=10\mathrm{k}\Omega$,$R_3=10\mathrm{k}\Omega$,$\mathrm{VR}_1=10\mathrm{k}\Omega$ 电位计
电容器:$C_1=10\mu\mathrm{F}$
LED$_1$:低电流红色发光二极管
麦克风:两只引脚的驻极体麦克风
电源:3~9V 的蓄电池或电池组

图 7.35 我们将要为数码相机添加一个声音感应控制器

这个项目中我们要用到前面的数码相机触发器改装项目中制作的电路板,在这块电路板上,我们将一对继电器和一对驱动晶体管连接到数码相机的快门释放按钮上,以此模拟数码相机原始开关的功能。你可能将这个电路的输出直接连接到数码相机的快关按钮上,但是,出于安全考虑,我们要让电路中的继电器与数码相机电路板保持绝缘。可能有些数码相机会配有一根外部远程控制插头,你也可以通过这个插头来控制数码相机。

如图 7.36 所示,这是前面一个叫做数码相机触发器改装的项目中制作的电路,其中有一个小小的电路板,通过这个电路板你可以利用任何一个电子设备来对数码相机发送聚焦和拍摄的命令。我把这个项目称作触发器改装项目,是因为我们要将数码相机的原装开关按钮拆除,并对数码相机触发器开关的电路板进行改装,以实现对聚焦和拍摄功能的控制。在这个项目中,或许你可以不使用前一个项目中设计的电路,只要你的数码相机的电路板能够接收一个 4017 十进制计数器的 5V 的电压信号就可以。但是为了安全起见,你需要在前一个项目的电路中增加了一些安全设置,以此确保数码相机不会遭受到任何外部设备或电压的损坏。

图 7.36   这个电路利用继电器电路来控制数码相机的快门开关

在图 7.36 的右边部分有一个小电路板,这就是我们在这里将要向你介绍的电路板,它包含有一个小麦克风、一个前置放大器(LM358)和一个数字单稳态触发开关(74121),这个单稳态触发开关的主要作用是用来控制继电器电路中的脉冲时间,以此来触发数码相机的快门释放按钮。与双稳态电路不同,单稳态触发器只有一个稳定的状态,其工作特点是:在没有受到外界触发脉冲作用的情况下,单稳态触发器保持在稳态;在受到外界触发脉冲作用的情况下,单稳态触发器翻转,进入"暂稳态";经过一段时间,单稳态触发器从暂稳态返回稳态。单稳态触发器在暂稳态停留的时间仅仅取决于电路本身的参数。由于数码相机的快门开关是由人进行手动操作,而从麦克风放大器中发送出来的脉冲对于普通数码相机来说时间太短,频率太快,所以我们需要在电路中安装一个单稳态触发器。电路中的单稳态触发器接收到电路中的毫秒级输入脉冲,然后持续向外发送出一个数字脉冲,在此期间数码相机有足够的时间来作出反应。

从图 7.37 所示的电路图中我们可以看到,从一个小型麦克风中输出的脉冲被发送到 LM358 放大器中,这里的 LM358 放大器就像是一个比较器,它会对麦克风的电压变化做出反应。由于这个麦克风是一个驻极体麦克风,在它的金属外壳里装有一个高增益的放大器,这样就大大增加了比较器的灵敏度。电路中的可变电阻器 VR_1 控制着比较器的感应性能,所以即使声音微弱得像私语声,或者响亮得像掌声,也一样可以驱动数码相机的继电器电路。

从比较器中输出的脉冲将会被发送到一个信号调节集成电路,这个集成电路也就是单稳态触发器。7421 单稳态触发器能接收任何的输出电压,不管这个脉冲的持续时间多么短,然后根据电阻器 R_3 电阻值和电容器 C_1 的电容值,向外发送处

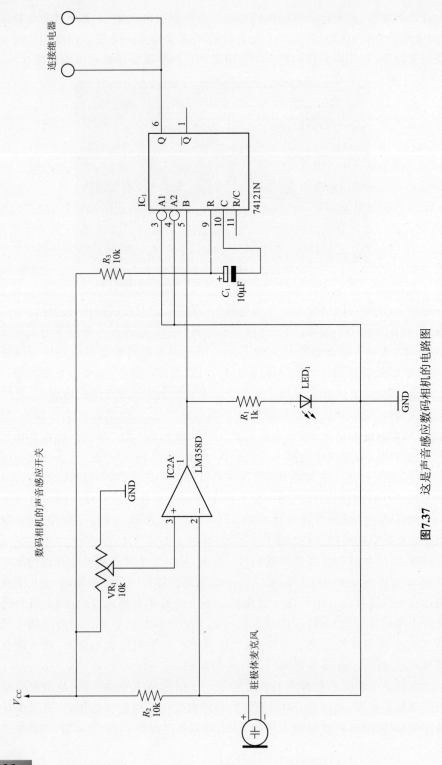

图7.37 这是声音感应数码相机的电路图

数码相机的声音感应开关

理后的脉冲信号。对于数码相机的触发器来说,发送脉冲的频率大概 1 秒一次为宜,所以我们要选择电容值为 $100\mu F$,电阻值设置为 $10k\Omega$ 的电容器。在电路中安装单稳态触发器的一个很重要的原因是因为,从比较器发出的脉冲信号要根据声音来进行调制,而这个时间对于使用继电器触发数码相机开关按钮来说似乎太快了。电路中的单稳态触发器只是简单地延长脉冲的长度,同时,当麦克风接收到的声音是一些无变化的急速的声音时,它能够消除大量相同的脉冲。由于在这个项目中,数码相机需要快速地做出反应,所以我们要将聚焦和拍摄电路的继电器连在一起,这样数码相机就能以最快的速度对声音做出反应,并及时拍摄照片。如果使用一个高速数码相机,那么你能够实现定格摄影技术,例如捕捉气球爆裂或者水下滴的图片。

74121 单稳态触发器是一个十分有趣也十分有用的集成电路,当电路中用来定时的电容器的电容值和电阻器的电阻值合适时,这个 74121 单稳态触发器能够创造出长度在十亿分之一秒到 30s 之间的脉冲。由于可以对脉冲的宽度进行如此精确的控制,所以我们可以制作出一个高精度的定时系统。但是在这个项目中,74121 单稳态触发器的作用仅仅是作为一个开关防反跳器来模拟人体按键的操作。如图 7.38 的数据表所示,从这个数据表中我们可以看到,这个 74121 单稳态触发器是由一对定时器的引脚来控制的,它会接收到变化的输入信号,然后对这些不同的脉冲前沿进行调整,再转变成输出脉冲。在这个电路中,我们可以对这个单稳态触发器进行设置,使它在每次输入失败的时候向外发送一秒时长的电子脉冲信号。这里的输入信号是来自前置放大比较器的交流电压信号,而比较器的电压信号又是由麦克风接收到的声音信号转变而来的。

驻极体麦克风十分普遍,几乎在任何一个接收声音的电子设备中都能找到。这个小小的圆形小元件对声音极其敏感,在它的金属外壳内部装有一个内置电子音频放大器,因此它几乎能够放大任何声音。这些麦克风的功能如此强大,它们只需要 $3\sim12V$ 的电压就能正常运行,而且连接起来也很方便,只需要两只引脚就可以接入电源并输出信号,因此在它的金属壳里常常只有两个接线点。如图 7.39 所示,这是在几个不同的音频设备上找到的驻极体麦克风。从图中我们可以看到在金属外壳的底部有两个引脚或者说焊点。仔细观察这两个细细的引脚,你会发现其中一个引脚通过一根小小的金属导线和外壳连接,这个引脚就是负极接线引脚。

如图 7.40 所示,这是一个搭建在无焊料电路实验板上的声音感应触发装置的原型实验电路。在这个电路中使用的接线和电子元器件都不多,所以它搭建起来会比较简单。由于可变电阻器 VR_1 的电阻可以进行调节,数码相机的声音感应水平也一样可以进行随意的设置,因此你其实没必要在电路中安装发光二极管指示灯和电阻器 R_1。当你调节可变电阻器 VR_1 时,如果电阻值达到比较器能做出反应的最大值,那么电路中的发光二极管就会关闭,所以在电路中安装发光二极管能帮助我们找到电路的最大感应值。

DM74121
纯净和互补输出的单稳态触发器

产品编号	包装编号	包装描述
DM74121N	N14A	14引脚双列直插式塑料包装(PDIP)，JEDEC MS-001，0.300Wide

连接示意图

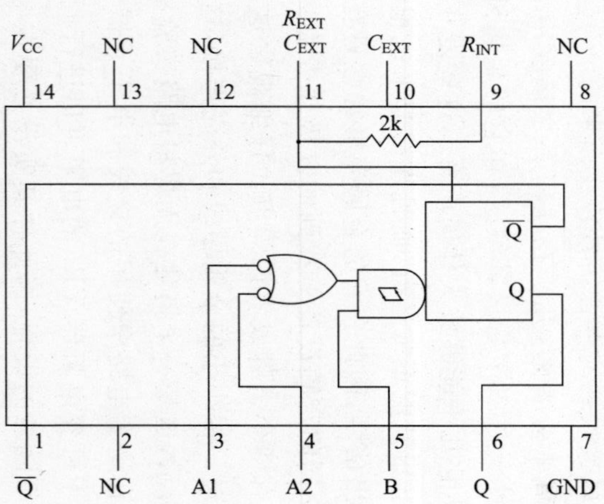

功能表

输 入				输 出	
A1	A2	B	Q	$\overline{Q}$	
L	X	H	L	H	
X	L	H	L	H	
X	X	L	L	H	
H	H	X	L	H	
H	→	H	⎍	⎍	
→	→	H	⎍	⎍	
L	X	↑	⎍	⎍	
X	L	↑	⎍	⎍	

H=高逻辑电平
L=低逻辑电平
X=或高或低
⎍=正脉冲
⎍=负脉冲

↑正向转移
↓负向转移

图7.38 74121单稳态触发器集成电路的部分数据表

图 7.39 驻极体麦克风不仅是一个麦克风,而且是一个高增益放大器

图 7.40 在无焊料电路实验板上搭建的声音感应电路

好了,接下来我们要对电路进行测试了。通过将电路中的 72121 单稳态触发器的输出连接到继电器电路,我们可以对这个电路进行测试。你也可以在电路中连接一个发光二极管指示灯,并串联一个 1kΩ 的电阻,这样当你调节可变电阻器 VR₁,并用手指敲打麦克风时,你就可以看到或听到电路的反应。如果我们发现电路中的继电器关闭,或者当电路对声音做出的反应只是发光二极管闪烁 1s 的话,那么你的电路可能就有问题了。我们这个电路在 3~6V 的电压下能很好地运行,当我们将电阻值调到合适状态时,就算我们在一旁打响指,这个电路也能做出敏感的反应。如果你把可变电阻器 VR₁ 的所有电阻值都试了一遍,而电路仍然对声音没有任何反应的话,你可以检查一下麦克风的极性,很有可能就是你的连接出了问题。

图 7.41 所示是一个继电器驱动电路,这是我们在前面一个叫做数码相机触发器改装的项目中制作的电路。在那个项目中,我们将数码相机原始的快门释放按钮取走,然后在电路中安装一个继电器,当继电器不再输入电压时,电路断开,这时继电器会驱动数码相机的快门按钮。由于大部分的数码相机都有一个双功能快门释放按钮(同时具有聚焦和拍摄功能),所以我们在电路中要安装两个继电器,以此驱动这两个不同的功能。但是在这个项目中,由于数码相机需要对接收到的声音进行快速的回应,所以我们要将这两个功能合并在一起。这种设计有个缺点,那就是如果我们想要拍摄快速移动的目标,那么数码相机可能没有时间进行聚焦。

图 7.41 这是一个用来控制数码相机快门按钮功能的继电器驱动电路

如图 7.42 所示,这是一个已经装配完成的电路,当我们将它放在房间里,只要有声音被它感应到,它就会开始拍摄照片。在我们设置完后电路的敏感性之后,不管我们在房间的哪一个角落击掌或者打响指,照相机都能够感应到声音之后并开始拍照。如果周围的环境比较嘈杂,那么你需要对可变电阻器的电阻值进行调节,降低它对声音的感应能力,只对那些音量大的声音做出反应,否则你的照相机的存储卡很快就会爆满。由于这是一个音频感应电路,所以在电路中需要有一个音频过滤器,这样就算将它安装在嘈杂的环境下也能达到理想的运行效果了。幸运的是,我们确实能找到这样一个音频过滤器,LM358 放大器就具有这样的功能。

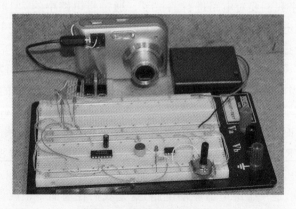

图 7.42 装配完成的电路

如图 7.43 所示,这个电路搭建起来十分简单,除非你将驻极体麦克风的极性接反,或者由于接错线而造成实验失败,否则几乎没有其他容易出错的地方。如果你发现电路中的继电器感应到声音之后,"咔哒"一声关闭,而这时你的数码相机却没有任何反应,那么你可以尝试将电路中的电容器 C_1 替换成一个电容值更大的电容器,这样就会延长 74121 单稳态触发器发送出的脉冲时间。这里有一个很简单的方法可以测试你的数码相机大约需要多长时间能对声音做出反应。你可以将晶体管的基极短接到电源正极,以此驱动电路中的继电器。一般来说,大多数的数码相机的拍摄频率都能达到 1s 一次,但是也有特例,因此你需要对你的数码相机进行一个测试。

图 7.43　我们无焊电路板上的装配已经可以用作监视目的

这个电路所需要的元器件和接线都非常少,所以我们只需要花费几分钟的时间就能将无焊料电路实验板上的线路移装到一个穿孔板上,如图 7.44 所示。我们将电路中的元器件放置在穿孔板上合适的位置,让元器件的引脚穿过穿孔板的小孔,然后在穿孔板的底部使用接线与焊料将元器件连接在一起。你当然可以将继电器驱动电路和声音感应电路连接在同一块电路板上,但是如果你的各个项目都可以很方便地进行组件拆卸和混合搭配,那会更好一些。

图 7.44　装配在一个小型电路板上的完整的声音感应系统

我们的声音感应数码相机是用来进行监视目的的,所以我们要使这个装置的尺寸尽量小一些,这样才便于掩蔽起来。如图 7.45 所示,我们已经将这两块电路板装进一个小塑料盒里。这个塑料盒除了可以放下这两块电路板之外,还有足够的空间来安装一块 9V 的蓄电池,另外还有一个可以开启和关闭电源的开关。

图 7.45　将这两个小型电路板装进一个小塑料盒里

要想用一个 9V 的蓄电池来驱动电压为 5V 的电路,你还需要在电路中安装一个型号为 7805 的电源校准器,它会将电路电压调低到 5V。由于我们改变了电路中的电压,所以我们还得对数码相机的灵敏度重新调整一下。这个问题很好解决,我们只要在电路中安装一个可变电阻器,通过调节这些可变电阻器的电阻值就可以,具体我们可以根据实际情况的需要进行设置。

如图 7.46 所示,这就是我们已经装配完成的声音感应数码相机系统。它的两块小电路板和蓄电池都安装在一个塑料封装盒里,电路中的圆形麦克风和可变电阻器 VR_1 连接在一起,这样就能很容易地对数码相机的声音灵敏度进行调节,而且我们还把这个驻极体麦克风安装在盒子的边角,这样声音就能通过盒子上的小洞传入到麦克风里。

图 7.46　已经装配完成的声音感应数码相机

在我们的这个设备中,还包含有一个 1/8 英寸的外部音频连接器,这样我们就能通过外部的麦克风或者电压信号来驱动数码相机。LM358 放大器的功能十分强大,通过对它进行相关的设置,它能对任何变化的电压信号作出反应,这样使得我们可以用光线感应电路或者运动感应电路来触发数码相机。如果能够让一个高分辨率的数码相机自动对外部环境的改变作出拍摄反应,那么我们就可以制作出一个非常有用的安防监控设备,它可以帮我们捕捉到拍摄对象的任何小细节,就算是距离这个对象很远也一样能做到。

项目24 运动感应数码相机

在这个项目中,我们要使用一个热感应运动检测器来驱动数码相机的快门释放按钮,这样的话只要有人或者动物从数码相机系统的运动感应区穿过,数码相机就会自动拍摄下高清晰度的照片。这个项目的制作十分简单,我们只要在前一个改装完成的系统装置上,再加入一个废旧的运动感应照明灯,就可以让这个系统很好地运行,而且整个装配所花费的资金非常少。这个项目要利用直流电源为运动感应器供电,这样电路在高电压下也没有危险,并且方便随身携带。

图 7.47   这个设备将会在感应到任何运动或者热度变化时开始拍照

这个项目是建立在我们前面一个叫做数码相机触发器改装项目的基础上的,那个项目是将一对继电器和晶体管驱动器连接到数码相机的快门释放按钮,以此模拟数码相机的聚焦和拍照这两个功能开关。其实你可以将这个电路的输出直接连接到数码相机的开关按钮上,但是出于安全考虑,我们要让电路中的继电器与数码相机电路板保持绝缘。可能有些数码相机会配有一根外部远程控制插头,你也可以通过这个插头来控制数码相机。

如图 7.48 所示,这是电路中的运动感应灯,它通过使用一个特殊的热感应器感应物体的温度来探测物体的运动。这种感应器之所以能检测到人体的热度是因为在它内部有一对小型传感元器件。热感应器也被称作热释电红外传感器(由一种高热电系数的材料制成的探测元件),任何一个便宜的的户外热感监视灯和大多数的室内运动感应装置都会用到这种感应器。这些设备都是在工厂里大批量生产的,通常我们不用花费很多资金就可以买到一个供应过剩的甚至是全新的感应器。在塑料外壳老化或者在通电后继电器无法驱使发光时,大多数的安防灯都会被抛弃,因此你可以收集这些废弃的似乎没用的安防灯,然后从上面拆卸出还可以继续使用的电子元器件。

图 7.48 任何一个普通的户外运动感应灯都可以在这个项目中使用

大多数的运动感应安全灯都有一个交流电盖板,盖板上带有一个或多个插孔,在感应灯的底板上会有一个可拆卸的塑料外壳感应器。由于除了这个感应器之外,你不再需要其他的交流电元器件,所以你可以将这个感应灯拆开,将其他的元器件取出,最后只留下一个运动感应器,如图 7.49 所示。这个运动感应器是一个独立的设备,它需要使用 120V 的交流电,通过一个机械继电器来转换电路的交流负载。实际上这个系统不使用继电器也能够在交流电下运行,但是出于安全考虑,最好是使用低电压的直流电为运动感应器供电,因此你可以使用蓄电池为它提供电源。

如果你不想将这个交流电设备改装成用蓄电池供电的话,那么你可以从电子供应商那里购买一个现成的运动感应器电路板或者整套设备。如图 7.50 所示,这是我们从 SparkFun.com 网站上购买的两个运动感应器,它们可以直接连接到一个 5V 的直流电源上运行。如果你打算从电子零售商那订购一个热释电红外传感器的话,你需要保证能够同时购买到一个菲涅尔透镜,这个透镜将大大扩展感应器的感应区域。之所以要用到菲涅尔透镜是因为热释电红外传感器本身的感应范围非常小,它只能感应到几英寸开外的地方的运动变化,超过这个范围就无法感应了。所以在电路中安装一个菲涅尔透镜是非常有必要的。这个透镜看起来就像一个透明的圆型罩,或者说是一块表面有小凹槽的塑料薄片。

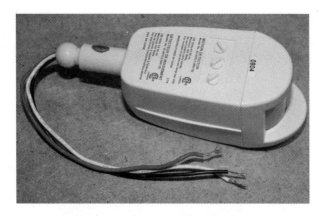

图 7.49 在安防灯里只有运动感应器才能在这个项目中使用

图 7.50 运动感应器也可以在直流电源的带动下运行

　　要想把这些运动感应器的盒子拆开,你可能需要很大力气,然而这可能会将外壳弄得支离破碎。这是因为制造商为了让外壳不容易进水,用胶水将外壳粘贴得非常紧,这样我们要想进行维修或者改装就非常困难了。但是,什么也无法阻挡我们小刀的威力。最简单的方法就是用一把锋利的小刀沿着塑料盒的缝隙将塑料盒切开,如图 7.51 所示。我们只要将盒子上的胶水切开,然后这个塑料盒就能被拆开了。当我们把盒子打开一条缝之后,你可以将螺丝刀的刀片插进开口,将外壳撬开成两半。如果你还打算在以后继续使用安防灯的灯头的话,那么你在拆开的过程中就要小心一些,注意不要把灯头给弄坏了。

　　当你把运动感应器的外壳打开之后,我们就可以查看到内部的电路板构造。如图 7.52 所示,我们将这个菲涅尔透镜安装在塑料盒的前半部分,这是透镜的原始位置,装在这个位置能保证它有很好的视野。即使将感应器进行改装之后,仍要把透镜安装回到它原来的位置。在改装完之后,我们要将感应器的塑料外壳用胶水粘好,或者将两块外壳扣合在一起。如果原来的塑料封装盒已经被损坏,不能再使用,那么你可以另外找一个完好的封装盒。

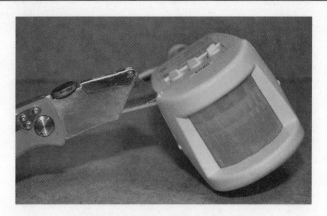

图 7.51　有时候改装设备需要野蛮一点

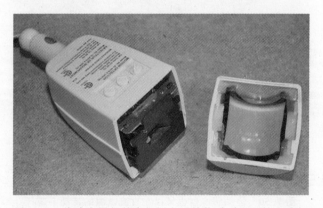

图 7.52　将感应器的外壳打开之后就能看到里面的电路板

　　在这个电路上有一个或者多个调节器与感应器连接,这些调节器有着各种各样的控制作用。如有些调节定时功能,有些调节感应器的感应性能,有些调节继电器,等等。我们需要将这些调节器都安装在塑料封装盒的外部,这样我们调节起来就更方便了。如图 7.53 所示,你需要先取出塑料外壳上的这些小塑料钉,然后才能将电路板取出来,这是因为它们常常会连接到这个电路板上的小定时器。为了尽量减少这些零部件的设计成本,生产厂商的封装技术也就显得简单粗暴,因此我们要想拆卸出电路板就可能需要花费更多的时间。

　　这个电路一般都是由两部分组成,一部分是主电路板,主电路板上包含了电子元器件和用于控制交流电电灯的继电器,另一部分是一块竖直安装的电路板,在这个电路板上包含一个热释电红外传感器以及控制这个传感器的电子元器件(如图7.54 所示)。由于我们这个电路板不打算使用交流电作为电源,所以在大多数情况下,你需要将这个电路尽量的缩小,最好是只有小小的感应器电路那么大。当然,这个电路板需要花费一些时间来装配,但是由于这是一个极其简单的电路,所以在装配的过程中基本不会有什么错误。

图 7.53　将电路板从塑料盒里取出来

图 7.54　这是一个常见的运动感应器电路板

　　你可能很难找到安全感应器的电路图，但是大多数的感应器的工作原理都一样，它们使用的电子元器件也大同小异。如图 7.55 所示，这就是一个非常普通的运动感应器电路图，电路中使用了一些前置放大器来控制热释电红外传感器的感应性能。现在很多电路板中都是只用一个单独的运动感应器集成电路，所以如果你的电路板看起来比图 7.54 中的电路板简单很多，那说明你的这块电路板很可能是最新生产的简洁经济型电路板。实际上不论什么样的电路系统，在直流电源上进行的设备改装都相当简单。

　　如果你的电路板上的集成电路是如图 7.56 所示的一个简单的 CD4011B 与非门电路，那么你的改装工作就已经完成了一半。仔细观察一下 4011B 的数据表，你会发现它和大多数的数字双列直插式组件十分相似，在它的顶部左边的引脚是带正电荷的电源电压，在它的底部右边的引脚是带负电荷的接地线。当我们清楚了这些之后，我们将直流电电压直接连接到这些引脚上，也可以用一个电池组来为整个电路供电。当然，现在的这个改装并不是很美观，我们还要将它改装成一个常见的完整的电路系统。

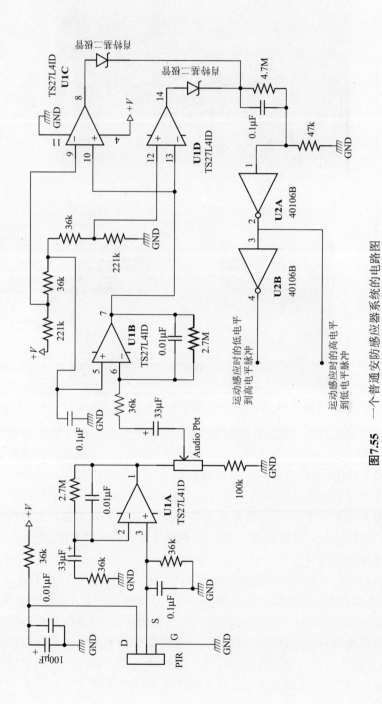

图7.55 一个普通安防感应器系统的电路图

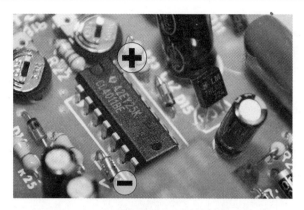

图 7.56　检查集成电路板的电源连接和接地连接

如果是一个单面的印制电路板,那么对它进行接线连接和修改时都会十分简单。因为在电路板的接线都是在底面完成的,当我们把电路板放在明亮的灯光下时,我们可以清晰地看见电路板底面的走线情况,如图 7.57 所示。通过查看电路板上的线路,我们很容易就可以根据接地线和电源线查看电路的连接方法。从图中你可以看到,我们已经从电路板上取下了一个 3 只引脚的元器件,它是我们沿着线路在 4011B 集成电路上找到的电压调节器。

图 7.57　在这种电路板上逆向追踪它的走线情况是很容易的

这个安防灯系统是在 120V 的交流电压下运行的,但是在它的电路内部只需要 5～9V 的电压就可以正常工作。所以,我们逆向追踪电路板线路的目的是要绕开其内部的电压调节器,然后将电路直接连接到一个更安全的 5～9V 的电源上。图 7.58 所示是从电路板上拆下的电压调节器,这个电压调节器看起来和我们常见的晶体管差不多,它也有 3 个引脚。我们常见的电压调节器的型号有 7805、LM7805、LM78L0、7809、LM7809 以及 LM7808,除上面说到的这些类型的稳压器之外,还有许多可以输出不同电压的 78XX 系列的电压调节器。

图 7.58 这是一个为感应器电路提供电源的电压调节器

我们从电路板上拆下的这种 78L08 三端电压调节器是一个非常常见的输出电压为 8V 的电压调节器,它可以将 12～20V 的电压调节成 8V 的直流电电压,使其符合电路的电压需求,这样才能让电路正常运行。我们在电源测试中发现,我们这个电路本来应该是在 5V 的低电压下运行的,可是当我们用 9V 的较高电压来为电路提供电源供应时也一样没有任何问题。要想知道你电路中的电压调节器到底是属于哪种型号,你可以查看一下印制在电压调节器表面上的型号数字,然后将它输入到你最喜欢的搜索引擎中,你很快就能获得有关它的详细资料。如果在你的电路板上有丝印层(即文字层,在印制电路板中的最上面一层,可以有也可以没有,一般用于注释),那么安装稳压器的部位应该印有"IC_1"的字样,而晶体管可能是用"Q_1"或者"T_1"来标记。

当我们确认了电压调节器的型号之后,我们可以查看相关的资料数据表,找到图 7.59 所示的引脚图。在电压调节器上,引脚 1 是输出端,引脚 2 是接地端,引脚 3 是输入端。当我们沿着引脚的线路轨迹寻找时可以发现,这些引脚连接着电路中不同的电子元器件和集成电路。电容器与二极管的负极引脚上都会有标识符,这样我们就能够很容易分辨出哪个引脚和线路是连接正极以及哪个引脚和线路是连接负极。

如果你能确认你的电压调节器的型号,并找到详细的引脚信息,那么你就可以将电压调节器从电路板上脱焊取下。在拆卸的时候,特别注意一下电压调节器的正负极,做好记号。你可以在电压调节器的位置连接两根接线,其中一根连接正极,另一根连接负极。现在你的这个电路就可以直接利用直流电源来供电了,它的正极线通过穿孔板连接到原本电压调节器的输出端,而你的新的负极接线将连接到电压调节器标有"接地"字样的接地端。至此,你已经基本上将原始的电压调节器移除,并用几根接线将它直接连接到电路中,现在可以为电路提供直流电电源了。

三端正压调节器

LM78LXX系列的三端正压调节器能够在多种固定输出电压下工作,这使得它们可以在很多电子应用中使用。当使用稳压二极管/电阻器组合时,LM78LXX通常会产生有效的可提高两个数量级的输出阻抗和更低的静态电流。这些正压调节器能够定位智能卡的调节,并消除与单点调节相关的分配问题,因此LM78LXX可以在逻辑系统、仪器仪表、高保真设备和其他固态电子设备中使用。

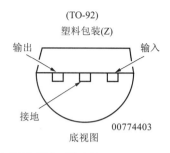

(TO-92)
塑料包装(Z)

输出   输入

接地
底视图   00774403

图 7.59 这份参数说明书上包含了电压调节器的引脚图解

图 7.60 所示的就是我们改装之后的直流电源供应电路,这个电路已经不再使用电压调节器了。好了,现在就剩下继电器的接线了,如果你想要在项目中加入自己的设计方案,那么可以从这里入手,具体的接线方法取决于你打算如何设计你的运动感应器电路,以及如何改装你的数码相机触发器。当你打开开关之后,新的直流电电源开始为感应器电路供电,这时你将听到继电器发出"啪嗒"的一声,这是一个好现象,它说明电路中的电源电压足以驱动继电器线圈,电路运行一切正常。如果你没有听到继电器发出的声音,但是电路中的发光二极管指示灯又显示电路正常,那么这可能存在以下几个原因:第一个有可能是电路中的电压供应不足,驱动不了继电器正常工作;再一个原因可能是继电器连接到了电路中另一个限流电源。如果是后一种情况的话,你需要将电路中的继电器移除,并查看一下是哪条线路为继电器提供电压和驱动继电器线圈开始工作。

图 7.60 改装后的电路电压由 120V 的交流电压变为 9V 的直流电压

我们的电路板使用了一些临时的交流电源,通过一个可控硅整流器(一种以晶闸管为基础,以智能数字控制电路为核心的电源功率控制电器)为电路中的继电器供电,所以我们需要先拔下继电器的接线,然后沿着接线寻找为继电器驱动晶体管或者可控硅整流器供电的接线点。如果你确定电路中的运动感应器是处于正常工作状态,那这件事情很好解决,你只要使用一个万用表来检测几个引脚上的电压就可以知道。当电路中的发光二极管指示灯闪亮时,电压值将处在 1～5V 之间,而当电路中的发光二极管指示灯熄灭时,电路中的电压会是 0V,这个信号可能直接来自运动感应集成电路或者主电路板上的前置放大器。另外还有一个测试的窍门就是,你只要测试电路中的发光二极管指示灯就可以,因为如果发光二极管指示灯连接正常,那么电路中的继电器就应该是接通状态。当我们在电路上找到这个为继电器和可控硅整流器供电的连接点之后,我们只要在这里焊上一根接线就可以。

在将电源接入电路板,并连接到继电器驱动电路之后,我们的这个改装后的运动感应器就已经整装完毕,现在我们可以用一个 6V 的蓄电池驱动它运行了。如图7.61所示,这就是一个改装完成的感应器电路,电路中有一个用来显示电路工作状态的发光二极管指示灯,这个发光二极管指示灯连接到了继电器驱动器。当我每次将手伸向这个热释电红外人体感应器旁边时,我们这个小型电路中的发光二极管指示灯便会闪亮。发光二极管指示灯闪亮的时间的长短是可以设置的,它随着电路中可变电阻器设置的电阻值的不同而不同。好了,现在这个改装完成的感应器电路已经可以连接到我们改装的数码相机触发器电路上,从而进行运动感应自动拍摄了。

图 7.61　发光二极管指示灯可以反映这个运动感应器电路的工作状态

如果你还对电路改装工作乐此不疲的话,你还可以将你的运动感应器电路进行进一步的简化。你可以将电路中所有的交流调节电路和保障电路安全的电子元器件全都移除。由于现在我们这个电路是用直流电来提供电源,所以电路中的交流调节电子元器件就不再需要了。在大多数的这种感应器中,你所需要的电路板可以直接连接到交流电,而我们只要稍微对这种电路板进行一些创意改装,就可以将电路进行简化,使其能连接直流电源从而实现自行供电的目的。

如图 7.62 所示,这是一对经过简化改装的最简感应器电路板。我们将它从一个交流电供应电路板上拆卸下来进行改装,现在它可以直接使用直流电压来为电路提供电源了。当电路改装到这个程度时,你可以将电路中的继电器和驱动器都取出,而感应器电路系统仍能正常工作。当感应器感应到运动变化时,这个电路不是驱动一个继电器来触发数码相机开始拍照,而是感应器直接输出一个 5V 的电压信号来驱动数码相机的触发装置。如果将这个电路连接我们在前面项目中制作的数码相机触发器的继电器电路板,那肯定可以很好地工作。

图7.62 将感应器电路的配置进行简化

当我们完成了这个运动感应器电路时,我们还需要在电路中安装一个菲涅尔透镜,然后这套设备就可以投入使用了。当我们把感应器的外壳打开之后,我们可以看见感应器的前半部分包含有一个如图7.63所示的菲涅尔透镜。通过使用一点点热胶,我们可以将这个菲涅尔透镜安装在感应器的相同位置。这个菲涅尔透镜能大大扩展感应器的视野,使得你的感应器能感应到整个房间或者整个院子的运动物体。如果没有安装这个菲涅尔透镜,那么我们的感应器只能感应到前面几英寸开外的运动物体。当然,如果你的探测项目只是近距离的运动感应的话,那么你可以不在感应器上再安装一个菲涅尔透镜,这个需要根据你的实际应用进行选择。

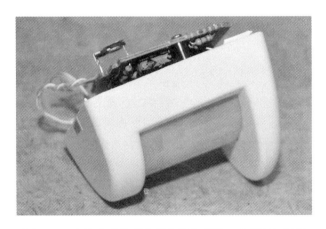

图7.63 在这个改装感应器电路上安装一个菲涅尔透镜

图7.64所示是一个继电器驱动电路,这是我们在前面一个叫做数码相机触发器改装的项目中制作的电路,这样一个小型继电器驱动电路将会连接你新改装的

感应器电路和改装后的数码相机电路。在数码相机触发器改装项目中,我们将数码相机原始的快门释放按钮取走,然后在电路中安装一个继电器,当继电器不再输入电压时,电路断开,这时继电器会驱动数码相机的快门按钮。由于大部分的数码相机都有一个双功能快门释放按钮(同时具有聚焦和拍摄功能),所以我们在电路中要安装两个继电器,以此驱动这两个不同的功能。但是在这个项目中,由于数码相机需要对接收到的运动变化进行快速的回应,所以我们要将这两个功能合并在一起。这种设计有个缺点,那就是如果我们想要拍摄快速移动的目标,那么数码相机可能没有时间进行聚焦。

图 7.64 这个继电器驱动电路能安全控制数码相机拍摄

如果你是使用原始继电器电路来驱动这个运动感应器电路的话,那么你就不再需要再安装一个单独的继电器电路了,因为运动感应器上的继电器电路已经将运动感应器电路和数码相机电路分隔开。只要你只是连接到继电器上的连接点,你的运动感应系统就不会有电压输出,它只有一个简单的开闭电路,就好像数码相机原始的快门释放按键一样。

当我们使用6V的蓄电池为电路提供电源时,电路中所有的电子元器件都能很好地运行,然后我们找到了一个黑色的封装盒,准备在这个封装盒内安装这些电路板。如图7.65所示,我们将运动感应器用胶水固定在这个封装盒的顶部,并在盒子上安装感应器的地方钻一个合适的小洞,这样就可以让热释电红外传感器能够探测到封装盒外部的运动变化了。这个菲涅尔透镜的安装位置应该可以让感应器透过封装盒上的小洞探到盒子外部,这样才能获得更广阔的视野。在将电路中的蓄电池和继电器电路板都安放在这个小小的塑料封装盒内之后,这个装置就成为一个功能完备的运动感应器系统,它能够连接到改装后的数码相机或者任何其他需要运动感应器来控制的设备。

如图7.66所示,这是一个已经改装完成的运动感应数码相机系统,它正感测任何敢于走进我们房间的人,并随时准备拍摄下高清晰的图片。如果你的安防监控系统需要拍摄高清晰度的照片,那么这个系统再理想不过了。当我们给电路提供了新的电源之后,数码相机能工作数个小时,直到电池消耗殆尽,或者数码相机的存储卡储量已满,然后数码相机才会停止工作。

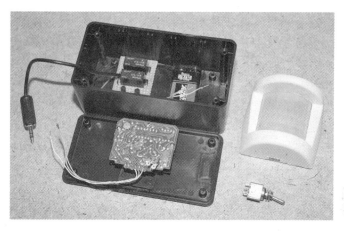

图 7.65 将运动感应电路安放在一个封装盒里

图 7.66 一个改装完成的运动感应数码相机

这个运动感应数码相机拍摄系统在拍摄自然界的图片时也十分好用。有时,我们要对一些比较隐秘的生物,或者那些危险性比较大,不能近距离拍摄的生物进行图片拍摄时,这个系统十分理想。另外,当我们要拍摄几张集体照,并且希望自己也是集体照中的其中一员时,我们就可以用这个运动感应数码相机来拍摄,这样就不用设置相机的延时拍摄了。你只要开启这个系统的电源,然后数码相机就会开始感应运动变化,一旦感应到运动物体,就会不断拍摄,直到运动物体离开它的视线为止。

项目25　扩展数码相机的变焦镜头

如果你需要秘密采集一些图片信息,而且你不仅要和你的拍摄目标保持很远的距离,同时又要能获得足够清晰的图片,那么这个项目能很好地帮你解决这个问题。一个传统的100万像素的数码相机,能够清晰地拍摄到距离一个街区以外的人脸或者汽车牌号的图片。但是,有些时候我们可能要求数码相机具有更强大的拍摄功能,它不会受到内置镜头的限制。我们常见的数码相机都具有一个数码变焦的功能,然而这种变焦仅仅是增大了图片的像素,并不能拍摄到清晰的细节。如果你想很清楚地拍摄到远距离的场景,那么你需要为你的数码相机扩展光学变焦能力。

部件清单
数码相机:任意一款数码单反相机或者袖珍照相机
光学镜头:枪支瞄准器、单筒或双筒望远镜
底座支架:2英寸宽1/4英寸厚的木板或2英寸宽1/8英寸厚的钢板

图7.67　这个改装后的数码相机能拍摄到超远距离的图像

这里有两种基本的方法可以使你的数码相机大大扩展变焦能力:一种是在你的单反数码相机上安装一个合适的可更换的变焦镜头,还有另一种方法是给数码相机加装一个单筒或双筒望远镜,或者是枪支瞄准器,如图7.68所示。如果你是使用第一种方法来增强数码相机镜头的变焦能力,那么你需要一个具有可拆卸镜头的数码相机。这些变焦镜头的价格都十分的昂贵,特别是摄远变焦镜头,更是价格不菲。与第一种方法相比,第二种获得更大变焦能力的方法会更经济实惠一些。因为任何一款便宜的数码相机都可以用在这个试验中,它的拍摄距离比昂贵的单反相机的变焦镜头更远,但是制作成本却更少。我们只要在一个价值100美元的普通数码相机上安装一个双筒望远镜,就可以让数码相机拍摄到极远距离的图片。尽管在图片的边缘区域会有一些模糊,但是这个的变焦能力和狗仔队用来偷拍娱乐明星私生活的那些价值 1 万美元的照相机镜头相差无几。

图 7.68　数码变焦远远比不上真正的光学望远镜

如果你自己拥有一个单反数码相机或者其他种类和品质的数码相机,那么你就可以对数码相机的镜头进行一些改装,你只要购买一个望远镜镜头就可以扩展你的数码相机的变焦功能。当然,有一些高品质的数码相机的价格很不便宜,而它们的镜头往往会比数码相机本身还要贵很多。比如说,图 7.69 所示的一款尼康 D60 单反相机,它是具有 120 万像素的高品质数码相机,我们需要花费近 500 美元才能在相机零售商店购买到。这款相机可以选择使用多种不同种类的镜头,例如广角镜头和望远镜头等。图中展示了一个标准的 18-55mm 尼康镜头,我们已经将它从相机机身上拆卸下来了。

图 7.69　这是一个可以更换镜头的单反数码相机

当你使用一个 1 千万像素的高品质数码相机进行摄影时,只要你将它的图像质量调到最高,它就可以拍摄到超远距离以外的极其细微的细节。而较低的配置则适用于拍摄高度压缩的小图片,当你要想在这种设置下拍摄远距离的镜头时,图片就会变得很模糊。只要使用一个 18-55mm 尼康镜头,并且将图像质量调到最高,我们就可以用这部尼康相机很清晰地拍摄到距离一街区远的人脸和汽车牌照的图片,然后能很清晰地在电脑显示器中显示出来。如果你要执行很多远程监视任务,并且对图片的清晰度要求比较高,需要捕获细节因素,那么选择一个高品质的 1 千万像素的单反相机和一个标准的 15-55mm 镜头是绝对不会错的,这个相机的性能将远远超过任何一款装有 16 倍光学变焦镜头的 200 万像素的廉价型数码相机,其实根本没有可比性。袖珍相机拍摄的图片清晰度更差,它远远比不上一个单反数码相机。

如图 7.70 所示,这个尼康单反数码相机上安装的巨大镜头其实是一个 55-200mm 的摄远镜头。这个尼康单反数码相机上原本安装的是一个 18-55mm 镜头,我们将它取下,并换上了这个更大的摄远镜头。在一个晴朗的日子里,你可以用这个镜头捕获街区另一头的场景,以此打发闲暇的时间。虽然这个小小的镜头的价格与数码相机的价格差不多,但是它拍摄出的照片确实会令人不可思议。当我们把这个镜头安装在尼康 D90 相机上,并把相机拍摄出的图片放在电脑上查看时,我们发现根本不需要对图片进行放大处理,就能把图片的每一个细节看得一清二楚。因此,任何一个对拍摄质量要求比较高的人,都需要拥有这样一个安装了 18-55mm 镜头和摄远镜头的单反相机。给相机换镜头的工作十分简单,只要十分钟就能完成。镜头换完之后,在距离一街区远的地方,只要你的肉眼能看到,这个相机就能为你拍摄下来。

图 7.70 这个摄远镜头可以安装到任意一款尼康单反数码相机上

前面我们讲述的都是使用价格昂贵的设备来拍摄远距离照片的方法,从现在起我们要开始进行一些改装工作,只要花费很少的时间和精力,就能使得任何一款廉价的袖珍数码相机拥有远距离拍摄清晰照片的功能,它能够拍摄的距离甚至可以比那些安装了昂贵摄远镜头的摄影设备更远。这个设计的主要原理是,在照相机上再安装一个单筒或双筒望远镜或者瞄准器,这样照相机就可以通过这些光学镜头看到更远距离的图像,并把场景图像拍摄下来。还有一个有趣的现象就是,这个经过改装的老式数码相机拍摄的图片竟然能显示出更多的细节,有些甚至是我们肉眼根本看不到的细节。如果你把相机拍摄的图片放到电脑显示器上查看,你会看到很多原来没看到的细节部分。我们在一个价值 100 美元的袖珍数码相机上装上一个图 7.71 所示的瞄准镜之后,发现这个经过改装的照相机的拍摄距离甚至比图 7.70 中使用 55-200mm 镜头的照相机还要远得多。然而美中不足的是,这个经过改装的照相机虽然能拍摄更远距离的图片,但是图片的边缘区域可能会有些模糊。

图 7.71　这个枪支上使用的 3 倍光学瞄准镜很适合用作数码相机的望远镜头

　　我们在这个项目中选用的机身是尼康 D60 数码相机,实际上任何一款袖珍数码相机都能在这个项目中应用,因此你也可以根据实际情况选用其他型号的数码相机。相机镜头的直径越小,它与望远镜或瞄准镜就更容易组装在一起。所以,在这个项目中,一部价格低廉的袖珍数码相机比单反数码相机更好用。当然,这个改装系统拍摄出的照片自然不能满足在八卦杂志上刊登照片的质量要求,但是我们这套系统拍摄远距离照片的能力绝对不比专业侦探用的昂贵的摄远相机系统逊色。任何一个光学望远设备都可以用作数码相机的光学放大器,其中双筒望远镜在我们这个项目中有很好的拍摄效果。

　　要想使这个数码相机的镜头与机身很好地配合,并拍摄出理想的照片,你还需要花费一些时间对数码相机镜头的变焦,以及相机镜头与光学望远设备的目镜之间的距离进行设置和调整。袖珍数码相机的镜头比较小,在安装好望远设备之后,相机镜头与望远镜目镜的距离和眼睛与望远镜目镜的距离是差不多长的,我们在调节设备的时候就以这个距离为起始设置点。有一些相机的镜头比较大,图 7.72 所示的尼康相机就有一个大号镜头,这时候为了拍摄到更大的区域,我们需要将这个相机镜头与望远镜目镜之间的距离调节的远一些。

　　在调试数码相机的变焦范围的时候,我们可以先将变焦值设置在中心位置,然后通过相机的取景器或者液晶显示屏来查看图片效果,并根据图片的情况来调整镜头与光学目镜之间的距离。将你的数码相机的镜头对准窗外,然后调节镜头焦距以及镜头与光学目镜之间的距离,并从相机取景器上看看拍摄效果会根据拍摄距离的远近做出什么样的变化。这个相机能很容易就获得一张照片,但是照片的质量就不敢保证了。有些照片上可能有一大块黑圈,还有些则可能有一边模糊不清。不用担心,这些问题解决起来并不难。只要我们将数码相机的镜头与光学目镜之间的距离调整到最合适的位置,这些问题就迎刃而解了。我们只要稍微多花一些时间对距离和变焦范围进行一些调试,就可以获得一张几乎没有黑圈的图片。一般来说,光学望远镜的变焦范围越大,相机拍摄的图片中的黑圈也就更大。所以,瞄准镜拍出的图片就几乎没有什么黑圈,而望远镜镜头拍出的照片几乎 50% 都是黑圈。

图 7.72 通过反复调试确定最合适的瞄准镜安装位置

在测试过程中,我们发现将瞄准镜镜头放在数码相机的镜头前 2 英寸的地方,可以获得最佳的图片质量。而图 7.73 所示的双筒望远镜的镜头与数码相机的镜头之间的距离不能超过半英寸,然后才能获得理想的焦距。在使用数码相机的过程中,要注意不能用任何东西触摸相机的镜头,特别是双筒望远镜上的橡胶镜片更是应该注意保护的区域,当相机的镜头弄脏之后,我们需要对镜头进行一定的清洁工作。在使用过程中,不要用任何东西触摸相机镜头的表面。如果你使用的光学镜头是望远镜镜头的话,那么你的相机镜头与光学镜头的距离应在 1/4 英寸左右。当你将镜头安装在数码相机上时,你可能担心光学镜头与数码相机的镜头不能刚好保持在同一条直线上。不用担心,接下来我们会对它们进行调节。

当你选择好最适合你的数码相机的光学设备,并确定好数码相机的镜头焦距和相机镜头与光学镜头之间的距离之后,接下来我们要做的就是调节光学镜头与相机镜头的安装位置,使拍出来的照片不会出现模糊不清或偏离中心的情况。虽然我们可能做不到完全消除照片中的黑边,但是只要你将镜头位置安装准确,并使用高质量的图像模式,你就可以获得绝对令人满意的高清晰的细节图片。

要想将数码相机和这些光学设备组合在一起,方法其实很简单。我们只要用一块稳固的基板将这些光学部件组合在一起就行。几乎所有的数码相机,在它的

图 7.73　双筒望远镜的镜头安装距离比瞄准镜要更近一些

底部都有一个安装三脚架的螺纹孔,我们可以利用这个螺纹小孔将数码相机固定在基座上。由于这是光学设备,所以我们最好能将它稳稳地固定在基座上,这样才能获得我们想要的照片效果。如图 7.74 所示,因为瞄准镜自带一对安装支架,所以我们可以使用这种简单固定瞄准镜的方法。如果仅仅只把这个瞄准镜放在基座上的话,那么高度就太低了,因此我们可以将它安装在三脚支架上。在固定的过程中,我们可以在螺纹小孔里塞入一小块布块,这样使得相机能更稳固地固定在支架上。如果的数码相机没有附带的支架设备,那也没有关系,我们可以找一些木料和钉子,自己亲自动手制作一个支架。这个相机基座可以用一块木料板来制作,也可以用金属钢板来制作,但是有一点要注意,那就是基座一定要平稳。

图 7.74　制作一个基座来固定照相机设备

由于我的瞄准镜附有一对安装支架,而且还有配套螺钉,所以,我只需要将瞄准镜直接放在基座上,然后在打算要钻洞的位置做好记号就行,如图 7.75 所示。在组装的过程中,有一点很重要,那就是使你的照相机与基座保持在一条直线上,这样才能使得基座与相机镜头的中心处于一条直线上。我们可以用手将附加镜头放在数码相机的镜头前面进行安装调试,当你发现附加镜头与数码相机的镜头不在一条直线上时,即使是歪了一点点也不行,你需要对它进行调整,否则拍出的照片会有大块黑圈或者变形。

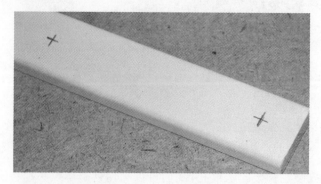

图 7.75 在瞄准镜支架基座上准备钻孔的部位做上记号

如果你找不到一个和基座上钻的小孔尺寸相符的螺钉,从而无法将数码相机固定在支架上,那么你可以从别的三脚支架上借用过来,因为三脚支架的螺钉基本都是通用的,如图 7.76 所示。图中这个三脚支架固定螺钉的直径是 1/4 英寸,每英寸大约是 20 圈螺纹,大概能旋进数码相机机身内部大约 1/4 英寸深。如果你想自己亲手制作一个匹配的三脚支架螺钉的话,你可以找一个同样螺纹的螺钉,然后将螺纹长出的部分用电锯锯掉,这样这个螺钉就能穿过支架小孔,楔入数码相机机身并将数码相机牢牢固定在基座上了。

图 7.76 用一个从三脚支架底座上取下的螺钉来固定数码相机

这个附加镜头和数码相机的镜头必须在左右和上下两个方向都要保持一致。左右保持一致可以通过基座来调整,当你将数码相机的小孔设置在基座的正中央时,左右方向就基本上一致了。而上下一致可能需要花费一些时间和精力。如果我们将瞄准镜安装在数码相机的镜头上,瞄准镜会比数码相机的位置要低,所以我们在瞄准镜的下面添加一对图 7.77 所示的大螺母,通过螺母来将它垫起,然后瞄准镜与数码相机的镜头就保持在一条水平线上。当你将瞄准镜镜头与数码相机镜头组合完好之后,你会发现取景器中的图像周围的黑边比较均匀,并且不会出现模糊不清的角落。

图 7.77 用这几个大螺母将瞄准镜垫起,与数码相机镜头保持在同一水平

如果你打算将这个改装完成的数码相机系统安装到一个三脚支架上,那么你还需要在基座上再钻一个小孔以便楔入螺钉,然后才能将基座固定在支架上。注意将基座上的数码相机和安装的附加镜头保持平衡,这样你才能确定基座的重力中心点在什么位置。如图 7.78 所示,在我们将数码相机和瞄准镜都在基座上安装好之后,我们使用一个圆形胶卷来确定基座的平衡位置。

图 7.78 在基座上安装所有设备之后需要确定基座的平衡中心点

当我们找到基座的重力中心点之后,我们在基座的这个位置钻一个大小合适的小孔,然后找一个合适的螺钉和螺母,以此将基座固定在三脚支架上,如图 7.79 所示。这个组装完成的摄影设备在三脚支架上能保持平衡,可以使得支架上的螺

钉不会承受太多的压力,另外也可以让你的支架更加平衡,从而便于调节设备。

图 7.79　准备将组装完成的瞄准镜照相机固定在三脚架上

在这个项目中,双筒望远镜特别好用,使用它们可以拍摄到非常远的距离,并且有很大的变焦范围,而且双筒望远镜可以很好地与较小的数码相机组合使用,它甚至可以安装在镜头直径小于 1 英寸的相机上。还有一个最大的好处就是,你能利用它找到你要拍摄的目标,当你按下照相机的快门释放按钮之后,它能完美地再现你看到的任何东西。而且这个系统可以将数码相机的取景器关闭,这样一方面节省电池,另一方面还能使你的显示器呈现黑屏状态,就像未曾开机一样,如果你从事的是一些隐秘性的相机拍摄工作,那么这个功能的确令人心仪。

由于双筒望远镜机身的底部没有用来与三脚支架连接的小孔,所以,要想将它与普通数码相机连接在一起,确实是个具有挑战性的工作。因此我们要充分发挥自己的奇思妙想去创建这样一个系统,使数码相机的镜头与双筒望远镜的镜头能够完美组合。大多数的双筒望远镜的中心轴部位都有一个小孔,这是为了将两部分连接在一起。当你将双筒望远镜中心轴处的塑料盖帽取走之后,你就可以发现这个小孔。如果你的双筒望远镜真的有这个小孔的话,那么将双筒望远镜与数码相机的镜头组合在一起就很容易了。你可以找一个图 7.80 所示的尺寸大小合适的扁平金属板材,并将它弯曲成如图形状,板材一端连着双筒望远镜的中轴洞,另

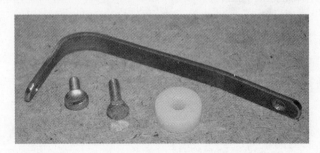

图 7.80　使用一小块铁条将双筒望远镜与数码相机固定在一起

一端连着数码相机用来安装三脚支架的小孔,在调整好之后,用螺钉将板材固定住。通过这种方法,我们就可以将双筒望远镜与数码相机连接固定在一起。

如图 7.81 所示,我们利用这块小铁条已经将数码相机和双筒望远镜连接固定在一起,这里的安装和调整工作可能要花费比较多的时间。好了,接下来还有一个问题就是该选择双筒望远镜上的哪一个目镜与数码相机组合在一起。由于大多数数码相机的镜头都在机身的左边,所以我们选择右面的目镜,这样当我们通过要通过左边的目镜来观察图像的时候,就不会被数码相机的机身挡住视线了。图 7.81 显示的是双筒望远镜的底部连接情况,我们可以看到数码相机的镜头连接在双筒望远镜的右边目镜上。

图 7.81　这块铁条将数码相机的镜头与双筒望远镜右边的镜头牢牢固定在一起

如图 7.82 所示,这是一个组装完成的双筒望远镜照相机。这部组合照相机能很容易拍摄到距离大约 500 英尺远的地方的图片,通过变焦拍摄出的照片周围完全没有黑圈,并且不会出现图片模糊不清的情况。这个双筒望远镜照相机拍出的图片质量虽然不如昂贵的单反数码相机(图 7.71 所示)拍出的图片质量好,但是它也有自身的优势。比如说,它的拍摄距离是单反数码相机拍摄距离的 10 倍,价钱却比它要便宜 10 倍。从节省开支方面考虑,我们可以考虑使用双筒望远镜照相机,而且整个改装过程也不复杂,只要花费 2 个小时左右的时间就可以制作完成。

市场上销售的双筒望远镜的光学变焦范围都是可调节的,而且放大倍数在 16 倍左右,所以这个双筒望远镜在拍摄中等距离和超远距离图片都得心应手。由于我们进行的都是一些隐秘的监视工作,需要进行秘密拍摄,所以特别忌讳拍摄过程中数码相机亮起闪光灯。出于这个考虑,我们不需要数码相机中的闪光灯功能,这样的话,你可以将数码相机设置成不闪光。如果你拍摄的对象是一个快速运动的物体,那么你可以将数码相机调成短时间曝光,但是如果你要拍摄的是静态的物体,如牌照或者其他的小物体,对细节要求比较高的话,那么相机曝光的时间最好调得长一些,这样图像才能更清晰。如果你将这个双筒望远镜照相机固定在三脚支架上,并将数码相机的拍摄模式设置成夜间拍摄功能或者是长曝光功能的话,我们的这个组合照相机还能在黑暗中拍摄出静态物体的高清晰图片。我们发现数码相机在夜间拍出的图片比我们肉眼看到的要清晰很多。但是,这里有一个前提条件,那就是数码相机拍摄的目标必须要有路灯等环境光线才能成像。

图 7.82　组装完成的双筒望远镜照相机

　　如图 7.83 所示,这就是我们在改装数码相机触发器和触发器定时器两个项目的基础上制作出的一个延时拍摄系统。我们将双筒望远镜的其中半边取走,然后将数码相机与剩下的半边组合在一起,并将这个组合照相机固定在一个铁盒子上。这个铁盒子的容量要稍微大一些,因为它除了要安装这个组合照相机之外,还要放置定时器电子元器件以及蓄电池。需要提醒你的是,这个小小的单筒望远镜照相机在第一次拍照时可能要进行调焦。

图 7.83　将数码相机和单筒望远镜的组合系统固定在铁盒上

　　如图 7.84 所示,这是经过改装的高变焦性能的数码相机,它能清晰地拍出相距几英里外的汽车牌照的图片。不过当摄像机捕捉到拍摄对象之后,要想确定好合适的焦距就需要花费一番工夫。这个系统所能拍摄的距离和望远镜能观看的距离一样远,而且拍摄的图片比大多数的数码相机镜头拍摄的图片要清晰得多。但是,这个高变焦性能的数码相机用起来也有一点美中不足的地方,那就是使用快门触发拍照时会影响拍摄对象的准确性,要想触发数码相机的快门释放按钮,我们可以使用相机自带的自动拍照设置或者使用远程控制设备。因为我们触碰照相机这样一个小小的动作却会造成照相机拍摄景象发生很大的变动,所以我们要用一个稳定的三脚架来支撑这个远程控制或者自动拍摄的照相机,这样拍出的图片才会叫人满意。这个摄影系统有着如此强大的放大功能,夸张地说,它或许能够拍摄到月球表面的坑洼景象。

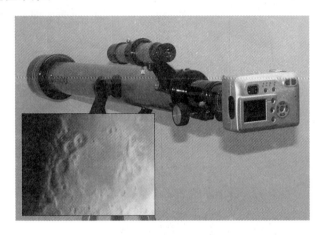

图 7.84　这种使用望远镜的照相机可以拍摄到超远距离的图像

为了在一个小型数码相机的镜头上安装一个望远镜,我们选择使用一个标准的带有目镜的望远镜,这样你可以先通过目镜查看一下目标图像,然后再用相机去拍摄。注意数码相机的镜头与望远镜的镜头之间大约距离 1/4 英寸远。如图 7.85 所示,我们用一个螺丝钉和一个塑料管将望远镜直接固定在数码相机的前方,但是只有当数码相机的镜头伸出机身时才能使用这个方法。在图 7.80 和图 7.81 中,我们是通过钢条来将望远镜固定在数码相机上,这种组合方法也很好用。

为了拍摄到高清晰的远距离图片,我们将瞄准镜组装在尼康单反相机上,并在一个三脚支架上进行固定,如图 7.85 所示。当我们把相机的像素调到最高值时,我们改装的这部组合照相机可以拍到距离一街区远的高清晰图片。我们这个花费不高的设备所拍摄的图片质量并不逊色,只有在图片边缘有一小圈模糊的区域,总的来说还是基本令人满意的。

接下来,我们来对这个瞄准镜高变焦照相机进行功能测试。我们将数码相机设置成不闪光和快速曝光,然后用它在一个沉寂的雪天拍摄远在 500 英尺以外的场景。结果拍摄出来的照片非常明亮和清晰,我们能看到照片中的每一个小细节,如图 7.86 所示。当我们将一张汽车牌照图片放在电脑屏幕上显示时,图片不需要进行放大就已经非常巨大和清晰了。用这个高变焦拍摄系统,我们甚至能在 500 英尺外看清楚一个人的眼睛的颜色。但是,瞄准镜中的定位十字标有一点烦人,所以我们打算将它从瞄准镜上去除。

图 7.85 这个使用枪杆瞄准镜的高变焦数码相机已经制作完成

图 7.86 这个拍摄系统能够很清晰地拍摄到距离 500 英尺外的汽车牌照

相比之下,双筒望远镜照相机不如瞄准镜照相机拍出的照片这么清晰,但是它的镜头的放大倍数在 4 倍以上。如果你想拍出更远距离的图片,那么使用双筒望远镜照相机是不错的选择,但是你同时不得不接受它的一个缺陷,那就是图片可能会出现模糊不清的情况。但是我们这个 1 千万像素的数码相机能捕捉到大量的目标细节,这比我们肉眼看到的要多得多。如图 7.87 所示,我们将这两种具有不同优势的改装后的数码相机用来拍摄同样的冬景。在下雪天,就算是没有充足的阳光,拍出的照片也一样十分清晰。

如果你学会了制作这个简单的项目,那么你再也不必因为需要拍摄远距离的图片,而花费几千美元去购买一部高档数码相机和镜头了。我们只要将一个价值

50 美元的袖珍数码相机与一个价值 100 美元的双筒望远镜组装起来,就可以拍摄到超远距离的高质量图片,而且这个照相机系统能拍摄的距离与价值 5000 美元的具有摄远镜头的相机的拍摄距离完全不相上下。

图 7.87 用两种不同的高变焦拍摄系统拍摄同样的场景

项目26 击掌触发尼康相机快门

你有没有想过能远程控制你的尼康数码相机? 或许你的数码相机已经有一个很先进的遥控器,但是可能这个遥控器功能很普通,没什么特色。你觉得不用手动操作的遥控器怎么样? 是的,我们制作的这个项目不仅仅无需手动操作,而且它还能在每次接收到拍摄命令之后,提供 10s 的延时拍摄。有了这个功能,你就再也不必花时间操作数码相机的遥控器按键,或者由于拍照准备时间不充分,从而让相机将你使用遥控器的动作拍摄下来! 在这个项目中,我们将一个音频放大器中的输出连接到一个价格低廉的微控制器上的模拟-数字转换器中,微控制器将对接收到的 3 声响亮的声音进行信号转换和解码处理,然后以红外信号发送给数码相机,数码相机在接收到这种红外信号之后便开始拍摄照片。经过测试,这个项目在所有的尼康单反数码相机上都能很好运行,在很多其他相机上也可以使用。这个改装可以让我们的数码相机轻易地实现很多不同的功能,别具特色。

部件清单
IC$_1$:爱特梅尔公司的 ATMega88P 微控制器或者其他类似的微控制器
IC$_2$:LM386 音频放大器,一个独立集成电路的音频放大器
电阻器:R_1=电阻值为 1~10k 的偏置驻极体麦克风,R_2=1k,R_3=1k, R_4=1k,R_5=1k,VR_1=10k 的电位器
电容器:C_1=0.1μF,C_2=0.1μF

麦克风:两只接线引脚的驻极体麦克风
蜂鸣器:两只接线引脚的压电式蜂鸣器
电源:3～9V 的蓄电池或电池组

虽然这个自动触发装置是基于一个 ATMega88 微控制器的基础上设计的,但是它几乎适用于任何一种价格低廉的 8 字节的微处理器来进行信号解码。这里我们将要使用在 AVR 集成环境中编写的源代码,这个源代码可以很容易转换成 C语言。

图 7.88 为尼康相机制作一个击掌触发远程控制装置

现在,我们要花费一些时间来解码尼康原始的钥匙扣式遥控器所发送出来的脉冲信号。最终你会发现它与大多数的录像机和电视机的遥控器是一样的,它们发送的都是一串频率为 40kHz 的载波信号。有一个古老的久经考验的红外线通信协议叫做"RC5"协议,尽管各种遥控器因为厂家的不同而稍微有些区别,但是它们的基本原理都是遵从这个协议,并发送 38～40kHz 的调制载波信号。尼康数码相机的遥控器每次发送的脉冲波进行测试之后发现,尼康数码相机遥控器发送的是 40kHz 的载波信号。

我们在平时生活中使用尼康数码相机比较多,通常我们要让它自动拍照时,都是在它的菜单中选择自动拍照设置,以此触发它的自动拍照器。但是数码相机里自带的自动拍照功能存在一个问题,那就是并不是所有的数码相机都能在设置一次之后执行多次拍照命令,而且有时候我们刚刚设置完自动拍照功能,然后正在走回拍照地点,而相机却已经在拍摄了。当然我们也有遥控器,但是我们必须要将遥控器指向数码相机,并按下遥控器上拍摄键才能进行拍摄。我们需要一种功能,那就是根本不用手动操作任何设备,就可以让相机在每次拍摄之前有 10s 的延时,而且在每次拍摄之前还会给我们一个拍摄提示。在这里,我们的击掌触发数码相机项目就可以达到这个目的。我们这个项目的主要目的是让数码相机在接收到三声击掌声、敲击声或尖叫声就能立即触发数码相机的快门释放按钮,并在10s的等待时间之后开始进行拍照,而且数码相机只识别这几种尖锐的声音,对周围环境中的其他声音不会作出任何反应。在这个项目中,我们需要用到一个价格低廉的ATMega88微控制器,它能够通过内部的振荡器很好地运行整个电路。

　　当我们确定了尼康数码相机的遥控器发送的脉冲时序参数后,就可以在电路中连接一个放大器系统,这个系统会发送一个电压脉冲到微控制器的模拟-数字输入电路中(如图7.89所示)。这个放大器将只对那些短促而尖锐的声音作出灵敏的反应,并忽略周围环境中的其他杂音。如果我们进一步对微控制器做一些改进,那么它还会变得更加智能,它能在吵吵嚷嚷的环境中只对听到的三声尖锐的掌声或敲击声作出反应,这样就不会由于周围环境噪音太大,而导致错误激发数码相机拍照了。另外,为了便于我们知道数码相机是否接收到信号,我们需要在电路中安装3个发光二极管,以此作为提示。电路中的红色发光二极管显示的是模拟数字转换器的输入接收到声音,蓝色发光二极管指示的是电路已经接收到外界的击掌声,而且数码相机已经做好拍照准备,当电路已经接收到三声掌声信号并准备开始发送拍摄命令时,电路中的绿色发光二极管就会开始闪烁。控制尼康数码相机进行拍照是通过一种发射隐形光的红外线二极管来实现的,这和相机的原配遥控器利用的原理是一样的。

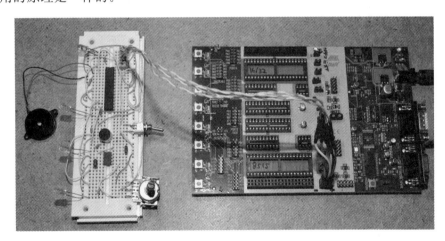

图7.89　搭建在一块无焊料电路实验板上的原型电路

　　图7.90所示是这个项目的电路图,从图中我们可以看到这个电路比较简单,我们只需要一个ATMega88微控制器、一个LM386音频放大器以及几个半导体组件就可以。任何一种高增益的音频放大器都可以让驻极体麦克风里的输出信号大大增强,而LM386这个很普通的音频放大器似乎也很好地完成了这个任务。驻

极体麦克风是一种很小型的麦克风,在它的外壳里还包含有一个十分灵敏的放大器,它很常见,我们在任何一种用来实现音频输入功能的消费电子产品中都能找到它。如老式电话机、答录机、磁带录音机等,另外在许多玩具中也能找得到驻极体麦克风的影子。所以,不要着急去电子产品零售店购买一个全新的驻极体麦克风,你可以先在自家的废品堆里查看一番,很可能就会有意想不到的惊喜。驻极体麦克风的体积比较小,它和一块橡皮擦一般大小,而且在它的下面有两根接线,或者两个用来接线的引脚。其中一个引脚连接着金属外壳,这个是阴极引脚或者接地引脚。注意,驻极体麦克风的极性区分是非常重要的。

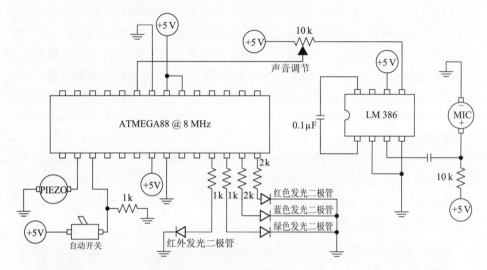

图 7.90　这是使用 ATMega88 微控制器的击掌控制项目的基本电路图

我们在 LM386 放大器的输出线路上连接了一个 10k 的可变电阻器,这样就可以对驻极体麦克风接收的声音音量进行调节,从而使数码相机即使在过于嘈杂的环境中也一样不会出现错误触发的情况。在这个项目中,我们在微控制器上设置的源代码功不可没。这些代码可以让微控制器辨别出要接收的声音信号,并累计出连续三次击掌声。但是,如果杂音过大,声音信号如排山倒海般涌入模拟数字转换器中,那么错误的触发将是不可避免了。不过只要对电路进行一些合理的设置,就可以让这个系统应对任何一种声音环境。我们可以添加一些可变电阻器,使用印制电路板,然后只要设置一次就再不需要做任何的改动了。通过将这个电路安装到一个带有把手的封装盒里,我们可以随时对它进行调整。

```
; * * * * * * * * * * * * * * * * * * * * * * * * * * * * * * * * * * * * *
; * * * * * * * 程序功能:拍手控制尼康相机快门
; * * * * * * 微控制器:具有 8MHz 内置振荡器的 ATMEGA - 88P 微控制器
; * * * * * * * * * * * * * * * * * * * * * * * * * * * * * * * * * * * * *
```

```
;定义 ATMEGA88 微控制器
.include "m88def.inc"


; * * * * * * * * * * * * * * * * * * * * * * * * * * * * * * * *
; * * * * * * * * * 定义寄存器
; * * * * * * * * * * * * * * * * * * * * * * * * * * * * * * * *


.def t1 = r16
.def t2 = r17
.def t3 = r18
.def t4 = r19
.def clap = r20
.def reps = r21
.def lctr1 - r22
.def lctr2 = r23
.def wctr1 = r24
.def wctr2 = r25


; * * * * * * * * * * * * * * * * * * * * * * * * * * * * * * * *
; * * * * * * * * * 重置和中断向量
; * * * * * * * * * * * * * * * * * * * * * * * * * * * * * * * *


;重置向量
reset
rjmp startup
startup:

;堆栈指针
ldi t1,low(ramend)
out sp1,t1
ldi t1,high(ramend)
out sph,t1


; * * * * * * * * * * * * * * * * * * * * * * * * * * * * * * * *
; * * * * * * * * * 模数转换器和端口设置
; * * * * * * * * * * * * * * * * * * * * * * * * * * * * * * * *


;麦克风模拟输入
```

```
cbi ddrc,0
cbi portc,0

;红色 LED 状态指示灯
sbi ddrb,0

;蓝色 LED 状态指示灯
sbi ddrd,7

;绿色 LED 状态指示灯
sbi ddrd,6

;红外发光二极管输出
sbi ddrd,5

;压电式蜂鸣器输出
sbi ddrd,0

;自动开关输入
cbi ddrd,1

;设置模数转换器
lds t1,ADMUX
cbr t1,(1<<REFS1)
cbr t1,(1<<REFS0)
sbr t1,(1<<ADLAR)
cbr t1,(1<<MUX3)
cbr t1,(1<<MUX2)
cbr t1,(1<<MUX1)
cbr t1,(1<<MUX0)
sts ADMUX,t1
lds t1,ADCSRA
sbr t1,(1<<ADEN)
cbr t1,(1<<ADATE)
cbr t1,(1<<ADIE)
sbr t1,(1<<ADPS2)
cbr t1,(1<<ADPS1)
cbr t1,(1<<ADPS0)
```

```
sts ADCSRA,t1


; * * * * * * * * * * * * * * * * * * * * * * * * * * * * * * * * * *
; * * * * * * * * 启动和初始化
; * * * * * * * * * * * * * * * * * * * * * * * * * * * * * * * * * *

;启动时闪烁发光二极管并发出嘟嘟声
rcall delay
sbi portb,0
sbi portd,7
sbi portd,6
rcall beeper
rcall delay
cbi portb,0
cbi portd,7
cbi portd,6

;重置寄存器
clr t1
clr t2
clr t3
clr clap
clr reps
clr lctr1
clr lctr2
clr wctr1
clr wctr2
clr xl
clr xh


; * * * * * * * * * * * * * * * * * * * * * * * * * * * * * * * * * *
; * * * * * * * * 程序主循环
; * * * * * * * * * * * * * * * * * * * * * * * * * * * * * * * * * *
main:

;自动开关闭合时运行自动模式
sbic pind,1
rjmp aut1
```

```
;自动延时 10s
ldi t1,4
adl:
sbi portb,0
sbi portb,7
rcall delay
cbi portb,0
cbi portb,7
rcall delay
dec t1
brne adl

;完成延时并开始拍照
sbi portd,6
rcall beeper
rcall delay
rcall photosnap
cbi portd,6
rjmp main
aut1:

;读取模数转换器的输入并设置击掌寄存变量
lds t1,ADCSRA
sbr t1,(1<<ADSC)
sts ADCSRA,t1
adcloop:
lds t1,ADCSRA
sbrc t1,ADSC
rjmp adcloop
lds clap,ADCH

;探测击掌声的发光二极管
cpi clap,150
brne cdl1
sbi portb,0
ldi lctr1,20
ldi lctr2,255
cdl1:
```

```
cpi lctr1,0
breq cdl2
dec lctr2
brne cdl2
dec lctr1
cdl2：
cpi lctr1,0
brne cdl3
sbic pinb,0
inc reps
cbi portb,0
cdl3：
;探测三次击掌
cpi clap,150
brne dwl1
sbi portd,7
ldi wctr1,255
ldi wctr2,255
dwl1：
cpi wctr1,0
breq dwl2
dec wctr2
brne dwl2
dec wctr1
dwl2：
cpi wctr1,0
brne dwl3
clr reps
cbi portd,7
dwl3：

;探测到第三次击掌并触发拍照
cpi reps,3
brne tcv1
clr reps
clr lctr1
clr lctr2
clr wctr1
```

```
clr wctr2
cbi portd,6
cbi portd,7
sbi portd,6
rcall beeper
rcall delay
rcall photosnap
rcall delay
cbi portd,6
tcv1:

;继续执行主循环代码
rjmp main


; * * * * * * * * * * * * * * * * * * * * * * * * * * * * * * * * * *
; * * * * * * * * * 1s 延迟程序
; * * * * * * * * * * * * * * * * * * * * * * * * * * * * * * * * * *
delay:
ldi yl,40
dly1:
ldi xh,high(60000)
ldi xl,low(60000)
dly2:
sbiw xl,1
brne dly2
dec y1
brne dly1
ret


; * * * * * * * * . * * * * * * * * * * * * * * * * * * * * * * * * *
; * * * * * * * * *压电式蜂鸣器
; * * * * * * * * * * * * * * * * * * * * * * * * * * * * * * * * * *
beeper:

;音调 1
ldi t1,100
bp1:
sbi portd,0
```

```
ldi xh,high(1500)
ldi xl,low(1500)
bp2：
sbiw xl,1
brne bp2
cbi portd,0
ldi xh,high(1500)
ldi xl,low(1500)
bp3：
sbiw xl,1
brne bp3
dec t1
bbne bp1
```

```
;音调2
ldi t1,100
bp4：
sbi portd,0
ldi xh,high(1200)
ldi xl,low(1200)
bp5：
sbiw xl,1
brne bp5
cbi portd,0
ldi xh,high(1200)
ldi xl,low(1200)
bp6：
sbiw xl,1
brne bp6
dec t1
brne bp4
```

```
; 音调3
ldi t1,100
bp7：
sbi portd,0
ldi xh,high(1000)
ldi xl,low(1000)
```

```
bp8:
sbiw xl,1
brne bp8
cbi portd,0
ldi xh,high(1000)
ldi xl,low(1000)
bp9:
sbiw xl,1
brne bp9
dec t1
brne bp7
ret


; * * * * * * * * * * * * * * * * * * * * * * * * * * * * * * * * * * * * * *
; * * * * * * * * 尼康相机遥控快门信号
; * * * * * * * * * * * * * * * * * * * * * * * * * * * * * * * * * * * * * *
photosnap:
ldi t3,2
snaploop:

; 周期 1 = 16000 CLK MOD
ldi t1,77
c1:
sbi portd,5
ldi t2,33
m1:
dec t2
brne m1
nop
nop
nop
cbi portd,5
ldi t2,33
m2:
dec t2
brne m2
nop
nop
```

```
nop
dec t1
brne c1
nop


; 周期 2 = 222640 CLK PAUSE
ldi xh,high(22264)
ldi xl,low(22264)
dl1：
nop
nop
nop
nop
nop
nop
sbiw xl,1
brne dl1


; 周期 3 = 3120 CLK MOD
ldi t1,15
c2：
sbi portd,5
ldi t2,33
m3：
dec t2
brne m3
nop
nop
nop
cbi portd,5
ldi t2,33
m4：
dec t2
brne m4
nop
nop
nop
dec t1
```

```
brne c2
nop


; 周期 4 = 12640 CLK PAUSE
ldi xh,high(1264)
ldi xl,low(1264)
dl3:
nop
nop
nop
nop
nop
nop
sbiw xl,1
brne dl3


; 周期 5 = 3360 CLK MOD
ldi t1,16
c3:
sbi portd,5
ldi t2,33
m5:
dec t2
brne m5
nop
nop
nop
cbi portd,5
ldi t2,33
m6:
dec t2
brne m6
nop
nop
nop
dec t1
brne c3
nop
```

```
; 周期 6 = 28640 CLK PAUSE
ldi xh,high(2864)
ldi xl,low(2864)
dl4:
nop
nop
nop
nop
nop
nop
sbiw xl,1
brne dl4

; 周期 7 = 3200 CLK MOD
ldi t1,15
c4:
sbi portd,5
ldi t2,33
m7:
dec t2
brne m7
nop
nop
nop
cbi portd,5
ldi t2,33
m8:
dec t2
brne m8
nop
nop
nop
dec t1
brne c4
nop

; 周期 8 = 505600 CLK PAUSE
ldi xh,high(50560)
```

```
ldi xl,low(50560)
dl5：
nop
nop
nop
nop
nop
nop
sbiw xl,1
brne dl5

; 周期 8 = 505600 CLK PAUSE
ldi xh,high(50560)
ldi xl,low(50560)
dl6：
nop
nop
nop
nop
nop
nop
sbiw xl,1
brne dl6

;重复序列两次
dec t3
sbrs t3,0
rjmp snaploop
ret
```

　　另外，在电路图中还有一些其他的电子元器件，它们是用于指示当前状态的发光二极管和向尼康数码相机发送拍摄命令的红外线二级管。当然，电路中的发光二极管可根据实际情况进行选择，但是有了这几个不同颜色的发光二极管，我们能很清楚地看到相应组件的工作情况，以及它们是如何对接收到的声音并做出反应的。另外，我还在电路中加入了一个 BP 机，这样当数码相机准备开始拍照时，它会发出响声提醒我们赶紧做好拍照准备。通过对数码相机的开关进行一些改装，我们可以将数码相机的拍照模式设置成声音触发模式，如果你在拍照前需要有一定的延时做拍照准备，或者希望拍摄多张照片的话，你可以将拍摄模式设置成延时

10s 拍照。

　　如果你已经决定要制作这样一个击掌触发照相机的项目，那么我强烈推荐您在将线路焊接到最终的电路板之前，先在一块无焊料电路实验板上搭建一个测试电路（如图 7.91 所示）。在电路实验板上搭建测试电路有很多好处，如果电路出现错误的话，我们可以及时对微控制器上的编码进行修改，或者对电路中的每个电子元器件进行测试，并能够做任何其他必要的改动。由于在微控制器上还有几个多余的引脚，而且我们在这里几乎用不上微控制器中的存储空间，所以如果能充分利用微控制器的引脚，并利用微控制器的存储空间，那么我们还可以对这个项目进行更多的改进和完善。在实际的实验过程中，我们除了上面介绍的这个击掌触发照相机系统之外，我们还打算在电路中加入一个液晶显示屏，然后增加一个更完善的菜单系统。当然，你可能会有更多更精彩的创意，尽管大胆去尝试吧！

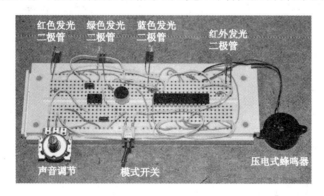

图 7.91　在无焊料电路实验板上先搭建测试电路便于后期修改

　　电路图中所示的每个发光二极管所连接的电阻器的阻值是由你选择的发光二极管所决定的。你要合理地调节电阻器的阻值，使得电路中的发光二极管能够达到最合适的亮度。先给红外发光二极管连接一个阻值为 1k 的电阻器，如果你发现在距离尼康相机 10 英尺的范围内击掌，相机没有任何的回应，那么你可以找找发光二极管的使用说明书，看看它的理想电阻值是多大，另外你还可以用一个晶体管来驱动红外线发光二极管。由于我们这个击掌触发数码相机项目的感应范围设计在几英尺内，感应区域的大小不是我们的改装目的，因此 1K 阻值的电阻器就足以驱动这个红外发光二极管了。再次声明一下，电路实验是成功的关键，所以你需要使用各种参数的电子元器件进行测试，直到确定最理想的配置。

　　在用焊铁将这些电子元器件焊接到电路中之前，先要确认这些元器件是否能正常工作，你要用你的这部尼康遥控相机来进行测试（如图 7.92 所示）。如果你以前从来没有使用过数码相机的遥控功能，那么在你打算将数码相机改装成遥控相机或者进行类似的改装之前，一定要认真研读一下数码相机的使用说明书。另外，你还得要认真检查一下你的数码相机机身上的那个小小的红外感应窗，它是一个

1/4 英寸大小的黑色塑料圆形物体,它和镜头指向同一个方向。如果你无法确定你数码相机上的遥控眼在数码相机机身上的什么部位,那么你的数码相机一定是灰头土脸,好好擦擦吧!

图 7.92　用尼康数码相机来测试实验电路

　　将数码相机放的与红外发光二极管近一些,让红外线发光二极管的输出离尼康的红外感应窗只有几英寸远。由于你看不到发射出的红外线,因此这是你保证电路功能正常的唯一方法。

　　当你发送拍摄命令信号之后,如果你的数码相机对信号没有任何的反应,并没有开始进行拍摄照片,那么其中的原因可能是由于数码相机并没有接收到红外信号,还有一个原因可能就是你的电路连接上有问题。要想确认你的数码相机是否能接收到红外发光二极管发出的信号,你可以使用示波器来解决这个问题。示波器是一种用途十分广泛的电子测量仪器。它能把肉眼看不见的电信号变换成看得见的图像,便于人们研究各种电现象的变化过程。示波器利用狭窄的、由高速电子组成的电子束,打在涂有荧光物质的屏面上,就可产生细小的光点。在被测信号的作用下,电子束就好像一支笔的笔尖,可以在屏面上描绘出被测信号的瞬时值的变化曲线。利用示波器能观察各种不同信号幅度随时间变化的波形曲线,还可以用它测试各种不同的电量,如电压、电流、频率、相位差、调幅度,等等。我们可以通过查看示波器上的脉冲波来判断是否有红外信号经过。另外,我们还可以在连接到微控制器的红外输出指针旁放一个压电式蜂鸣器,听一听是否有信号输出。当微控制器有输出脉冲波时,如果你听到压电式蜂鸣器发出微弱的嘀嘀声,那便说明你的数码相机可以接收到遥控信号。当我们确认数码相机可以接收到遥控信号后,如果我们发送出拍摄命令信号后,数码相机还是没有做任何回应,那么说明问题就出在电路上,我们只有去好好检查一下电路并及时修理。

　　当你用数码相机对电路进行测试,并确认电路能够正常运行之后,你可以将这些电路中的电子元器件焊接到一块穿孔板或者一块印制电路板上,并把它们移装到特定类型的封装盒中(如图 7.93 所示)。我决定用 9V 的蓄电池来作为这个电路的电源,并且在电路中安装了一个 LM78C05 型号的电压调节器,这样就可以将电路中的运行电压降到 5V。电池的大小决定着你使用的封装盒的尺寸大小,所以还是先确定蓄电池,再寻找合适的封装盒吧。

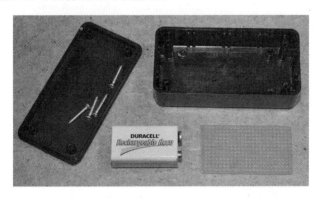

图 7.93 将电子元器件装进一个小盒子里

在这个项目里,我们可以将无焊料电路实验板上的电路移装到穿孔板上。这个电路十分简单,电路中包含的零部件也不多,所以整个组装过程只需要几个小时就可以完成。这个电路所需要的电路板也比较小,所以除非你是打算将它组装成成品出售,否则我们根本不需要花太多的时间将它组装到专业的电路板上,普通的穿孔板就是这个项目的理想的电路板。我们只要使用那种有多个小孔的多孔电路板就可以,这种电路板有焊料隆起焊盘,甚至和电路实验板一样有匹配的接线槽。如果你想快速安装,并且又想省钱,那么你甚至可以用针在硬纸板上硬纸板打上一些孔,然后将接线焊接在硬纸板的底部。

在组装的时候要注意,你需要将电路中的零部件组装得尽量紧凑些。我们找了一个 2×4 英寸的塑料盒来盛装电路板。这个尺寸的塑料盒很理想,我们有足够的空间来放置蓄电池、小电路板、发光二极管以及开关(如图 7.94 所示)。在组装前,一定要先计划好,选择一个尺寸大小合适的封装盒。记得还要为那些我们容易忽略的部件留下足够的空间,如接线、电池固定夹、螺丝钉以及开关操纵杆等,有时候还需要为盒盖留有一定的空间。

为了防止塑料封装盒里的电路板松散跳起,我们要将穿孔板的尺寸修剪的与塑料封装盒的边角刚好契合,这样才能紧紧地卡住穿孔板。另外,为了固定蓄电池,我们要将蓄电池紧紧地夹在两片塑料支架中间。如果你封装盒里的电路板或其他零部件还是很松散的话,你还可以考虑使用热熔胶或者双面胶将它们固定在盒子里。

在你将多孔电路板装进封装盒之前,要先在盒子上为发光二极管和控制开关留好合适的小孔。为了节省空间,你需要尽量将所有的接线截得短一些,并且要将接线弯曲,这样才可以为电路板和蓄电池节省出更多的空间。这个小塑料盒里的空间是稍微小了些,但是里面的每个零部件都各得其所。正是由于这个原因,所有的接地连接和发光二极管的接线,以及开关都能被安装进去(如图7.95所示)。

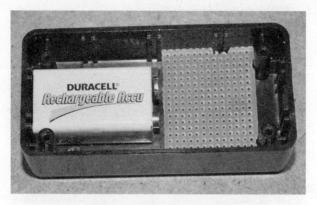

图 7.94 将穿孔板电路和蓄电池放进封装盒内

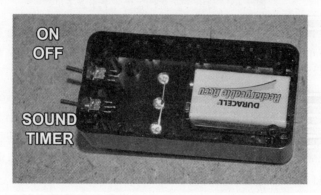

图 7.95 安装可见光发光二极管和控制开关

在安装穿孔板电路时,我们先要把微控制器和放大器集成电路装在这块小小的穿孔板上。如图7.96所示,先将这块大的集成电路放在电路板的中心部位,然后将其他较小的半导体组件都安装在集成电路周围,这样就可以使它们离集成电路的引脚距离更近。由于我们要将电路中所有的零部件都安装在这个小电路板上,所以所有的接线都要尽量短,这样才能节省出更多的空间。此外,我们还要将零部件安装得紧凑一些,有些时候可能还要将组件引脚弯曲并焊接在一起。

给电路中的微控制器安装一个插孔,这样你就可以在要对程序进行修改和升级的时候将它从电路中移除。如图7.97所示,有了这个插孔,我们就能很容易地对微控制器进行修理,或者将那些由于线路错误而烧坏的元器件取出。我们找不到ATMega88微控制器所需要的过时的28引脚的插座,所以我们使用了一个标准的 20 引脚的插座,并从另外一个插座上取下 8 个引脚,然后组合成单个插座。显然电路会很难看,但是只要这个电路能够正常工作就行。

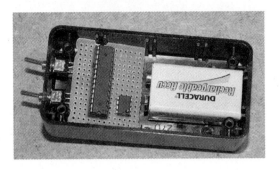

图 7.96 将所有电子部件安装在这块小电路板上

图 7.97 往这块小电路板中加入其他的电子元器件

别忘了电阻器(包括可变电阻器)也要在电路板上占有一定的位置,而且要将电阻器的接线末端直接焊接到集成电路中相应的引脚上,记得要将接线剪到最短长度。新的电容器会有一根很长的接线,如果你是将穿孔板作为你最终的电路板的话,你需要将多余的接线弯曲缠绕在电容器周围。

为了是电路中的接线长度最短,我们也可以将这些输入输出等接线布置在靠近穿孔板上相应的引脚的位置。所有电路板上的发光二极管、开关、蓄电池、压电式蜂鸣器的接线都需要连接到电路中,而且这些接线都要比实际需要的长度稍长一些,这样在不合适时才方便进行修剪(如图 7.98 所示)。另外,你还可以看到我在电路中安装了一个小型的 5V 电压调节器,这个电压调节器可以将电源的 9V 电压降低到 5V。我们将电压调节器连接错误,然后用 9V 的电源电压运行电路,结果我们这个系统竟然正常运行超过一周的时间,这也证明了自动电压调整微控制器的稳健性。我们意识到电压调节器连接的错误,是由于电路中的定时器运行速度太快了,至今我们仍然在使用同样的微控制器。

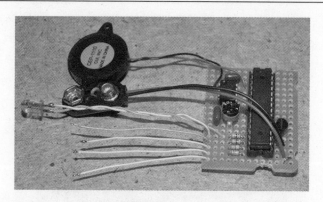

图 7.98　在电路板上连接电源、发光二极管以及开关的接线

我们在最初电路中安装了一个液晶显示器或者安装 7 段发光二极管显示器，目的是想让数码相机具有倒计时显示的功能，但是我们觉得这个电路越简单越好，因为在这个小小的塑料封装盒里已经没有一点多余的空间容得下那么多的电子元器件了。图 7.99 所示是我们基于原型电路画出的电路图，电路中还留有大量的改装空间，另外还有多个剩余的输入输出引脚，这样我们以后还可以对这个系统进行更好的升级。喜欢 DIY 制作的人都有一个原则，那就是永远没有完美的项目，因此我们完全可以改装得更加完美！

当我们将所有的电子零部件都安装到穿孔板上之后，需要用一些短小的接线将它们连接起来，焊接完之后，我们的电路板上会有很多小段的接线（如图 7.100 所示）。我们喜欢先连接电源和接地连接，因为这样有大量的接线可供选择，而且先连接电源接线便于我们查找电路中的连接错误，你知道，这种连接错是很可能导致电路冒烟的。

当我们对电源和接地连接都检查无误之后，我们就可以按照电路图的指示，在电路中焊接上其他的半导体组件了。每次接通电源之前，都要再三检查电路中的连接，如果条件允许的话，最好在电路中使用具有限制电流功能的电源，这样就能在电路中出现问题之后，不至于烧坏电路中的电子元器件。当这部击掌控制数码相机在开始拍摄之前，电路中的发光二极管会闪烁不停，然后发出几声"哔哔"的提示声，通过这些指示的信号，你就可以判断你的电路是正常运行还是出了问题。当我们接通电源后，如果电路中没有任何东西被烧坏，那么接下来我们就可以把数码相机连接到这个重要的集成电路上。这个集成电路的稳健性有些时候让我们叹为观止，就算经过我们的各种蹂躏它仍然能够很好的运行。

如图 7.101 所示，当我们在穿孔板底部用接线将击掌拍摄系统所有的外部元器件连接在一起之后，就该是见证结果的时刻了。我们的这个系统到底能否如我们所愿正常运行，还是根本不能实现击掌自动拍摄功能，或者出现更糟糕的情况呢？如果我们幸运的话，我们可能一次尝试就组装成功了这个系统，但是更多的时

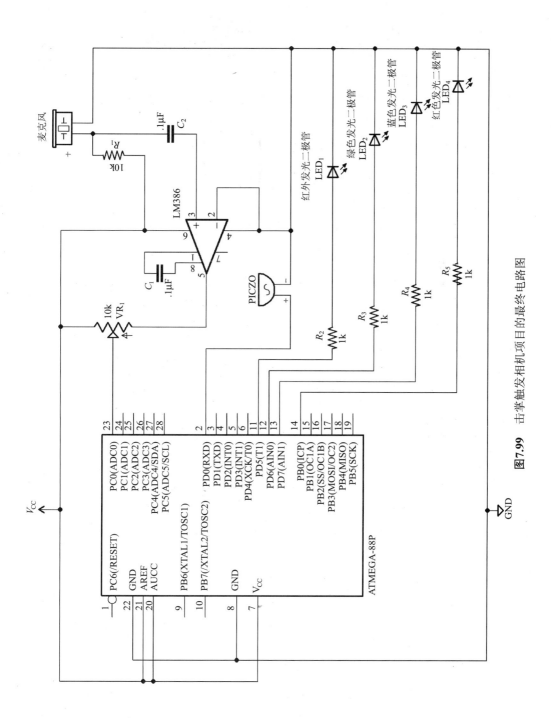

图7.99 击掌触发相机项目的最终电路图

图 7.100 制作完成后的电路板的接线显得比较混乱

图 7.101 用接通电源测试前的最终接线连接情况

候我们并没有这么侥幸,我们要么是漏了几根接线没有接,要么就是把接线串线了。比如说,电路中容易出现将电源线和接地线搞混淆等类似的问题,所以我们需要多花些时间在这些接线的连接上。

我们在电路中使用了限制电流的电源,击掌自动拍摄照相机电路上的电流会因此控制在 50mA 之内,这对于一个手工制作的电路来说是十分安全的,因为如果电路中的电流过高会导致出现引脚熔断或者发光二级管短接的情况。当我们完成了接线连接之后,我们便将 9V 的蓄电池连接到电路中,然后查看电路的运行情况。哈哈,我们成功了!电路中没有任何东西被烧坏,微控制器上的压电式蜂鸣器为我们的成功而发出"哔哔"的欢呼声。如果你发现电路中的发光二极管指示灯的颜色和你预想的不一样,那么我们只需要对相关组件的发光二极管进行调整就可以了。

当电路中的电子组件都能正常运行之后,我们小心地将这些接线都塞进封装盒里,然后将盖子盖好(如图 7.102 所示)。我们将蓄电池放在盒子的上部,因为如果电路要更换电池的话这样会很方便。另外,穿孔板上的接线也留的足够长,如果后面有要对电路进行修改的话,我们就不用将接线从电子部件上脱焊下来。好了,现在我们这个击掌自动拍摄系统的电路基本组装完成,现在需要的就是想办法将电路连接到尼康数码相机的机身上,然后将数码相机安装到三脚架上,这样我们的系统组装就算大功告成了。

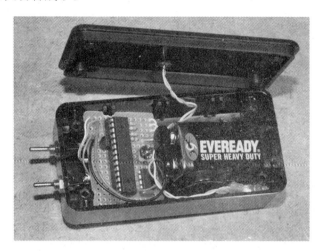

图 7.102   最后我们将所有的部件都装进封装盒里

当我们将最后一个螺丝钉楔进封装盒之后,整个电路就组装完成了,不过我们要再一次对电路进行测试,以确保电路中没有任何的接线接错(如图 7.103 所示)。我们再一次成功的进行了测验,电路中的每一个元器件都正常地运行着,并且我们能在 10 英尺外的地方触发尼康数码相机的红外感应器,而之前我们并没有对输出

图 7.103   这个功能完备的击掌自动拍摄系统已经可以投入使用了

信号做任何射程范围的设置。我们现在的目的是要尽量将电路系统与数码相机连接得紧凑一些,让这个系统既能接收到长距离的击掌信号又能同时触发相机开始拍摄。当我们打开电路中的开关之后,整个设备都运行正常。这个击掌触发拍摄系统不但具有声音触发拍摄功能,同时还具有延时拍摄功能,是一部能满足多种不同需求的多功能拍摄系统。

如图 7.104 所示,我们使用过多个不同型号的尼康数码相机来测试过这个系统,偶然间我们发现这个系统适用于任何一款数码相机,只要在这些数码相机的红外感应器的范围内都可以用触发拍摄功能。这也意味着我们可以将多个数码相机与我们这个系统很好地结合,拍摄同一个对象的多角度照片,然而我们不确定一次闪光是否可以满足两个以上的数码相机同时拍摄。我们想同时触发尼康 D90 和 D60 数码相机,在三声击掌之后,这个新系统很完美地为我们拍摄出了多角度的照片。

图 7.104　这个击掌自动拍摄系统能一次触发多个数码相机多角度同时拍摄

我们发现这个系统除了可以用掌声、敲击声、尖叫声来触发之外,它实际上还可以用特定的说话声来控制。例如我们可以在准备好之后喊"一,二,三"或者"拍-照-了",系统就好像能识别这个命令语音一样,它将发送 3 次明显的电压峰值到模拟数字转换器中,以此来触发相机的快门释放按钮开始拍摄。我非常高兴能向读者展示这个能用多种声音来触发的系统,当然这个系统也让我们有了很多新的想法,我们要对它进行更多的改进,使得它的功能更加齐全。

系统的功能我们已经测试得差不多了,现在还有一个问题,那就是我们要将这个系统安装在三脚支架上合适的位置。由于掌声触发系统主要是由红外发光二极管来发送拍摄命令给数码相机,所以需要在红外发光二极管和位于尼康数码相机机身前方的感应器之间有一条瞄准线路。为了解决这个问题,我们在相机安装挂带的地方装上一小块金属带条,这个方法非常好,因为我们要将数码相机安放在三脚架上,根本用不上数码相机的挂带(如图 7.105 所示)。我们也想过将这个掌声触发系统直接安装在三脚支架上,但是发现将金属带条弯曲成钩状,然后直接连接到数码相机上会更加方便,因为这样我们在以后使用掌声触发系统时,不用花费大量的时间来将它固定在三脚架上。我们这里需要的金属条是一根 1/16 英寸厚的金属片,只要将它插入到数码相机安装挂带的地方就可以。当然,还有很多其他的方法可以将这个设备固定在三脚架上,例如使用尼龙搭扣或者其他某种绑线。

图 7.105   为数码相机上添加一块固定金属来固定击掌触发设备

接下来,我们还要将这个固定金属与设备的封装盒连接。我们先将封装盒的盖子打开,然后将里面所有的部件全都拿出来,并钻上与螺丝钉大小相同的小空(如图 7.106 所示)。我们将铁条弯曲成如图这样的形状,这样为了将掌声触发系统的电路盒能放在合适的位置,使得电路系统的红外信号能被数码相机的感应器接收到,且不会给数码相机的操作产生任何干扰。

图 7.106   将固定金属安装在封装盒上

另外,我们还将封装盒调整到合适的角度,这样电路中的发光二极管的光亮就能被清楚地看见。如图 7.107 所示,这个经过简单改装的拍摄系统虽然不能与专业的尼康数码相机的智能拍摄相比,但是它也一样能很好地完成我们的拍摄要求。

当然,你可以将这个掌声触发拍摄系统放置在靠近数码相机的任何位置,但是有一点要注意,那就是系统中的红外发光二极管和数码相机中的红外感应器之间的距离不能超过 10 英尺。

图 7.107　用固定金属连接数码相机和封装盒

当我们将电源开启之后,这个系统让我们欣喜,因为它确实完成了我们最初的设计目的。如果我们还打算进一步对系统进行改进的话,我们可以让这个系统拥有真人发声触发功能,多重定时模式,液晶显示屏和按键菜单操作功能,另外还可以连接一个外部插头从而实现远程触发、延时拍摄或者单格拍摄等特殊拍摄模式。目前我们正在全身心研究一种新的版本,它可以将我们在网页上看到的东西拍摄下来。

我希望你能喜爱这个系统,从中你会发现你的数码相机可以完美地拍摄你想要的任何照片,而且你根本不需要去手动操作相机,同时它还具有延时拍摄功能(如图 7.108 所示)。如果你还为这个系统增加了更炫更酷的功能,那么请登录我们的论坛告知我们,或者发送图片到我们的图库,这样其他更多的人就能与你一起分享你的创意。欢迎你与我们分享你精彩的创造,并为我们的项目提出宝贵的意见。我们已经在研究第二版的掌声触发拍摄系统,欢迎大家多提建议!

图 7.108　你无需手动操作,只要击掌即可触发这台尼康相机

科 学 出 版 社
科龙图书读者意见反馈表

书　　名 _____

个人资料

姓　　名：_____　年　　龄：_____　联系电话：_____

专　　业：_____　学　　历：_____　所从事行业：_____

通信地址：_____　邮　　编：_____

E-mail：_____

宝贵意见

◆ 您能接受的此类图书的定价

　　20 元以内□　30 元以内□　50 元以内□　100 元以内□　均可接受□

◆ 您购本书的主要原因有(可多选)

　　学习参考□　教材□　业务需要□　其他_____

◆ 您认为本书需要改进的地方(或者您未来的需要)

_____

_____

◆ 您读过的好书(或者对您有帮助的图书)

_____

_____

◆ 您希望看到哪些方面的新图书

_____

_____

◆ 您对我社的其他建议

_____

_____

_____

　　　谢谢您关注本书！您的建议和意见将成为我们进一步提高工作的重要参考。我社承诺对读者信息予以保密,仅用于图书质量改进和向读者快递新书信息工作。对于已经购买我社图书并回执本"科龙图书读者意见反馈表"的读者,我们将为您建立服务档案,并定期给您发送我社的出版资讯或目录;同时将定期抽取幸运读者,赠送我社出版的新书。如果您发现本书的内容有个别错误或纰漏,烦请另附勘误表。

回执地址：北京市朝阳区华严北里 11 号楼 3 层

　　　　　科学出版社东方科龙图文有限公司电工电子编辑部(收)

　　　　　邮编：100029